普通高等教育"十一五"国家级规划教材

 普通高等教育"十三五"规划建设教材

 "十二五"江苏省高等学校重点教材

动物遗传学

第 2 版

李碧春　徐　琪　主编

中国农业大学出版社
· 北京 ·

内 容 简 介

本书沿用了第1版的结构体系,在第1版的基础上进行了适当的修改和补充,全面、系统地介绍了遗传学的基本概念、基本原理、基本方法等,具体内容包括:细胞遗传学基础,分子遗传学基础,孟德尔遗传定律,连锁与互换定律,性别决定及与性别相关的遗传,基因互作及其与环境的关系,染色体畸变,基因突变,数量遗传学基础,群体遗传学基础与生物进化,核外遗传,质量性状的遗传,基因的表达与调控,真核生物的遗传分析,表观遗传学基础,动物遗传工程与转基因技术。本书可作为动物生产类、动物医学类、生物科学类、食品科学类等专业本科生的遗传学基础课教材,亦可作为相关专业研究生、专科生以及科技工作者的参考书。

图书在版编目(CIP)数据

动物遗传学/李碧春,徐琪主编.—2版.—北京:中国农业大学出版社,2015.7(2018.7重印)
ISBN 978-7-5655-1287-2

Ⅰ.①动⋯　Ⅱ.①李⋯②徐⋯　Ⅲ.①动物遗传学－高等学校－教材　Ⅳ.①Q953

中国版本图书馆 CIP 数据核字(2015)第 136935 号

书　名	动物遗传学　第2版		
作　者	李碧春　徐　琪　主编		
策划编辑	潘晓丽	**责任编辑**	王艳欣
封面设计	郑　川	**责任校对**	王晓凤
出版发行	中国农业大学出版社		
社　址	北京市海淀区圆明园西路2号	**邮政编码**	100193
电　话	发行部 010-62818525,8625	**读者服务部**	010-62732336
	编辑部 010-62732617,2618	**出 版 部**	010-62733440
网　址	http://www.cau.edu.cn/caup	**e-mail**	cbsszs @ cau.edu.cn
经　销	新华书店		
印　刷	北京时代华都印刷有限公司		
版　次	2015年9月第2版　　2018年7月第2次印刷		
规　格	889×1 194　　16 开本　　18.5 印张　　547 千字		
定　价	45.00 元		

图书如有质量问题本社发行部负责调换

第 2 版编写人员

主　　编　李碧春　徐　琪
副 主 编　吴建平　吴信生　刘小林　帅素容　郑　鑫
编写人员　（按姓氏笔画排序）

王　翀　（华南农业大学）

帅素容　（四川农业大学）

常国斌　（扬州大学）

刘小林　（西北农林科技大学）

刘　榜　（华中农业大学）

吴信生　（扬州大学）

吴建平　（甘肃农业大学）

苏　瑛　（广东海洋大学）

沈卫德　（苏州大学）

李碧春　（扬州大学）

郑　鑫　（吉林农业大学）

郑振宇　（河南农业大学）

聂庆华　（华南农业大学）

张　彬　（湖南农业大学）

张亚妮　（扬州大学）

徐　琪　（扬州大学）

曹洪战　（河北农业大学）

第1版编写人员

主　　编　李碧春

副 主 编　吴建平　赵卫东　吴信生　刘小林　郑　鑫

编写人员　（按姓氏笔画排序）

　　　　　王　翀　（华南农业大学）

　　　　　帅素容　（四川农业大学）

　　　　　包文斌　（扬州大学）

　　　　　刘小林　（西北农林科技大学）

　　　　　刘　榜　（华中农业大学）

　　　　　吴信生　（扬州大学）

　　　　　吴建平　（甘肃农业大学）

　　　　　李碧春　（扬州大学）

　　　　　赵卫东　（河南农业大学）

　　　　　郑　鑫　（吉林农业大学）

　　　　　郑振宇　（河南农业大学）

　　　　　张　彬　（湖南农业大学）

　　　　　徐　琪　（扬州大学）

　　　　　徐银学　（南京农业大学）

　　　　　曹洪战　（河北农业大学）

第 2 版前言

遗传学是当代生命科学的核心和前沿学科之一,自 1900 年孟德尔遗传定律被重新发现以来,遗传学经历一个多世纪的快速发展,取得了辉煌成果,并显示出强劲的发展势头。基于对国内外教材的研读以及实际教学过程中的反馈意见,我们本着经典遗传学与现代遗传学科学合理地结合,遗传学理论与实际应用科学合理地结合的理念,对第 1 版进行了修订。

新版的《动物遗传学》沿用了第 1 版的结构体系,但根据学科发展的状况和教学实践的规律做了精心调整和梳理:删除了第 1 版中的第十二章"免疫遗传学基础",调整了第 1 版中的第十五章"遗传工程与动物转基因技术",增加了"分子遗传学基础"一章,重新编写了第 1 版中的"绪论"、第十章"数量遗传学基础"和第十三章"基因的表达与调控"等内容,力求从不同视角、不同层面展示动物遗传学最新研究成果和发展前沿。

新版的《动物遗传学》仍尽量使用经典和有代表性的动物作为遗传材料和范例,全书以遗传学分析思维理念为主线,力求将遗传学理论融入解决遗传学问题,着力体现了遗传学的思想,较全面地反映了遗传学的教学要求,概念准确,文字精练,图文并茂,通俗易懂。

本书可作为动物生产类、动物医学类、生物科学类、食品科学类等专业本科生的遗传学基础课教材,亦可作为相关专业研究生、专科生以及科技工作者的参考书。

动物遗传学是遗传学的一个重要分支,随着遗传学的发展,动物遗传学的研究内容仍在不断地更新。第 2 版教材在编写过程中虽然做了较多的增加和修改,但仍然不免有疏漏和不妥之处,恳请各位老师和同学在使用本书的过程中随时予以指正。

编 者
2015 年 7 月

第 1 版前言

当《动物遗传学》被教育部批准为普通高等教育"十一五"国家级规划教材时,我们既兴奋又感到责任重大。因为有关遗传学的教材已有很多版本,应用广泛,各具特色。然而,有关动物遗传学的教材为数较少,偏重基础和应用的动物遗传学教材更少。动物遗传学作为遗传学的一个分支,是动物育种学的理论基础和畜牧兽医学科的基础课程。所以本着"以应用为目的,以必需、够用为度,以讲清基本概念和基本原理为重点"的指导思想,组织了全国部分高等院校长期在动物遗传学教学第一线的中青年教师编写了本教材,力图使之成为具有系统基础理论知识并结合实践又兼顾前沿的新教材。

为了使本教材适用于畜牧兽医学及其他生命科学类专业教学需要,除编写内容上注意保持遗传学本身的系统性外,力求反映出动物遗传学的发展,着重指出遗传理论对动物改良的应用原理。教材中除必须采用的经典例证之外,尽量引用动物的资料,兼顾少数其他生物类型。

全书共分十五章,第一章讲述遗传的细胞学基础;第二、三、四章分别讲述孟德尔遗传定律、连锁与互换定律和性连锁遗传;第五、六、七章分别讲述基因互作及其与环境的关系、遗传物质变异;第八章讲述质量性状的遗传;第九、十章主要讲述群体遗传学和数量遗传学基础;第十一、十二章针对畜牧兽医学科本科生分子生物学基础知识薄弱的情况,分别主讲核外遗传、免疫遗传学基础;第十三、十四章讲述基因的表达与调控和真核生物的遗传分析;第十五章讲述遗传工程与动物转基因技术。

本书编写分工为:扬州大学李碧春教授编写绪论和第二章;吉林农业大学郑鑫教授编写第一章;河南农业大学赵卫东教授编写第三章;华中农业大学刘榜教授编写第四章;扬州大学吴信生、包文斌副教授和徐琪讲师分别编写第五章、第十章和第十三章;河北农业大学曹洪战副教授编写第六章;四川农业大学帅素容教授编写第七章;湖南农业大学张彬教授编写第八章;西北农林科技大学刘小林教授编写第九章;河南农业大学郑振宇教授和扬州大学李碧春教授共同编写第十一章;南京农业大学徐银学教授编写第十二章;华南农业大学王翀副教授编写第十四章;甘肃农业大学吴建平教授编写第十五章;全书由李碧春教授统稿和定稿。我们希望该教材既能适度反映动物遗传学的基础知识,又能够使学生全面了解动物遗传学最新进展,为进一步提高动物遗传学教学质量做出新贡献。

该书在出版过程中得到了扬州大学出版基金的支持。

尽管我们做了最大的努力,但囿于我们的学识水平,错误与疏漏之处在所难免,衷心希望读者批评指正。

编写组

2008 年 8 月

目　　录

绪　　论

遗传学(genetics)是研究亲子间异同的生物学分支学科。由于它解决了生物的核心问题而成为生物学领域中最基本的、最重要的一门基础学科,其名称是英国遗传学家 Bateson 首先提出的。1906 年,伦敦召开的"第三次国际杂交与植物培育会议"主席 Bateson 在大会演讲中提出 genetics 这一新的学科名称。传统的观点认为:遗传学是研究生物的遗传(heredity)和变异(variation)规律的科学。现代的观点认为:遗传学是研究生物体遗传信息的组成、传递和表达规律的一门科学,其主题是研究基因的结构和功能以及两者之间的关系,所以遗传学亦可称为基因学。作为一门新兴学科,从创立至今的 100 多年中有了飞跃性发展,随着其他学科的发展和相互渗透,遗传学的研究从个体水平发展到了分子水平,而且形成了许多分支学科,动物遗传学(animal genetics)就是其中一个分支。

第一节　动物遗传学研究内容和任务

一、动物遗传学的概念和研究内容

(一)动物遗传学的概念

动物遗传学是指研究动物遗传物质的结构、传递、表达以及性状遗传规律的科学。

(二)动物遗传学研究的内容

随着动物遗传学的不断发展,研究的范围越来越广泛,它主要包括 4 个方面的内容:①遗传物质的本质:包括基因的化学本质、它所包含的遗传信息以及 DNA 和 RNA 的结构组成和变化等,总体结构——基因组的结构分析,遗传物质的改变(突变和畸变);②遗传物质的传递:包括遗传物质的复制、染色体的行为、遗传规律和基因在群体中的数量变迁等;③遗传信息的实现:包括基因的功能、基因的相互作用、基因和环境的作用、基因表达的调控以及个体发育中基因的作用机制等;④遗传规律的应用:利用遗传规律,能动地改造动物,使之用于生产实践,造福人类。

(三)遗传与变异的辩证关系

在自然界生物繁殖过程中,亲代和子代的性状总是有相似的现象。早在古代,人们就发现了这种现象,俗话说"种瓜得瓜,种豆得豆"。任何生物都能通过各种生殖方式产生与自己相似的个体,保持世代间的连续,以延续其种族,这种子代和亲代、子代和子代个体之间的相似性,称为遗传。因此,遗传就是指有血缘关系的生物个体间的相似之处。尽管遗传现象是生物界的普遍现象,但遗传并不意味着亲代与子代完全相像。事实上,子代与亲代之间、子代个体之间总能觉察出不同程度的差异。"一母生九子,连娘各十样"这是普通的常识。这种子代和亲代、子代和子代个体之间的差异,称为变异。因此,变异就是指有血缘关系的生物个体之间的相异之处。一般来说由环境条件引起的变异是不可遗传的,比如饲料、光照等条件不同引起畜禽的长势不同,但是一些特殊的环境条件如 X 射线、紫外线等引起遗传物质的改变便能遗传下去。遗传物质改变引起的变异是可以遗传的,可能自发产生,也可以经理化因素诱发产生,包括基因的自由组合,连锁基因间的交换,染色体畸变(结构、数目),基因突变(细胞核基因、细胞器基因)。

无论是哪一种生物,动物还是植物,高等还是低等,复杂的还是简单的,都存在着遗传和变异,这是一种生物界的普遍现象。它们之间表面上看似矛盾,实际上是辩证的统一。众所周知,遗传、变异和选择是达尔文进化论的三大要素。生物如果没有变异,其多样性就不存在,选择就没有对象,那么生物就不能进化,就没有新物种的形成,遗传只能是简单的重复。生物如果没有遗传,即使产生了变异也不能遗传下去,变异不能积累,生物物种就不能维持生命的延续,没有生命的存在,就没有相对稳定的物种,变异也失去了意义,变异使得生物物种推陈出新,层出不穷。遗传与变异是生物进化的内因,是生物生存与进化的基本因素,但遗传是相对的、保守的,而变异是绝对的。遗传与变异相辅相成、共同作用,使得生物生生不息,造就了形形色色的生物界。

二、动物遗传学研究的任务

动物遗传学就是研究动物遗传与变异现象及其表现,深入探索遗传和变异的原因及其物质基础,并弄清楚其作用机制,揭示其内在的规律,以进一步指导动物和微生物的育种实践,提高生产水平,并利用所得成果,能动地改造动物,更好地为人类服务。另外,有关生命的本质及生物进化规律等生物学中一些重要问题的答案也只能从遗传学中去寻找,因此研究种群变化及物种形成的理论,也是遗传学的重要任务之一。

第二节　遗传学发展简史

一、遗传学的建立

与所有其他学科一样,遗传学也是在人类的生产实践活动中产生和发展起来的。人类在新石器时代就已经驯养动物和栽培植物,而后人们逐渐学会了改良动植物品种的方法。西班牙学者科卢梅拉在公元 60 年左右所写的《论农作物》一书中描述了嫁接技术,记载了几个小麦品种。中国学者贾思勰在533—544 年间所著《齐民要术》一书中论述了农作物、蔬菜、果树、竹木的栽培和家畜的饲养,特别记载了果树的嫁接,树苗的繁殖,家禽、家畜的阉割等技术。劳动人民在从事农业生产和家畜饲养中注意到了遗传和变异的现象。例如,我国春秋时期有"桂实生桂,桐实生桐",战国末期有"种麦得麦,种稷得稷"的记载,东汉王充曾写道"万物生于土,各似本种",认识了遗传现象。此后古书中还有"桔逾淮而北为枳"、"牡丹岁取其变者以为新"等,认识了变异现象。说明人们在长期的生产活动中对遗传和变异现象早就有所认识,也有一些学者曾提出不少假说来解释生物的遗传变异机理。

(一)遗传学的诞生(孟德尔以前的遗传学)

1. 先成论(theory of preformation)　亚里士多德(Aristotle,公元前 3 世纪,希腊哲学家)认为遗传是孩子从父母那里接受了一部分血液。生物从预先存在于性细胞(精子或卵)中的雏形发展而来,所谓发育只不过是这一雏形生物的机械性扩大,并没有新的东西产生出来。精源论者(Leeuwenhoek)认为雏形(微小的"原形人")存在于精子中,而卵源论者(Jan Swammerdam,1679)主张雏形存在于卵中。瑞士学者 C. Bonnet(1720—1793)就是这种先成论的代表。

2. 渐成论(theory of epigenesis)　亦称后成论,与先成论相对立。

渐成论认为婴儿各种器官是在个体发育中逐渐形成的。德国胚胎学家 C. F. Wolff 认为:生物体的各种组织和器官,都是在个体发育过程中逐步形成的,性细胞(精子或卵)中并不存在任何雏形。瑞士解剖学家 V. Kolliker 是这种渐成论的代表。

以上两种学说都把精卵作为上下代的遗传传递者,但没能形成一套遗传学理论。直到 19 世纪才有人尝试把积累的材料加以归纳、整理和分类,用理论加以解释,并对遗传和变异进行了系统研究。

3. 泛生论(theory of pangenesis)　达尔文认为:生物的遗传就是通过这种方式实现的。英国生物学家达尔文(C. Darwin,1809—1882,进化论的奠基人),根据他历时5年(1831—1836)的环球旅行考察和对生物遗传变异与进化关系的研究,于1859年出版了《物种起源》一书,提出了以自然选择和人工选择为主体的进化学说。他认为:生物是从简单到复杂、从低级到高级逐步发展而来的。生物在进化过程中不断地进行着斗争,进行着自然选择,否认了传统的物种不变的观点。1868年提出"泛生假说",认为:动物每个器官里都普遍存在微小的"泛生粒"(pangene),能分裂繁殖,并在体内流动聚集到生殖器官里形成生殖细胞。当受精卵发育成为成体时,这些泛生粒又不断地分配到不同的细胞中去,从而导致它们所代表的组织器官的分化和性状的发育,形成一个同亲代相似的新个体。如亲代泛生粒发生改变,则子代表现变异。并支持拉马克的获得性遗传的一些观点,限于当时的科学水平,对复杂的遗传变异现象,他还不能做出科学的回答。虽然如此,达尔文学说的产生促使人们重视对遗传学和育种学的深入研究,为遗传学的诞生起到了积极的推动作用。

4. 获得性遗传(inheritance of acquired characters)　法国学者拉马克(Lamarck,1744—1829)提出了变异的观点,认为:个体由于长时间受到环境条件的影响,使生物发生变异,获得了新的性状,经过世代的积累加深了这个新的性状,如果雌雄两性都获得这种共同的变异,那么这种变异便可以传给后代。认为环境条件改变是生物变异的根本原因;同时还提出了器官"用进废退"和"获得性遗传"等理论。虽然唯心地认为动物的意识和欲望在进化中发挥重大作用,适应是进化的主要过程,但是对生物遗传进化学说的研究和发展起到了推动作用。

5. 种质论(theory of germ plasm)　德国生物学家魏斯曼(A. Weismann,1834—1914)进行了一个著名的试验:共用老鼠1 592只,雌雄老鼠连续22代切割尾巴,结果否定了拉马克的获得性遗传的观点,得出获得性状不能遗传。于1892年提出"种质连续学说"(theory of continual germ plasm),把生物体分成种质(germ plasm)和体质(somato plasm)两部分,认为种质指生殖细胞,专营生殖和遗传,通过细胞分裂在一生中及世代间保持连续,生物的遗传就在于种质的连续。体质是种质以外的所有其他部分(体细胞),负责各种营养活动。种质决定了体质,种质的变异必将引起体质的变异,但体质的改变不会引起种质的改变。环境只能影响体质,而不能影响种质,后天获得性状不能遗传。魏斯曼的"种质论"使人们对遗传和不遗传的变异有了深刻的认识,这一论点在后来生物科学中,特别是在遗传学方面产生了重大而广泛的影响。但是他对种质和体质的划分过于绝对化。

6. 融合遗传学说(blending theory)　英国学者F. Galton和他的学生K. Pearson于1886—1894年用统计方法研究数量性状(如人的身高)在亲代与子代之间的相关性。认为:父母的遗传性在子女中各占一半,并且彻底混合,祖父母的遗传性在孙代中各占1/4等等。依此类推,融合遗传学说只能解释一部分数量性状的遗传现象,不能解释其全部,对绝大多数非数量性状则完全不适合。

(二)孟德尔以后的遗传学发展

奥地利遗传学家孟德尔(G. Mendel,1822—1884,遗传学奠基人)根据前人工作和8年豌豆试验,提出了遗传因子分离和独立分配的假说。认为生物的性状由体内的"遗传因子"决定,而遗传因子可从上代传递给下代。他应用统计学方法分析和验证这个假设,对遗传现象的研究从单纯的描述推进到正确的分析,为近代颗粒式遗传理论奠定了科学的基础。1866年,孟德尔根据他的豌豆杂交试验结果发表了《植物杂交试验》的论文,揭示了现在称为孟德尔定律的遗传规律,奠定了遗传学的基础,可惜当时他的试验结果未被人们所接受。原因是多方面的:

(1)在孟德尔时代,很多生物学家都把融合性理论奉为"圣典",而孟德尔提出了完全不同于融合遗传的另一种理论——颗粒式遗传。这种理论超越了时代。因为在那时,还没有弄清细胞的减数分裂和生物受精的详细过程,染色体学说还没有建立。他所确定的遗传因子还不能在试验上得到确证,科学的发展还没有为人们接受孟德尔理论做好准备,这一点是孟德尔理论未被接受的根本原因。

(2)孟德尔的杂交研究方法和论文的表达方法不同于传统的生物学研究方法,这给人们认识他的理论带来了一定的困难。19世纪生物学还纯粹是一门描述性科学,而主要的研究方法只是观察和试验,进行定性分析。而孟德尔开拓了运用数学方法来研究生物遗传规律的先例,当时生物学家对此法感到新颖和陌生,人们没有认识到数学在生物学研究中的重要作用,因而对孟德尔运用此法感到不可思议。

(3)孟德尔论文是在达尔文巨著《物种起源》出版不到7年之际问世的,当时的生物界正处于"达尔文热"时期,人们的注意力主要集中在生物进化问题上。另外,当时许多生物学家在达尔文的影响下,都把生物的进化仅仅归结为自然选择的结果,而没有认识到杂交也是生物进化的一种动力。

(4)孟德尔理论的局限性和不足之处,也是没被接受的重要原因。其一,孟德尔理论只适合于有性生殖的生物,而对无性生殖生物则不适用。其二,孟德尔在论文中提到性状不变的观点,他认为:"杂种的性状总是不加改变地传给后代,并在后代保持稳定,不再发生变异"。因此,他主张杂种的稳定性、间断性和独立性,而否认杂种的变异性、连续性和流动性。这显然同达尔文关于物种变异的观点相抵触,所以信奉进化论的博物学家们,会有倾向地把孟德尔理论看作是"物种不变论"的变形和延续,因而不被接受。

(5)孟德尔发表论文时,只是一个默默无闻的神甫兼中学代理教员,职业的偏见和狭隘的思想,使当时的生物学家们很难相信这样一个"小人物"竟能发现一些大科学家未能发现的生物遗传规律。

但是,科学规律是不可能永远被埋没的。差不多经过了整整一代人的共同努力,人们终于重新发现了孟德尔遗传定律。1900年三位科学家(德国的C. Correns、荷兰的H. de Vries和奥地利的E. Tschermak)分别用不同植物在不同地点试验得出跟孟德尔相同的遗传规律,并重新发现了孟德尔被人忽视的重要论文。目前学术界一般把孟德尔规律重新发现的1900年作为遗传学诞生并正式成为独立学科的一年,孟德尔被认为是遗传学之父。为了纪念这位成就卓著的科学家,1910年,世界上150多名知名学者倡议并捐款,在布尔诺建立了一座纪念碑,同年将孟德尔遗传规律改称为孟德尔定律。

二、遗传学的发展

遗传学的建立和发展,大致经历了经典遗传学和现代遗传学两个阶段,个体水平、细胞水平和分子水平等三个水平。

(一)经典遗传学阶段(1900年前)

工业的发展和科学仪器的改进,尤其是显微镜的发明,使人们的眼界扩大,促进了细胞学和胚胎学的发展。从1875—1884年的几年中,德国解剖学家和细胞学家弗莱明在动物中,德国植物学家和细胞学家施特拉斯布格在植物中分别发现了有丝分裂、减数分裂、染色体的纵向分裂,以及分裂后的趋向两极的行为;比利时动物学家贝内登观察到马蛔虫的每一个体细胞中含有等数的染色体;德国动物学家赫特维希和施特拉斯布格分别在动物、植物中发现了受精现象。这些发现都为遗传的染色体学说奠定了基础。

关于遗传的物质基础历来有所臆测。例如,1864年英国哲学家斯宾塞称之为活粒;1868年英国生物学家达尔文称之为微芽;1884年瑞士植物学家内格利称之为异胞质;1889年荷兰学者德弗里斯称之为泛生子;1884年德国动物学家魏斯曼称之为种质。实际上魏斯曼所说的种质已经不再是单纯的臆测了,他已经指明生殖细胞的染色体便是种质,并且明确地区分种质和体质,认为种质可以影响体质,而体质不能影响种质,在理论上为遗传学的发展开辟了道路。

(二)现代遗传学阶段

从1900年到现在,遗传学的发展大致可以分为四个时期:细胞遗传学时期、从细胞水平向分子水平过渡时期、分子遗传学时期和基因组-蛋白质组时期。

1. 细胞遗传学时期(1900—1940) 20世纪的头10年,科学家们除了验证孟德尔遗传规律的普遍意义外,还确立了一些遗传学的基本概念。研究工作从个体水平发展到细胞水平,并建立了染色体遗传学说。

1901 年，狄·弗里斯(H. de Vries)提出"突变学说"。

1902 年鲍维里(T. Boveri)、1903 年萨顿(W. S. Sutton)分别发现了遗传因子的行为与染色体行为呈平行关系，提出了染色体是遗传物质的载体的假设。

1906 年，贝特森(W. Bateson)把这个迅速发展的学科命名为 genetics，提出了等位杂合体、纯合体等术语，并发表了代表性著作《孟德尔的遗传原理》。genetics 由希腊词 to generate 而来。

1909 年，丹麦植物生理学家和遗传学家约翰森(W. L. Johannsen)称孟德尔式遗传中的遗传因子为基因，并且创立了基因型(genotype)和表现型(phenotype)的概念，把遗传基础和表现性状科学地区别开来。但是，他所说的基因并不代表物质实体，而是一种与细胞的任何可见形态结构毫无关系的抽象单位。因此，那时所指的基因只是遗传性状的符号，没有具体涉及基因的物质概念。

1910 年，摩尔根(T. H. Morgan)和他的学生及同事一起用果蝇进行遗传学研究，不仅证实了孟德尔遗传规律，提出了连锁互换规律，以及结合细胞学的成果，创立了以染色体遗传为核心的细胞遗传学(cytogenetics)；而且确定了基因是染色体上的分散单位，并以直线方式排列在染色体上，从而创立了基因学说(gene theory)。其主要内容有：种质(基因)是连续的遗传物质；基因是染色体上的遗传单位，有高度的稳定性，能自我复制和发生变异；在个体发育中，一定的基因在一定的条件下，控制着一定的代谢过程，从而体现在一定的遗传特性和特征的表现上；生物进化的材料主要是基因突变等论点。这是对孟德尔遗传学说的重大发展，也是这一历史时期的巨大成就。摩尔根所确立的连锁互换定律与孟德尔的分离和自由组合定律统称为遗传学三大基本定律。此后的遗传学就以基因学说为理论基础，进一步深入到各个领域进行研究，建立了众多的分支和完整的体系，并日趋复杂和精密。

1927 年，穆勒(H. J. Muller)和斯塔德勒(L. J. Stadler)分别在果蝇及玉米的试验中，证实了基因和染色体的突变不仅在自然情况下产生，而且用 X 射线处理也会产生大量突变。这种用人工产生遗传变异的方法，使遗传学发展到一个新的阶段，可是对于基因突变机制的研究并没有进展。基因作用机制研究的重要成果则几乎只限于动植物色素的遗传研究方面。

2. 从细胞水平向分子水平过渡时期(1941—1953)　　在这十几年的时间内遗传学有了突飞猛进的发展，研究的材料从真核转到了原核，研究遗传信息的传递从纵向转到了横向。遗传学更为深入地研究了材料的精细结构和生化功能，主要体现在以理化诱变和微生物作为研究对象。

1940 年，比德尔(G. W. Beadle)与其同事在红色面包霉链孢菌生化遗传的经典研究中，分析了许多生化突变体之后，认为一个基因的功能相当于一个特定的蛋白质(酶)，并于 1941 年提出"一个基因一个酶"的假说。以后的研究表明，基因决定着蛋白质(包括酶)的合成，故改为"一个基因一个蛋白质或多肽"。这为遗传物质的化学本质及基因的功能的研究奠定了初步的理论基础。

20 世纪 40 年代初，卡斯佩森(T. O. Caspersson)用定量细胞化学的方法证明 DNA 存在于细胞核中。以后又有人证明：DNA 是构成染色体的主要物质；同种不同细胞中 DNA 的质与量恒定；在性细胞中 DNA 的含量为体细胞的一半。

3. 分子遗传学时期(1953—1989)　　这一时期人们的研究重点是从分子水平上探讨基因的结构与功能，遗传信息的传递、表达和调控等。

20 世纪 40 年代中细胞遗传学、微生物遗传学和生化遗传学取得了巨大的成就，使得一些物理学家对研究生物学问题产生了浓厚的兴趣，特别是在量子力学家薛定谔的《生命是什么？》(1944)一书的影响下，不少物理学家和化学家纷纷投身于遗传的分子基础和遗传的自我复制这两个当时是生物学研究的中心问题当中。他们在研究中带进了物理学新理论、新概念和新方法。

美国青年化学家詹姆斯·沃森和英国剑桥大学生物化学家弗朗西斯·克里克都是在《生命是什么？》一书的影响下，意识到对生物学根本性的问题可以用物理学和化学的概念进行思考。二人在合作中根据对 DNA 的化学分析和对 DNA X 射线晶体学分析所得的资料，于 1953 年 4 月 25 日，在《自然》

杂志上发表一篇论文,描述了 DNA 的双螺旋结构,提出了 DNA 是由两条核苷酸链组成的双螺旋结构,正确地反映出 DNA 的分子结构。同年在英国科学杂志《自然》上发表了 3 篇论文,解决了 DNA 分子结构与基因的自我复制问题。由此而诞生了分子生物学,将生物学各分支学科及相关农学、医学的研究都推进到了分子水平,也是遗传学发展到分子遗传学新的里程碑。他们这一成果于 1962 年获得了诺贝尔生理或医学奖。

1961 年克里克和同事们用试验证明了他于 1958 年提出的关于遗传三联密码的推测。同年 Jacob 和 Monod 提出了大肠杆菌的操纵子学说,阐明了微生物基因表达的调节问题。1957 年 Nirenberg 等着手解译遗传密码。经多人努力于 1969 年全部解译出 64 种遗传密码。其他如 mRNA、tRNA 及核糖体的功能等也都先后在 20 世纪 60 年代得到了初步的阐明。由于这些成就,蛋白质生物合成的过程至 60 年代末也基本上弄清楚了,并验证了 1958 年克里克提出的"中心法则"。遗传密码及其破译解决了遗传信息本身的物质基础及含义的问题,而"中心法则"则解决了遗传信息的传递途径和流向问题。

分子遗传学取得的上述许多成就都是来自对原核生物的研究,在此基础上从 20 世纪 70 年代开始才逐渐开展对真核生物的研究。由于对细菌质粒和噬菌体,以及限制性核酸内切酶、人工分离和合成基因取得的进展,1973 年成功地实现了 DNA 的体外重组,人类开始进入按照需要设计并能动地改造物种和创造自然界原先不存在的新物种的新时代。由此掀起以 DNA 重组技术为核心的生物工程,不仅推动了整个生命科学的研究进展,还将成为改变工农业和医疗保健事业面貌、造福人类的巨大力量。

4. 基因组-蛋白质组时期(1990—) 目前,遗传学的前沿已从对原核生物的研究转向高等真核生物,从对性状传递规律的研究深入到基因的表达及其调控的研究。最具有代表性的工作当推 1990 年美国正式开始实施的《人类基因组作图及测序计划》,这是生物学中至今为止最重大的事件,也是遗传学领域中一个跨世纪的宏伟计划。计划的目的是要测定和分析人体基因组全部核苷酸的排列次序,揭示其所携带的全部遗传信息,并在此基础上阐明遗传信息表达的规律及其最终产生的生物学效应。这将对生物学和医学产生革命性的变革。历时 10 年,人类基因组"工作框架图"已在 2000 年 6 月 26 日宣布完成绘制,2003 年 4 月 14 日,美国、英国、日本、法国、德国、中国等国家的科学家宣布完成人类基因组的测序工作。我国主要研究的第 3 号染色体,共计 3 000 万个碱基对,约占人类基因组全部序列的 1%(中国科学院遗传所人类基因组中心杨焕明教授负责,1999 年 9 月加入这一计划)。

在人类基因组计划实施以后,其他动植物基因组计划也纷纷出台,如水稻、玉米、小麦、梅山猪、鸡等的基因组结构及其功能的研究,预计在相当一段时间内都会是分子遗传学、细胞分子生物学和分子生物学共同注意的中心问题,并开始形成一门新的遗传学分支——基因组学(genomics)。基因组学在 21 世纪将取得突破性进展,并带动生命科学其他学科的研究取得重大进展。由此可见,遗传学仍会占据未来生物学的核心地位。

过去遗传学的发展得益于生命科学的众多成就,以及物理学、化学、数学和技术科学的渗透。今后,多学科与遗传学的相互交叉与渗透会更加密切,在相互交叉与渗透中将会产生出许多崭新的科学概念,并在学科交叉和渗透的边缘上涌现出许多前沿领域。如随着人类基因组计划的进展,目前已出现了一门新的学科——生物信息学(bioinformatics),以处理、分析和解释遗传信息。这就必须有数学、逻辑学、计算机科学和分子遗传学、生物化学等多学科的科学家的参加,才能对研究中所获得的极大量的数据资料进行处理、分析,破译"遗传语言",并阐明它们的生物学意义。

迄今,遗传学已是一门成熟的、非常有活力的学科。自孟德尔奠基以来,世界上许多科学家对遗传学的发展做出了杰出的贡献,表 1 列举了遗传学史上重要的成就。

表 1　遗传学大事年表

年份	主要成就
1859	C. Darwin 出版巨著《物种起源》，提出了著名的进化论
1866	G. Mendel 发表了《植物杂交试验》的论文，开创了遗传学
1868	Friedrich Miescher 发现 DNA
1879	Walter Flemming 发现染色体，并描述了细胞分裂过程中染色体的行为
1900	H. de Vries，C. Correns 和 E. Tschermak 再次发现孟德尔规律
1902	W. S. Sutton 和 T. Boveri 提出染色体理论
1905	G. H. Hardy 和 W. Weinberg 提出哈迪-温伯格平衡定律
1910	T. H. Morgan 等发现连锁定律
1913	C. B. Bridges 发现减数分裂中染色体不分离现象，确证遗传的染色体学说
1925	F. Bernstein 对 ABO 血型提出复等位基因控制的学说
1927	H. J. Muller 等以 X 射线诱发突变
1928	F. Griffith 发现肺炎双球菌的"转化"现象
1931	H. B. Crighton 和 B. McClintock 以玉米为材料证明了染色体的交换重组 C. Stern 以果蝇为材料证明了染色体的交换重组
1933	A. W. K. Tiselius 发明电泳的方法
1941	G. W. Beadle 和 E. L. Tatum 发表了"一个基因一个酶"学说
1944	O. T. Avery 等进行了体外转化试验，证实遗传物质是 DNA 而不是蛋白质
1951	B. McClintock 首先发现了玉米中的"跳跃基因" L. Pauling 和 R. B. Corey 提出蛋白质结构的 α 螺旋模型 F. Sange 和 H. Tuppy 用纸层析首次分析了胰岛素的氨基酸的顺序
1952	A. D. Hershey 和 M. Chase 用标记噬菌体感染试验再次证实遗传物质是 DNA，而不是蛋白质
1953	J. D. Watson 和 F. H. C. Crick 建立了 DNA 的双螺旋模型 R. Franklin 和 M. H. F. Wilkins 拍摄到清晰的 DNA 晶体的 X 衍射照片
1954	G. Gamow 首先发表破译遗传密码的研究论文，提出脱氧核糖核酸和蛋白质结构具有潜在的相关性。推测遗传密码是三联密码 P. C. Zamecnik 和 E. B. Keller 建立了蛋白质体外合成技术
1956	A. Gierer 和 G. Schramm 发现烟草花叶病毒里的遗传物质是 RNA
1958	M. Meselson 和 F. W. Stahl 用同位素标记试验证实了 DNA 的半保留复制 A. Kornberg 从大肠杆菌中分离到 DNA 聚合酶
1959	S. Ochoa 分离到第一种 RNA 聚合酶
1960	Sydney Brenner，Francis Crick，Francois Jacob 和 Jaque Monod 发现信使 RNA（mRNA）
1961	F. Jacob 和 J. Monod 提出了操纵子模型
1964	R. Holliday 提出了 DNA 重组模型 H. Termin 发现 RNA 肿瘤病毒的原病毒形式
1965	R. W. Holley 等首次分析出酵母丙氨酸 tRNA 的全部核苷酸序列 M. G. Weigert 和 A. Garen 发现终止密码子 UAG 和 UAA 中国科学家完成了牛胰岛素的全合成

续表1

年份	主要成就
1966	Marshall Nirenberg，Har Gobind Khorana 和 Robert Holley 阐明完整的遗传密码
1967	Mary Weiss 和 Howard Green 使用体细胞杂合技术推进人类基因图谱绘制
1970	H. M. Temin，S. Mizutani 和 D. Baltimore 分别发现了 RNA 反转录酶
	H. O. Smith 和 K. W. Welcox 发现了限制性内切酶
1972	D. A. Jackson，R. H. Symons 和 P. Berg 创建 DNA 体外重组
1973	S. R. Cohor，A. C. Y. Chang，H. W. Boyer 和 R. B. Holling 首次在体外构建具有功能的细菌质粒
1975	P. H. O'Farrell 建立高分辨双向蛋白电泳
	G. Kohler 和 C. Milstein 建立单克隆抗体制备技术
	Mary-Claire King 和 Allan C. Wilson 发现人类和猩猩的基因相似度达 99%
1977	Walter Gilbert，Allan M. Maxam 和 Frederick Sanger 发明了 DNA 测序技术
	S. M. Berget，C. Moore 和 P. A. Shap 发现腺病毒中存在内含子和外显子，提出了断裂基因的新概念
1978	David Botstein 开创核酸限制性片段长度多态性分析技术，用于标志不同个体间的基因差别
	美国开始借助基因技术用大肠杆菌批量生产人胰岛素
1979	H. J. Wang 和 A. Rich 提出 Z-DNA 模型
1980	D. Botstein，R. L. White，M. Skolnick 和 R. W. Davis 用限制性片段长度的多态性构建人类遗传学连锁图
1981	S. Banerji，S. Rusconi 和 W. Shaffner 发现增强子
	中国科学工作者完成了酵母丙氨酸 tRNA 的人工合成
1983	K. Mullis 发明聚合酶链式反应（PCR）技术
1986	R. Benne 等发现 RNA 编辑的现象
1987	D. T. Burke，G. F. Carle 和 M. V. Olson 构建了酵母的人工染色体 YAC
1988	人类基因组组织（HUGO）成立
1989	M. A. Rould 等报道了 *E. coli* 中氨基酰-tRNA 合成酶的结构和功能
1990	美国正式启动人类基因组计划。随后，德国、日本、英国、法国和中国也相继加入该计划
1991	B. Blum，N. R. Sturm，A. M. Simpson 和 L. Simpson 提出了 RNA 编辑的转酯反应模型
1992	美、法科学家分别完成人类 Y 染色体和 22 号染色体的物理图谱
1993	D. D. Luan 等提出了长分散序列的反转录机制也是归巢的一种机制
1994	T. B. Perler，E. O. Davis 等提出"内蛋白子"的概念
1995	美、法科学家公布了有 15 000 个标记的人类基因组的物理图谱
1996	W. F. Dietrich 等绘制了小鼠基因组的完整遗传图谱
	酵母基因组测序完成
1997	I. Wilmut 利用绵羊乳腺细胞的细胞核成功地克隆了一只小羊"多利"
1998	结核分枝杆菌以及梅毒螺旋体基因组测序完成
	线虫基因组测序完成
	日本科学家用一头成年牛的体细胞克隆出 8 头克隆牛犊
	上海医学遗传研究所与复旦大学遗传学研究所的专家经多年合作，已获得 5 只与人凝血第九因子基因整合的转基因山羊
1999	国际人类基因组计划联合研究小组完整地破译出人类第 22 号染色体的遗传密码
	上海医学遗传研究所成功培育出了中国第一头转基因试管牛，其乳汁中的药物蛋白含量提高 30 多倍

续表1

年份	主要成就
2000	果蝇和拟南芥的基因组测序完成 Craig Venter 和 Celera 公司和人类基因组计划相继宣布,人类基因组草图完成 中国西北农业大学首次完成世界第一例克隆山羊
2001	Craig Venter 公布了绘制人类蛋白质组图谱的计划
2002	水稻、小鼠、疟原虫和按蚊基因组测序完成
2003	人类基因组计划宣布,人类基因组序列图绘制成功,人类基因组计划的所有目标全部实现
2003—2012	ENCODE (encyclopedia of DNA elements)计划完成

第三节　动物遗传学与其他学科的关系及其应用

一、动物遗传学与其他学科的关系

动物遗传学与生物化学的关系最为密切,和其他许多生物学分支学科之间也有密切关系。例如,发生遗传学和发育生物学之间的关系,行为遗传学和行为生物学之间的关系,生态遗传学和生态学之间的关系等。此外,遗传学和分类学之间也有着密切的关系,这不仅因为在分类学中应用了 DNA 碱基成分和染色体等作为指标,而且还因为物种的实质也必须从遗传学的角度去认识。

各个生物学分支学科所研究的是生物各个层次上的结构和功能,这些结构和功能无一不是遗传和环境相互作用的结果,所以许多学科在概念和方法上都难于离开遗传学。例如激素的作用机制和免疫反应机制一向被看作是和遗传学没有直接关系的生理学问题,可是现在知道前者和基因的激活有关,后者和身体中不同免疫活性细胞克隆的选择有关。

动物遗传学是在动物育种实践基础上发展起来的。在人们进行遗传规律和机制的理论性探讨以前,动物育种工作只限于选种和杂交。动物遗传学的理论研究开展以后,育种的手段便随着对遗传和变异的本质的深入了解而增加。

二、动物遗传学的应用

(一)提高农畜产品的产量

许多畜、禽,如鸡、猪的基因图谱已经绘制出来,将大大帮助人类更好地管理和控制家畜和家禽,即利用基因操作技术驾驭它们的繁殖、生长、消亡以至改变它们的品性。如利用生物技术开发的家禽品种生长速度加快,产蛋率提高。

(二)控制动物性别

家畜性别控制技术是通过对动物的正常生殖过程进行人为干预,使成年雌性动物产出人们期望性别后代的一门生物技术。目前根据动物性别决定理论来控制动物性别已在奶牛和家禽中得到应用。

(三)定向控制遗传性状

现在人们已在鸡、猪、绵羊及牛等家畜中鉴别出了一些控制疾病等遗传性状的基因,通过提高这些特定基因在群体中的频率以及实施严格选种等措施,可望提高某一遗传性状甚至培育出具有特殊遗传性状的新品种。

三、学习遗传学的目的和要求

三十多年改革开放,大农业的结构发生了深刻的变化,从"吃得饱"到"吃得好"的转变,要求为人们提供更多更好的奶、肉、蛋等畜产品。所以学习遗传学,一是为了掌握近代遗传学的基本知识、基础理论、基本试验方法,并为学习相关课程和专业课打下基础。二是要把遗传学的基本原理、方法和技术,应用到发展动物科学的生产实践中去,查明丰富的宝贵的畜禽资源,培育优质、高产、抗病的品种,预防和控制畜禽遗传病的发生,为促进我国畜牧业的发展多作贡献。三是学习遗传学对于提高我国各个民族的遗传素质,提高我国人口的素质都有重要的社会意义。

思 考 题

1. 名词解释:
遗传学 种质 遗传 变异
2. 遗传学是遵循什么思想在发展的?为什么?
3. 动物遗传学研究的内容有哪些?
4. 20 世纪遗传学取得惊人进展的原因有哪些?
5. 简述动物遗传学在动物生产中的作用。
6. 遗传学发展有哪几块重要的里程碑?
7. 你如何评价魏斯曼的种质学说?
8. 为什么说遗传学是生命科学的基础学科和带头学科?
9. 遗传学的应用前景如何?
10. 遗传学发展的关键领域是什么?

第一章　细胞遗传学基础

　　众所周知,细胞(cell)是生物体的基本结构单位,也是进行生命活动的基本功能单位。地球上生活着的动植物和微生物中,除了病毒和立克次氏体之外,都是由细胞组成的。少则一个细胞,如细菌、草履虫等,多则由亿万个细胞组成复杂的生命有机体,其每个细胞不但能独立地起作用,而且在整个有机体中协调地行使着功能。

　　在所有生物的整个生命活动中,繁殖后代是生物得以世代延续的一个必要环节,而只有通过繁殖后代才表现出遗传和变异、适应和进化等重要的生命现象。不同生物的繁殖方式是不同的,然而不论是无性繁殖还是有性繁殖,又都是以细胞为基础,通过一系列构成细胞物质的复制、分裂而完成的。所以,为了研究生物遗传和变异的规律及其机理,必须首先了解细胞的结构和功能、细胞增殖的方式及其与遗传的关系。

第一节　细胞结构和功能

　　细胞一般很小,只有在显微镜下才能看到。细胞大小的度量单位一般用微米(μm)。最小的细胞是支原体,其直径为 0.1 μm;而最大的细胞是鸵鸟的卵细胞,其直径可达 5 cm 左右。不仅细胞的大小相差悬殊,而且细胞的形状也是多种多样的。但是,各种生物的细胞都有共同的结构。动物细胞一般都由细胞膜、细胞质和细胞核三部分组成(图 1-1)。

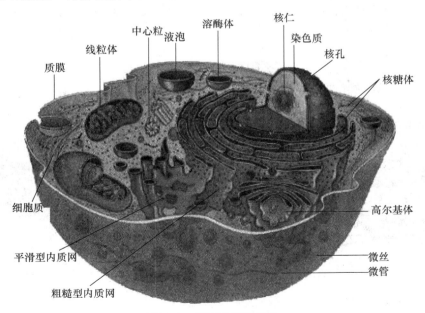

图 1-1　细胞结构模式图

一、细胞膜

动物细胞的最外层包被一层薄膜,借此和环境分开,使细胞成为有一定形态的结构单位,这层薄膜就是细胞膜(cell membrane)或称质膜(plasma membrane)。膜的厚度,因细胞种类而异,一般为7.5~10 nm。细胞膜由三层组成,两层蛋白质中间夹着磷脂双分子层。在蛋白质层内,磷脂烃链与表面垂直,其极性区域位于外侧,并与蛋白质分子相结合。在细胞膜上有很多小孔,称为膜孔,是细胞与外界之间联系的通道。

细胞膜对细胞生命活动具有重要作用。它具有保护细胞的功能,和吸收、分泌、内外物质交换及细胞间的连接等密切相关,并借以调节、维持细胞内微环境的相对稳定性。细胞膜能主动而有选择地通透某些物质,阻止细胞内许多有机物质的渗出,调节细胞外某些营养物质的渗入。细胞膜上存在着多种蛋白质,特别是酶,对于细胞外物质透过细胞膜具有关键性作用。近年来的研究证明,细胞膜在遗传信息的传递、能量转换、代谢调控、细胞识别和癌变等过程中都发挥了重要作用。

细胞膜不仅是保持细胞形状的支架,有保护细胞免受外界环境损害的能力,还是细胞与外界环境之间联系的唯一途径,也是进行许多化学反应的表面。哺乳动物细胞的表面,存在着各种表面抗原,不同物种的细胞间或同一物种不同遗传类型的细胞间,表面抗原都有差别,有着其特异性,而且这种特异性是遗传的,在遗传学上具有重要意义,可以用于区别、选择、鉴定不同类型的个体及细胞。例如,有 B^{21} 抗原的鸡对马立克氏病有抵抗力;有 B^2 抗原的鸡对淋巴白血病有抵抗力等等,因此,应用此特性,以某种特异性抗原为选育指标,可以培育出相应的抗病品系。

细胞膜的另一个重要特性是有选择地通透某些物质:它既能阻止细胞内多种有机物如糖类和可溶性蛋白的渗出,又能调节水、盐类及其他营养物质的进入。细胞一旦死亡,这种调节能力也就随之消失。附在类脂层外的蛋白质属于"周边蛋白质",它的功能和细胞的吞噬、胞饮作用,变形运动,以及细胞分裂时细胞膜的分割有关。膜中间的"内在蛋白质"含量较多,有时占膜蛋白质总量的70%~80%,其中有的是转运膜内外物质的载体(carrier),有的是接受某些激素或药物的受体(receptor),有的是具有个体特异性的抗原(antigen),有的是具有催化作用的酶,还有的是能量转换器等。这些蛋白质分子,在细胞表面可以和糖分子结合成糖蛋白(glycoprotein),在膜的外侧面的类脂分子也有一部分与糖分子结合成糖脂(glycolipid)形式存在(图1-2)。

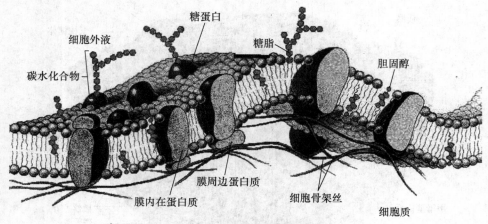

图1-2 细胞膜的模式图

二、细胞质

细胞膜以内环绕着细胞核外围的原生质呈胶体溶液即为细胞质(cytoplasm)。主要成分是蛋白质、核酸、无机盐和水。在细胞质中分散着各种细胞器,细胞器是细胞质内除了核以外的,一些具有一定形态、结构和功能的细胞成分。细胞器主要有以下几种:

1. 线粒体(mitochondria)　除了细菌、蓝藻和人体成熟红细胞外,线粒体普遍存在于动植物的需氧细胞中。其形状、体积大小不一,一般呈线状、杆状或颗粒状。线粒体的数量、大小和内部结构,常因细胞种类和生理状态的不同而有很大的差异。在需要能量较多的细胞中,线粒体的数目多、个体大,内部结构也较为复杂。线粒体由内外两层膜所包围。外膜光滑,内膜向内回旋折叠,形成许多横隔。其内、外膜上附有丰富的氧化酶系颗粒。线粒体通过细胞呼吸作用,能将细胞质中糖酵解,产生丙酮酸,进一步氧化产生能量。因而线粒体成为细胞氧化作用和呼吸作用的中心。它产生的含有高能键的三磷酸腺苷(ATP)为细胞活动提供动力。因此,线粒体是细胞形成 ATP 的重要场所,以提供细胞所需能量,被称为细胞的"动力站"。线粒体 DNA 能够自我复制,并有自己的遗传体系。线粒体 DNA 与同细胞核内的 DNA 在碱基成分上不同,即鸟嘌呤和胞嘧啶碱基对的含量有别;而且没有同组蛋白结合,发现为裸露的环状 DNA。但线粒体 DNA 的功能,在某种程度上仍受核 DNA 控制,因此一般认为线粒体在遗传上有一定的自主性。

2. 核糖体(ribosome)　即核糖核蛋白体,是很微小的细胞器。每个核糖体由大小两个亚单位构成直径为 15～20 nm 的一个单体,通常串联成多核糖体。它们可以游离在细胞质中或细胞核里,也可以附着在内质网上。核糖体是由大约 40% 的蛋白质和 60% 的 RNA 组成,其中 RNA 主要是核糖体 RNA(rRNA)。核糖体是合成蛋白质的主要场所。

3. 内质网(endoplasmic reticulum)　它是由一层单位膜所组成的一些形状大小不同的小管、小囊或扁平囊。在细胞质中,由这些小管、小囊或扁平囊连接成的网状系统,在细胞质中有的围绕细胞核作同心圆层次排列,有的呈紧密平行的片层结构,接近细胞核的部分可以与核膜通连,靠近细胞膜的部分又可以和细胞膜相接。内质网的形状和数量常因细胞的类型、生理状态和环境变化而有所不同。

有的内质网外边附有许多核糖体,称粗糙型内质网(granular endoplasmic reticulum),是蛋白质合成的场所。没有附着核糖体的内质网,称平滑型内质网(smooth endoplasmic reticulum),它跟脂类物质的合成、糖原及其他碳水化合物的代谢有关。这样,通过内质网的膜间腔隙能形成从核膜到细胞质膜的通路,是往细胞内输送合成原料和把最终产物运输到细胞外去的通道,也为细胞空间提供了支持的骨架。

4. 高尔基体(Golgi body)　是位于细胞核周围及内质网附近的一些由光滑的膜围成的扁平囊状结构以及散布在它们周围的许多较小的囊泡,也有人认为高尔基体是光滑内质网的延续部分。高尔基体与细胞内物质的聚集、储存和转运有关,具有贮存和分泌细胞内新合成物质的功能。

5. 中心体(centrosome)　是动物细胞和低等植物细胞所特有的细胞器。其位置接近细胞的中央,在核的一侧,故称中心体。由九根细管组成,每根细管又由三根微管组成,每根微管内伸出的纺锤丝能够附着于染色体的着丝点。中心体在细胞分裂时起重要作用,随着纺锤丝收缩,能够牵引染色体移动。

6. 溶酶体(lysosome)　是动物细胞中的一种能够消化或溶解物质,呈球状的小囊泡。它被一层单位膜包围,内含多种消化酶,其中包括蛋白酶、核酸分解酶、糖苷酶等等,起着细胞内消化作用,不仅消化细胞内的物质与外来颗粒,还能发挥细胞自溶作用,分解外来的有害物质和体内已经破坏或衰老的细胞。

三、细胞核

所有真核细胞都具有细胞核(nucleus)。虽然少数细胞,如动物的红细胞在成熟后细胞核随即消失,但在其生活的一定时期还都是有核的。大部分动物细胞中只有一个核,有些细胞也可以有两个或多个核,如乳汁管细胞以及骨髓的破骨细胞内都具有多个核。

(一)细胞核的大小

细胞核一般占细胞体积的 10% ～ 20%，在细胞的不同生活时期，在生长和分裂过程中核会发生一系列有规律的变化。大多数细胞核的大小在 5 ～ $30\ \mu m$，最小的不足 $1\ \mu m$。许多生殖细胞的核很大，如卵母细胞、合子，核的大小可达 $400\ \mu m$。核的大小亦随细胞的周期不同而变化，分裂的间期细胞核一般大于刚分裂后的细胞核。多倍体的细胞核通常大于二倍体细胞核。代谢活跃和生理性强的细胞核大于不活跃者。

(二)细胞核的形态和位置

细胞核一般呈圆球形或椭圆形，也有杆状或丝状的，核的形状常与细胞的形状相适应。细胞核一般位于细胞中央，在有中央液泡或大量内含物时，细胞核往往被挤到外围薄层的细胞质中。

(三)细胞核的组成

细胞核由核膜、核质和核仁所组成。

1. **核膜**（nuclear membrane 或 nuclear envelope） 核膜包围在核的外围，是细胞核与细胞质的界膜，为双层多孔性膜。核外表的一层薄膜称核外膜，在核内表面的一层膜叫核内膜。核内膜常与染色体相接触，核外膜常向细胞质延伸和内质网相通连。核膜上布满小孔，称核膜孔，是细胞核与细胞质进行物质交换和遗传信息传递的通路，核膜孔的通透性是具有选择性的。核膜是进化的产物，它的出现把遗传信息的载体——染色质与细胞的其他部分隔开，有利于遗传信息的保存、复制、传递及发挥其对细胞代谢和发育的指导作用，并可防止受其他干扰，保持相对的稳定性。细胞核在有丝分裂时，核膜消失，裂成碎片，加入了内质网。当新核生成时，内质网上相应片段围绕新核拼成新的核膜。

2. **核质**（nucleoplasm） 核膜以内，核仁以外的物质，称为核质。核质由染色质和核液组成。在光学显微镜下，处于分裂间期的细胞核，其核质是均匀一致的，但一经固定、染色处理后，核质则呈现出不同的反应，其中着色较深的物质是染色质，其他不着色或着色极浅的物质，就是核液。

3. **核仁**（nucleolus） 核仁是细胞分裂间期，核内悬浮在核液中的一个或数个折光率很强而均质的球体，同核膜一样，它是真核细胞所特有的结构。细胞衰老时，核仁有合并的倾向，其数目会减少。核仁没外膜，它的物质直接与核液相接触。核仁由 DNA、RNA 和蛋白质所组成，其中所含的 RNA 和蛋白质的比率大于染色体。核仁的主要功能是合成核糖体 RNA（rRNA），它是构成核糖体的主要成分，因此与蛋白质的合成有关。一般情况下，可见到核仁结构中有染色质通过，而细胞分裂结束时，染色体的特定部位上（次缢痕处）将形成核仁，这个部位就被称为核仁组织者（nucleolar organizer）或核仁区（nucleolar zone），它是合成 rRNA 和装配核糖体的场所。

4. **染色质**（chromatin） 在细胞分裂间期，细胞核中极易吸收碱性染料，着色很深的物质叫染色质，是细胞核的重要成分。1879 年，Flemming 提出了染色质（chromatin）这一术语，用以描述染色后细胞核中强烈着色的细丝状物质。在细胞间期的大部分时间，染色质处于一种高度分散、伸长到最大长度并且很细的状态，经过固定、染色处理后，可以看到呈不规则的、丝状或网状结构的物质，这就是染色质。当进入细胞分裂期，染色质高度螺旋化，缩短变粗，表现为有一定形态和数目的粒状或杆状小体，叫染色体（chromosome）。染色质和染色体实际上是同一物质在细胞分裂过程中不同时期所表现的不同形态。当有丝分裂结束进入间期，染色体解螺旋化，又回复到染色质状态。这也说明，这种物质是连续存在的。

通过对细胞基本构造和功能的初步探讨，可知细胞内各种结构和功能之间是相互联系、彼此协调的，只有保持细胞的完整性，才能表现正常的生命活动。从结构上看来，整个细胞是一个复杂的膜系统，通过膜的相互连接和贯通构成了一个精巧严密的结构，从外面的细胞膜到内质网及核膜之间可以形成一个管道系统。它一方面给细胞提供了支持的骨架，更重要的是在细胞内部增加了各种分子相互作用和细微结构附着的界面，使一系列代谢活动得以有条不紊地正常进行。另一方面，通过核膜孔使核内物质和细胞质成分彼此交流，给蛋白质的合成和遗传信息的传递创造了条件。正是由于膜、质、核的三相结构在形态发生上密切相关，在生理上又互相配合，构成了一个完整的统一体，才保证了细胞生命活动的正常进行。

第二节　染色体

染色体是遗传信息的主要携带者,是细胞核内明显的结构单位。它能自我复制并通过细胞分裂将携带的遗传信息一代一代地延续下去,从而保证遗传信息的稳定性。1848 年,Hofmeister 从鸭跖草的小孢子母细胞中发现染色体。1888 年,Waldeyer 正式定名为染色体(chromosome)。1928 年摩尔根证实了染色体是遗传基因的载体,它的形态和数目常常影响生物的遗传性状,所以研究染色体及其变化规律与生物遗传、变异、发育和进化的关系,对于了解生物的遗传变异、系统演化、性别决定、个体发育和生理过程的平衡控制等都具有重要作用。

一、染色体形态及数目、大小

染色体的形态和数目在不同的物种中是不同的,而且比较恒定,即具有种的特异性;在世代传递的过程中,每一物种其染色体的形态和数目保持不变,这也显示了染色体的连续性。因此,研究染色体的形态和数目,对于鉴别生物的种类、了解生物间的进化关系以及探讨生物的遗传变异等,都是非常重要的。

（一）染色体的形态

在真核生物中,当细胞未分裂时,染色体呈现高度伸展和分散的状态,没有固定的形态结构,此时的染色体状态称为染色质。后来的研究证明染色质和染色体是同一物质在不同细胞周期中的形态表现。在细胞分裂中期时,在高倍光学显微镜下能看到染色体的某些典型外部形态,它是一种外有表膜,内含基质,中间充满染色丝的圆柱体结构,称之为染色体。染色体以染色丝(chromonema)为主要的结构基础,每一个染色体有两条平行的染色丝。这两条染色丝由盘曲的相互缠绕着的染色单体构成,染色丝贯穿于整个染色体。染色丝上往往含有许多容易着色的颗粒,叫作染色粒(chromomere)。染色丝的周围是一些透明物质,叫作染色体基质(chromosome matrix)。

典型的染色体可分辨出着丝粒(centromere)、长臂(long arm,用 q 表示)、短臂(short arm,用 p 表示)、端粒(telomere)和随体(satellite)等结构(图 1-3)。

1. 着丝粒(centromere)　在染色体的一定位置上有一不易着色的区域,称为着丝粒。着丝粒是由连续的染色丝及上面的染色粒构成的。在细胞分裂过程中,着丝粒是纺锤丝附着的地方,对染色体向细胞两极移动具有决定性的作用。着丝粒是染色体最显著的特征之一,由于在着丝粒处染色丝螺旋化程度低,DNA 含量少,所以着色浅或不着色。绝大多数生物染色体只有一个着丝粒,也有具有两个着丝粒的染色体,称为双着丝粒染色体,这种染色体通常由于结构的变异所致。

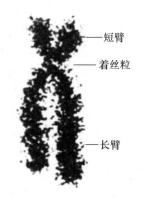

图 1-3　电镜下染色体
形态模式图

着丝粒和着丝点(kinetochore)是两个不同的概念,着丝粒为染色质结构,将染色体分成两臂;而在着丝粒两侧各有一个蛋白质构成的盘状或球状结构,为着丝点。

着丝粒含 3 个结构域:着丝点结构域(kinetochore domain)、中心结构域(central domain)和配对结构域(paring domain)。

染色体是一条完整的双链 DNA 分子,着丝粒是连接两臂 DNA 的相对保守的一段特殊的 DNA 序列。该区段长 110～120 bp,其中,中间大约为 90 bp 的富含 A＋T(90％)的中间序列,两侧为保守序列的边界序列。着丝粒在每个染色体上的位置是恒定的,根据着丝粒的位置不同可以将染色体分为以下4种主要类型(图 1-4 和表 1-1)。

图 1-4　染色体的各种形态

1、5. 中央着丝粒染色体　2. 亚中央着丝粒染色体　3. 亚端着丝粒染色体　4. 端着丝粒染色体

(1)中央着丝粒染色体　着丝粒位于染色体中央,分开的染色体两臂长度大致相等,在细胞分裂后期,由于附着在着丝粒上的纺锤丝的牵引,使染色体呈 V 形。

(2)亚中央着丝粒染色体　着丝粒位于染色体偏中央,分开的染色体两臂长度稍有不等。

(3)亚端着丝粒染色体　着丝粒偏向于染色体的一端,分开的染色体两臂长度不一,在细胞分裂后期,由于纺锤丝的牵引,使染色体近似于 L 形。

(4)端着丝粒染色体　如果着丝粒接近于染色体顶端,则形成的单臂染色体近似于棒形。

表 1-1　染色体的各种形态

名称	符号	臂比*
中央着丝粒染色体	metacentric chromosome,m	1～1.7
亚中央着丝粒染色体	submetacentric chromosome,sm	1.7～3.0
亚端着丝粒染色体	subtelocentric chromosome,st	3.0～7.0
端着丝粒染色体	telocentric chromosome,t	7.0～∞

* 臂比 $= q/p$。

2. 主缢痕(primary constriction)　就是着丝粒所在的地方,染色体的直径较小,形成一个狭窄区,没有染色基质。染色体在主缢痕处能够弯曲,这是区别于其他缢痕的主要特点。

因为着丝粒是细胞分裂时纺锤丝附着的地方,而且染色体仅在主缢痕处能够弯曲,所以着丝粒的位置决定着染色体在细胞分裂后期的形态及着丝粒分开染色体两臂长度的比例。

3. 次缢痕(secondary constriction)　在某些染色体的一个臂上还有一处直径较小、染色较浅的缢缩部分,叫次缢痕,它是某些染色体所特有的形态特征。次缢痕在染色体上的位置固定、形态不变,通常在短臂的一端。一般短小的染色体上没有次缢痕。染色体在次缢痕处不能弯曲,也不形成角偏差,以此与主缢痕相区别。在细胞分裂将结束时,核仁总是出现在次缢痕的位置,因而被称为核仁组织区(nucleolar organizing regions,NORs),是核糖体 RNA(rRNA)基因所在的区域,其精细结构呈灯刷状。能够合成核糖体的 28S、18S 和 5.8S rRNA。可见,次缢痕是核仁附着的部位,它反映了染色体 DNA 在分子结构上的变化和染色体片段的卷曲状态与其功能的关系。

4. 随体（satellite）　有的染色体次缢痕的末端连着一个球形或棒形染色体小段,称随体。其大小可以发生变化,大的可以和染色体直径相同,小的可以小到不易辨认。随体的有无、形态和大小,也是鉴别染色体的依据之一。具有随体的染色体,称随体染色体(satellite chromosome)。

5. 端粒（telomere）　端粒是染色体末端的一段特殊 DNA 序列,是染色体的自然末端。端粒是一条完整染色体不可缺少的,就像套在染色体末端的一顶"帽子",对染色体起封口作用,保持了染色体的完整性和独立性。端粒与染色体在核内的空间分布及减数分裂同源染色体配对有关。端粒起到细胞分裂计时器的作用,端粒核苷酸复制和基因 DNA 不同,每复制一次减少 50～100 bp,其复制要靠具有反转录酶性质的端粒酶(telomerase)来完成。端粒的存在使染色体具有极性,保证了染色体在分裂周期和减数分裂中的正常行为。

端粒通常由富含鸟嘌呤核苷酸 G 的短串联重复序列和端粒蛋白构成,从形态上端粒几乎无法辨认,没有任何特殊的特征。同一个细胞内所有染色体的端粒都含有重复序列,如人染色体上端粒的重复序列为 TTAGGG。不同物种染色体端粒的重复序列存在差异,但是有明显的同源性,如原生动物四膜虫(*Tetrahymena*)的重复序列为 TTGGGG,拟南芥(*Arabidopsis thaliana*)为 TTTAGGG。串联重复的次数在不同生物之间、同一种生物的不同细胞之间以及不同染色体之间存在差异,通常在2~20 kb。

端粒蛋白又称端粒酶,由 RNA 和蛋白质组成,具有逆转录酶的性质。染色体 DNA 复制时,端粒区的 DNA 序列并不是由 DNA 聚合酶同时合成的,而是由端粒酶合成的。端粒酶能在缺少模板的情况下(自身携带模板)延伸端粒 DNA 片段。端粒复制的爬行模型认为,当 DNA 复制进行到染色体末端时(沿 $5'\rightarrow 3'$ 方向),首先在端粒酶的作用下,不断地合成端粒的 6 碱基重复序列,直到一定的长度,然后通过特殊的 G-C 配对回折,形成一个发卡环,最后由 DNA 聚合酶继续延伸合成 DNA,同时填补 RNA 引物被切除后所留下的空缺,完成端粒 DNA 的复制。

以前人们不知道端粒酶的功能,现在弄清楚其作用与细胞分裂有关。在真核生物生殖细胞中能够检测到端粒酶的活性,但体细胞内通常情况下不含端粒酶。因此,体细胞每分裂一次,端粒就缩短一些,达到一定程度时,细胞就进入凋亡(apoptosis)。

在同一种细胞中,染色体的形态、大小,着丝粒及主缢痕的位置,次缢痕及随体的有无都是相对固定的,因此,都可以作为染色体的标志。

(二)染色体的数目和大小

生物的细胞核内都有一定数量的染色体。任何物种都有其特定的染色体数目(表 1-2)。不同物种间染色体数目差异很大,血缘关系相近的种类之间,染色体的数目也接近。染色体数目多少,并不反映物种的进化程度。不同物种生物间有时虽然染色体数目相同,但其形态、结构都有差异,例如山羊和黄牛。因此,只有特定形态、结构和数目的染色体才能反映物种的特征。

表 1-2 部分动物的染色体数目

动物名称	染色体数目(2n)	动物名称	染色体数目(2n)
人类(*Homo sapiens*)	46	兔(*Oryctolagus cuniculus*)	44
黄牛(*Bos taurus*)	60	狗(*Canis familiaris*)	78
水牛(*Bubalus carabanesis*)	48	小鼠(*Mus musculus*)	40
绵羊(*Ovis aries*)	54	大家鼠(*Rattus norvegicus*)	42
山羊(*Capra hircus*)	60	猫(*Felis cattus*)	38
马(*Equus caballus*)	64	家蚕(*Bombyx mori*)	56
驴(*Equus asinus*)	62	蜜蜂(*Apis mellifera*)	雌 32,雄 16
鸡(*Gallus gallus*)	78	果蝇(*Drosophila melanogaster*)	8
鸭(*Anas platyrhyncha*)	78	猪(*Sus scrofa*)	38

同一物种生物的染色体数目是恒定的,并且同一物种生物体中,每个细胞的染色体数目也都是相同的。在其世代延续中,染色体的数目也是一直保持不变的,从而保证了物种能够相对稳定地遗传下去。

在体细胞中,染色体是成对存在的。在每个体细胞中,两条形态、结构和大小等特性完全一样的染色体叫同源染色体。同源染色体中,一条来自父方,另一条来自母方,每对同源染色体的长度、直径、形状和着丝粒的位置以及染色粒的排列都是相同的。与同源染色体这个概念相对应的是非同源染色体。

一对染色体与另一对形态结构不相同的染色体互称非同源染色体。在动物性细胞形成过程中,由于减数分裂,配子中只含有体细胞中成对的同源染色体的一半。

在一般情况下,动物体细胞的染色体都包含两组相同的染色体,将含有两个染色体组的细胞或个体称二倍体,用 $2n$ 表示。它们的配子在性细胞内则只含有一组染色体,将一个染色体组的细胞或个体叫作单倍体,用 n 表示。在体细胞成对存在的染色体中,只有一对染色体的形状和大小在雌雄两性间表现不相同,这对染色体往往和动物的性别决定有关,称为性染色体(sex-chromosomes)。性染色体以外的染色体在雌雄两性间形状和大小都相同,称为常染色体(autosomes)。

染色体通常长 $0.5 \sim 30 \ \mu m$,直径 $0.2 \sim 3 \ \mu m$。试验证明,不同物种染色体大小不同。在动物中,蝗虫、蟾蜍的染色体大,而鸡的染色体多数较小。即使同一个体的不同组织其染色体大小也不同,如:人外周血淋巴细胞染色体大,而成纤维细胞的染色体小。一般说来,植物的染色体较大,动物的染色体较小。

（三）染色体的变异类型

常见的正常染色体都具有上述形态和结构特点,但在专化的组织或某些物种或种群中,存在着一些非标准的或不常见的染色体。

多线染色体(polyene chromosomes):是意大利的 Balbiani 在 1881 年从双翅目昆虫摇蚊(Chironomus)幼虫的唾腺细胞中发现的。它比一般体细胞染色体粗 $1\ 000 \sim 2\ 000$ 倍,长 $100 \sim 200$ 倍,1993 年 Painter、Heitz 和 Bauer 又分别在果蝇和其他蝇类幼虫的唾腺细胞里观察到巨型染色体。其特点是:①体积巨大。这是由于核内有丝分裂的结果,即染色体多次复制而不分离。②多线性。每条多线染色体由 $500 \sim 4\ 000$ 条解旋的染色体合并在一起形成。③体细胞联会。同源染色体紧密配对,并合并成一个染色体。④横带纹。染色后呈现出明暗相间的带纹。⑤膨突和环。在幼虫发育的某个阶段,多线染色体的某些带区疏松膨大,形成膨突(puff)或巴氏环(Balbiani ring)。

灯刷染色体(lampbrush chromosomes):在染色体主轴的两侧有许多精细而对称的环状凸出,状如灯刷,故名灯刷染色体。到目前为止,已先后在两栖类、爬行类、鱼类等动物中发现了灯刷染色体。

灯刷染色体的环状物含有大量的 DNA、RNA 和蛋白质。现在认为,灯刷染色体中的侧环在 RNA 合成中很活跃,侧环由染色粒上伸展出来,成为合成 RNA 的模板。细胞进入中期,灯刷染色体环状物即消失。

环状染色体(ring chromosomes)、超数染色体等,这些在哺乳动物中不常见,不详细论述。

二、染色体的超微结构

染色体主要由 DNA 和蛋白质这两类化学物质组成。它们在染色体（染色质）中不是杂乱无章的,而是具有精细的结构。许多学者对染色体的超微结构进行了研究,提出了从染色质到染色体的四级结构模型理论,用以说明细胞分裂过程中 DNA 和蛋白质的结构关系,以及这种关系的动态变化。其主要内容为:细胞分裂中期的染色体包含两条染色单体,其中每条染色单体的骨架是一个连续的 DNA 大分子与组蛋白相结合形成的 DNA 蛋白质纤丝,以经螺旋化并反复折叠的结构形式存在。

在细胞分裂间期,染色体以染色质形态出现,处于一种高度分散的、伸长到最大长度、很细的状态,这时染色质的基本结构单位是核小体(nucleosome),每个核小体由 8 个组蛋白分子和 200 个碱基对长度的 DNA 所组成。核小体的核心是由四种组蛋白(H_2A、H_2B、H_3、H_4)各两个分子构成的扁圆形球体,直径约为 10 nm,DNA 缠绕在这种圆球外面约 1.75 周,长约 200 个碱基对。由长约 70 nm 的 DNA 双螺旋缠绕在直径约为 10 nm 的核小体上,就使 DNA 的长度约压缩为原来的 1/7(图 1-5)。

把由组蛋白构成的核小体串联起来,相邻的两个核小体之间由长 $50 \sim 60$ 个碱基对的 DNA 接头(DNA linker)相连,中间结合一个组蛋白分子 H_1,呈线性排列,这种由密集的核小体连接而成的线称为染色质丝。由核小体所连成的染色质丝螺旋形成外径为 30 nm、间距为 11 nm 的中空线状体结构,称为螺线体(solenoid)(二级结构)。螺线体的每个螺旋包括 6 个核小体,在此阶段 DNA 的长度又压缩了 1/6。

螺线体进一步螺旋化和卷缩形成直径为 400 nm 的筒状体,称为超螺线体(supersolenoid)(三级结构)。由螺线体到超螺线体,DNA 的长度又压缩了约 1/40,超螺线体进一步折叠盘绕形成染色体(四级结构),又压缩了约 1/5(图 1-6)。

从染色质中 DNA 分子双螺旋结构开始,经过核小体和染色质中的超螺旋结构到染色体的整个生物"包装"过程,DNA 的压缩率为 1/8 000~1/10 000。已知人平均一条染色体的 DNA 约含 10^8(1 亿)对核苷酸,在间期核中 DNA 长约 40 000 μm,而在细胞分裂中期平均每个染色体仅长数微米,即分裂期 DNA 的长度几乎压缩了上万分之一,这与推算的数值(1/8 400)相近。

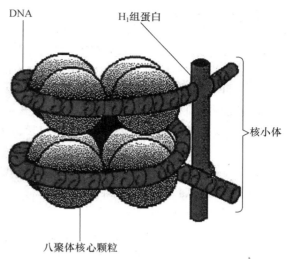

图 1-5 核小体核心颗粒结构示意图

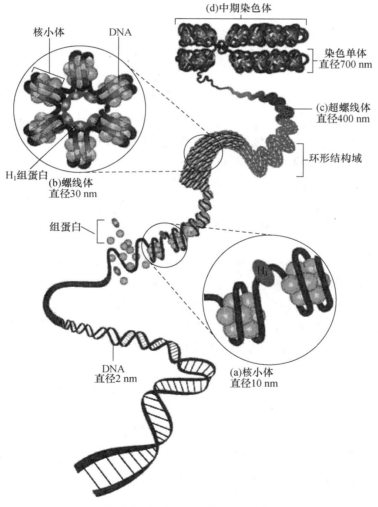

图 1-6 染色体的四级结构模式

三、染色体的化学组成

染色体的化学成分主要是核酸与蛋白质的复合物,其中 DNA 的含量占染色体重量的 30%～40%,蛋白质主要是碱性的组蛋白(histone)和一些酸性的非组蛋白(non-histone),组蛋白与 DNA 的比率大致相等,含量比较恒定(组蛋白:DNA 为 1.1～1.3)。还有微量的脂类和钾、钙离子等物质。所含的核酸主要是脱氧核糖核酸(DNA),还有少量的核糖核酸(RNA)。

染色体以核蛋白为主要成分,核蛋白包括组蛋白、非组蛋白等成分。

组蛋白是一类碱性蛋白质,目前已发现有五种组蛋白(表 1-3),分为两类:一类是高度保守的核心组蛋白(core histone),包括 H_2A、H_2B、H_3、H_4 四种,H_2A、H_2B 含有较多赖氨酸,H_3 和 H_4 含有较多精氨酸;另一类是可变的连接组蛋白(linker histone)即 H_1,含有丰富的赖氨酸。H_1 不仅具有属特异性,而且还有组织特异性,所以 H_1 是多样性的。

表 1-3　染色体中的五种组蛋白

组蛋白	类别	碱性氨基酸/%		酸性氨基酸/%	氨基酸残基数	M_r
		Lys	Arg			
H_1	极富 Lys	29	1	5	215	23 000
H_2A	稍富 Lys	11	9	15	129	13 960
H_2B		16	6	13	125	13 774
H_3	富 Arg	10	13	13	135	15 342
H_4		11	14	10	102	11 282

核心组蛋白的结构非常保守,特别是 H_4,牛和豌豆 H_4 的 102 个氨基酸中仅有 2 个不同,而进化上两者分歧的年代约 3 亿年历史。核心组蛋白高度保守的原因可能有两个:其一是核心组蛋白中绝大多数氨基酸都与 DNA 或其他组蛋白相互作用,可置换而不引起致命变异的氨基酸残基很少;其二是在所有的生物中与组蛋白相互作用的 DNA 磷酸二酯骨架都是一样的。四种核心组蛋白均由球形部和尾部构成,球形部借精氨酸残基与磷酸二酯骨架间的静电作用使 DNA 分子缠绕在组蛋白核心周围,形成核小体。尾部则含有大量赖氨酸和精氨酸残基,为组蛋白翻译后进行修饰的部位,如乙酰化、甲基化、磷酸化等。

非组蛋白也叫酸性蛋白,它的成分比碱性蛋白复杂得多,包括许多重要的酶类以及各种具有结构功能和调节功能的蛋白质。与组蛋白不同,非组蛋白是染色体上与特异 DNA 序列结合的蛋白质,所以又称序列特异性 DNA 结合蛋白。非组蛋白的特性是:①含有的酸性氨基酸(天冬氨酸、谷氨酸,带负电荷)多于碱性氨基酸(赖氨酸、精氨酸、组氨酸);②整个细胞周期都进行合成,不像组蛋白只在 DNA 合成期合成,并与 DNA 复制同步进行;③能识别特异的 DNA 序列,识别信息存在于 DNA 本身,位点在大沟部分,识别与结合借氢键和离子键。非组蛋白的功能是:①帮助 DNA 分子折叠,以形成不同的结构域,从而有利于 DNA 的复制和基因的转录;②协助启动 DNA 复制;③控制基因转录,调节基因表达。

非组蛋白的含量变动最大。非组蛋白的成分在不同物种、同种的不同个体、同一个体的不同组织、同一组织的不同机能状态都不尽相同,就是说,非组蛋白具有高度的种属、个体和组织的特异性。

四、染色体核型分析和带型分析

(一)染色体核型分析

染色体核型(karyotype),是每种生物染色体数目、大小、形态等特征的总和,代表一个个体、一个种、一个属或更大类群的特征。将成对的染色体按形状、大小依顺序排列起来称为核型图（karyogram）。染色体核型有时也称为染色体组型，但有区别。染色体组型（idiogram）通常指核型的模式图。将一个染色体组的全部染色体逐个按其特征绘制下来，再按长短、形态等特征排列起来的图像称为核型模式图（图1-7），代表一个物种的模式特征。染色体核型对于分析鉴别染色体组中各个染色体的状态、了解它们的个性与变异具有重要作用，并与生物自身利害密切相关，因为染色体数目和结构的改变会引起遗传性疾病。

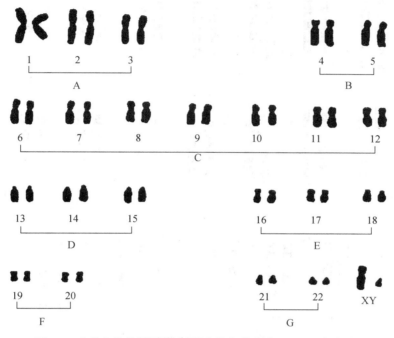

图1-7　人染色体的核型模式图（人染色体分为 A～G 7个小组）

根据各种生物体细胞中染色体的数目、长度、着丝点的位置、臂的长短以及有无随体等形态特征，借助显微照相，对生物核内的染色体进行配对、分组、归类、编号等分析的过程称为染色体核型分析（karyotype analysis），又称为染色体组型分析。

染色体核型分析技术可用于诊断由染色体异常引起的遗传性疾病、动物育种、研究物种间的亲缘关系、探讨物种进化机制、鉴定远缘杂种、追踪鉴别外源染色体或染色体片段等方面，具有十分重要的利用价值。例如，牛的1/29染色体易位是引起牛繁殖力降低的一种遗传病，它可用染色体核型分析的方法检查。

（二）染色体带型分析

近年来，随着染色体研究的不断深入，把染色体标本片进行一定处理（G分带处理、C分带处理等），可以得到不同的染色体带型，能更准确而可靠地识别每一条染色体的个性。通常是用一种特殊的化学物质染生物的染色体，可以看到染色体上出现一条条横带。根据带的数量、相对位置、颜色深浅和宽窄等特征，绘出染色体带型模式图（图1-8），从而区别许多外形相似，而结构不同的染色体，用于品系或品种间的鉴别或比较。例如，在C带中，DBA系小鼠仅14号染色体的着丝点不着色，A系小鼠1号和4号染色体的着丝点不着色，由此可以进行品系鉴定和遗传检测。

染色体显带技术根据其产生带型的分布与特点，可分为两大类：一类是产生的染色带遍及整条染色体长度上，包括Q带、G带和R带以及显示DNA复制形式的技术；另一类是只能使少数特定染色体区段或结构显带，包括显示着丝粒的C带、显示端粒的T带以及显示核仁组织区的N带技术。1975年后，又发展了染色体高分辨显带技术（high-resolution banding technology），利用细胞分裂前中期、晚前期的染色体可获得更多的分裂象和带。随后，又相继发展了限制性内切酶显带、利用 DNA 探针通过荧光原位杂交（fluorescence in situ hybridization，FISH）进行染色体显带技术等。

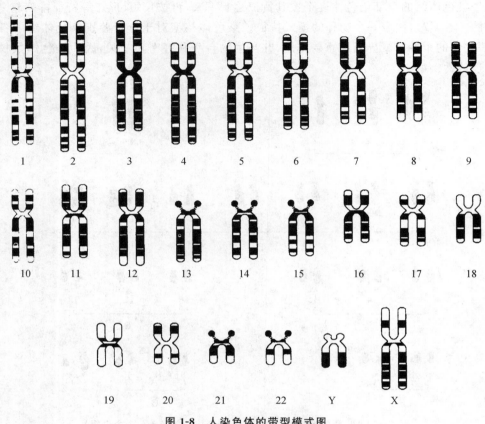

图 1-8　人染色体的带型模式图

通过染色体显带技术，在染色体着丝粒分隔的短臂 p 和长臂 q 上，均有一系列连续的深、浅、宽、窄不同的染色体带。为了给每一条带命名，可以用染色体长、短臂上的明显特征作为界标（landmark），将染色体区分出着色不同的区（region）、带（band）。界标是识别染色体的恒定而显著的细胞特征，包括两臂的端粒、着丝粒和某些非常显著的染色带；区是指两个相邻界标之间的染色体区域；带是指显带技术所显示的染色体上一系列连续的深、浅（或明、暗）部分。一条染色体以着丝粒为界标，而区和带则沿着染色体的长臂和短臂，由着丝粒向外编号。在表示某一特征的带时，通常需包括以下四项：①染色体号；②臂的符号；③区号；④该区内的带号。以上四项依次列出，无需间隔或标点符号。在将带再划分为亚带时，则只在带后加一小数点。如 7p22 表示 7 号染色体短臂的第 2 号区 2 号带；7q14.1 表示第 7 号染色体长臂的 1 号区 4 号带 1 号亚带；7q31.31 表示第 7 号染色体长臂的 3 号区 1 号带 3 号亚带第 1 号次亚带。

总之，染色体核型分析和带型分析不仅可用于人类和家畜的遗传性疾病的诊断，而且可以用于家畜的选种及品种、品系之间的鉴别比较，它是细胞遗传学的重要部分。

第三节　细胞分裂

在所有生物全部的生命活动中，繁殖后代并且保证该物种的遗传稳定性，是生命得以延续的一个重要特征。亲代将遗传物质传给后代，后代通过自身的生长发育，使其性状得以表达，从而产生与亲本相似的性状。在这一系列过程中,细胞的分裂和增殖是一切生命活动的前提条件。

细胞分裂方式可分为无丝分裂(amitosis)和有丝分裂(mitosis)两种。无丝分裂是原核生物的繁殖方式,其分裂方式较简单,在分裂过程中,不出现纺锤丝,而是细胞核拉长、缢裂成两部分,接着细胞质分裂,从而形成两个子细胞。有丝分裂是真核生物细胞的分裂和增殖方式之一,通过有丝分裂,真核生物实现细胞的分化和组织的发生,从而完成个体发育的整个过程。

一、细胞周期与有丝分裂

(一)细胞周期

细胞周期(cell cycle)是从一次有丝分裂结束至下一次有丝分裂结束之间的期限。细胞分裂是细胞物质积累和细胞分裂两个不断循环、复杂且精确的过程。在这一过程中,细胞内遗传物质经过复制,各种组分加倍,然后平均分配到两个子细胞中,而每个子细胞含有与母细胞相同的遗传物质。细胞周期可分为分裂间期(inter phase)和分裂期(mitotic phase,M 期)(图 1-9)。分裂间期又分为 S 期、G1 期和 G2 期。分裂期通常是细胞周期中最短的时期,占整个时期的 5%～10% 的时间。细胞周期的长短因种类的不同而异。同种细胞之间,细胞周期时间长短相同或相似;不同种类的细胞之间,细胞周期的时间长短各不相同。对于同一类型细胞,一个细胞周期及各期所经历的时间长短是一定的。

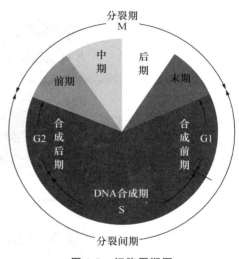

图 1-9　细胞周期图

(二)有丝分裂

有丝分裂是一种复杂的生物学过程,是形成体细胞的分裂方式,其主要特点是细胞核内的染色质形成染色体,经复制形成两份染色体,有规则地平均分配到两个子细胞中去,因而分裂后形成的两个子细胞内,所含的染色体数目都与母细胞的相同。一次完整的有丝分裂周期经历 2 个时期——分裂间期和分裂期。

1. 分裂间期

分裂间期也叫细胞生长期,这个阶段的细胞不断生长,进行量的积累,为有丝分裂做准备。在光学显微镜下,处于间期的细胞表面没有明显的变化,而实际上细胞内部生化活动异常活跃。为了便于研究,间期又分为:DNA 合成前期(Gap1 phase,G1 期),DNA 合成期(synthesis phase,S 期),DNA 合成后期(Gap2 phase,G2 期)。

(1)G1 期　是从有丝分裂完成到 DNA 复制之前的一段时间,这是细胞进入增殖周期的第一阶段,需要的时间最长,此期主要积累细胞内 DNA 复制所需的材料,为进入 S 期进行物质和能量的准备。此时没有 DNA 复制,但有 RNA 和蛋白质合成。

(2)S 期　为 DNA 合成期,DNA 按半保留方式进行复制,使细胞核中的 DNA 含量增加一倍,同时也合成 RNA 和蛋白质。

(3)G2 期　是 DNA 合成后期,DNA 合成停止,RNA 大量转录合成,细胞代谢和呼吸作用显著提高,积累能量,为细胞分裂准备物质条件。

在一个细胞周期中,从时间上看,分裂间期要比分裂期长得多,而分裂间期又以 G1 期差异最大,而 S 期和 M 期相对较为恒定。对于不同类型的细胞,G1 期的长短,决定着分裂间期的长短。

2. 分裂期

分裂期一般根据细胞核内染色体的变化,分为前期、中期、后期和末期,各期的主要特征如下(图 1-10)。

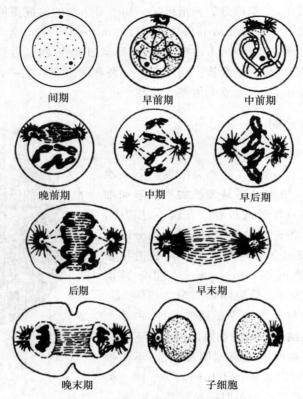

间期　　　　早前期　　　　中前期

晚前期　　　　中期　　　　早后期

后期　　　　早末期

晚末期　　　　子细胞

图 1-10　动物细胞有丝分裂模式图

（1）前期　染色质经过不断螺旋折叠,缩短变粗成为染色体,这时的染色体已复制,每条染色体纵向分裂为两个染色单体,它们互称姐妹染色单体,可着丝粒未分裂,因而两个染色单体仍连在一起。中心体一分为二,向两极分开,每个中心体周围出现纺锤丝,核膜、核仁逐渐消失。

（2）中期　核膜完全消失。每条染色体着丝粒都与纺锤丝连接,染色体逐渐移到赤道板上,但不存在联会现象。染色体缩短到比较固定的状态,是进行染色体形态特征和数目观察的最佳时期。

（3）后期　每个染色体上着丝粒分裂,使原来连在一起的染色单体分开成为具有自己的着丝粒、独立的染色体,并被纺锤丝牵向两极,由于着丝粒的位置不同以及纺锤丝的收缩牵引作用,染色体呈 V、L或棒形的状态。

（4）末期　子染色体聚向细胞两极而解旋、伸长变细,逐渐变成染色丝。纺锤体消失,核仁与核膜重新出现,形成两个子细胞。有丝分裂使染色体均匀分配到子细胞中,但对细胞质,细胞器却不能均匀分配。细胞逐渐恢复间期状态,到此有丝分裂过程完成。

子核的形成　末期子核的形成,大体经历了与前期相反的过程,即染色体解凝缩、核仁出现和核膜重新形成。核仁由染色体上的核仁组织区（NORs）形成,几个 NORs 共同组成一个大的核仁,因此核仁的数目通常比 NORs 的数目要少。

前期核膜解体后,核纤层蛋白 B 与核膜残余小泡结合,末期核纤层蛋白 B 去磷酸化,介导核膜的重新装配。

胞质分裂　虽然核分裂与胞质分裂（cytokinesis）是相继发生的,但属于两个分离的过程,例如大多数昆虫的卵,核可进行多次分裂而无胞质分裂,某些藻类的多核细胞可长达数尺,以后胞质才分裂形成单核细胞。

动物细胞的胞质分裂是以形成收缩环的方式完成的,收缩环在后期形成,由大量平行排列的肌动蛋白和结合在上面的 myosin Ⅱ 等成分组成,用细胞松弛素及肌动蛋白和肌球蛋白抗体处理均能抑制收缩环的形成。不难想象胞质收缩环工作原理和肌肉收缩是一样的。

动物胞质分裂的另一特点是形成中体。末期纺锤体开始瓦解消失,但在纺锤体的中部微管数量增加,其中掺杂有高电子密度物质和囊状物,这一结构称为中体。在胞质分裂中的作用尚不清楚。

植物胞质分裂的机制不同于动物,后期或末期两极处微管消失,中间微管保留,并且数量增加,形成桶状的成膜体(phragmoplast)。来自于高尔基体的囊泡沿微管转运到成膜体中间,融合形成细胞板。囊泡内的物质沉积为初生壁和中胶层,囊泡膜形成新的质膜,由于两侧质膜来源于共同的囊泡,因而膜间有许多连通的管道,形成胞间连丝。源源不断运送来的囊泡向细胞板融合,使细胞板扩展,形成完整的细胞壁,将子细胞一分为二。

总之,一个体细胞的分裂过程是以没有细胞外部明显变化的间期细胞的 DNA 复制开始,经过有明显变化的细胞分裂期,最后形成与母细胞完全相同的子细胞。在体细胞分裂过程中,染色体复制一次,细胞分裂一次。有丝分裂的重要意义,是将亲代细胞的染色体经过复制(实质为 DNA 的复制)以后,精确地平均分配到两个子细胞中去,因而所形成的子细胞与母细胞染色体数目相同,保持不变,从而保证了生物个体正常的生长发育,保证了遗传物质在世代间的连续性和稳定性。

动物细胞有丝分裂的过程,与植物细胞的基本相同。不同的特点是:

(1)动物细胞有中心体,在细胞分裂的间期,中心体的两个中心粒各自产生了一个新的中心粒,因而细胞中有两组中心粒。在细胞分裂的过程中,两组中心粒分别移向细胞的两极。在这两组中心粒的周围,发出无数条放射线,两组中心粒之间的星射线形成了纺锤体。

(2)动物细胞分裂末期,细胞的中部并不形成细胞板,而是细胞膜从细胞的中部向内凹陷,最后把细胞缢裂成两部分,每部分都含有一个细胞核。这样,一个细胞就分裂成了两个子细胞。

二、减数分裂

有丝分裂是体细胞的分裂方式,而性细胞的分裂是一种特殊的有丝分裂形式。在性细胞分裂过程中,染色体复制一次,连续分裂两次,最终形成子细胞的染色体数目只有原来母细胞的一半,因而这种分裂方式称为减数分裂。

减数分裂和有丝分裂一样,是连续不断进行的。减数分裂前的间期与有丝分裂的间期很相似,也分为 G1 期、S 期和 G2 期。不同的是减数分裂前的 S 期比有丝分裂的 S 期要长,而且 S 期只合成全部染色体 DNA 的 99.7%,其余的 0.3%在分裂时期的偶线期合成。减数分裂的分裂期有两次分裂,称为第一次减数分裂和第二次减数分裂。两次减数分裂的特点虽然不同,但是每次减数分裂都可以分成前、中、后、末四期(图 1-11)。

(一)第一次减数分裂

1. 前期Ⅰ　这一时期发生在核内染色体复制已完成的基础上,整个时期比有丝分裂的前期所需时间要长,变化更为复杂。根据染色体形态,又被分为下列 5 个阶段:

(1)细线期(leptotene)　细胞核内出现细长、呈细线状的染色体,细胞核和核仁继续增大。染色体全部以一端或两端连接在核膜上,形成一种"花束"状结构,这种现象可以一直存在到粗线期。此时的染色体虽然已进行了复制,但一般看不出是成双的,每条染色体含有两条染色单体,它们仅在着丝粒处相连接。核仁依然存在。

(2)偶线期(zygotene)　又称配对期。也称合线期。染色体逐渐变粗,细胞内的同源染色体两两侧面彼此紧密靠拢开始配对,这一现象称作联会(synapsis)。如果原来细胞中有 20 条染色体,这时候便配成 10 对。每一对含 4 条染色单体,构成一个单位,称四联体(tetrad)。联会具有严格选择性,只有同源染色体才行。如果染色体不能配对,则不能产生正常的性细胞。配对后的染色体称为二价体。

(3)粗线期(pachytene)　染色体继续缩短变粗,在此期间,联会的同源染色体的染色单体之中,非姐妹染色单体之间的相对位置可以发生交叉,并在相同部位发生断裂和片段的互换,使该两条染色单体

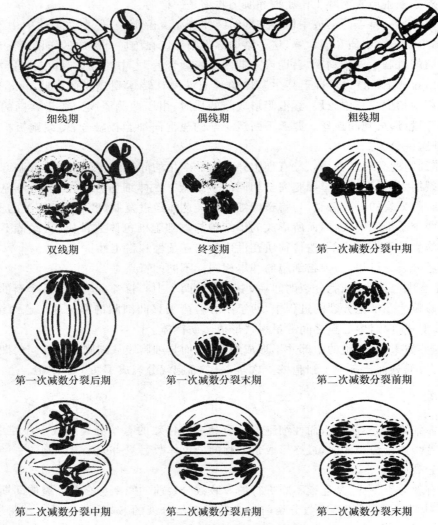

细线期　　　　　　　偶线期　　　　　　　粗线期

双线期　　　　　　　终变期　　　　　第一次减数分裂中期

第一次减数分裂后期　　　第一次减数分裂末期　　　第二次减数分裂前期

第二次减数分裂中期　　　第二次减数分裂后期　　　第二次减数分裂末期

图 1-11　减数分裂过程图解

都有了对方染色体的片段,从而导致了父母本基因的互换,产生遗传性状的重新组合。

(4)双线期(diplotene)　染色体继续缩短变粗,配对的同源染色体开始分开,但相邻的非姐妹染色单体之间仍有一处或多处保持接触,表现交叉现象。

(5)终变期(diakinesis)　染色体进一步螺旋化而变得短粗,达到最小长度,表面光滑,并移向核的周围靠近核膜的位置。这时最适宜显微镜下观察染色体。以后,核膜、核仁消失,并出现纺锤丝。同源染色体仍有交叉联系,均匀地分散在核内。此时可以看到交叉向同源染色体的两端移动,并逐渐接近末端,这一过程称为交叉的端化。

2. 中期Ⅰ　核仁与核膜消失,出现纺锤体,并与各染色体上着丝粒相连接,纺锤丝牵引着丝粒,使同源染色体移向细胞中部赤道板,两个同源染色体逐渐分开,交叉处开始减少。与有丝分裂中期显著不同的是,在有丝分裂中期,连接姐妹染色单体的着丝粒,准确地位于赤道板上,而减数分裂中期Ⅰ中,连接着同源染色体的着丝粒,并不位于赤道板上,而是位于赤道板两侧。

3. 后期Ⅰ　由于纺锤丝的收缩,配对的同源染色体彻底分开,各自移向细胞两极。染色体发生减数。此时着丝粒未分裂,分开的不是同一条染色体上的两条染色单体,而是一对同源染色体被拆开,分别向细胞两极移动,每一极只得到每对同源染色体中的一个,这样,细胞的每一极只有 n 条染色体,实现了染色体数目的减半（$2n \rightarrow n$），但此时的每一条染色体包含两条染色单体，还由着丝粒连在一起，DNA 含量仍然是双倍的。

值得注意的是，同源染色体在赤道板两侧的分布是随机的，这种随机取向也决定了该染色体在后期进入子细胞中的分配，从而造成了染色体之间的不同组合方式（染色体重组）。如果设有 n 对同源染色体，则组合方式有 2^n 种（n 代表不同染色体对数）。例如，有 3 对不同的染色体就会有 8 种不同的配子（其中有 6 种不同于原来亲代类型的配子）。人类有 23 对染色体，它们每经过一次减数分裂所能形成的配子的组合方式会有 2^{23} 种。由此可见，由减数分裂所造成的配子的变异可能性之大。减数分裂时期的同源染色体分离也是孟德尔自由组合定律的实质。所不同的是，孟德尔研究的是基因分离重组，而减数分裂所涉及的是染色体的分离重组。

4. 末期Ⅰ　染色体到达细胞的两极。由于 DNA 螺旋结构的减弱，染色体又伸长变细。核仁与核膜重新出现，细胞膜中央部分凹陷收缩，分裂成两个子细胞，到此完成了第一次减数分裂。

在末期Ⅰ后，随之而来的是一短暂的停顿时期，此时染色体不合成新的 DNA，染色体不存在再复制。经过第一次减数分裂，一个初级生殖母细胞形成了两个次级生殖母细胞。每个次级生殖母细胞里的染色体数目只有原来细胞的一半，所以第一次减数分裂实现了染色体数目的减半。

（二）第二次减数分裂

与有丝分裂过程基本相同，可分为前、中、后、末 4 期。

1. 前期Ⅱ　历时很短，染色质重新浓缩和螺旋化，呈线状，每条染色体由两条染色单体组成，共用一个着丝粒，但染色单体彼此散得很开。

2. 中期Ⅱ　染色体缩短变粗，染色体排列在赤道板上，每条染色体上的着丝粒分别和不同极的纺锤丝相连。

3. 后期Ⅱ　着丝粒分裂，一对姐妹染色单体分开，每一条染色单体成为独立的子染色体，并在纺锤丝的牵引下移向两极。

4. 末期Ⅱ　染色体到达细胞两极，重新组成核仁、核膜，染色体脱螺旋，伸长变细。细胞膜中央缢缩，分成两个子细胞。（图 1-11）

经过第二次减数分裂，一个含有一组染色体的次级生殖母细胞，产生两个子细胞，每个子细胞中均含有单倍的染色体数目和单倍的 DNA 含量，可见，第二次减数分裂并未发生染色体数目的减少，相当于一次有丝分裂。

减数分裂的遗传学意义如下：①减数分裂是有性生殖生物形成配子（gamete）的必经阶段，它保证了有性生殖的生物有可能世代保持染色体数目的恒定。因为有性生殖涉及受精——两个性细胞或配子的结合，如果没有减数分裂，那么每经过一代染色体的数目就将加倍，发生变异。②同源染色体在前期的偶线期至粗线期进行联会，使得非姐妹染色单体之间出现各种交换（基因连锁交换）。同源染色体在后期Ⅰ随机移向两极，使得非同源染色体之间进行自由组合（基因自由组合），形成含有不同染色体的各种配子，使生物产生各种变异，为进化提供了材料。在第一次减数分裂中期，父方和母方的染色体落在赤道板两侧的概率是相等的。如人的 23 对染色体是独立分配的，因此父方和母方的染色体都可在每个配子中进行组合。当染色体数目极多时，可能的染色体组合就很多。一个配子的染色体全部来自一个亲本的概率极小。以人为例：正常人体有 23 对染色体，就任一子细胞（配子）中某一染色体而言，来自于父方或母方的概率各为 1/2，假定父方的第一号染色体位于赤道面的一侧，父方的第二号染色体也处于同一侧的概率就是 $(1/2)^2$，第三号染色体位于同一侧的概率是 $(1/2)^3$……依此类推，则父方的 23 条染色体全部位于同一侧配子中的概率就是 $(1/2)^{23}$。③非姐妹染色单体之间的交换进一步造成父方和母方的遗传性状在配子中的重组。每次减数分裂的交换各不相同，因此几乎不可能有完全相同的交换。

第四节　动物配子发生及染色体周期性变化

高等动物都是雌雄异体。雌体的性腺叫卵巢,雄体的性腺叫精巢或睾丸。动物的性腺中有许多性原细胞,雄体的睾丸里有精原细胞,雌体的卵巢中有卵原细胞。这些性原细胞都是通过有丝分裂产生的,所含的染色体与体细胞里的相同。当动物发育到性成熟时,雌性的卵巢中产生卵细胞,雄性的精巢中产生精子。

一、精子的形成

在动物睾丸曲细精管的生精上皮中有许多精原细胞($2n$),它们通过多次有丝分裂生长和分化为初级精母细胞($2n$)。初级精母细胞经过第一次减数分裂产生两个染色体数减半的次级精母细胞(n)。次级精母细胞再经过第二次减数分裂,产生四个精子细胞(n)。精子细胞经过变形,形成四个精子(图 1-12)。精子细胞核中负载着父方的全部遗传信息。雄性动物在性成熟以后,精原细胞能不断分裂,周期性地形成大量精子。

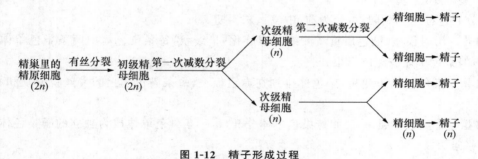

图 1-12　精子形成过程

二、卵子的形成

卵子的形成过程与精子相似,但有差别。在雌性的卵巢中产生卵原细胞($2n$),它们经过若干次有丝分裂后成为初级卵母细胞($2n$)。初级卵母细胞经过第一次减数分裂后形成大小悬殊的两个细胞,大的叫次级卵母细胞(n),小的叫第一极体(n)。次级卵母细胞再经过第二次减数分裂,又产生大小悬殊的两个细胞,大的是卵细胞(n),小的叫第二极体(n)。第一极体和第二极体不能继续发育,退化消失。有时第一极体也可再分裂一次,这样一共产生三个极体。但只有卵细胞才有受精能力,其细胞核中负载着能够传递给后代的母方的全部遗传信息。所以,初级卵母细胞经过两次连续成熟分裂,形成一个卵细胞和三个极体。

三、动物的生活史

受精时,一般是一个精子进入卵子,使卵子成为受精卵。精核与卵核融合,形成具有双倍染色体数的受精卵($2n$)。受精卵经有丝分裂分化和发育成新的个体,新个体生长发育到性成熟,产生性细胞(n),然后通过雌雄个体交配,两性细胞结合形成受精卵($2n$),这样就形成了动物的一个生活周期。动物生活史中染色体呈现的规律性变化综合如图 1-13 所示。图中的 n 代表单倍体,$2n$ 代表二倍体。所谓单倍体指的是一种生物的染色体的基数,即性细胞的染色体数目。很容易理解,性细胞中只有单套(一套)染色体,也就是说只有一个染色体组。譬如猪的性细胞的染色体数为 19,那么猪的单倍体就是 $n=19$。二倍体指的是体细胞。体细胞的染色体数目是双数的,即有两套染色体(两个染色体组),其中一套来自父方,一套来自母方。猪的二倍体就是 $2n=38$。这个周期,从细胞分裂来看,是有丝分裂与减数分裂交替的周期;从染色体数看,是二倍体与单倍体交替的周期。这种周期性的变化使动物的染色体数目在世代延续中保持恒定,正因为染色体数目的规律性变化与相对恒定性,保证了遗传性的相对稳定。

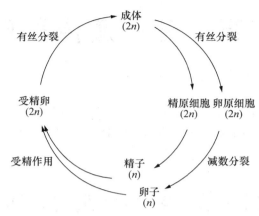

图 1-13　染色体周期变化

思　考　题

1. 名词解释:

染色体　染色单体　同源染色体　着丝点　主缢痕　联会　二价体　单倍体　二倍体　核型　减数分裂　有丝分裂

2. 说明细胞膜的镶嵌结构与其功能的关系。

3. 细胞质中有哪些主要细胞器? 哪些有遗传功能?

4. 一般染色体由哪些部分组成? 从形态上可分为几种类型?

5. 有丝分裂和减数分裂在遗传学上有什么意义?

6. 简述减数分裂过程,并比较雌雄配子发生中的主要异同。

7. 某生物有两对同源染色体,一对染色体是中央着丝粒,另一对是端着丝粒,以模式图方式画出:

(1)第一次减数分裂的中期图;

(2)第二次减数分裂的中期图。

8. 某种体细胞内有 3 对染色体,其中 A、B、C 来自父本,A′、B′、C′ 来自母本,试问通过减数分裂产生的配子中,同时含有 3 个父本染色体(或 3 个母本染色体)的比例有多少?

9. 假定一个杂种细胞里含有 4 对染色体,其中 A、B、C、D 来自父本,A′、B′、C′、D′ 均来自母本。通过减数分裂能形成几种配子? 写出各种配子的染色体组成。

10. 家猪的细胞染色体数 $2n=38$,分别说明下列各细胞分裂时期中有关数据:

(1)有丝分裂前期和后期染色体的着丝粒数;

(2)减数分裂前期Ⅰ、后期Ⅰ、前期Ⅱ和后期Ⅱ染色体着丝粒数;

(3)减数分裂前期Ⅰ、中期Ⅰ和末期Ⅰ的染色体数。

11. 100 个初级精母细胞和初级卵母细胞经减数分裂后可形成多少个精子和卵子?

12. 马的二倍体染色体数是 64。驴的二倍体染色体数是 62。

(1)马和驴的杂种染色体数是多少?

(2)如果马和驴染色体之间在减数分裂时很少或没有配对,马-驴杂种是否可育?

第二章 分子遗传学基础

探索生命奥秘的分子生物学,包括三个方面的内容,即蛋白质体系、核酸-蛋白质体系和脂质-蛋白质体系。其中核酸-蛋白质体系的主要问题是分子遗传学,它是在分子水平上研究生物遗传和变异机制的遗传分支学科。

第一节 核酸是遗传物质

一、遗传信息存储于 DNA 的证据

(一)肺炎链球菌转化试验

关于 DNA 是遗传物质的主要证据来自肺炎链球菌(*Streptococcus pneumoniae*)的转化试验。根据细胞壁表面是否有多糖荚膜可将肺炎链球菌分为两种类型:一种是光滑型(S 型),在血液琼脂糖培养基上培养形成大的光滑的菌落,其细胞壁表面有多糖类的胶状荚膜包裹,有致病性,能引起人的肺炎和鼠的败血症;另一种是粗糙型(R 型),在血液琼脂糖培养基上培养形成小的表面粗糙的菌落,它是由致病性的 S 型肺炎链球菌以 10^{-7} 频率突变成没有多糖荚膜的肺炎链球菌,没有致病性,感染不会引起病症和死亡。

1928 年,英国生物学家格里菲斯(F. Griffith)意外地发现了肺炎链球菌转化现象,当他将加热杀死的ⅢS 型肺炎链球菌(存活时有致病能力)单独注射到小鼠中,小鼠不发病死亡;而当他将加热杀死的ⅢS 型肺炎链球菌和活的ⅡR 型肺炎链球菌(存活时无致病能力)混合后注射到小鼠中,发现大量的小鼠患病死亡,并在其体内检出活的ⅢS 型肺炎链球菌(图 2-1)。试验中活的ⅢS 型肺炎链球菌是如何产生的呢?Griffith 认为是加热死亡的ⅢS 型细菌中的一些成分将ⅡR 型细菌转化成ⅢS 型,这一现象现在称为转化(transformation)。Griffith 虽然发现了转化现象,但是他当时并不知道加热杀死的ⅢS 型细菌中与转化有关的物质是 DNA,而是认为转化的因素应该是蛋白质。

直到 1944 年,O. T. Avery 和他的同事在经过 10 多年的研究后,才发表引起肺炎链球菌转化的成分是 DNA,而不是蛋白质或 RNA 等其他物质。Avery 和他的同事将加热杀死的ⅢS 型肺炎链球菌滤过液中各种物质纯化,分别提取 DNA、RNA、蛋白质等物质,并将上述物质单独放入ⅡR 型肺炎链球菌中培养,结果证明只有在 DNA 存在的条件下,一些ⅡR 型细菌转化成ⅢS 型(图 2-2)。虽然转化的分子机制多年之后仍然未知,但 Avery 和同事们的试验结果首次清楚地证明了肺炎链球菌的遗传信息存在于 DNA 中。遗传学家现在已经知道肺炎链球菌中合成Ⅲ型荚膜的遗传信息存在于染色体的 DNA 片段中,在转化的过程中这些 DNA 片段插入到ⅡR 型受体菌中,从而使ⅡR 型细菌转变成ⅢS 型。

(二)噬菌体侵染试验

虽然 Avery 和他的同事用肺炎链球菌转化试验首次证明了 DNA 是遗传物质,但人们当时并没有真正接受这一理论。其他关于 DNA 是遗传物质的证据是在 1952 年由赫希(A. D. Hershey)和蔡斯(M. Chase)得到的,他们的噬菌体侵染试验结果再次证明了遗传物质是 DNA 而非蛋白质,对人们普遍

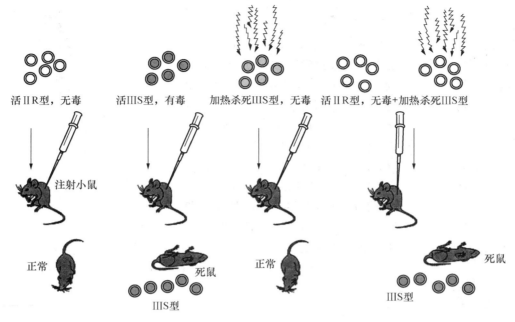

图 2-1　肺炎链球菌转化试验图解

(http://biobar. hbhcgz. cn/Article/UploadFiles/200707/20070706192352724.jpg)

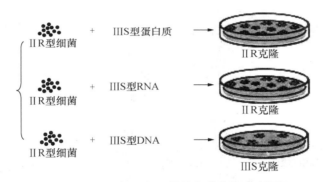

图 2-2　Avery 关于 DNA 是转化成分的试验图解

(http://biobar. hbhcgz. cn/Article/ShowArticle. asp? ArticleID＝500)

接受 DNA 是遗传物质起主要作用。

　　噬菌体(phage)是一类寄生在细菌体内的病毒,主要由蛋白质和核酸组成,结构简单,外形呈蝌蚪状,分为头部和尾部,头部呈正 20 面体,外壳由蛋白质构成,头部包裹 DNA,因部分能引起宿主菌的裂解,故称为噬菌体(图 2-3)。当噬菌体 T2 感染大肠杆菌时,它的尾部吸附在菌体上,尾鞘收缩,并将头部的 DNA 通过中空的尾部注入细菌内部,在菌体内复制自己形成大量噬菌体,然后菌体裂解,释放出大量同原来感染细菌一样的噬菌体 T2。

　　1952 年 Hershey 和 Chase 噬菌体侵染试验的基础是 DNA 含磷不含硫,蛋白质含硫不含磷。他们试验的第一步是把宿主细菌分别培养在含有放射性同位素 ^{35}S 和 ^{32}P 的培养基中,宿主细菌在生长过程中,分别被 ^{35}S 和 ^{32}P 所标记。然后用 T2 噬菌体分别侵染被 ^{35}S 和 ^{32}P 标记的细菌并收集子代噬菌体,这些子代噬菌体被 ^{35}S 所标记或被 ^{32}P 所标记。试验的第二步是,用被 ^{35}S 和 ^{32}P 标记的噬菌体分别感染未标记的细菌,感染后培养 10 min,用搅拌器剧烈搅拌使吸附在细胞表面上的噬菌体脱落下来,再离心分离,细胞在下面的沉淀中,而游离的噬菌体悬浮在上清液中。试验的第三步是检测宿主细胞的同位素标记,当用 ^{35}S 标记的噬菌体侵染细菌时,测定结果显示,^{35}S 在上清液中的含量为 80%,沉淀中含量为 20%,表明宿主细胞内很少有同位素标记,大多数 ^{35}S 标记的噬菌体蛋白质附着在宿主细胞的外面,沉淀中的 20% 可能是由于少量的噬菌体经搅拌后仍然吸附在细胞上所致;当用 ^{32}P 标记的噬菌体感染细菌时,测定结果显示,^{32}P 在上清液中的含量为 30%,沉淀中含量为 70%,表明在宿主细胞外面的噬菌体蛋白质外壳中很少有放射性同位素 ^{32}P,而大多数放射性同位素 ^{32}P 标记在宿主细胞内,上清液中 30% 的 ^{32}P 可能是由于还有少部分的噬菌体尚未将 DNA 注入宿主细胞内就被搅拌下来了(图 2-4)。这一试验表明噬菌体在感染细菌时,主要是 DNA 进入细菌细胞中,而将蛋白质外壳保留在细菌体外,试验进一步证实了遗传物质是 DNA,而不是蛋白质,为最终确立 DNA 是主要的遗传物质奠定了基础。

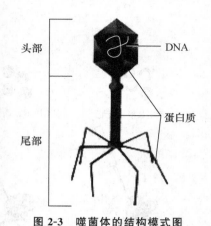

图 2-3　噬菌体的结构模式图

(http://res. tongyi. com/resources/article/
student/others/0122/g2/1. htm)

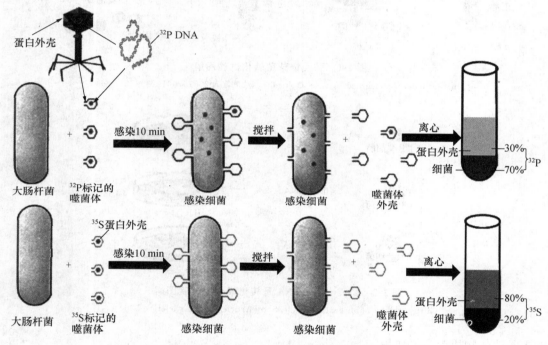

图 2-4　Hershey 和 Chase 噬菌体侵染细菌试验图解

(http://biobar. hbhcgz. cn/Article/UploadFiles/200707/20070706192356348. jpg)

二、遗传信息存储于 RNA 的证据——烟草花叶病毒感染试验

最早关于 RNA 病毒的遗传物质是 RNA 的试验是 1957 年 H. Fraenkel-Conrat 和他的同事的烟草花叶病毒重构试验。19 世纪末,俄国的烟草染上了一种可怕的疾病,烟草的嫩叶出现斑纹、卷缩,最终完全枯萎、腐烂,人们把这种病叫作烟草花叶病,俄国年轻的植物学家伊万诺夫斯基(D. Ivanowski)为了弄清致病因素是藏在土壤里、昆虫身上、空气中还是烟草叶子里进行了一系列试验,并得出传染烟草花叶病的致病的元凶就藏在叶子中,而且是一种比细菌还要小的有机体,这就是现在研究发现的最小的生命——病毒。使烟草患花叶病的就叫烟草花叶病毒(tobacco mosaic virus,TMV)。

1956 年,格勒(A. Gierer)和施拉姆(G. Schramm)用提纯的烟草花叶病毒 RNA 感染烟草植株,结果产生了烟草花叶病的典型病斑;而用提纯的烟草花叶病毒蛋白质感染烟草植株,结果观察不到病斑的出现;当他们用核糖核酸酶降解 RNA 后,再去感染烟草植株时就看不到病斑出现。这一试验结果表明烟草花叶病毒的遗传性状是由 RNA 决定的。

第二节　DNA 的复制

　　DNA 的复制是指以亲代 DNA 为模板合成新的与亲代模板结构相同的子代 DNA 分子的过程。Watson 和 Crick 的双螺旋结构模型的提出,为 DNA 复制机制的阐明奠定了基础。

一、DNA 复制的基本特征

　　DNA 复制效率很高,人类新 DNA 链合成的速率大约是每分钟 3 000 个核苷酸,细菌每分钟大约可合成 30 000 个核苷酸,而且 DNA 复制的保真度很高,在合成和复制过程中及紧接着复制完成后的错误纠正之后,平均每 10 亿个掺入的核苷酸才只有一个错误。这种迅速而精确的复制 DNA 的机制大部分关键特征现在已明确。

　　(一)半保留复制

　　1953 年,Watson 和 Crick 提出了 DNA 半保留复制的机理。他们认为:在 DNA 复制时,双螺旋的两条互补链通过打断碱基对之间的氢键而分开,分开的每条亲本链可以作为模板,按照碱基互补配对的原则合成一条互补新链,这样一个双链 DNA 分子通过复制可产生两个完全相同的子代双链 DNA 分子,而且子代双链 DNA 分子中,一条链是新合成的,一条来自亲代 DNA 分子,也就是说在 DNA 复制过程中,亲本双螺旋的每条互补链都被保留(或双螺旋是"半保留"的),因而这种 DNA 复制机制称为半保留复制(semiconservative replication)(图 2-5)。

　　假设 DNA 复制机制可能有 3 种。除了 Watson 和 Crick 提出的半保留复制机制外,复制还可以通过全保留机制和散布机制进行(图 2-6)。全保留是指亲本双螺旋被保留并指导新的子代双螺旋的合成;散布机制是指 DNA 短片段的合成和重连的结果使亲代和子代链交错散布。

　　(二)半不连续复制

　　半保留复制是 DNA 复制最主要的特征,另外它还具有半不连续复制的特征。

　　1. 问题的提出　在 DNA 复制过程中,分开的每条亲本链可以作为模板,按照碱基互补配对的原则合成一条互补新链。在 DNA 双螺旋中两条链是反向平行的,一条链方向为 5′→3′,另一条链为 3′→5′,分别以它们为模板新合成的互补链延伸方向一条是 3′→5′,另一条是 5′→3′,但生物细胞内所有催化 DNA 合成的聚合酶都只能催化 5′→3′延伸,因此新生子链的合成只能沿 5′→3′方向进行,而这是一个矛盾。那么

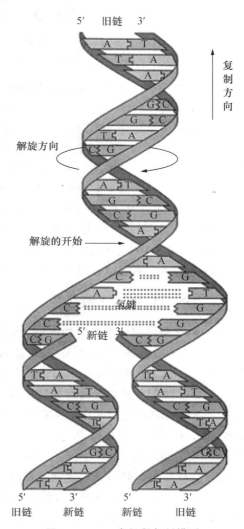

图 2-5　DNA 半保留复制模型

(http://sm.nwsuaf.edu.cn/mb/admin/upload/files/gzk/htm/chapter4 _ 1.htm)

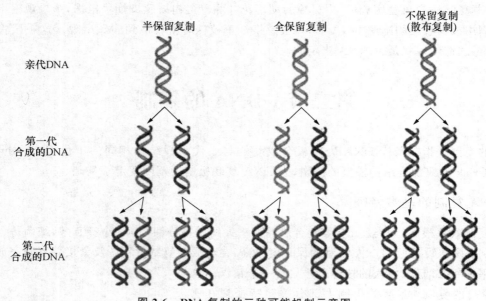

图 2-6　DNA 复制的三种可能机制示意图

(http://sm. nwsuaf. edu. cn/mb/admin/upload/files/gzk/htm/chapter4 _ 1. htm)

DNA 双链分子中的 5′→ 3′链是如何同时作为模板复制呢？1968 年冈崎（Okazaki）及其同事进行了一系列试验，回答了这一问题。

2. DNA 半不连续复制　DNA 复制时，在复制起点处两条 DNA 链解开成单链时，一条是 3′→5′方向，以它为模板复制 5′→3′互补链，其复制方向（5′→3′）和双链解开的方向相一致，复制可连续进行，最后形成一条连续的 5′→3′互补新链，称为前导链（leading strand）。另一条是 5′→3′方向，以它为模板链复制 5′→3′互补链，其复制方向（3′→5′）和双链解开的方向相反，故不能连续合成，而是先以 5′→3′方向不连续合成许多小片段，这些小片段称为冈崎片段（Okazaki fragment），最后这些冈崎片段再由 DNA 连接酶连接成一条完整的互补新链，称为滞后链（lagging strand）或后随链。这种前导链合成是连续的，滞后链合成是不连续的 DNA 复制方式，称为半不连续复制（semi-discontinuous replication）（图 2-7），现已发现这种复制方式在生物中普遍存在。

二、DNA 复制的一般过程

DNA 复制过程包括复制的起始、延伸和终止三个阶段。关于 DNA 复制的机制目前研究和了解最多的是细菌和噬菌体，现以大肠杆菌（*E. coli*）为例讲述 DNA 复制的一般过程。

（一）DNA 复制的起始

1. **转录激活**　复制起始的关键是前导链 DNA 聚合作用的开始，在所有前导链开始聚合之前必须由 RNA 聚合酶（不是引物酶）沿滞后链模板转录一段短的 RNA 分子。在大部分 DNA 复制中，这段 RNA 分子并不发挥引物作用，它的作用只是分开两条 DNA 链，暴露出某些特定序列，以便引发体与之结合，在前导链模板 DNA 上开始合成 RNA 引物，这个过程称为转录激活（transcriptional activation）。

2. **起始复合物的形成**　复制开始时，DnaA、HU 蛋白、Top Ⅰ等多种启动蛋白以多拷贝的形式在复制起点（ori）形成一个蛋白质-DNA 起始复合物。其中 DnaA 与复制原点 ori C DNA 上高保守的四个 9 bp 长的序列（即 R1-R4 位点）结合，负责最初的 DNA 螺旋解除；HU 蛋白识别并刺激 ori C 复制而抑制其他潜在的复制原点上的复制；Top Ⅰ也是 ori C 特异性复制所必需的。在这一阶段，ATP 是必需的，但不被水解，因为用不可水解的 ATP 同系物代替同样有效。

3. **前引发体的形成**　当起始复合物中的 DnaA 与复制原点 ori C 上的 R1-R4 位点结合后，DnaB-

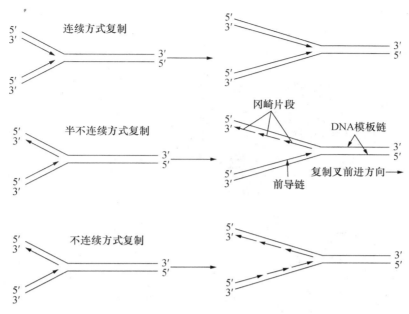

图 2-7　在 DNA 的复制区域中可能的结构和复制的模型
（http://biobar. hbhcgz. cn/Article/ShowArticle. asp? ArticleID=20878）

DnaC 六聚体与 ori C 结合成前引发体。

4. **复制叉的形成**　在 DnaB（DNA 解旋酶）的螺旋酶活性和 DNA 旋转酶的拓扑异构酶活性作用下，以水解 ATP 为能源，由 DNA 解旋酶打开 DNA 分子互补的两条链，然后单链 DNA 结合蛋白（SSB）结合到被解开的链上，形成复制泡（replication bubble），产生两个向相反方向扩展的复制叉。

5. **引发体的形成**　高度解链的模板与蛋白质的复合体促进 DNA 引发酶加入进来形成引发体，然后在引发酶催化下合成 DNA 起始所需的 RNA 引物。引发体可以在单链 DNA 上移动，首先在前导链上由引物酶催化合成一段 RNA 引物，然后在滞后链上沿 $5'→3'$ 方向不停地移动，在一定距离上反复合成 RNA 引物供 DNA 聚合酶Ⅲ合成冈崎片段使用。

6. **DNA 的合成起始**　随着引发体的前移，在 DNA 聚合酶的作用下，在引物的 $3'$ 末端羟基以磷酸二酯键与脱氧核苷酸结合起始 DNA 的合成。在大肠杆菌中这项任务由 DNA 聚合酶Ⅲ全酶担任，其中 $α$-亚基为聚合酶，$ε$-亚基为 $3'→5'$ 外切核酸酶，$β$-亚基保证了全酶作用的进行性，$τ$-$γ$ 亚基复合体则保证了 $β$-亚基作用的发挥。

（二）DNA 链的延伸

DNA 复制的延伸过程就是复制叉的前移过程（图 2-8），反应由 DNA 聚合酶Ⅲ催化，主要分为以下 3 个阶段：

1. **双链 DNA 不断地解螺旋**　复制起始后，DNA 解旋酶结合于单链上，利用 ATP 水解的能量，沿单链分子不断前移，当遇到双链时切断氢键解开双链，并由单链 DNA 结合蛋白与模板链结合，使模板链处于延伸状态，复制叉继续向前移动。DNA 双链在不断解链的过程中会产生正超螺旋，在环状 DNA 中尤为明显，当 DNA 分子中的正超螺旋达到一定程度后就会造成复制叉难以继续前行，最终导致 DNA 复制终止。然而细胞内 DNA 的复制并没有因此而停止，这是由于复制过程中存在 DNA 拓扑异构酶，它能将解螺旋产生的正超螺旋恢复成负超螺旋或引入新的负超螺旋，形成有利于 DNA 分子解链的拓扑结构，从而保证 DNA 复制的顺利进行。

2. **前导链的合成**　DNA 链的复制是半不连续复制，以 $3'→5'$ 方向 DNA 链为模板合成的子链为前导链，另一条为滞后链，滞后链的合成以合成冈崎片段的方式进行。DNA 前导链的合成比较简单，其延

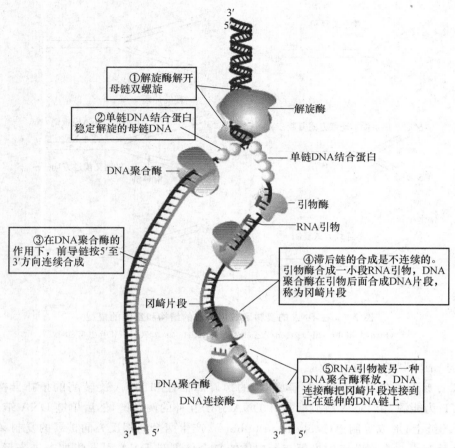

①解旋酶解开
母链双螺旋

解旋酶

②单链DNA结合蛋白
稳定解旋的母链DNA

单链DNA结合蛋白

DNA聚合酶

引物酶

RNA引物

③在DNA聚合酶的
作用下，前导链按5′至
3′方向连续合成

④滞后链的合成是不连续的。
引物酶合成一小段RNA引物，DNA
聚合酶在引物后面合成DNA片段，
称为冈崎片段

冈崎片段

⑤RNA引物被另一种
DNA聚合酶释放，DNA
连接酶把冈崎片段连接到
正在延伸的DNA链上

DNA聚合酶

DNA连接酶

图 2-8　DNA 链的延伸过程

伸方向与复制叉移动的方向(5′→3′方向)一致。前导链的合成仅在复制开始时以一小段特异的 RNA 分子为引物，在 DNA 聚合酶Ⅲ作用下连续合成一条与模板碱基配对的新链。

3. 滞后链的合成　DNA 滞后链的合成比较复杂，在复制过程中，引发体随着复制叉前移，引发酶沿滞后链模板不断合成许多不同的 RNA 引物，这些 RNA 引物间隔分布于滞后链上，并由 DNA 聚合酶Ⅲ按 5′→3′方向延伸至前一个 RNA 引物上合成一个短的冈崎片段，然后由 DNA 聚合酶Ⅰ通过其5′→3′外切酶活性切除冈崎片段上的 RNA 引物，再催化冈崎片段的 3′端合成短片段 DNA 并填补空缺，最后由 DNA 连接酶将相邻冈崎片段连接起来，形成一条完整的 DNA 滞后链。尽管滞后链的合成是分段进行的，而且从局部看 DNA 聚合酶Ⅲ的 5′→3′聚合作用是逆复制叉前进的，但最后形成的滞后链合成的总方向仍然与复制叉移动的方向相一致。

(三)DNA 复制的终止

复制的延伸阶段结束后即进入复制的终止阶段。过去认为，DNA 一旦复制开始，就会将该 DNA 分子全部复制完毕才终止其 DNA 复制。后来发现在 DNA 上也存在着复制终止区(terminus region)，DNA 复制将在复制终止位点处终止，并不一定等全部 DNA 合成完毕。大肠杆菌的复制终止发生在terA 和 terB 区域内的不同位点上，这两个区域可以分别阻止复制叉的逆时针和顺时针运动，当子链延伸达到复制终止区时，Ter-Tus 复合物(ter utilization substance)使 DnaB 停止解链，复制叉前移停止，等相反方向复制叉到达后，由修复方式填补两个复制叉间的空缺。然后由 DNA 拓扑异构酶Ⅱ或特异的重组酶辅助新生 DNA 分子的分离，释放出子链 DNA。

目前对复制终止位点的结构和功能了解甚少，而且环状 DNA 与线状 DNA，单向复制与双向复制终止的情况各异。在单方向复制的环形分子中,复制终点也就是它的复制原点;线状 DNA 双向复制的复制终点不固定;而在双方向复制的环形分子中,有的有固定的终点,而大多数没有固定的终点。

第三节 DNA 的转录

根据遗传的中心法则,一个基因的遗传信息从 DNA 传递到蛋白质的第一步是以 DNA 为模板,4 种核糖核苷三磷酸(rATP、rCTP、rGTP 和 rUTP)为底物,在 RNA 聚合酶(RNA polymerase)的作用下合成 RNA,这个过程称为转录(transcription),DNA 上的转录区域称为转录单位(transcription unit)。转录是基因的遗传信息由 DNA→RNA→蛋白质传递过程的中心环节,它是基因表达的第一步,也是最关键的一步。

一、DNA 转录的基本特征

DNA 的转录与复制的化学反应十分相似,两者都是在聚合酶的催化作用下,以 DNA 中的一条单链为模板,按照碱基互补配对的原则,沿着 $5'→3'$ 的方向合成与模板互补的新链。但是复制是精确拷贝基因组信息的过程,即以一条亲代 DNA 分子为模板合成两条子代 DNA 分子的过程;而转录是基因组遗传信息的表达过程,即以 DNA 分子中的反义链为模板合成 RNA 的过程,二者在功能和过程等方面都存在着明显的差异。DNA 转录的基本特征是:

(1)转录的底物是 4 种核糖核苷三磷酸(rNTP),即 rATP、rCTP、rGTP 和 rUTP,每个 rNTP 中,在核糖上有两个羟基,一个在 $2'$-C 上,一个在 $3'$-C 上。而复制的底物是 4 种脱氧核糖核苷三磷酸(dNTP),即 dATP、dCTP、dGTP 和 dTTP,在核糖的 $2'$-C 上没有自由的羟基。

(2)转录必须以一条 DNA 链为模板,且在一个转录区内,一般只有一条 DNA 链可以被转录。人们通常把作为转录模板的 DNA 单链称为模板链(template strand)或反义链(antisense strand),把另一条不作模板转录的单链称为非模板链(nontemplate strand)或编码链(coding strand)或正义链(sense strand)。在 DNA 复制时,则两条链都用作模板。

(3)转录的起始不需要引物参与,而 DNA 复制的起始则一定要有引物的存在。

(4)转录过程中 RNA 链的延伸方向也是 $5'→3'$,即按照碱基互补配对的原则,将核糖核苷三磷酸(rNTP)加到新生链的 $3'$ 端,同时除去一分子焦磷酸而生成磷酸二酯键,依次添加合成 RNA 单链。这与 DNA 复制时的情况基本相同,但 RNA 与模板 DNA 的碱基相互配对的关系为 G-C 和 A-U,而复制的底物是 dNTP,碱基互补配对的关系为 G-C 和 A-T。

(5)转录过程中 RNA 的合成主要依赖 RNA 聚合酶的催化作用,而复制需要的是 DNA 聚合酶。RNA 聚合酶与 DNA 聚合酶不同,RNA 聚合酶不需要 $3'$ 游离羟基,因而转录过程是从头起始的,不需要引物的参与,转录起始的核苷酸一般是嘌呤核苷三磷酸,而且将在新合成 RNA 链的 $5'$ 末端保持这一三磷酸基团。

(6)转录过程中暂时形成的 DNA-RNA 杂合分子不稳定,随着 RNA 链的增长和 RNA 聚合酶的向前移动,RNA 链在延伸过程中不断从模板链上游离出来形成单链 RNA,而原来解链部分的 DNA 又恢复双链结构。而在 DNA 复制中,复制叉形成之后一直打开,并不断向前延伸,最后新合成的链与亲本链配对形成两个子代 DNA 双链分子。

(7)在真核生物中,转录生成的初级转录产物一般需要经过加工,才能具有生物功能;而复制的产物 DNA 不需要加工。

(8)在一个基因组中,转录通常只发生在一部分区域,其中大部分区域并不表达成 RNA。如在多数哺乳动物细胞中,只有约 1% 的 DNA 序列被表达成为成熟的 mRNA 进入细胞质中,指导蛋白质的合成。

二、转录的一般过程

DNA 的转录过程可以分为转录的起始、RNA 链的延伸和转录的终止三个阶段。原核生物与真核生物的转录过程基本相同,但也有很多细节不同,如原核生物只有一种 RNA 聚合酶,它负责所有 RNA 的合成,而真核生物有 I、II 和 III 三种 RNA 聚合酶,它们分别负责不同种类的 RNA 合成;在原核生物中,RNA 聚合酶仅要求 σ 辅助因子结合到 $\alpha_2\beta\beta'$ 核心酶,然后全酶就能与启动子结合启动转录,但在真核生物中,转录的起始除了 RNA 聚合酶外,还需要复合蛋白结合位点和许多转录因子;原核生物的启动子只有 -10 和 -35 区两种保守序列,而真核生物的启动子结构还包括 TATA 框、GC 框、CAAT 框和增强子等与转录有关的元件;原核生物转录合成的 mRNA 长度与转录后的 RNA 一样,转录和翻译常常是紧密结合进行的,而真核生物转录合成的是核内初级 RNA 转录物(huRNA),需要经过转录后复杂的加工才能从核内转移到细胞质,在细胞质里指导蛋白质的合成。

1. 原核生物 DNA 转录的主要特点

(1)原核生物中只有一种 RNA 聚合酶,能催化所有 RNA 的合成。

(2)原核细胞的 mRNA 通常包含两个或两个以上的基因编码区。

(3)转录、翻译及 mRNA 降解同步进行。在原核细胞中,由于 mRNA 分子的合成、翻译和降解都是从 5′ 到 3′ 方向,因此 3 个步骤可同时发生在一条 RNA 分子上。即在 mRNA 3′ 端还没有完成转录前,其 5′ 端就已与核糖体结合开始蛋白质合成了或在核酸酶的作用下开始降解了。

(4)原核生物转录出来的 mRNA 往往一产生就是成熟的,不需要转录后修饰加工。

2. 真核生物 DNA 转录的主要特点

(1)真核生物中有三种不同的 RNA 聚合酶,处于细胞的不同部位、催化不同类型的 RNA 合成。RNA 聚合酶 I 位于核内,主要负责催化 28S rRNA、18S rRNA、5.8S rRNA 的合成;RNA 聚合酶 II 位于核质中,主要负责催化 mRNA 的合成;RNA 聚合酶 III 也位于核质中,主要负责催化 tRNA、5S rRNA 和某些核内小 RNA 的合成。

(2)真核生物的 3 种 RNA 聚合酶都不能独立转录 RNA,都必须依赖转录因子的辅助来启动 RNA 链的转录。在 RNA 聚合酶结合并启动转录之前,这些转录因子必须先结合在 DNA 启动子的正确区域以形成适合的转录起始复合物。

(3)真核生物 RNA 聚合酶与转录启动子的作用较原核生物复杂,尤其是 RNA 聚合酶 II 的启动子,至少有三个 DNA 的保守序列与其转录的起始有关,即 TATA 框、CAAT 框和增强子等。

(4)真核生物的转录在细胞核内,蛋白质的合成在细胞质内,所以转录后必须从核内运输到细胞质内才能进行翻译。

(5)真核生物的转录产物包括外显子和内含子,转录物需要进行剪接、加工才能成为成熟的有功能的 RNA。

(6)真核生物的转录终止信号和终止机制复杂,一般不需要茎环结构。

第四节　蛋白质生物合成

蛋白质生物合成在细胞代谢中占有十分重要的地位。目前已经完全清楚,贮存遗传信息的 DNA 并不是蛋白质合成的直接模板。DNA 上的遗传信息需要通过转录传递给 mRNA,mRNA 才是蛋白质合成的直接模板。mRNA 是由 4 种核苷酸构成的多核苷酸,而蛋白质是由 20 种左右的氨基酸构成的多肽,它们之间遗传信息的传递并不像转录那样简单。从 mRNA 上所携带的遗传信息到多肽链上所携带的遗传信息的蛋白质合成过程,称为翻译。翻译的过程十分复杂,几乎涉及细胞内所有种类的RNA和几十种蛋白质因子。蛋白质合成的场所在核糖体内,所以把核糖体称作蛋白质生物合成的工厂。

一、遗传密码

Gamow 在 1954 年首先提出遗传密码的概念。遗传密码是指 DNA(或其转录本 mRNA)中碱基序列和蛋白质氨基酸序列之间的相互关系。Brenner 和 Crick 在 1961 年的试验证明,加入或减少 1 或 2 个核苷酸导致形成不正常的蛋白质,但加入或减少 3 个核苷酸则生成的蛋白质常常具有完全的活性。因此,他们认为遗传密码是由 3 个核苷酸组成的,这也为以后的试验所证明。同年 Nirenberg 等合成只含有 1 种氨基酸(苯丙氨酸)的多肽,从而部分地破译了遗传密码。随后经过科学家们多年努力,终于对遗传密码有了较全面的了解(表 2-1)。

表 2-1 遗传密码

第一位置 (5′端)	第二位置(中间碱基)				第三位置 (3′端)
	U	C	A	G	
U(尿嘧啶)	Phe	Ser	Tyr	Cys	U
	Phe	Ser	Tyr	Cys	C
	Leu	Ser	终止	终止	A
	Leu	Ser	终止	Trp	G
C(胞嘧啶)	Leu	Pro	His	Arg	U
	Leu	Pro	His	Arg	C
	Leu	Pro	Gln	Arg	A
	Leu	Pro	Gln	Arg	G
A(腺嘌呤)	Ile	Thr	Asn	Ser	U
	Ile	Thr	Asn	Ser	C
	Ile	Thr	Lys	Arg	A
	Met	Thr	Lys	Arg	G
G(鸟嘌呤)	Val	Ala	Asp	Gly	U
	Val	Ala	Asp	Gly	C
	Val	Ala	Glu	Gly	A
	Val	Ala	Glu	Gly	G

1. 起始密码子和终止密码子 密码子 AUG 是起始密码子,代表合成的第一个氨基酸的位置,它们位于 mRNA 5′末端,同时它也是甲硫氨酸的密码子,因此原核生物和真核生物多肽链合成的第一个氨基酸都是甲硫氨酸,当然少数细菌中也用 GUG 作为起始码。在真核生物中 CUG 偶尔也用作起始甲硫氨酸的密码。密码子 UAA、UAG、UGA 是肽链合成的终止密码子,不代表任何氨基酸,它们单独或共同存在于 mRNA 3′末端。因此翻译是沿着 mRNA 分子 5′→3′方向进行的。

2. 密码的连续性 两个密码子之间没有任何核苷酸隔开,因此从起始密码子 AUG 开始,三个碱基代表一个氨基酸,就构成了一个连续不断的读码框,直至终止密码子。如果在读码框中间插入或缺失一个碱基就会造成移码突变,引起突变下游位点氨基酸排列的错误。

3. 密码的简并性 一种氨基酸有几组密码子或者几组密码子代表一种氨基酸的现象,称为密码子的简并性,这种简并性主要是由于密码子的第三个碱基发生摆动现象形成的,也就是说密码子的专一性主要由前两个碱基决定,有时即使第三个碱基发生突变也能翻译出正确的氨基酸,这对于保证物种的稳定性有一定的意义。如 GCU、GCC、GCA、GCG 都代表丙氨酸。

4. 密码的通用性　　大量事实证明生命世界从低等到高等,都使用一套密码,也就是说遗传密码在很长的进化时期中保持不变,因此这张密码表是生物界通用的。然而,出乎人们预料的是,真核生物线粒体的密码子有许多不同于通用密码,例如人线粒体中,UGA 不是终止密码子,而是色氨酸的密码子,AGA、AGG 不是精氨酸的密码子,而是终止密码子,加上通用密码中的 UAA 和 UAG,线粒体中共有四组终止码。内部甲硫氨酸密码子有两个,即 AUG 和 AUA。

二、核糖体的结构和功能

(一)核糖体的结构

核糖体是细胞质里的一种球状小颗粒。原核细胞的核糖体直径约18 nm,颗粒相对分子质量约为 2.8×10^6,沉降系数 70S,它含有 60%～65% 的 rRNA 和 30%～35% 的蛋白质。真核细胞的核糖体较大,直径为 20～22 nm,它含有 55% 左右的 rRNA 和 45% 左右的蛋白质,颗粒相对分子质量约为 4.0×10^6,沉降系数为 77～80S。在原核细胞中核糖体自由存在或与 mRNA 结合。在真核细胞中,核糖体与粗面内质网结合或者自由存在。当多个核糖体与 mRNA 结合时称为多聚核糖体。真核细胞的线粒体和叶绿体中也有核糖体存在。平均每个原核细胞含有 15 000 个或更多的核糖体,每个真核细胞含 10^6～10^7 个核糖体。

核糖体是由大小不同的两个亚基组成的。原核细胞的核糖体由沉降系数各为 50S 和 30S 的两个亚基所组成。50S 大亚基含 23S rRNA、5S rRNA 和大约 34 种蛋白质。30S 小亚基含 16S rRNA 和 21 种蛋白质。真核细胞的核糖体则由沉降系数各为 60S 和 40S 的两个亚基所组成。60S 大亚基含 28S rRNA、5.8S rRNA 和 5S rRNA 各一分子和大约 50 种蛋白质。40S 小亚基含 18S rRNA 和大约 33 种蛋白质(表 2-2)。

表 2-2　真核生物核糖体的组成及某些特性

物种	亚基(M_r)	rRNA(碱基数目)	蛋白质种类
真核生物	40S(1 400 000)	18S(1 900)	大约 33 种
(动物、植物)	60S(2 800 000)	5S(120)	大约 50 种
(80S)		5.8S(160)	
		28S(4 700)	

(二)核糖体的功能

核糖体可以看作是蛋白质生物合成的分子"机器",机器内的各组分相互精密配合,彼此分工明确,分别参与多肽链的启动、延长、终止和"移动"含有遗传信息的模板 mRNA。

贯穿于核糖体大小亚基接触面上的 mRNA 和合成的新生多肽链通过外出孔而进入膜腔。核糖体上有肽酰结合位(P 位)和氨基酰接受位(A 位)两个 tRNA 结合位点。P 位大部分位于小亚基,其余小部分在大亚基,A 位主要分布在大亚基上(图 2-9)。在 A 位处 5S rRNA 有一序列能与氨基酰-tRNA 的 TΨC 环的保守序列互补,以利用延长的氨基酰-tRNA 进入 A 位,而起始用的 tRNA 无此互补序列,因此,进入核糖体时,它只能进到 P 位。核糖体的 30S 亚基与 50S 亚基结合成 70S 起始复合物时,两亚基的接合面上留有相当大的空隙,两亚基的接触面空隙内有一个结合 mRNA 的位点。在 50S 亚基上还有一个 GTP 水解的位点,为氨基酰-tRNA 移位过程提供能量,蛋白质生物合成可能在两亚基接合面上的空隙内进行。

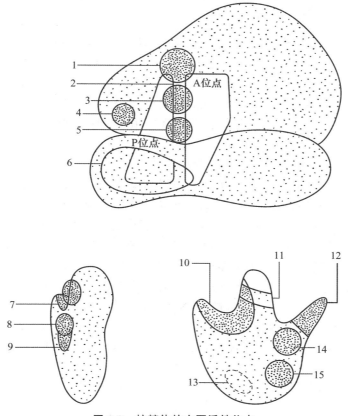

图 2-9 核糖体的主要活性位点

1.5S 位点 2.出口区 3、10.转肽酶 4.EF-G 位点 5.EF-Tu 位点 6.mRNA 位点 7.3′端 16S rRNA
8.A/P 位点 9.mRNA 11.5S rRNA 12.L7/L12 13.出口 14.EF-G 15.5′端 23S rRNA

三、蛋白质生物合成过程

原核生物蛋白质生物合成包括氨基酸的活化、起始、延伸和终止。其速度很快,37℃细菌的合成速度为每秒 15 个氨基酸,真核生物较细菌慢些,为每秒 2 个氨基酸。

（一）氨基酸的活化和转运

氨基酸在参加翻译之前需要活化。活化的过程是氨基酸在酶的催化下与 ATP 作用,产生带有高能键的氨基酰-AMP-酶复合物,也称为活化氨基酸。活化氨基酸由特异的 tRNA 携带,转运到核糖体上进行翻译。活化氨基酸的转运就是氨基酰-AMP 的酰基转给 tRNA,tRNA 再转移到核糖体上的反应。氨基酸的活化和转运由同一个酶来催化,该酶称为氨基酰-tRNA 合成酶,也称为氨基酸合成酶或氨基酸活化酶。

在生理条件下,氨基酸的活化和转运可能是一步完成的:

$$tRNA＋氨基酸＋ATP \rightarrow 氨基酰\text{-}tRNA＋AMP＋PPi$$

氨基酸与 tRNA 的连接方式是 tRNA 中 CCA 的腺苷酸的 2′或 3′-OH 与氨基酸的 COOH 形成酯键。连接位置与氨基酸密码子的第二个碱基有关,密码子中间为 U 的氨基酸与 CCA 的 2′-OH 相连,中间为 C 的氨基酸与 3′-OH 相连。中间为 A 或 G 的连接规律性不大。

一种氨基酰-tRNA 合成酶可以识别一组同工 tRNA,也就是说一种氨基酰基合成酶可以特异识别一种氨基酸和携带该氨基酸的 tRNA(最多可 6 种)。在真核生物中,一种氨基酸可有几种与之对应的酶。合成酶对氨基酸和 tRNA 的高度专一性对遗传信息的正确传递有重要意义。

(二)合成起始

1. 起始 tRNA 与起始密码子的识别　合成的起始密码子为 AUG(细菌中偶有 GUG)。在细菌中,约有 50% 的蛋白质的 N 端为 Met。后来人们发现了 N-甲酰甲硫氨基酰-tRNA,其氨基酰的氨基末端已被甲基化,使之只能用于起始而不能用于延伸过程。

2. 起始复合物与 70S 核糖体的形成　形成起始复合物,除起始 tRNA、30S 亚基和 50S 亚基外,还需要三种起始因子。这些因子并不牢固地结合于核糖体,在起始复合物形成之后就很快解离。

(三)延伸

1. 转肽与肽键的形成　完整的核糖体在起始密码子形成以后,P 位已被起始 tRNA 所充满,而 A 位仍空着。根据密码子与反密码子的相互作用,相应的氨基酰-tRNA 可以进入到 A 位。这一过程需要三种因子——EF-Tu,EF-Ts、依赖于 GTP 的延伸因子 EF-G(又称转位因子)。EF-Tu 首先与 GTP 结合,再与氨基酰-tRNA 形成三元复合物。只有这样的复合物才能进入 A 位,这一过程需要 GTP 的参与,但不需要 GTP 的水解。一旦进入 A 位,GTP 立即水解成 GDP,EF-Tu·GDP 二元复合物解离下来。而后转肽酶把位于 P 位的甲酰甲硫氨基酰基转移到 A 位并形成第一个肽键。

2. 移位　当肽键在 A 位上形成后,EF-G 和 GTP 结合上来。然后,由核糖体中具有 GTP 酶活性的某种蛋白将 GTP 水解,在 A 位生成的肽酰-tRNA 移到 P 位上,同时将位于 P 位的空载 tRNA 逐出核糖体,mRNA 也向前移动一个密码子。每增加一个氨基酸,即重复该过程一次,直到终止密码子处。

3. 终止和肽链的释放　终止反应包含两个过程:①在 mRNA 上识别终止密码子;②水解所合成肽链与 tRNA 间的酯键而释放出新生的蛋白质。终止密码子为 UAA、UAG 及 UGA。终止反应需要 RF_1、RF_2 及 RF_3 三种释放因子。RF_1 因子对识别 UAA 和 UAG 是必需的,RF_2 因子对识别 UAA 和 UGA 是必要的,RF_3 可刺激 RF_1 和 RF_2 的活性。因此可设想终止反应分为依赖于终止密码子的 RF_1 或 RF_2 结合反应及 RF_1 或 RF_2 在 P 位上把转肽酶的作用转变成水解作用,使 P 位上 tRNA 所携带的多肽链与 tRNA 之间的酯键水解。tRNA 残基从 P 位上脱落还有一个最后因子 RR 参加。一旦 tRNA 脱落,则 70S 核糖体也从 mRNA 上脱落,解离为 30S 及 50S 亚基并立即投入下一轮核糖体循环,以合成另一新的蛋白质分子。

实际上生物体内合成蛋白质常是多个核糖体在同一时间内与同一 mRNA 相连,每一个核糖体按上述步骤依次在 mRNA 模板的指导下,各自合成一条肽链。

真核细胞的蛋白质合成过程大致与细菌相同,但也有所不同,例如高等动物启动作用的氨基酰-tRNA 不是甲酰甲硫氨基酰-tRNA,而是甲硫氨基酰-tRNA。起始因子有 9~10 种,肽链延伸因子为 eEF-1 和 eEF-2,终止因子只有 1 个(eRF)。

四、肽链修饰

由核糖体释放的新生肽链并不是一个完整的有生物学功能的蛋白质分子,必须经过处理和加工后,才具有生物学活性,包括形成高级结构、与其他亚基结合及其他的共价修饰。

(一)肽链中氨基酸残基的化学修饰

1. 乙酰化　主要发生在 N 末端的 α 氨基和赖氨酸的 ε 氨基上。

2. 甲基化　发生在 α 氨基、ε 氨基和精氨酸的胍基,C 末端的 α 羧基,侧链的羧基上。

3. 磷酸化　主要发生在丝氨酸、苏氨酸及酪氨酸的羟基上。

4. 泛素化　发生在 α 氨基和 ε 氨基上。

5. 转氨基作用　主要发生在 N 末端的 α 氨基上。

6. 多聚 ADP 糖基化　主要发生在精氨酸的胍基上。

7. 糖基化　可以通过 N 糖苷键连接于天冬酰胺基上或通过 O 糖苷键连接于丝氨酸和苏氨酸的羟

基上,也可以通过 S 核苷键连接于半胱氨酸的巯基上。在每一种类型的共价修饰过程中,可以由不同的酶催化。每种共价修饰都有重要的生理功能。

(二)肽链 N 端 Met 或 fMet 的除去

在原核生物中,蛋白质起始合成的第一个氨基酸为甲酰甲硫氨酸,真核生物为甲硫氨酸。而成熟的蛋白质 N 端大部分不是甲硫氨酸,必须切去 N 端一个或几个氨基酸,其甲酰基可由脱甲酰酶催化而被去除。在多数情况下,当肽链的 N 端游离出核糖体后,立即进行脱甲酰化。N 端的甲硫氨酸的去除也可在合成起始不久发生,但这一过程受肽链折叠的影响。

(三)信号肽的切除

蛋白质除游离于胞浆发挥作用外,还有一部分要分泌到细胞外和定位于膜系统中起作用。真核生物细胞比较复杂,不但要决定蛋白质是否越膜,还要决定要越过膜的种类。在越膜过程中,有时要在翻译的同时发生一些处理过程,而翻译后所发生的共价修饰称为翻译后处理。

在绝大多数细菌的越膜蛋白中,N 端都有一个长为 15～30 个氨基酸的信号肽。信号肽的前半段富含精氨酸和赖氨酸,带正电荷;后半段以疏水性氨基酸为主,有 15～20 个氨基酸,该段氨基酸能形成 α 螺旋结构,紧接信号肽的序列也能形成 α 螺旋。两端 α 螺旋以反向平行方式形成一个发夹结构,很容易进入脂双层。继续合成的肽链能穿过内膜。如果是内膜蛋白,则会有一段或几段疏水区域结合于内膜中,当组成发夹结构的两段 α 螺旋间的部分达内膜外表面时,位于内膜外表面的信号肽酶就切除信号肽。翻译越膜蛋白的核糖体是与内膜结合的,这更便于越膜过程。

真核生物细胞中合成的蛋白质如何到达不同部位取决于蛋白质是否具有转运信号。如果没有转运信号,蛋白质就保留在细胞质中。不同的细胞定位需要不同的转运信号。细胞表面蛋白、分泌蛋白和溶酶体蛋白具有与原核生物相似的信号肽,位于 N 端,长 15～30 个氨基酸残基,大部分为疏水性氨基酸,接近 N 端有几个带正电荷的精氨酸和赖氨酸。真核生物的信号肽也能形成 α 螺旋的发夹结构,在信号肽识别颗粒(SRP)的协助下插入到粗面内质网的膜中,SRP 能与粗面内质网上的蛋白结合,并引导新合成的肽链进入粗面内质网,最后引导分泌蛋白质的越膜。合成的蛋白质而后进入高尔基体接受修饰,固定于膜或形成分泌小泡分泌到细胞外。

(四)肽链的折叠

肽链的折叠在肽链合成没有结束时就已经开始。核糖体可保护 30～40 个氨基酸残基长的肽链,当肽链从核糖体中露出后,便开始折叠,三级结构的形成几乎和肽链合成的终止同时完成,蛋白质的折叠是从 N 端开始的。

(五)切除前体中功能不必需的肽段

在蛋白质的前体分子中,有一些是功能所不需要的,在成熟的分子中不存在。肽链的切除是在专一性的蛋白水解酶的作用下完成的。多种多肽激素和酶的前体大都要经过这一加工过程。

(六)二硫键的形成

在 mRNA 分子中没有胱氨酸的密码子,而不少蛋白质分子中含有胱氨酸二硫键,有的还有多个。二硫键是蛋白质的功能基团,是通过两个半胱氨酸的巯基氧化形成的,有的在切除肽段前就已形成。

(七)多肽链 N 端和 C 端的修饰

在少数情况下,合成多肽的一端或两端再修饰氨基酸。还发现能通过活化的 tRNA 将氨基酸残基转移到成熟的蛋白质 N 端上。

在真核生物中,细胞中有半数以上的蛋白质 N 端被乙酰化。乙酰化受 N-乙酰转移酶催化,该酶对 N 端氨基酸有选择性。多数多肽的 C 端被酰胺化,特别是多肽激素。酰胺化能保护多肽免受外切酶的水解。另外,N 端还有葡糖胺和脂肪酸基团的修饰等。

思 考 题

1. 遗传物质必须具备什么功能？为什么 DNA 适合作为遗传物质？
2. 复制和转录有何异同？
3. 真核生物 DNA 复制起始与原核生物有何不同？
4. 遗传密码的特点有哪些？
5. 简述氨基酰-tRNA 的形成过程。
6. 真核生物蛋白质生物合成过程中形成的 80S 复合物的成分有哪些？

第三章　孟德尔遗传定律

从 18 世纪中期开始,生物学家们就已经进行了动植物杂交试验。那个时期杂交试验的目的是为了探讨"杂交能否产生新种"。18 世纪末,这个问题得到了解决。到了 19 世纪,人们关于动植物的杂交研究,便朝着两个方向发展:①生产目的,即为了提高农作物的产量和培养观赏植物新品种。②理论研究目的,即以杂交试验为手段来探讨生物遗传和变异的奥秘。虽然目的不同,但结果相似。在杂交试验中,观察到了杂种性状的一致性和杂种后代性状的多态性等遗传现象。为什么会产生这种有规则的遗传现象?对于这个问题当时未做出令人满意的解释。所以,探讨生物性状的遗传问题成为 19 世纪生物学家们迫切需要解决的重大课题。孟德尔在前人实践的基础,通过长达 8 年(1856—1863)的豌豆杂交试验和 4 年的其他植物杂交试验(experiments on plant hybridization),于 1866 年首次提出了分离定律(law of segregation)和自由组合定律(law of independent assortment),否定了当时流行的混合遗传的观点。但这两个定律在当时并未引起足够的重视,直到 1900 年被重新发现,并统称为孟德尔遗传定律。

第一节　分离定律

一、孟德尔之前的杂交试验

18—19 世纪期间,为了对植物进行品种改良以获得新的植物类型,并探讨杂种形成的理论,在欧洲一些皇家科学院公开悬赏科学论文的激励下,科尔罗伊德(Joseph Gottlieb Koelreuter,1733—1806)等大批科学家开始进行一系列的植物杂交试验。他们的研究工作为孟德尔遗传定律建立了一个广泛的基础。科尔罗伊德被誉为近代植物杂交试验之父。他先后用 138 种植物进行了 500 多个不同的杂交试验,第一次证明了两个亲本的遗传贡献是相等的。他在某些试验中已发现,后代可出现类似亲本的性状,并描述了后代发生明显的性状分离现象。但是,他没有进行有关支配个体单一性状遗传定律的研究。

奈特(Thomas Andrew Knight,1759—1838)于 1799—1833 年用豌豆进行了杂交试验。他在试验中,仔细地给花朵摘去雄蕊后再授粉,并以去雄后未授粉的花作对照组,发现了豌豆种子的灰色对白色为显性。他用白色种子的亲本和杂种回交,得到的下代种子有白色和灰色两种类型,但他没有计数过杂种后代的性状分离比例。

萨格莱特(Augustin Sageret,1763—1851)在 1826 年进行的甜瓜杂交试验中,把两个亲本的性状排成一组组相对性状,不仅证实了显性现象,也发现了不同性状的独立分离。

盖特纳(Carl Friedrich von Gärtnor,1772—1850)是孟德尔之前最博学、最勤奋、最有成就的科学家。较之前人,他在试验方法和对杂种的比较描述上,都有了很大的进展,先后分析了近一万个杂交试验。在玉米杂交试验中,他观察到黄色籽粒与其他颜色籽粒的分离比例为 3.18∶1,然而他无法对此做出任何解释。他于 1837 年发表的获奖论文《植物杂种形成的试验和观察》被孟德尔十分认真地研究过,称之为里面记载了很多有价值的观察。

诺丁(Charles Naudin,1815—1899)在其 10 年的植物杂交试验研究中,也看到了杂种的性状分离,提出了"杂种后代分别保留着双亲性质"的重要假设。但他也没有分析杂种的分离比,更未注意到这种分离的重要性。

可见,到孟德尔进行研究之前,这些先驱们在试验方法和思维上都存在着很大的缺陷。他们都过于简单地描述试验的结果,没有一个人对试验结果进行分类分析。他们谁也没有把杂种后代的性状分离看成是最关键的变化,当然也就谈不上应用数学分析的方法,从可变化的群体角度去解释所看到的遗传现象。

但是不管怎样,到了19世纪50年代,经过大量的植物杂交试验,先驱们已经清楚地证实了遗传定律中的许多事实。需要新的方法来解决遗传问题,并引进合适的概念阐述遗传理论的时机已经成熟。

二、孟德尔试验的方法

孟德尔是遗传学史上第一个对遗传现象做出系统试验研究的科学家。他的认真求实、坚忍不拔的试验态度,严谨有序、富有创新的科学方法成为科学研究的典范。孟德尔之所以能获得成功,应归功于他卓越的洞察力和科学试验方法。孟德尔认为:如果人们不想一开始就使成功的可能性陷入危险的境地,那么就要尽可能地仔细选择做这种试验的植物。在研究了盖特纳等的杂交试验后,他选用豌豆作为试验材料。豌豆具有稳定、易识别的性状,又是严格的自花传粉植物,便于进行杂交。他从搜集到的34个豌豆品种中挑选出22个品种,经过纯系培育,从中确定了7对相对性状,分别进行杂交试验。这样,孟德尔的研究工作,便限定于彼此间差别十分明显的单一性状的遗传过程,从而简化了试验的条件。

1. 严格选材 选择具有明显特点的性状作为研究对象。孟德尔从豆科植物中选择了自花授粉而且是闭花授粉的豌豆(*Pisum sativum*)作为试验材料。首先,由于豌豆是闭花授粉,因此几乎所有的豌豆种子都可以说是某一性状的纯种;其次,豌豆花的各部分结构都比较大,便于人工去雄和异花授粉;再次,豌豆的许多性状差别非常大,如花的颜色、植株的高矮等,孟德尔试验时选取了许多稳定的、容易区分的性状进行观察分析。

2. 系谱记载 孟德尔保持了各世代的系谱(pedigree)记载,从而能指示试验中的一个个体的来龙去脉,开创了系谱分析法。

3. 精心设计试验方法 试验设计是科学方法学的重要因素。孟德尔试验首先分别观察和分析在一个时期内的一对性状的差异,最大限度地排除各种复杂因素的干扰。如果他的杂交试验是对整个植株进行比较的话,他很可能同样陷入复杂现象的困境。因此,他的试验方法由简到繁;在观察清楚一对性状之后,再结合两对或三对性状进行观察研究。

4. 严格的技术处理 如在豌豆杂交时进行严格而谨慎的去雄、授粉和套袋技术,以防止意外的外来花粉混杂,否则会得出错误的结论。

5. 定量分析法 由于孟德尔有数学和统计学家的头脑,他在试验中不仅注意到杂种后代中除了出现不同类型的个体外,还存在数量上的关系,通过对杂交后代出现的个体进行分类、计数和数学归纳,并认识到1∶1和3∶1所蕴含的深刻意义和规律。

6. 自我验证 在当时,虽有不少科学家进行同类试验,但都没有像他一样,设计新的试验进行验证。而孟德尔巧妙地设计了测交试验,令人信服地证明了自己的试验的正确性,至今仍在育种上应用。

正如他在论文的绪言中所写的:在所有已做的大量试验中,没有一个是这样的规模和方法,能确定杂种后代中出现的各种类型的数目;或是很有把握地把每代出现的各种类型进行分类;或是确定这些类型的统计学关系。要从事这么大规模的工作是需要勇气的,但这样的工作,是我们最后解决问题唯一且正确的方法。孟德尔正是以极大的勇气,不拘泥于前辈思想的束缚,勇于革新试验方法,在处于孤立、面临种种困难的情况下,进行了长达8年的豌豆杂交试验。他以敏锐的眼光精心选择了试验材料,以深邃的构思合理设计了试验程序,以精确的数学分析方法恰当处理了试验结果,由此,他才能从表面上看来似乎是偶然的现象中,成功地发现人类对自然界之了解中杰出贡献之一的遗传定律,从而奠定了现代遗传学的基础。

三、一对相对性状的遗传试验及分离现象

所谓性状(trait)就是生物体所表现的形态特征和生理特性的总称,分为综合性状和单位性状。综合性状(complex character)是指性状本身由很多性状所组成。如人的眼睛包括形状、颜色、大小等许多性状。孟德尔在研究性状遗传时,把个体所表现的性状总体区分为各个单位作为研究对象,这些被区分开的具体性状称为单位性状(unit character),如鸡的冠形、猪的毛色等。不同个体在单位性状上常有着各种不同的表现,如鸡的冠形有胡桃冠、玫瑰冠、豆冠和单冠。这种同一单位性状在不同个体间所表现出来的相对差异,称为相对性状(contrasting character)。

所谓杂交(cross),就是具有不同遗传性状的个体之间的交配,然后着重观察这一相对性状在后代传递的情况,并对其后代进行分析,发现性状在后代中发生分离具有一定的规律性,且在其他动物、植物、微生物,包括人类在内得到验证,具有一定的普遍性。现以家畜为例说明如下。

猪的耳形有竖耳和垂耳两种,这是一对区别明显的相对性状,将这两个亲本(parents,P)进行相互杂交,观察其子代(filial generation)的变化(图3-1)。

孟德尔把具有相对性状的个体杂交时,其子一代(first filial generation,F_1)中所表现的亲本一方的性状,称为显性性状(dominant character),子一代没有表现出来的亲本一方的性状,称为隐性性状(recessive character)。在子一代间相互交配后所产生的子二代(second filial generation,F_2)中,不仅出现了具有显性性状的个体,而且还出现了杂种一代所没有的,具有隐性性状的个体,这就是性状的分离现象(segregation)。例如,纯种垂耳猪与纯种竖耳猪杂交时,所产生的子一代均为垂耳猪,这表明垂耳为显性性状,竖耳为隐性性状,也就是说垂耳对竖耳为显性,竖耳对垂耳则为隐性。当子一代中的垂耳公猪与垂耳母猪交配后,所产生的子二代中既有垂耳猪,也有竖耳猪。如果在大群杂交时,还可以发现这两种类型之间存在一定的比例,其中显性性状的个体,即垂耳猪约占3/4,隐性性状的个体即竖耳猪约占1/4,如子二代有1 000头猪,其中垂耳猪约有750头,竖耳猪约250头,两者分离比为3∶1。

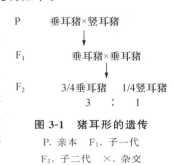

图3-1　猪耳形的遗传
P. 亲本　　F_1. 子一代
F_2. 子二代　　×. 杂交

四、分离现象的解释及验证方法

(一)分离现象的解释

与先驱们以往的发现最大不同之处就在于孟德尔分类处理了F_2中被前人认为是无规律的变异,他运用群体分析的方法,统计分析F_2数以万计的种子和植株,确定了各种类型之间的数量关系,发现F_2中的显性个体数和隐性个体数之比总是接近3∶1。大量的F_2自交产生的F_3中,他又发现凡是F_2表现显性性状的类型中,总有2/3的个体(即杂种)再度呈现了3∶1的性状分离。孟德尔敏锐地觉察到杂种后代表现出的这种3∶1的性状分离比必然反映着某种遗传的规律性。对于试验中发现的3∶1的性状分离现象,孟德尔运用假设-推理的方法进行解释。

孟德尔为了解释上述试验结果,提出了下列假说:

(1)生物体的遗传性状都是由遗传因子(hereditary factor)所控制,相对性状都是由相对的遗传因子所控制。如猪竖耳性状由竖耳因子控制,垂耳性状由垂耳因子控制。

(2)遗传因子在体细胞中成对存在,其中一个来自父本雄性配子,另一个来自母本雌性配子。而在配子形成过程中,成对的遗传因子彼此相互分开,分别进入到不同的配子中去,每一个配子仅包含成对遗传因子的一个。这是分离定律的实质。

(3)雌雄配子受精成合子的过程中,雌雄生殖细胞随机组合,遗传因子在体细胞内各自独立,互不混

杂,互不相融,且对性状发育发挥不同的作用,从而使个体呈现出一定的性状,也就是一个遗传因子决定一个性状。结果形成的 F_2 为 $AA+2Aa+aa$,其中 AA、Aa 均表现显性性状,aa 表现隐性性状,显隐之比正好是 3：1。

（4）杂种（F_1）形成配子时,含有"竖耳"因子的配子和含有"垂耳"因子的配子,数目相等,且杂种所产生的雌雄配子的结合是随机的。

（5）遗传因子有显性和隐性之分。控制显性性状的遗传因子为显性因子;控制隐性性状的遗传因子为隐性因子。当显性和隐性共存时,显性因子能抑制隐性因子发挥效能。

孟德尔用英文字母作为各种遗传因子的符号,一般用大写字母代表显性因子,小写字母代表隐性因子。例如,在猪的垂耳与竖耳的遗传因子中,垂耳对竖耳是显性,往往用"D"代表垂耳,用"d"代表竖耳。现在根据孟德尔的假说来解释性状的分离现象,仍以垂耳猪和竖耳猪的杂交为例。在纯种垂耳猪的体细胞中,垂耳因子成对存在,即"DD",当形成配子时,成对的垂耳因子彼此分离,各自进入一个配子中去,每个配子中含有一个"D",即纯种垂耳猪只产生一种类型的配子 D;同样,纯种竖耳猪也只能产生一种类型的配子 d,当这两种类型猪杂交时,通过雌雄配子的受精作用,D 和 d 组合在一起,所以 F_1 成为含有 D 和 d 的杂合体（Dd）,恢复了成对遗传因子的状态。由于 D 对 d 是显性的,能抑制 d 的作用,所以 F_1 只表现垂耳性状。F_1 虽然只表现垂耳性状,但 d 并未消失或与 D 相融合,而是彼此独立存在,保持其完整性。此后,杂种一代（Dd）在形成配子时,这两个遗传因子彼此分离,产生的配子只能得到两个遗传因子中的一个,产生数目相等的两种类型配子（雌雄配子均有两种）,一种带有 D,一种带有 d,两者比数为 1：1。当 F_1 中的公母猪交配时,每种雄性配子都有与每种雌性配子结合的可能性,并且机会相等。所以有 DD、Dd、Dd、dd 等四种结合方式,也就是杂种二代中有 1/4 的个体带有 DD,2/4 个体带有 Dd,1/4 的个体带有 dd。其分离比为 1：2：1。根据假说,D 对 d 为显性,按性状表现来说,只表现垂耳和竖耳两种,它们的分离比是 3：1（图 3-2）。

（二）孟德尔遗传分析的相关名词

1. 基因（gene）　1909 年,丹麦植物学家约翰逊（W. Johannsen）将孟德尔提出的遗传因子,改称为基因,所谓基因就是指位于染色体上的一定位置并控制一定性状的遗传单位。

2. 等位基因（alleles）　1902 年,由贝特森（Bateson）提出来。他把控制相对性状的一对相对因子定名为等位基因。即细胞遗传学上,将位于同一对同源染色体上,位置相同,功能相似,控制相对性状的同一基因的两种不同形式称为等位基因,如垂耳基因 D 和竖耳基因 d 互为等位基因。值得注意的是,控制不同性状的基因是非等位基因,如垂耳基因 D 和黑毛基因 w。原核生物及分子遗传学上,等位基因是指一个基因由突变而产生的多种形式之一。

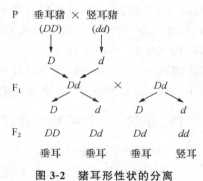

图 3-2　猪耳形性状的分离

3. 基因座（locus）　是指基因在染色体上的位置。

4. 基因型（genotype）　是指生物体的遗传组成,是生物体从亲代获得的全部基因的总和,也称为遗传型。基因型是肉眼看不到的,只能通过杂交试验根据表型来确定。如决定垂耳性状的基因型为 DD 和 Dd,决定竖耳的基因型为 dd。基因型既可用来表示所研究的某一性状的基因组合情况,也可用来表示有机体的一切遗传基础的总和。但是由于生物体的基因很多,总的基因型无法表示,所以人们通常表达的基因型,都是针对生物的某一个或几个具体性状而言的。就一对等位基因而言,基因型可分为同型结合和异型结合两种。同型结合是指性质完全相同的两个基因的结合状态,如 DD 和 dd,又称纯合基因型。具有纯合基因型的个体称为纯合体（homozygote）或纯合子。纯合体又分为显性纯合体（如 DD）和隐性纯合体（如 dd）。异型结合是指性质不同的两个基因的结合状态,如 Dd,又称杂合基因型。具有杂合基因型的个体称为杂合体（heterozygote）或杂合子。

5. 表现型（phenotype）　是指特定的基因型在一定环境条件下的表现，也就是所观察到的性状，它是基因型和内、外环境条件作用下的具体表现，简称表型。表现型是肉眼可以看到的，或者可用物理、化学法予以测定。例如，基因型 DD 和 Dd 都表现为垂耳，即表型相同，基因型不同。反之，基因型相同，表型也未必相同，如同卵双生子仍能从外貌上分辨出来，这是因为环境对个体可造成不可遗传的变异。

6. 真实遗传（true breeding）　具有纯合基因型的个体才能真实遗传。亲代能够将其性状世世代代遗传给子代。

（三）分离定律的验证

科学的假说和逻辑推理在解释一些现象时是非常必要的，但是必须用科学的试验来验证。因子分离假说的关键在于杂合体内是否有显性因子和隐性因子同时存在，以及形成配子时，成对的因子是否彼此分离，互不干扰。为了证明这一假说，可采用下列几种方法进行验证。

1. 测交法　为了验证某种表型个体是纯合体还是杂合体，孟德尔设计了测交试验，以检测 F_1 产生的生殖细胞的类型及其比例。所谓测交（test cross）是被测验或检测个体与隐性纯合体间的杂交，所得的后代为测交子代（F_t）。由于隐性纯合体只产生一种含有隐性基因的配子，它与被测亲本产生的配子结合后，子代都只能表现出被测亲本产生的配子所含基因的表现型，因而可根据测交子代所出现的表现型种类和比例，确定被测个体的基因型。

如一头垂耳猪与一头竖耳猪（隐性纯合体，dd）杂交，由于竖耳亲本只产生 d 基因配子，如果在测交子代中全部是垂耳猪，说明该垂耳猪是 DD 纯合体；如果在测交子代中 1/2 是垂耳猪，1/2 是竖耳猪，说明该猪的基因型是 Dd（图3-3）。

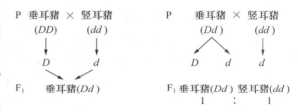

他对测交试验所做的彻底分析表明，所有预期将要出现的类型及比例，完全符合他的理论假设。

图 3-3　猪耳形性状的测交试验

2. 系谱分析法　就是调查某家族若干代各成员的表型后，按一定方式将调查结果绘成系谱进行分析。无论是隐性，还是显性遗传病，它们的系谱都有各自的特点。

（1）隐性遗传病系谱的特点　患者的双亲往往是无病的，但是他们是遗传病基因的携带者；患者的同胞兄弟姐妹中发病患者数量约占 1/4，而且男女发病机会均等；遗传是不连续的，患者的同胞兄弟姐妹中各有 2/3（3/4 中的 2/3）的可能性是携带者；近亲婚配的子女发病率比非近亲婚配的子女高。

（2）显性遗传病系谱的特点　患者的双亲中往往有一个是发病的患者；患者的同胞兄弟姐妹中，发病患者的数量约占 1/2，而且男女发病机会均等；遗传往往是连续的各代中均可看到发病患者。

3. 配子鉴定法（F_1 花粉鉴定法）　如玉米籽粒有糯性和非糯性两种，它们是受一对等位基因控制的。非糯性是直链淀粉，由显性基因 Wx 控制，用稀碘液处理花粉或籽粒的胚乳，呈蓝黑色反应；而糯性是支链淀粉，用稀碘液处理花粉或籽粒的胚乳，呈红棕色反应。如果用稀碘液处理玉米糯性×非糯性的杂种植株的花粉，然后在显微镜下观察，可见到明显的两种染色反应，而且红棕色和蓝黑色的花粉粒大致各占一半。这种现象在水稻、谷子等其他作物中也有同样的表现。孟德尔的遗传试验后经其他学者的重复，得到了进一步验证。

4. 其他方法　自交（selfing）法和真菌类的子囊孢子鉴定法都能验证因子分离假说，但上述这些方法在动物中不能实施或成本太大，在此不作详细阐述。

（四）表型分离比实现的条件

根据分离规律，一对相对性状的个体间杂交产生 F_1，F_1 自交产生的后代（F_2）分离比应为 3∶1，测交后代分离比应为 1∶1。但这些分离比的出现必须满足以下条件：

（1）研究的生物体是二倍体。如真菌常以单倍体形式存在，不能自交，后代必然无 3∶1 的分离比例。

（2）F₁个体形成的两种配子的数目相等或接近相等，并且两种配子的生活力是一样的，即受精时各雌雄配子都能以均等的机会相互自由结合，否则分离比例必然无规则。

（3）不同基因型的合子及由合子发育的个体具有相同或大致相同的存活率。如果某种基因型早期死亡，比例也会相应地发生改变。

（4）研究的相对性状差异明显，显性表现是完全的。如果显性不完全，或有其他表现形式，则出现其他分离比例。

（5）杂种后代都处于相对一致的条件下，而且试验分析的群体比较大。在人类或其他哺乳动物中，由于子代数目少，难以观察到上述比例，只能推测其概率。

五、分离定律的意义和应用

分离定律是遗传学中最基本的一个规律，它从本质上阐明了控制生物性状的遗传物质是以自成单位的基因存在，且在遗传上具有高度的独立性，从理论上阐明了遗传因子与性状之间的关系，并通过实例说明了性状传递现象的实质是遗传因子在上下代间的传递，而不是性状的直接传递。此外，分离规律还阐明了纯合体能真实遗传，杂合体的后代必然发生分离的道理，从而为从遗传学角度研究动物育种及兽医临床等领域提供了可靠的理论依据。

根据分离定律，必须重视基因型和表现型之间的联系和区别，在基础理论研究中需严格选用纯合材料进行杂交，才能正确地分析试验资料，获得预期的结果，做出可靠的结论；在生产上可准确预测后代分离的类型及出现的频率，从而有计划地确定养殖规模，以提高选择效果，加快育种进程。例如，在蒙古羊的杂交改良中，当选择基础母羊群时，用混有黑羊和黑白花的母羊，与白色美利奴羊和蓝布列羊进行杂交，子一代杂种均为白色，回交一代产生1/2纯种，回交二代有3/4是纯种。对这样的杂种要固定白色性状，比较浪费时间和金钱。在杂交初期选择白色蒙古羊群作为基础母羊群，就可以避免黑羔和花羔的出现。根据分离规律，利用杂种还可以创造新品种。一方面对杂交育种的后代要进行连续自交和选择。因为自交能使杂种产生性状分离并导致基因型纯合，从而选出基因型优良且纯合的个体育成新品种。另一方面在杂种优势利用中，一般只利用杂种一代，也可用杂种一代的雌性再与第三品种杂交，获得三品种的杂种优势。但杂种间不能进行自群繁殖，否则会因性状的分离而降低产量。根据分离定律，要求在配制杂交种时亲本必须高度纯合，这样F₁才能整齐一致，充分发挥杂种的增产作用。如果双亲不是纯合体，F₁即可能出现分离现象。同时，杂种优势一般只利用F₁，不用F₂，因为F₂是分离世代，优势下降，故杂交种一般需年年制种。根据分离定律，要求在种子繁殖过程中做好隔离与去杂工作，防止品种混杂和退化。根据分离定律，引入单个显性基因，为了育成符合需要的品种，可将单个基因引入一个在其他各方面都好的品种中去。如有一优良乳牛品种，但易伤人，可将无角牛的基因引入，通过先选本品种中的无角公牛与母牛交配，再选后代中无角的相互杂交，就可能选出稳定的无角后代；如本品种内没有无角公牛，则可利用另一无角品种的公牛，因为无角是显性，每代选无角公牛与纯种母牛杂交，经过4～5代的选育，即可以选出优良无角乳牛。根据分离定律，应避免近亲繁殖。遗传缺陷或遗传性疾病大都为隐性性状。往往由于近亲繁殖，使隐性基因得到纯合，隐性性状遗传疾病和缺陷得以表现，因此，一般情况下应避免近亲繁殖。

第二节　自由组合定律

孟德尔在得出了分离定律后，又深入研究了两对和两对以上相对性状之间的遗传关系，从而提出了自由组合定律，又称为因子独立分配定律。

一、两对相对性状的遗传试验及自由组合现象

通过对两对性状不同的两个纯合型亲本进行杂交,观察其后代。如将纯种的毛冠、丝羽鸡与纯种的非毛冠、正常羽鸡进行正反交,子一代中雌雄鸡都是毛冠、正常羽,表明毛冠对非毛冠是显性,正常羽对丝羽是显性。子一代中大量个体相互交配,在子二代中出现了 4 种性状组合,其中毛冠、丝羽和非毛冠、正常羽是亲本原有的性状组合,称为亲本组合(parental combination),毛冠、正常羽和非毛冠、丝羽是亲本原来没有的性状组合,称为重组(recombination)。从 F_2 中的性状表现情况,可以看出同一对相对性状相互分离,而不同对的相对性状却可以相互组合(图 3-4)。

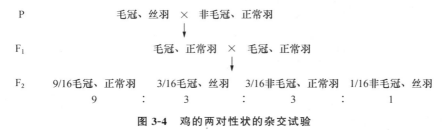

图 3-4　鸡的两对性状的杂交试验

就一对性状而言,毛冠(9/16＋3/16)与非毛冠(3/16＋1/16)之比为 3∶1;正常羽(9/16＋3/16)与丝羽(3/16＋1/16)之比也为 3∶1,均与分离定律相符。因为不同对的相对性状可以相互结合,所以 3/4 的毛冠鸡中应有 3/4 正常羽和 1/4 丝羽鸡,在 1/4 的非毛冠鸡中也应有 3/4 正常羽和 1/4 丝羽鸡;反过来说,在 3/4 的正常羽鸡中应有 3/4 毛冠和 1/4 非毛冠鸡,在 1/4 丝羽鸡中也应有 3/4 毛冠和 1/4 非毛冠鸡。因此在 F_2 中出现了上述的 4 种性状组合,就形成了 9∶3∶3∶1 的比数。

二、自由组合现象的解释及验证方法

(一)自由组合现象的解释

孟德尔在分离定律的基础上,提出了不同对的遗传因子在形成配子时自由组合的理论,来解释上述有规律的遗传现象。自由组合假说的内容大致可归纳为两点:①在形成配子的过程中,一对遗传因子与另一对遗传因子在分离时各自独立,互不影响;不同对遗传因子的成员组合在一起是完全自由的、随机的。②不同类型的精子和卵子在形成合子时也是自由组合的,而且组合也是随机的。

仍以纯种毛冠、丝羽鸡与纯种非毛冠、正常羽鸡杂交为例,用"Cr"代表毛冠,"cr"代表非毛冠;用"H"代表正常羽,"h"代表丝羽。亲本中毛冠、丝羽鸡的基因型为 $CrCrhh$,只能产生一种类型的配子 Crh,亲本中非毛冠、正常羽鸡的基因型为 $crcrHH$,也只能产生一种类型的配子 crH。Crh 配子与 crH 配子结合,产生了基因型为 $CrcrHh$ 的 F_1,其表型为毛冠、正常羽。根据分离定律,F_1 在产生配子时,成对遗传因子 Cr 与 cr 必定分离,H 与 h 也必定分离。就第一对因子而言,可产生 Cr 和 cr 两种配子;同样第二对因子,可产生 H 和 h 两种配子。根据因子独立分配假说,两对因子在分离时完全独立,不同对遗传因子的成员在一起是完全自由的、随机的。因此子一代 $CrcrHh$ 就有可能产生四种类型的配子(CrH、Crh、crH 和 crh),而且这四种配子的数目相等。其次,如果雌雄配子的种类和比例相同,在自由组合的情况下,子二代就有九种基因型(图 3-5),这九种基因型应表现为四种表现型:毛冠、正常羽,毛冠、丝羽,非毛冠、正常羽,非毛冠、丝羽,并呈现 9∶3∶3∶1 的比数。

由图 3-5 可以知道:F_2 的九种基因型及其比数为:$1/16CrCrHH$∶$2/16CrCrHh$∶$1/16CrCrhh$∶$2/16CrcrHH$∶$4/16CrcrHh$∶$2/16Crcrhh$∶$1/16crcrHH$∶$2/16crcrHh$∶$1/16crcrhh$。F_2 的四种表现型及其比数为:9/16 毛冠、正常羽∶3/16 毛冠、丝羽∶3/16 非毛冠、正常羽∶1/16 非毛冠、丝羽。因此自由组合假说很好地解释了两对性状因子的独立分配现象,但这个假说是否正确,还需进一步的验证。

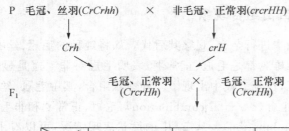

P　毛冠、丝羽(CrCrhh)　×　非毛冠、正常羽(crcrHH)

F₁　毛冠、正常羽(CrcrHh)　×　毛冠、正常羽(CrcrHh)

♀＼♂	CrH	Crh	crH	crh
CrH	CrCrHH 毛冠、正常羽	CrCrHh 毛冠、正常羽	CrcrHH 毛冠、正常羽	CrcrHh 毛冠、正常羽
Crh	CrCrHh 毛冠、正常羽	CrCrhh 毛冠、丝羽	CrcrHh 毛冠、正常羽	Crcrhh 毛冠、丝羽
crH	CrcrHH 毛冠、正常羽	CrcrHh 毛冠、正常羽	crcrHH 非毛冠、正常羽	crcrHh 非毛冠、正常羽
crh	CrcrHh 毛冠、正常羽	Crcrhh 毛冠、丝羽	crcrHh 非毛冠、正常羽	crcrhh 非毛冠、丝羽

图 3-5　鸡的两对基因的 F₂ 分离图解

（二）自由组合假说的验证

自由组合假说关键在于子一代是否会按照因子独立分配理论产生四种类型的配子以及它们的数目是否相等。为了验证自由组合假说的正确性，可采取下列几种方法进行。

1. 测交　为了验证两对基因的自由组合假说，孟德尔同样采用了测交法，即用子一代与双隐性纯合体进行杂交。如果检验的假说成立，那么两对基因的杂种与双隐性类型杂交，由于后者只产生一种配子，测交后代必定是四种表型而且比数相等。F₁ 毛冠、正常羽（CrcrHh）与双隐性非毛冠、丝羽（crcrhh）的测交结果，如图 3-6 所示。

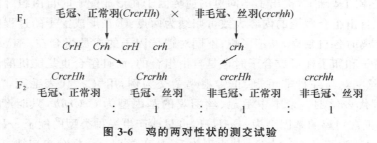

F₁　毛冠、正常羽(CrcrHh)　×　非毛冠、丝羽(crcrhh)

CrH　Crh　crH　crh　　　　crh

F₂　CrcrHh　　　Crcrhh　　　crcrHh　　　crcrhh
　　毛冠、正常羽　　毛冠、丝羽　　非毛冠、正常羽　　非毛冠、丝羽
　　　1　　：　　1　　：　　1　　：　　1

图 3-6　鸡的两对性状的测交试验

测交的结果与预期的结果相符，从而证明了因子独立分配假设是成立的。自由组合定律，也称为孟德尔第二定律。

2. 其他方法　自交法、四分子分析法都能验证自由组合假说，但这两种方法在动物中不能实施或成本太大，在此不作详细阐述。

三、自由组合定律的意义和应用

自由组合规律是在分离规律的基础上产生的，由于它进一步揭示了两对或多对基因之间自由组合的关系，理论上的意义在于自由组合规律为解释生物界的多样性提供了重要的理论依据。虽然导致生物发生变异的原因很多，但基因的自由组合是生物性状出现多样性的重要原因之一。特别是高等动物，染色体上的基因数目是大量的。如果一个生物有 20 种性状，每种性状由一对基因控制，假设它们都是独立遗传的，则表现型就有 $2^{20} = 1\,048\,576$ 种，而基因型就有 $3^{20} = 3\,486\,784\,401$ 种。实际上高等动物的性状远远超过 20 种,由此说明生物的多样性有利于生物的进化,为生物提供适应各种生态条件和具有多种生产性能的理论基础。在育种实践上,可增强育种工作的计划性和预见性——有目的地组合两个亲本的优良性状,并可预测杂种后代出现优良重组类型的大致比率,以便确定杂交育种的工作规模。在兽医临床上,一般两种遗传病同时在一个家系中出现是比较少见的,但如果两对独立遗传的基因所决定的遗传病同时出现于一个家系中,就可以用自由组合规律进行分析,预测家系成员的复发危险率。

四、多对性状的遗传分析

(一)三对基因的自由组合

当具有 3 对不同性状的个体杂交时,只要决定 3 对性状遗传的基因分别在 3 对染色体上,它们的遗传都符合自由组合定律。如黑白花、有角、有色脸($BBppHH$)牛与红白花、无角、无色脸($bbPPhh$)牛杂交,子一代全部为黑白花、无角、有色脸($BbPpHh$)。F_1 的 3 对杂合基因有 $2^3 = 8$ 种组合方式,因而产生 8 种配子(BPH、BpH、Bph、BPH、bPH、bpH、bPh 和 bph),各种配子的比例数相等,雌雄配子结合的概率相等,因此子二代将产生 64 种组合,8 种表现型,27 种基因型。

(二)多对基因的自由组合

为了方便起见,复杂的基因组合可先将各对基因杂种的分离比例分解开,而后按同时发生事件的概率进行综合。如 3 对独立遗传的基因杂交,可以看作是 3 个单基因杂种之间的杂交。每一单基因杂种的 F_2 按 3∶1 比例分离,因此,3 对自由组合的基因杂种的 F_2 表现型的比例就是按(3∶1)×(3∶1)×(3∶1)展开。如有 n 对自由组合的基因,则其 F_2 表现型分离比例应为(3∶1)^n 展开(表 3-1)。像上面(3∶1)^n 这样的遗传形式称为孟德尔遗传形式,符合孟德尔遗传形式必须满足以下几个条件:①等位基因间的显性作用完全;②非等位基因之间没有相互作用;③非等位基因处于不同的染色体上;④杂合体所产生的配子在生活能力和受精能力上相同;⑤各类合子的生活能力相同。

表 3-1　多对基因 F_2 基因型与表型关系

F_1 杂合的基因对数	F_1 形成的配子种类	F_2 雌雄配子组合数	F_2 基因型种类	F_2 纯合基因型种类	F_2 完全显性表型种类	F_2 基因型比例	F_2 表型分离比例
1	2	4	3	2	2	$(1∶2∶1)^1$	$(3∶1)^1$
2	4	16	9	4	4	$(1∶2∶1)^2$	$(3∶1)^2$
3	8	64	27	8	8	$(1∶2∶1)^3$	$(3∶1)^3$
4	16	256	81	16	16	$(1∶2∶1)^4$	$(3∶1)^4$
⋮	⋮	⋮	⋮	⋮	⋮	⋮	⋮
n	2^n	4^n	3^n	2^n	2^n	$(1∶2∶1)^n$	$(3∶1)^n$

由表 3-1 可见,只要各对基因都是属于自由组合的,其杂种后代的分离就有一定的规律可循。就是说在一对等位基因的基础上,等位基因增加到 n 对时,F_1 形成的不同配子种类就增加为 2 的指数,即 2^n;F_2 的基因型种类就增加为 3 的指数,即 3^n;F_2 配子可能的组合数就增加为 4 的指数,即 4^n。其他依此类推。

五、遗传学数据的统计学处理

孟德尔在试验时看到,多种分离比如 1∶1 和 3∶1 等都是子代个体数较多时才比较接近;子代个体数不多时,其实际所得比例与理论比例常表现明显的波动。到 20 世纪初期,孟德尔的遗传定律被重新发现后,通过大量的遗传试验资料的统计分析,才认识到概率原理和统计学分析在遗传研究中的重要性和必要性。

（一）概率

1. **概率的基本概念** 概率（probability）又称几率（chance），是指在反复试验中，预期某一事件的出现次数的比例。常用 $p(A)$ 表示。

$$p(A) = \lim_{n \to \infty} \frac{n_A}{n}$$

式中：$p(A)$——A 事件发生的概率；

n——群体中的个体数或测验次数；

n_A——A 事件在群体中出现的次数。

2. **概率定则** ①$p+q=1$，也就是说某一事件若有两种可能性，那么发生这两种可能性的总和等于 1。如掷硬币，要么是正，要么是反，可能性各为 50%，总和为 1。②$0 \leqslant p(A) \leqslant 1$，当 $p(A)=1$ 时，称为必然事件，它是指在某种条件下必然发生的事件，如基因型纯合的竖耳猪（dd）杂交后代全是竖耳猪；当 $p(A)=0$ 时，称为不可能事件，它是指在某种条件下一定不发生的事件，如基因型纯合的垂耳猪（DD）杂交后代不可能有竖耳猪（dd）；当 $0<p(A)<1$ 时，称为随机事件或偶然事件，它是指在某种条件下，可能发生也可能不发生的事件，如一对夫妇可能生女孩，也可能生男孩，正常情况下概率各为 1/2。

3. **概率的基本定律**

（1）乘法定理 可计算独立事件（independent event）出现的概率。设有两事件（A 和 B），如果 A 事件的出现并不影响 B 事件的出现，则 A 和 B 事件互称为独立事件。两个独立事件同时发生的概率应等于它们各自出现的概率的乘积。记为：

$$p(AB) = p(A) \times p(B)$$

例如，毛冠、正常羽鸡（$CrCrHH$）与非毛冠、丝羽鸡（$crcrhh$）杂交。由于这两对性状受两对独立基因的控制，属于独立事件。Cr 或 cr、H 或 h 进入一个配子的概率均为 1/2，根据概率的乘法定理，配子中基因组合 CrH 出现的概率是：$p(CrH) = p(Cr) \times p(H) = 1/2 \times 1/2 = 1/4$，其他三种配子亦是如此。

（2）加法定理 可计算互斥事件（mutually exclusive event）出现的概率。设有两个事件 A 和 B，如果 A 事件发生，B 事件不能发生，B 事件发生，A 事件不能发生，则称 A 和 B 事件为互斥事件。若 A 和 B 事件为互斥事件，则出现事件 A 或事件 B 的概率等于它们各自的概率之和。记为：

$$p(A \text{ 或 } B) = p(A) + p(B)$$

例如，猪的耳形的遗传中，F_1 是（Dd），F_2 应是 3/4 垂耳、1/4 竖耳，但对于任一头猪而言，是垂耳就不能是竖耳，是竖耳就不能是垂耳，那么垂耳和竖耳为互斥事件。因此一头猪其耳形为垂耳或竖耳的概率为：

$$p(\text{垂耳或竖耳}) = p(\text{垂耳}) + p(\text{竖耳}) = 3/4 + 1/4 = 1$$

4. **概率的计算和应用** 根据概率理论和孟德尔定律，如果已知亲代的表型和基因型，就可迅速推算出子代的基因型和表型的种类及比例。具体方法有两种。

（1）庞纳特方格法（Punnett square，棋盘法） 这种方法是先把亲本产生的配子类型列成表头，一配子在上行，另一配子在左列，然后绘成棋盘格，得到子代的基因组合，最后归纳整理出子代的基因型和表型的种类及比例。

例 在果蝇中，灰身（G）对黑檀体（g）是显性，长翅（Vg）对残翅（vg）是显性，这两对基因是自由组合的。用一只灰身、残翅雄果蝇和一只灰身、长翅雌果蝇交配，子代中发现有黑檀体、残翅个体（$ggvgvg$）。请写出杂交后代中全部的表型类型及它们的比例。

解:由于子代中有黑檀体(gg),亲代无此表型,所以双亲这对性状的基因型必为$Gg×Gg$。子代中既然出现了残翅($vgvg$),亲代中只有雄果蝇为残翅,所以双亲这一性状的基因型必为$Vgvg$和$vgvg$。因此亲本的基因型为:$GgVgvg$(♀)和$Ggvgvg$(♂),则这对果蝇杂交的后代有8种基因组合,6种基因型,4种表型(图3-7)。

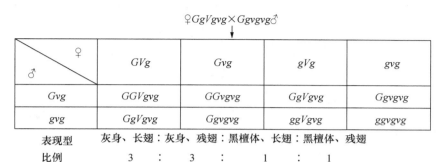

图 3-7　果蝇两对因子的杂交试验

庞纳特方格是一种比较简单的计算杂交后代基因型和表现型概率分布的方法。其优点在于准确可靠,缺点是比较烦琐,不适合多对基因的组合,如四对等位基因,配子类型有16种,256种基因组合,81种基因型。

(2)分支法(branching process)　在多对基因杂交时,使用棋盘法计算后代的基因型和表型概率非常烦琐,应改用分支法。具体操作步骤是:首先,把每对基因杂交后代的基因型和表型分别列成列;随后把后代的各对基因的概率相乘,再进行归纳,最后总结出后代分离的基因型和表型的种类及比例。

例　在人类中,一对夫妇表型正常,男为A血型,女为B血型,生育的第一个孩子是O血型,但却是白化症患儿(cc)。问:这对夫妇若再生育将有何种基因型?何种表型?各自所占的概率是多少?

解:双亲正常,孩子患白化症,表明父母均为白化症基因c的携带者($Cc×Cc$),而血型中,孩子是O型(ii),父母(A和B型)的基因型必为$I^A i×I^B i$。因此,双亲基因型为:

$I^A iCc$(父亲)$× I^B iCc$(母亲)。

用分支法计算再生育时子女可能出现的基因型和表型的种类及概率,如图3-8所示。

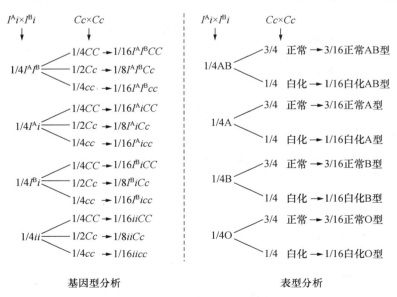

图 3-8　用分支法计算两对性状的基因型和表型概率

（3）利用概率计算多对基因杂交中某种基因型或表型的概率

　　例　若五对基因的杂交组合：$AABbccDDEe \times AaBbCCddEe$，求后代基因型为 $AABBCcDdee$ 和表型为 ABCDe 的概率。

　　解：

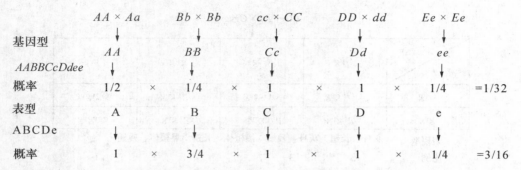

	$AA \times Aa$	$Bb \times Bb$	$cc \times CC$	$DD \times dd$	$Ee \times Ee$	
基因型 $AABBCcDdee$	AA	BB	Cc	Dd	ee	
概率	1/2 ×	1/4 ×	1 ×	1 ×	1/4	=1/32
表型 ABCDe	A	B	C	D	e	
概率	1 ×	3/4 ×	1 ×	1 ×	1/4	=3/16

因此，基因型为 $AABBCcDdee$ 的概率 1/32，表型为 ABCDe 的概率 3/16。

（二）二项式展开的应用

在遗传学上，利用二项式展开来推算某杂交组合后代中各种表型概率，简便准确。

（1）如推算其中某一基因型或表型出现的概率，可用以下通式：

$$p(A) = \frac{n!}{r!\,(n-r)!} p^r q^{(n-r)}$$

式中：$p(A)$——某一组合出现的总概率；

　n——后代总个体数；

　r——某一基因型或表型出现的个体数；

　$(n-r)$——另一基因型或表型出现的个体数；

　p——某一基因型或表型出现的概率；

　q——另一基因型或表型出现的概率；

　！——阶乘。

　　例　从 $Aa \times aa$ 的一个交配中，产生 5 个子裔，其中 3 个是 Aa，2 个是 aa，概率是多少？

$$p(A) = \frac{5!}{3!\,\times 2!} \left(\frac{1}{2}\right)^3 \left(\frac{1}{2}\right)^2 = \frac{5}{16} = 0.312\,5$$

（2）如涉及多对性状，可用下列公式：

$$p(A) = \frac{m!}{h!\,\,i!\,\,j!\,\,k!} \times p^h q^i r^j s^k$$

式中：m——后代个体总数；

　h——第一种性状的个体数；

　i——第二种性状的个体数；

　j——第三种性状的个体数；

　k——第四种性状的个体数；

　p——第一种性状的概率；

　q——第二种性状的概率；

　r——第三种性状的概率；

　s——第四种性状的概率；

　！——阶乘。

例 豚鼠中,黑色(C)对白色(c)为显性,毛皮粗糙(R)对光滑(r)为显性。现有两只黑色、粗糙豚鼠杂交,在 12 只后代中:黑色、粗糙 6 只,黑色、光滑 3 只,白色、粗糙 2 只,白色、光滑 1 只。试问:出现这种组合的概率应为多少?

解:由于颜色与毛皮光滑度是两对性状,这两对基因是自由组合的。依后代的表现型分析亲本的基因型是:

$$CcRr \times CcRr$$

而在理论上,子代的这 4 种表型比例应为:9/16:3/16:3/16:1/16,则出现这种组合的概率应为:

$$p(A) = \frac{m!}{h! \ i! \ j! \ k!} \times p^h q^i r^j s^k = \frac{12!}{6! \ 3! \ 2!} \left(\frac{9}{16}\right)^6 \left(\frac{3}{16}\right)^3 \left(\frac{3}{16}\right)^2 \left(\frac{1}{16}\right)^1 = 0.025\ 34$$

第三节 遗传的染色体学说

1902 年美国的青年学者 Walter S. Sutton 和德国的生物学家 Theoder Boveri 在各自的研究中,都发现了孟德尔提出的遗传因子的传递行为与性细胞在减数分裂过程中的染色体行为有着精确的平行关系,如:配子的形成和受精时染色体的行为,跟杂交试验中基因的行为相似即平行,具体表现在:①染色体可以在显微镜下观察到,有一定的结构,有其完整性和独立性;基因作为遗传单位,在杂交中仍保持其完整性和独立性。②染色体成对存在,基因也是成对存在的;在配子中每对同源染色体只有一个,而每对基因也只有一个。③个体中成对的染色体一个来自母本,一个来自父本,基因亦如此。④不同对染色体在形成配子时的分离与不同对基因在减数分裂后期的分离都是独立分配的。

根据这些现象,Sutton 和 Boveri 在 1903 年提出遗传的染色体学说(the chromosome theory of heredity)。该学说认为基因在染色体上。按照这个学说,理解孟德尔分离定律和自由组合定律的实质是:由于同源染色体的分离才能实现等位基因的分离,因而导致性状的分离;决定不同性状的两对非等位基因分别处在两对非同源染色体上,由于同源染色体的分离、非同源染色体的独立分配,导致了基因的自由组合(图 3-9)。

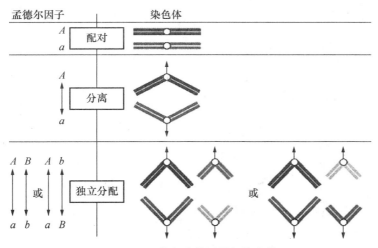

图 3-9 孟德尔遗传因子与染色体

当时,Sutton 的假说引起了广泛重视,但必须进一步把某一特定基因与特定染色体相联系,证明基因的行为与染色体在细胞分裂中行为的平行关系转变为基因与染色体的从属关系。首先提供确凿证据的是美国试验胚胎学家 T. H. Morgan 在果蝇（*Drosophila melanogaster*）伴性遗传方面的发现及其基因理论。虽然现在人们对于"染色体是遗传物质的载体"这一事实已经深信无疑，但在当时，这一学说的提出是激动人心的，因为它第一次将孟德尔提出的抽象符号"遗传因子"落在了实处，物质化了。

思 考 题

1. 名词解释：

性状　杂交　相对性状　显性性状　隐性性状　基因型　表现型　纯合体　杂合体　测交　等位基因　分离现象

2. 分离定律和自由组合定律的实质各是什么？怎样来验证？

3. 为什么分离现象比显隐性现象具有更重要的意义？

4. 假定人的棕眼对蓝眼为显性，右撇对左撇为显性。一个棕眼、右撇的男人与一个蓝眼、右撇的女人结婚，他们所生的第一个小孩为蓝眼、左撇。他们的第二个小孩为蓝眼、左撇的概率是多少？

5. 略论生物遗传的两大规律之间的区别和联系。

6. 杂合因子发生分离，纯合因子发生分离吗？因子分离发生在什么时候？

7. 自由组合规律揭示了同源还是非同源染色体之间的关系？

8. 一位从事家鸡研究的遗传学家有 3 个纯种品系，其基因型分别是：$aaBBCC$，$aabbCC$，$AABBcc$。由等位基因 a、b、c 所决定的性状会提高家鸡的市场价值，他想由此培育出纯种品系 $aabbcc$。

(1)设计一个有效的杂交方案。

(2)在方案实施的每一个步骤中，详细标明家鸡个体的不同表型出现的频率以及哪些表型应被选择出来作下一步分析。

(3)是否存在多个方案？指出最好的一种。

(假定 3 个基因是独立分配的，家鸡可以方便地本交或杂交。)

第四章 连锁与互换定律

自从 1900 年孟德尔定律被重新发现以后,人们以动植物为材料进行了广泛的杂交试验,获得了大量可贵的遗传资料,丰富了孟德尔定律,但也有许多试验结果并不符合独立分配定律的预期结果,因此不少学者对于孟德尔的遗传规律曾一度产生怀疑。就在这个时期,摩尔根(T. H. Morgan)以果蝇为试验材料对此问题开展了深入细致的研究,最后确认所谓不符合独立遗传规律的一些例证,实际上不属于独立遗传,而属于另一类遗传,并由此提出了遗传学中的第三个遗传定律:连锁(linkage)遗传定律。

性状的遗传符合独立分配定律必须有一个前提条件,这就是决定两对性状的两对基因必须位于不同对同源染色体上。如果两个非等位基因位于同一条染色体上,即两对基因位于同一对同源染色体上,彼此连锁在一起,这两对基因就不能彼此独立分离并自由组合,F₂ 中两对性状的组合类型比例也就不会符合 9:3:3:1。高等动物有数以万计个基因,而染色体却只有有限的几对或几十对,因此每一对染色体上必定包含了许多对基因,所以连锁遗传现象是普遍存的。

第一节 基因的连锁

一、连锁遗传现象的发现及表现

连锁与互换的遗传现象,是 1906 年英国遗传学家贝特森(W. Bateson)和柏乃特(R. C. Punnett)研究香豌豆(*Lathyrus odoratus*)两对性状遗传杂交试验时首先发现的。该试验的杂交亲本一个是紫花、长花粉粒,另一个是红花、圆花粉粒。已知香豌豆中紫花(P)对红花(p)是显性,长花粉粒(L)对圆花粉粒(l)是显性。

贝特森和柏乃特同时进行了两组试验。第一组试验是用紫花、长花粉粒品种($PPLL$)和红花、圆花粉粒($ppll$)品种进行杂交,得到的 F₁ 全为紫花、长花粉粒($PpLl$),F₁ 自交,杂交试验的结果如图 4-1 所示。

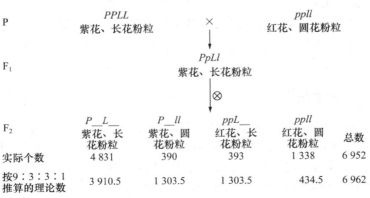

图 4-1 第一组杂交试验结果

(陈茂林,遗传学,2005)

从试验结果可以看出，所产生的 F₂ 出现了 4 种类型：紫花、长花粉粒（4 831），紫花、圆花粉粒（390），红花、长花粉粒（393），红花、圆花粉粒（1 338）。显然，这 4 种类型的比例远远不符合独立分配定律 9：3：3：1，按 9：3：3：1 这一比例，本例中 4 种类型的理论数应分别是 3 910.5、1 303.5、1 303.5、434.5，这里紫花、长花粉粒和红花、圆花粉粒这两种亲本组合（parental combination）的实际数多于理论数，而紫花、圆花粉粒和红花、长花粉粒这两种重组组合（recombinant type）的实际数少于理论数，这种现象不能用独立分配定律来解释。

上述试验是用具有两对显性性状的亲本与具有两对隐性性状的亲本杂交而获得的结果。贝特森和柏乃特进行的第二个试验是用紫花、圆花粉粒（PPll）品种和红花、长花粉粒（ppLL）品种进行杂交，F₁ 全是紫花、长花粉粒（PpLl），F₁ 自交，杂交试验的结果如图 4-2 所示。从试验结果可以看出，所产生的 F₂ 也有 4 种类型：紫花、长花粉粒（226），紫花、圆花粉粒（95），红花、长花粉粒（97），红花、圆花粉粒（1），这一比例也不符合 9：3：3：1 的理论比例，且也出现了亲本型的实际数多于理论数而重组型少于理论数的现象，这种现象同样也不能用独立分配定律来解释。

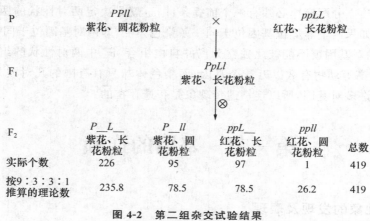

图 4-2 第二组杂交试验结果
（陈茂林，遗传学，2005）

上述两个试验的结果是相同的，即原来在亲本中组合在一起的两个性状在 F₂ 中有连在一起遗传的倾向，这一现象称为连锁遗传。而位于同一对染色体上的基因称为连锁基因（linked gene）。如果两个显性性状组合在一起，两个隐性性状组合在一起遗传，在遗传学上称为相引相（coupling phase），而一个显性性状和一个隐性性状组合在一起遗传称为相斥相（repulsion phase）。当时贝特森和柏乃特却未能从中得到启发，而是被自己所发现的新现象所迷惑，除提出相引相与相斥相这两个概念外，并未对香豌豆试验的结果做出理论上的解释。这个谜一直延续到 1912 年才被摩尔根（T. H. Morgan）和他的同事布里奇斯（C. B. Bridges）揭开，并且创造性地提出遗传学的第三个基本规律——连锁与互换规律，同时还于 1926 年发表了专著《基因论》（The Theory of the Gene），提出了基因在染色体上呈直线排列的理论，从而揭开遗传学发展史上新的一页。

二、完全连锁与不完全连锁

自从 1906 年贝特森（W. Bateson）和柏乃特（R. C. Punnett）发现连锁遗传现象以后不久，摩尔根（T. H. Morgan）于 1910 年在自己所饲养的红眼果蝇群体中偶尔发现了一只白眼雄蝇，他对这只白眼雄蝇展开了一系列的试验，结果发现白眼的遗传行为与 X 染色体的行为完全一致，随后又发现黄体、红眼、粗翅脉、棒眼等性状的遗传行为与白眼是一样的，他断定这些性状都存在于 X 染色体上，因而提出了性连锁遗传。摩尔根等用果蝇为材料进一步研究，结果证明具有连锁遗传关系的基因位于同一染色体上。这一点很容易理解，因为生物的基因有成千上万，而染色体只有几十条，所以一条染色体必须承载许多基因，根据在形成配子时同源染色单体间是否发生互换,可以将连锁遗传分为完全连锁和不完全连锁。

在黑腹果蝇中,灰体(B)对黑体(b)为显性,长翅(V)对残翅(v)为显性,且这两对基因都在常染色体上。1912年摩尔根与他的助手们将灰体、长翅果蝇与黑体、残翅果蝇杂交,结果子一代 F_1 都是灰体、长翅($BbVv$)。用 F_1 的杂合体进行下列两种方式的测交,所得到的结果却完全不同。

(1)用 F_1 杂合体灰体、长翅($BbVv$)雄果蝇与双隐性黑体、残翅($bbvv$)雌果蝇进行测交(图4-3)。根据两对基因自由组合定律来预测,其后代中雄果蝇应当有灰体、长翅(BV),黑体、长翅(bV),灰体、残翅(Bv),黑体、残翅(bv)4种类型配子,且其比例应为1:1:1:1。雌果蝇产生一种类型配子 bv,所以 F_2 应产生灰体、长翅($BbVv$),黑体、长翅($bbVv$),灰体、残翅($Bbvv$),黑体、残翅($bbvv$)四种表型的后代,且其比例应为1:1:1:1。试验结果却并非如此,实际测交后代中仅出现了灰体、长翅($BbVv$)和黑体、残翅($bbvv$)两种类型,且分离比例为1:1。

摩尔根的解释是:假定基因 B 和 V 位于同一条染色体上,基因 b 和 v 位于另一条同源染色体上,对于上述第一种情况,位于同一条染色体上的基因在遗传时联系在一起进行遗传,F_1 杂合雄蝇($BbVv$)只产生两种类型的配子且数目相等,所以用双隐性雌蝇测交时,F_2 的表现型只有两种亲本组合的类型,测交结果为1:1分离(图4-3),这种情况摩尔根称其为完全连锁(complete linkage),即杂种个体在形成配子时没有发生非姐妹染色单体之间的互换。完全连锁的情况一般很少见。家蚕的情况刚好和果蝇相反,雌的完全连锁,雄的不完全连锁。

(2)将 F_1 杂合体灰体、长翅($BbVv$)雌果蝇与双隐性亲本黑体、残翅($bbvv$)雄果蝇进行测交(图4-4)。测交后代出现了4种分离类型,分别为灰体、长翅($BbVv$)(476只),黑体、残翅($bbvv$)(470只),灰体、残翅($Bbvv$)(95只),黑体、长翅($bbVv$)(90只),但比例却是 0.42:0.42:0.08:0.08,而不是1:1:1:1。

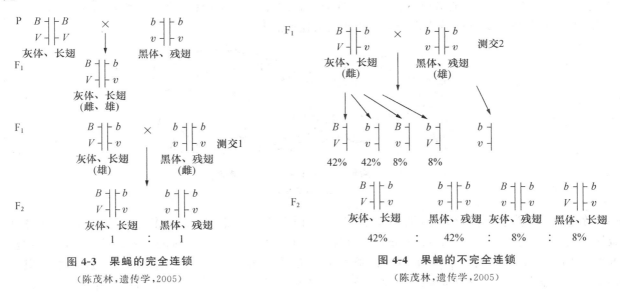

图4-3 果蝇的完全连锁
(陈茂林,遗传学,2005)

图4-4 果蝇的不完全连锁
(陈茂林,遗传学,2005)

后代中亲本类型(占84%)远远多于重组类型(占16%),这种连锁称为不完全连锁(incomplete linkage),即在配子形成过程中同源染色体非姐妹染色单体间发生了互换。这种结果说明:①F_1 雌果蝇在形成配子时,同源染色体非姐妹染色单体在 B-V 位点之间发生了互换,因此,出现了四种类型的配子,两种为亲本型配子,两种为互换型配子,故出现四种表现型。②在连锁遗传中,由于互换而使得基因发生重组,并产生不同于亲本类型的重组类型,但是与自由组合规律相比,重组类型的比率明显减少。就是说测交后代的亲本类型总是大于50%,而重组类型总是小于50%,这是不完全连锁的遗传特点,也是连锁与互换的基本规律。

摩尔根与他的助手根据大量的果蝇试验结果并结合当时的细胞学知识于 1912 年提出了连锁遗传这一概念。他们认为不同对同源染色体上的基因所决定的性状,其遗传行为遵循独立分配定律,而位于同一对同源染色体上的基因所决定的性状,其遗传行为趋向于连锁在一起。如果这两个基因紧密地连锁在一起,使得与之相对应的性状在测交后代中没有发生分离,这样的连锁遗传就是完全的,但绝大多数试验的测交后代中总会出现一定数量的重组类型,这表明连锁基因间一定发生了互换,从而形成了一定数量的重组类型,重组类型总是没有亲本型多,这说明基因发生互换的配子肯定没有基因不发生互换的配子多,这就形成了不完全连锁。

摩尔根所提出的连锁遗传可归纳为以下几点内容:基因在染色体上呈线性排列;两对连锁基因位于同一对同源染色体的不同位点上,当染色体在间期复制时,相应的基因也跟着复制,此时染色体形成两条染色单体;在减数分裂的偶线期,同源染色体进行联会,到粗线期,发生非姐妹染色单体节段的互换,此时基因也发生了互换;由此形成的 4 种基因组合的染色单体分别组成 4 种不同的配子,其中两种配子是亲本组合型,两种是重组型;两基因座间的距离越大,其间的断裂和互换的概率也越大,因而重组型的比例也越大。事实上,总有一小部分配子内的染色单体在两个基因座间发生互换,这样就形成了不完全连锁,如果所有配子内的染色单体均发生互换,就和独立分配遗传没有什么区别了,如果所有的配子内都不发生互换,就成了完全连锁。

那么这种连锁遗传是否有证据呢?回答是肯定的。早在 1909 年,比利时细胞学家詹生斯(A. Janssens)首先在两栖类动物蝾螈的生殖母细胞的减数分裂中观察到了染色体的交叉现象(图 4-5),以后又在直翅目昆虫中看到了类似的现象,从而提出了交叉型学说。交叉型学说的主要内容是,在减数分裂前期,同源染色体会在某些点上呈现交叉缠结现象,而不是简单的平行配对。每一个交叉缠结处即称为一个交叉,这是同源染色体对应片段发生互换的地方。如果两个相互连锁的基因之间相连的区段内发生互换,就形成了两个连锁基因的重组。在光学显微镜下可以观察这种交叉现象,在后来的电子显微镜下则可以清晰地看到两条非姐妹染色单体交叉连接的图像。

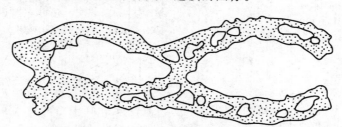

图 4-5　蝾螈的一对同源染色体的电镜图像

(程经有,普通遗传学,2000)

除了直接观察染色体行为外,细胞遗传学试验也证实了这一点。其中,斯特恩(C. Stern)于 1931 年做的果蝇试验,克列顿(H. B. Creighton)和马克林托克(B. McClintock)所做的玉米试验最能说明问题。玉米有 10 条染色体。有一种玉米品系的第 9 号染色体带有糊粉层有色基因(C)和胚乳糯质基因(wx),其一端有染色较深的纽顶(knob),而另一端又附加了其他染色体移接来的易位片段。为了取得连锁基因位于同一染色体上,在减数分裂时,由于发生了交换,使得子代出现重组类型的证据,做了如下的试验[粉质(Wx)是显性,糯质(wx)是隐性;有色籽粒(C)是显性,无色籽粒(c)是隐性]:

$$无色、粉质(ccWxWx) \times 有色、糯质(CCwxwx)$$

$$\downarrow$$

$$有色、粉质(CcWxwx) \times 无色、糯质(ccwxwx)$$

$$\downarrow$$

$$有色、粉质(CcWxwx),无色、粉质(ccWxwx),有色、糯质(Ccwxwx),无色、糯质(ccwxwx)$$

　　根据连锁交换理论,他们假设,杂交一代在形成配子的减数分裂中,①连锁在一起的 C-wx 基因所处的那条染色体应该保持原来的纽顶和易位片段(第 9 号染色体);②连锁在一起的 c-Wx 基因所处的那条染色体也应该保持原来正常状态。但是,重组 C-Wx 和 c-wx 基因,因为交换的缘故,它们分别所处的染色体当中,一条的一端有纽顶,而另一端就没有易位片段,或者一端没有纽顶,而另一端有易位片段(图 4-6)。他们的假设是这样的,那么下面就用试验来验证:把测交后得到的不同类型的籽粒分别进行发芽,在发芽玉米的根尖细胞中,用细胞学检查,分别找到了上述假设应该出现的具有特点的相应的第 9 号染色体,与假设的完全相符合。

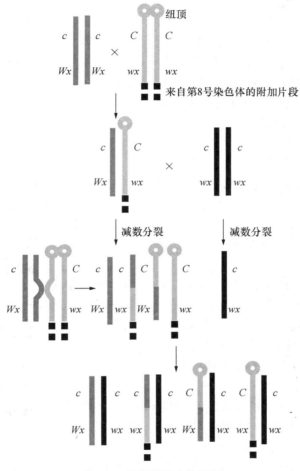

图 4-6　玉米基因交换图解

　　由图 4-6 可以看出,杂交产生的重组型是亲本减数分裂期间通过交换过程而形成重组配子的结果,交换一般发生在所有高等生物减数分裂过程中,不论雌性还是雄性都是如此,在各对同源染色体之间出现交换。这是因为:①四分体。染色体在间期已经复制,每条染色体有两条染色单体,位于其上的基因也随之复制。②随着非姐妹染色单体的片段交换,这些基因跟同源的另一个染色体上的等位基因互换了位置。染色单体间片段的交换,先是在两基因位点之间的某一部位发生断裂,而后交叉接合起来。③由于基因交换而形成四种基因组合不同的染色单体,经减数分裂后,产生四种不同类型的性细胞,其中包括两种亲本组合(cWx、Cwx)和两种新组合(CWx、cwx)。

第二节　连锁基因的互换

一、互换的遗传机理

所谓互换,是指同源染色体的非姐妹染色单体之间的对应片段的交换,由于染色体片段的互换从而引起相应基因间的互换与重组。

生物在减数分裂形成配子的过程中,在分裂前期Ⅰ的偶线期各对同源染色体分别配对,出现联会现象;到粗线期形成二价体,进入双线期可在二价体之间的某些区段出现交叉(chiasma),这些交叉现象标志着各对同源染色体中的非姐妹染色单体的对应区段间发生了互换。所以说,交叉是互换的结果。现在已知,除着丝点区段外,非姐妹染色单体的任何位点都可能发生互换,只是在互换频率上,靠近着丝点的区段低于远离着丝点的区段。由于发生了互换而引起同源染色体间非等位基因的重组,打破原有的连锁关系,因而表现出不完全连锁。

二、互换值的测定及用途

所谓互换值(crossing-over value,C.O.V.),严格地讲是指同源染色体的非姐妹染色单体间有关基因的染色体片段发生互换的频率。就一个很短的互换染色体片段来说,互换值就等于互换型配子(重组合配子)占总配子数的百分率,即重组率(recombination frequency)。但在较大的染色体区段内,由于双互换或多互换常可发生,因而用重组率来估计的互换值往往偏低。

同源的非姐妹染色单体间染色体片段的互换,导致非等位连锁基因分离,使双杂合的 F_1 产生重组型配子,但重组型配子在所有配子中的比例一般小于50%,这是由于即使所有的性母细胞在产生配子时都发生了染色体片段的互换,也就是说每个精原细胞(或卵原细胞)均产生4种配子,那么其中的2种为重组型配子,也仅占配子的50%,如图4-7所示。

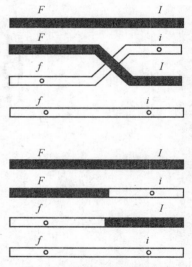

图 4-7　连锁基因互换示意图
(李婉涛,动物遗传育种学,2000)

而事实上,性母细胞不可能100%的两条非姐妹染色单体恰好在该两个连锁基因之间发生染色体片段互换。如在100个精原细胞中有20个在该两基因间发生互换,则产生的400个精细胞中,有80(20×4)个精细胞是由发生染色体片段互换的精原细胞产生的,由于一次互换的配子仅有50%为重组型,所以这80个精细胞中40个为重组型,重组型占配子总数(400个)的10%。重组合配子数占总配子数的百分率称为互换值,其计算公式为:

$$互换值(重组值)=\frac{重组合配子}{配子总数(亲组合配子+重组合配子)}\times100\%$$

在前面果蝇例子中,得到的重组率为16%,在其他试验中也有类似的结果,即两个特定基因间的重组率是相对恒定的。重组率的大小反映了基因之间连锁强度的大小。重组率一般在0~50%间变动,重组率为0时,表示基因连锁紧密,无重组现象发生,就是完全连锁;当重组率接近于50%时,表示连锁强度非常小,有可能属于独立分配遗传。重组率的测定应该在正常条件下进行,且样本资料应尽可能大,这样才能得到一个比较准确的结果。因为生物体的年龄、性别及试验所处的环境等都有可能影响重组的发生。例如,一些连锁的基因在雄果蝇和雌蚕无互换发生。果蝇培养的时间越长,互换值越大。温度在 27℃ 以上或 10℃ 以下培养的果蝇互换值加大。X 射线、丝裂霉素 C、放线菌素 D 等理化因素也使互换值加大。因此在测定互换值时应以正常条件下生长的生物为研究对象,并从大量的资料中求得,以确保测定出确切的互换值。

摩尔根根据他的大量试验,提出基因在染色体上呈直线排列的设想,并且基因在染色体上的距离与基因间的互换值成正比,因此摩尔根又提出了基因在染色体上的相对距离可以用去掉百分号的互换值来表示。如果蝇黑体和残翅这两个基因在染色体上的相对距离就可以用 16 个遗传单位(hereditary unit)来表示。

互换值的大小受诸多因素的影响,最根本的决定因素是两个非等位的连锁基因在染色体上的距离,互换值与两基因的距离成正比。两基因距离越近,染色体发生片段互换的可能性越小,杂交后代重组体的数量就越少;反之,两基因距离越远,染色体发生片段互换的可能性越大,杂交后代重组体的数量就越多。所以,染色体上承载的许多连锁基因由于它们之间的距离不同,它们的互换值大小是各不相同的。

互换值大小的另一影响因素是染色体干涉(chromosome interference),是指在二价染色体的一个区段的互换干扰或抑制另一个区段的互换。由于互换值具有相对的稳定性,所以通常以这个数值表示两个基因在同一染色体上的相对距离,或称遗传距离。染色体干涉的程度同相邻连锁基因的远近有关,连锁基因距离越近,干涉程度越大,甚至抑制了第二次互换的发生;连锁基因距离越远,干涉作用越小,甚至无干涉。

第三节　基因定位

一、基因定位的方法

基因定位(gene mapping)就是确定基因在染色体上的位置。确定基因的位置主要是确定基因之间的距离和顺序;而它们之间的距离是用互换值来表示的,就是把互换值去掉 % 后作为图距。因此,基因定位就是根据互换值来确定不同基因在染色体上的相对位置和排列顺序。

美国胚胎遗传学家摩尔根(Thomas Hunt Morgan)经过数十年的科学试验,把抽象的基因落实到染色体上,并证实基因在染色体上呈直线排列,他绘制了果蝇 4 对染色体上基因排列的遗传图。

生物体的性状有成千上万个,决定这些性状的基因也有成千上万个,但染色体的数目却是有限的,因此每条染色体上必然聚集着成群的基因。位于同一对同源染色体上的基因,称为一个基因连锁群。根据研究,许多生物基因连锁群的数目恰好等于该生物体细胞中的染色体对数。有些生物体内基因连锁群的数量少于它们的染色体对数,这可能是人们对该类生物的遗传学研究还不够充分的缘故。例如,黑腹果蝇的基因连锁群和染色体对数分别为 4 和 4,豌豆分别为 7 和 7,玉米分别为 10 和 10,小鼠分别为 21 和 19+1+1(这里的两个 1 分别是 X 染色体和 Y 染色体),人分别为 24 和 22+1+1(这里两个 1 也分别是 X 染色体和 Y 染色体),家蚕分别为 22 和 28,家兔分别为 11 和 22。这里,家蚕和家兔的连锁群均少于染色体数,这是人们对这两类生物还未进行深入研究的缘故,也可能是其他原因,但无论如何,至今尚未发现连锁群数目超过体细胞染色体对数的例子。

测定基因所属连锁群的方法有很多,主要有以下几种:①性连锁法。哺乳动物中如果某一性状仅出现在雄性动物中,则可以肯定控制该性状的基因必在 Y 染色体上;表现明显伴性遗传的性状,其基因可定位在 X 染色体上。②标记染色体连锁法。该法主要是通过系谱分析阐明标记染色体与某一基因的连锁关系来将基因定位于该染色体。例如,人的 Daffy 血型基因与人第一号染色体长臂靠近着丝粒的区域变长之间有连锁关系,通过家系分析得知,该染色体结构的这种变化是遗传的,因此可将 Daffy 基因定位于 1 号染色体。③经典的非整倍体测交法。该法主要用于能产生三体的植物中。④非整倍体的酶剂量测定法。酶基因一般是共显性的,每一等位基因所产生的酶剂量可以定量测定,而酶剂量与染色体数量间是一种平行关系,因此,非整倍体剂量测定法就是找出酶剂量与染色体间的连锁关系。⑤四分体分析法。主要用于子囊菌类植物的基因分析中。⑥细胞学基因定位法。当异常染色体的发生与某一基因的异常表达呈平行关系时,即可确定该基因与该染色体的连锁关系。⑦利用近着丝粒距离基因定位法。这一方法主要是计算某一基因与另一离着丝粒距离很近的已知基因之间的重组率的大小来确定该基因与已知基因间的连锁关系。⑧体细胞杂交定位法。在人工条件下,亲缘关系较远的两类动植物的细胞可以发生融合,融合后的细胞往往会专一丢失某一亲本的染色体,例如人、鼠杂种细胞常常丢失的是人的染色体,而丢失的基因往往是随机的,因此,可用这种方法来定位人和其他哺乳动物的基因。这种方法又有如下几种方法:一是同线性测定法。所谓同线性,就是指基因群,它表示同一染色体上的基因间的关系。当人、鼠杂交细胞随机地、不完全地丢失人的某些染色体时,根据所培养的细胞株是否能表达出某些基因产物来判断这些基因与染色体的关系。二是体细胞杂交选择定位法。例如已知人的 TK(胸腺嘧啶激酶)基因位于人的第 17 号染色体上。而在人-鼠杂种细胞对 TK 进行选择时,发现半乳糖苷激酶基因同时出现,而除去对 TK 的选择,半乳糖苷激酶也同时消失,因此,可以断定半乳糖苷激酶基因也位于 17 号染色体上。三是蛋白质分析定位法。Cox 等制备了一对人-鼠杂种细胞系,其中 A 细胞系比 B 细胞系多一条人的 X 染色体。分别对这两个细胞系产生的蛋白质进行电泳分析,发现多一个人 X 染色体的细胞系多了 5 种蛋白质,其中两种蛋白质是葡萄糖-6-磷酸脱氢酶和次黄嘌呤鸟嘌呤核苷酸核糖转移酶,因此,这两种酶的基因一定在 X 染色体上。四是核酸分子杂交定位法。核酸分子单链通过碱基对之间的互补以非共价键结合成双链,这是核酸分子杂交的基础。用克隆的人的 β-球蛋白 DNA 作探针与含有人的各种染色体的人-鼠杂种细胞进行杂交,只有含有人的 11 号染色体的杂种细胞为杂交阳性,因此,可以认为 β-球蛋白基因位于人的 11 号染色体上。此外,也可以用直接观察法或染色体显带技术法来直接判断。

关于基因在染色体上位置的测定,根据重组率的定位方法,可分为两点测验法和三点测验法两种。摩尔根于 1911 年指出重组率反映了基因在染色体上距离的远近。遗传学家斯特蒂文特(A. H. Stuetwant)于 1913 年提出把基因的重组率作为基因间的距离,即 1% 的重组率就是两基因在染色体上的一个遗传单位。遗传单位又称图距单位(map unit, m. u.),1% 的重组率＝1 m. u.,例如前面所述的黑体和残翅的重组率为 16%,即黑体和残翅这两个基因的相对距离为 16 个遗传单位,即 16 m. u.。也有人将 1 个图距单位称为 1 cM(厘摩,centi - Morgan)。测定遗传单位的方法就是两点测验法和三点测验法。

1. **两点测验法** 该方法是一种最原始的方法,就是利用杂交所产生的杂种与双隐性个体进行测交,计算两对基因之间的互换值,得出遗传距离,这是基因定位最基本的方法。但这一方法仅能知道两对基因的相对距离,这两对基因的顺序还无法知道,因此,如要知道基因间的顺序,必须让这两对基因与第三对基因分别进行测交,分别计算这两对基因与第三对基因的互换值。以乌骨鸡的三对性状为例,羽毛白色(I)对有色(i)是显性、毛冠(Cr)对非毛冠(cr)是显性、卷羽(F)对正常羽(f)是显性,三对性状进行三次试验才能确定基因位置,每次测定两个基因之间的重组率。如:

(1) $$ICr/ICr \quad \times \quad icr/icr$$
$$\downarrow$$
$$ICr/icr \quad \times \quad icr/icr$$
$$\downarrow$$

$$ICr/icr(107), Icr/icr(14), iCr/icr(16), icr/icr(103)$$
$$重组率 = [(14+16)/(107+103+14+16)] \times 100\% = 12.5\%$$

（2）　　　$IF/IF \times if/if$　　　　　　　（3）　　　$CrF/CrF \times crf/crf$

↓　　　　　　　　　　　　　　　　↓

$IF/if \times if/if$　　　　　　　　　$CrF/crf \times crf/crf$

↓　　　　　　　　　　　　　　　　↓

重组率＝17％　　　　　　　　　重组率＝29.5％

通过计算得到：$I—F$ 基因之间的距离为 17 cM；$I—Cr$ 基因之间的距离为 12.5 cM；$Cr—F$ 基因之间的距离为 29.5 cM。根据重组率画出基因图：

$$Cr \quad 12.5 \quad I \quad 17.0 \quad \quad F$$

$$\uparrow \quad \quad \quad 29.5 \quad \quad \quad \uparrow$$

　　根据上述方法有可能把各条染色体上的一系列互相连锁的基因的排列次序及其之间的相对距离都测定出来，然后在一条直线上画出它们的位置，这样的示意图就叫作连锁图。

　　摩尔根发现果蝇的白眼（w）、黄体（y）、粗翅脉（bi）三个性状均为伴性遗传，经两点三次测交计算得白眼与黄体间的重组率为 1.5％，即 w 与 y 的遗传距离为 1.5 个遗传单位，而白眼与粗翅脉间的重组率为 5.4％，即表示 w 与 bi 的遗传距离为 5.4 个遗传单位。那么 w、y、bi 是如何排列的？是 w-y-bi 还是 y-w-bi？这只有再测定黄体与粗翅脉间的重组率。经测定，黄体与粗翅脉间的重组率为 6.9％，即 y 与 bi 的距离为 6.9 个遗传单位，因此，可以断定三者的顺序为黄体—白眼—粗翅脉。

　　当两个基因间的遗传距离大于 5 个遗传单位时，两点测验所测得的重组率会偏小，这是因为当两个基因座间的距离变大后，在这中间可能发生双互换（double crossing over），即两次互换，其结果是染色体节段的两次互换使基因座实际上没有发生互换，而重组率的计算是基因必须发生互换才能得到的，因此，双互换形成重组的染色体但不能形成重组的配子，所以重组率必然偏小。

　　两点测验法必须做 3 次测交才能知道 3 对基因的顺序，要知道这 3 对基因在染色体上的排列方向，必须要让它们与第四对基因一一完成测交后才能知道，因此，两点测验法比较费时费工，比较麻烦，而且准确率不高。

　　2. 三点测验法　　该方法是在两点测验法的基础上发展起来的一种方法，它只需一次杂交即可知道 3 对基因之间的遗传距离和排列顺序。

　　其优点是：①一次三点试验中得到的三个重组值是在同一基因型背景，同一环境条件下得到的；而两点三次测验就不一定是这样。重组值既受基因型背景的影响，也受各种环境条件的影响。所以只有从三点一次测验所得到的三个重组值才是严格地可以相互比较的。②通过三点一次测验还可以得到两点三次测验中所得不到的资料——双交换资料。③当三个基因位点中有两个位点的距离相当“接近”时，即重组值很小，例如小于 3％ 时，根据两点三次测验法判断三个基因的顺序，就不完全可靠了。

　　缺点是：用三点一次测验来判断基因之间的顺序是很可靠的，但是得到三杂合体（trihybrid）不是很容易。所以常常要根据两点三次测验法来判断三个基因的相对顺序。

　　还以乌骨鸡的三个非等位基因为例：

P：　　　　　　$ICrF/ICrF \times icrf/icrf$

↓

F$_1$：　　　　　　$ICrF/icrf \times icrf/icrf$

↓

白、毛、卷　　　　　　$ICrF/icrf$　　　　　361

有色、非、正　　　　　$icrf/icrf$　　　　　332

白、非、卷　　　　　　$ICrf/icrf$　　　　　59

有色、毛、正	$iCrf/icrf$	64
白、毛、正	$ICrf/icrf$	85
有色、非、卷	$icrF/icrf$	82

计算各个基因之间的重组率,如表 4-1 所示。

表 4-1　乌骨鸡三点测验的测交后代重组率统计

基因型	实际得数	比率/%	重组发生在		
			$I—Cr$	$Cr—F$	$I—F$
$ICrF/icrf$	361				
$icrf/icrf$	332				
$IcrF/icrf$	59	12.5	√	√	
$iCrf/icrf$	64				
$ICrf/icrf$	85	17.0	√		√
$icrF/icrf$	82				
合　　计	983		12.5%	29.5%	17.0%

由表 4-1 中的结果可以看出:$Cr—F$ 之间的距离最远;其次是 $I—F$ 基因之间。

3. 双交换　指生殖细胞染色体在减数分裂前期,三个基因位点同时在两两之间发生非姐妹染色单体的节段性交换。

因为果蝇大部分突变体都是隐性突变,而其原型都为显性,所以原型都被称为野生型,野生型用"+"表示。在试验动植物的三点测验中,3 个基因都分别进行了两两互换,这样的互换被称为单互换,仅发生单互换的三点测验,其测交后代只有 6 种表型。但杂交试验表明,在三点测验中,其测交后代往往会出现 8 种表型,这说明 3 个基因不仅发生了两两的单互换,同时也发生了双互换。

将具有黄体(y)、白眼(w)、短翅(m)的雌果蝇与灰体(+)、红眼(+)、长翅(+)雄果蝇交配,其F₁ 为灰体、红眼、长翅(+++/ywm),取 F₁ 雌果蝇与三隐性雄蝇测交,测交后代有 8 种类型(表 4-2)。

表 4-2　果蝇三点测验的测交后代重组率统计

表型	互换类型	F₁ 配子种类	观察数	各类型后代所占比例/%
灰体、红眼、长翅	亲本组合	+++	1 574	63.96
黄体、白眼、短翅		$y\,w\,m$	1 382	
灰体、白眼、短翅	单互换1	+$w\,m$	27	1.26
黄体、红眼、长翅		y++	31	
灰体、红眼、短翅	单互换2	++m	763	34.39
黄体、白眼、长翅		$y\,w$+	826	
灰体、白眼、长翅	双互换	+w+	10	0.39
黄体、红眼、短翅		y+m	8	
合计			4 621	100.00

在三点测交试验中,一般规律是亲本类型最多,双互换类型最少,因此,从表 4-2 中可以知道第一组是亲本类型,而第四组是双互换类型。找出双互换类型后,在分析原始资料以前还应知道 3 个基因排列的顺序,即以双互换类型与亲本类型相比较,是哪个基因改变了连锁关系,这个基因即处于中间,例如 ABC 与 abc 为亲本类型,Abc 与 aBC 为双互换类型,由于 Aa 改变了连锁关系,所以 Aa 处于中间,Bb 与 Cc 处于 Aa 的两边,至于 Bb 与 Cc 处于 Aa 的哪一侧,关系不大,因为它不影响重组率的计算。在本例中双互换类型是 $+w+/y+m$ 这一组,它与亲本类型相比,是 $+/w$ 改变了连锁关系,因此,可知白眼基因处于 3 个基因的中间,而黄体、短翅处于白眼的两侧。

首先计算双互换值,即双互换类型数与总观察数之比:

$$双互换值＝(10+8)/4\ 621×100\%＝0.39\%$$

其次计算 y 与 w、w 与 m 的互换值。y 与 w 的互换既发生在单互换 1 中,又发生在双互换中,因此,y 与 w 的互换值为:

$$(27+31+10+8)/4\ 621×100\%＝1.65\%$$

同样,w 与 m 的互换值为:

$$(763+826+10+8)/4\ 621×100\%＝34.78\%$$

根据所得结果,我们可以画出 y、w、m 这三个基因的相对位置。

在这里我们不能机械地根据 $(27+31+763+826)/4\ 621×100\%＝35.65\%$ 来计算 y 与 m 间的重组率,因为在估计 y 与 m 的距离时,在这两个基因间实际上已发生了一个双互换,染色体节段发生双互换等于两个基因实际上并未发生互换,因此,y 与 m 的实际距离应为 $1.65+34.78＝36.43$ 个遗传单位,而 36.43 与 35.65 这两个遗传距离相差了 2 个 0.39,而 0.39 正好是一个双互换重组率,即从计算的角度来看,两边两个基因的重组率必等于两个单互换的重组率之和减去 2 个双互换值。这一法则是斯特蒂文特于 1913 年提出的,称为基因直线排列定律。

图 4-8 表示 3 个基因的互换情况。(a)表示互换发生在 y 与 w 之间,(b)表示互换发生在 w 与 m 之间,两者均为单互换。(c)则表示在 y 与 m 间同时发生了两个互换,互换的结果是染色体的一个节段互换了位置,中间的基因被互换了,但两边基因的关系没有改变。

如果两个基因间的单互换不影响另外一组单互换,那么这两个单互换就是彼此独立的,根据概率论原理,两个独立事件同时发生的概率就是这两个独立事件各自发生时概率的乘积。因此,从理论上说,一个双互换发生的概率应等于两个单互换概率的乘积,本例中,y 与 m 发生的双互换的理论互换值应为 y 与 w 的互换值乘以 w 与 m 的互换值,即 $1.65\%×34.78\%＝0.57\%$。但实际观察到的 y 与 m 的双互换值为 0.39%,因此,这两个单互换不是相互独立的,即一个单互换发生后,它使得邻近发生单互换的机会变小了,这一遗传现象称为干涉(interference)。如果三点测验的试验中,一个双互换也未发生,即测交后代仅出现 6 种表型,这时,干涉就是完全的。从遗传学试验可知,3 个基因的距离越短,发生干涉的机会就越大,在果蝇基因间遗传距离在 20 个遗传单位内时,一般不会发生双互换,随着基因间距离增加,干涉减弱,发生双互换的机会就增加,当遗传距离超过 45 个遗传单位后,干涉就消失了,即一个单互换不会再影响另一个单互换。干涉现象是遗传学家布里奇斯(C. B. Bridges)于 1913 年首先发现并提出的。

为了衡量干涉的大小,穆勒(H. J. Muller)于 1916 年提出了并发系数(coefficient of coincidence)这一概念。并发系数又称符合系数,是实际观察到的双互换值与理论双互换值的比值。本例中的并发系

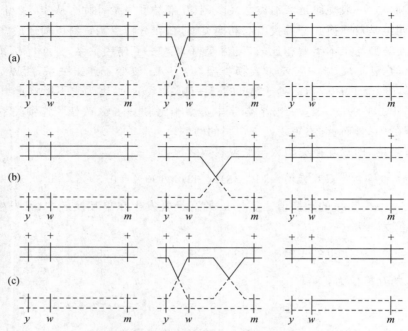

图 4-8　两个基因的单互换(a、b)与双互换(c)示意图

(李宁,动物遗传学,2003)

数为 0.39%/(1.65%×34.78%)＝0.68。

并发系数越大,表示干涉越小,并发系数为 0 时,即为完全干涉,反之,并发系数为 1 时,表示完全没有干涉,并发系数与干涉的关系是:

$$干涉率＝1－并发系数$$

本例中,干涉率为 1－0.68＝0.32,这表示在本次试验中,有约 32% 的双互换被干涉。

测定基因在染色体上的位置的方法除上面所讨论的二点测验和三点测验外,还可以用原位杂交定位法。原位杂交定位法是分子杂交的一种,它可以将基因直接定位于染色体上。

原位杂交定位的方法首先是用秋水仙素处理体外培养的细胞,使这些细胞停留在细胞分裂的中期,并加以固定,同时用 RNA 酶消化内源 RNA,以排除其干扰。细胞被固定后,用特定的有机溶剂处理细胞,使 DNA 变性成为单链,并加以固定,用适当的具有放射性的探针与变性染色体进行杂交,通过放射自显影将基因定位在一定的染色体上。原位杂交法首先是用于人的基因定位的,现已广泛应用于动植物的基因定位。

除以上所述方法外,尚有其他许多方法可用于基因定位。

二、遗传图谱

通过重组法获得一个连锁群的许多连锁基因在染色体上的排列次序及其间的相对距离,然后定位在一条直线上,这样一条标以许多基因位点的直线示意图就叫作连锁图(linkage map),也称染色体图或遗传图。

绘制基因连锁图时,将最端部的基因作为起点(0 点),依顺序排列各基因,在这里遗传距离是累加的。目前,许多动植物,如玉米、果蝇、小鼠、人等的基因图谱已得到了充分的计算标定和绘制。

表 4-3 是果蝇部分基因连锁群及基因定位。也可以将其在一条直线上根据不同的距离将各基因座标出。可以看出,同一连锁群内的基因是连锁遗传的,而不同连锁群内的基因是独立遗传的。基因座一

般用突变基因来标定,而大部分突变基因为隐性,仅少数为显性,例如染色体 1 上的棒眼为显性突变,因此用大写字母(B)表示,而分叉刚毛为隐性突变,所以用小写字母(f)表示。表中各基因座所标定的数值是以 0 为起点的累加值,因此要计算某两个基因间的互换值时,只需把相应的数值相减即可,例如在染色体 2 上黑体(b)与残翅(vg)两位点的相对遗传距离为 $67.0-48.5=18.5$,即这两个位点的互换值为 18.5%。同一连锁群内两个连锁基因不管相距多远,其互换值也不会超过 50%,但由于互换值累加的缘故,许多基因的相对位置已大于 50,如染色体 3 中粗眼(ru)与黑檀体(e)间的相对距离为 70.7 个遗传单位,这是由于累加的结果,如果直接作这两个基因的距离测验试验时,它们的互换值即测交子代中重组型所占的百分率是不会超过 50% 的,因此,无论是测验遗传距离,还是根据连锁图计算互换值,其遗传距离越近的基因,结果就越准确。

表 4-3 果蝇部分基因连锁群及基因定位

染色体 1(X)			染色体 2			染色体 3			染色体 4		
相对位置	基因符号	基因名称	相对位置	基因符号	基因名称	相对位置	基因符号	基因名称	相对位置	基因符号	基因名称
0.0	y	黄体	0.0	al	无触角毛	0.0	ru	粗眼	0.0	ci	肘横脉
1.5	w	白眼	1.3	s	星状眼	26.0	se	墨眼	2.0	ey	无眼
5.5	ec	海胆眼	13.0	dp	短肥翅	26.5	h	多毛			
6.9	bi	粗翅脉	16.5	cl	凝块状眼	41.0	D	少刚毛			
13.7	cv	无横脉	31.0	d	短足	44.0	st	鲜红眼			
20.0	ct	截翅	48.5	b	黑体	48.0	p	淡红眼			
21.0	sn	焦刚毛	54.5	pr	紫色眼	52.0	kar	深红眼			
27.7	lx	菱形眼	57.5	cn	朱砂眼	66.2	Dl	三角形翅脉			
33.0	v	朱红眼	67.0	vg	残翅	69.5	H	无刚毛			
36.1	m	短翅	75.5	c	弯翅	70.7	e	黑檀体			
43.0	s	深黑体	99.2	a	胡翅	100.7	ca	紫红色眼			
44.4	g	石榴色眼	104.5	bw	褐色眼						
56.7	f	分叉刚毛	107.0	sp	斑点翅						
57.0	B	棒眼									
59.5	fu	融合翅									
62.5	Car	肉色眼									
66.0	bb	短刚毛									

遗传图只是连锁基因的相对位置,并不是连锁基因的准确定位。到目前为止,畜禽的遗传图制作一直很少,现摘引 Robert C. King 的鸡的连锁图为例,见图 4-9。随着遗传学技术的发展,先进的基因定位技术已经能够把基因定位到染色体的 G 显带的某一条带上,运用先进的细胞学技术,可以在显微镜下切割下那条带,并对其上的基因进行分子水平的结构分析。

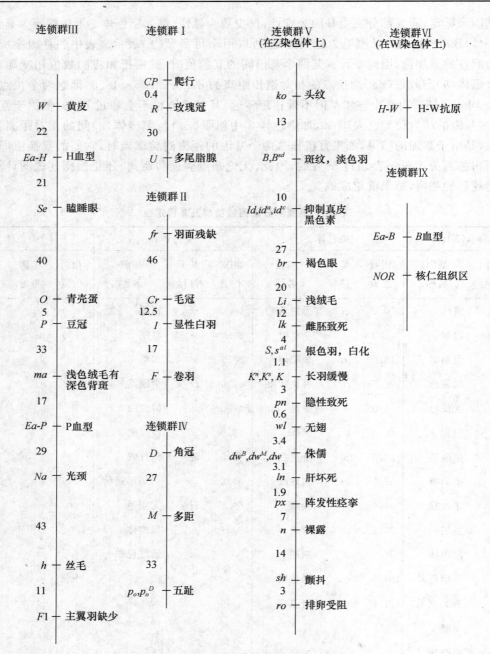

图 4-9　鸡的基因连锁图

每条直线代表一条染色体。直线右侧为突变型基因,左侧为野生型基因(未标出),
互为等位基因。直线旁的数字表示基因间的相对距离

第四节　红色面包霉的遗传分析

不论二倍体的高等生物还是单倍体的低等生物,都普遍具有连锁和互换的遗传现象。现以红色面包霉为例,说明真菌类低等植物的连锁和互换。红色面包霉属于真菌类的子囊菌,具有核结构,属于真核生物。它的个体小,生长迅速,易于培养。除了进行无性生殖以外,也可进行有性生殖。它的无性世

代是单倍体,而其染色体结构和功能类似于高等生物。因此,染色体上每个基因不论显性还是隐性都可从其表现型上直接表现出来,便于观察和分析。一次只分析一个减数分裂的产物,手续比较简便。所以,它是遗传学研究中广泛应用的好材料。

红色面包霉的单倍体($n=7$)世代是多细胞的菌丝体(mycelium)和分生孢子(conidium)。由分生孢子发芽形成新的菌丝,这是它的无性世代。一般情况下,它就这样循环地进行无性繁殖。但是,也会产生两种不同生理类型的菌丝,一般分别假定为正(+)和负(-)两种接合型(conjugant),类似于雌雄性别,通过融合和异型核(heterocaryon)的接合(conjugation)(受精作用)而形成二倍体($2n=14$)的合子,这便是它的有性世代。合子本身是短暂的二倍体世代。红色面包霉的有性过程也可以通过另一种方式来实现。因为它的“+”和“-”两种接合型的菌丝都可以产生原子囊果和分生孢子。如果说原子囊果相当于高等植物的卵细胞,则分生孢子相当于精细胞。这样当“+”接合型(n)与“-”接合型(n)融合和受精以后,便形成二倍体($2n$)的合子(图 4-10)。

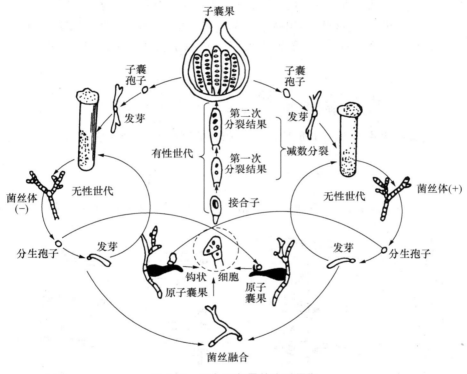

图 4-10　红色面包霉的生活周期

(朱军,遗传学,2002)

这个合子立即进行两次减数分裂,产生 4 个单倍体的子囊孢子,即称四分孢子或四分子。对四分子进行遗传分析,称为四分子分析(tetrad analysis)。红色面包霉的四分子再经过一次有丝分裂,形成 8 个子囊孢子,它们按严格顺序直线排列在子囊里。子囊里的 8 个孢子有 4 个为“+”接合型,另有 4 个为“-”接合型,二者总是呈 1:1 的比例分离。因此,通过四分子分析,可以直接观察其分离比例,并验证其有无连锁。同时,可以着丝点作为一个位点,估算某一基因与着丝点的重组值,进行基因定位,这种方法叫作着丝点作图(centromere mapping)。

红色面包霉能在基本培养基上正常生长的野生型的子囊孢子,成熟后呈黑色。由于基因突变而产生的一种不能自我合成赖氨酸的菌株,称为赖氨酸缺陷型,它的子囊孢子成熟较迟,呈灰色。用赖氨酸缺陷型(记作 lys^- 或-)与野生型(记作 lys^+ 或+)进行杂交,在杂种子囊中的 8 个子囊孢子将按黑色和灰色的排列顺序,可出现下列 6 种排列方式或 6 种类型。

非互换型	(1)	+	+	+	+	−	−	−	−
	(2)	−	−	−	−	+	+	+	+
互换型	(3)	+	+	−	−	+	+	−	−
	(4)	−	−	+	+	−	−	+	+
	(5)	+	+	−	−	−	−	+	+
	(6)	−	−	+	+	+	+	−	−

根据子囊中子囊孢子的排列顺序,可以推定(1)、(2)两种子囊类型中的等位基因 lys^+/lys^- 是在减数分裂的第一次分裂时分离的,属于第一次分裂分离(first division segregation),这说明同源染色体的非姐妹染色单体在着丝点与等位基因之间没有发生互换,故称为非互换型。在(3)、(4)、(5)、(6)4 种子囊类型中的等位基因 lys^+/lys^- 是在减数分裂第二次分裂时分离的,属于第二次分裂分离(second division segregation),这说明着丝点与等位基因之间发生了互换,故称为互换型。

由图 4-11 可见,上述的互换型(3)、(4)、(5)、(6)4 种类型,都是由于着丝点与+/−等位基因间发生了互换,而且互换是在同源染色体的非姐妹染色单体间发生的,即发生在四线期。同时,由此可知,在互换型的子囊中,每发生一个互换,一个子囊中就有半数孢子发生重组。因此,它的互换值可按下式估算:

$$互换值 = \frac{互换型子囊数}{互换型子囊数 + 非互换型子囊数} \times 100\% \times 1/2$$

例如,在试验观察结果中有 9 个子囊对 lys^- 基因为非互换型,5 个子囊对 lys^- 基因为互换型,则:

$$互换值 = \frac{5}{9+5} \times 100\% \times 1/2 = 18\%$$

所获得的互换值即表示 lys^+/lys^- 与着丝点间的相对距离为 18。这种基因定位,即为着丝点作图。

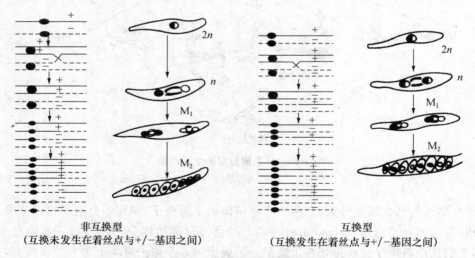

非互换型
(互换未发生在着丝点与+/−基因之间)

互换型
(互换发生在着丝点与+/−基因之间)

图 4-11　红色面包霉不同菌株杂交产生的非互换型和互换型的示意图

(朱军,遗传学,2002)

第五节　连锁与互换定律的应用

连锁遗传规律的发现,证实了染色体是控制性状遗传的基因的载体。通过互换值的测定进一步确定基因在染色体上具有一定的距离和顺序,呈直线排列。这为遗传学的发展奠定了坚实的科学基础。

连锁基因重组类型的出现频率,依互换值的大小而变化。因此,在杂交育种时,如果所涉及的基因具有连锁遗传的关系,就要相应地根据连锁遗传规律安排工作。

杂交育种的目的,在于利用基因重组综合亲本优良性状,育成新的品种。当基因连锁遗传时,重组基因型的出现频率,因互换值的大小而有很大差别。互换值大,重组型出现的频率高,获得理想类型的机会就大;反之,互换值小,获得理想类型的机会就小。因此,要想在杂交育种工作中得到足够的理想类型,就需要慎重考虑有关性状的连锁强度,以便安排一定的育种群体。

利用性状的连锁关系,可以提高选择效果。生物的各种性状相互间都有着不同程度的内在联系。比较地说,由同源染色体上基因控制的性状,彼此相关遗传的程度就更加紧密。利用性状间的这种相关从事选择工作,会起到一定的指导作用。

(1)基因连锁规律的揭示,进一步证实了遗传因子假说的正确性,尤其是证明了基因在染色体上按一定顺序和距离呈直线排列,为基因存在方式和运动规律的研究奠定了基础,同时使染色体理论更加完善。连锁基因互换机制的确立丰富了遗传物质重组的内容,对杂交育种理论、选择理论以及生物基因图谱的绘制都具有理论指导意义。

(2)在家畜育种工作中,要想建立两个性状的重组类型,首先要确定它们是否由连锁基因控制,连锁强度大小如何。一旦选留了连锁性状,后代较容易固定。同时根据互换值可预测重组类型出现的概率,以合理地制订育种计划,便于得到足够的理想个体。在实践中发现,某些重要的经济性状间呈强相关,如增重和增重效率等,但尚不能确定性状间强相关的机制是由于连锁还是由于基因的多效性引起的。

(3)在家禽生产中,根据性状连锁遗传的原理,已建立起自别雌雄的配套系,如快慢羽、金银色,用于早期雏鸡的雌雄鉴别。

(4)在生物医学中,利用连锁规律可进行某些疾病的诊断和晚生性状的早期鉴定。如人的青光眼与Duffy 血型是强连锁性状,幼龄时检出该血型,对青光眼的早期诊断有一定的指导意义。

分离定律、自由组合定律和连锁互换定律是遗传学的三大定律,它们之间相互联系,分离定律是自由组合定律和连锁互换定律的基础,而后两者又是生物体遗传时产生变异的原因所在。自由组合定律和连锁互换定律二者的区别在于前者的基因是由不同源的染色体所传递的,重组类型是由染色体间重组(interchromosomal recombination)造成的;而连锁和互换的重组是由一对同源染色体造成的,称为染色体内重组(intrachromosomal recombination)。另外,自由组合受生物体染色体对数的限制,而连锁互换则只与染色体自身长度有关。所以从这个意义上说,自由组合是有限的,而连锁互换相对地说限度较小。

思 考 题

1. 名词解释:

完全连锁 不完全连锁 基因定位 互换值 两点测验法 三点测验法 连锁群

2. 连锁和互换规律有什么特点?为什么重组合类型总是少于50%?

3. 重组率、互换值、遗传图距间的关系是怎样的?

4. 基因 a 和 b 之间的图距是 20 个单位。在 $ab/++$ 与 ab/ab 杂交的后代中仅发现 18% 的重组体,则基因 a 和 b 之间的双互换值是多少?

5. 鸡的青壳蛋 O、豆冠 P 与浅色绒毛深色背斑(ma)是三个连锁基因,其交换值为 $O-P=5\%$,$O-ma=38\%$,$P-ma=33\%$,请给出三个连锁基因在染色体上的线性关系图。

6. a、b、c 三个基因的连锁图如下：

如果干涉率为 40%，在 $AbC/aBc \times abc/abc$ 中，子代有哪些基因型？它们各占多少比例？

7. 在一个关于人和中国仓鼠细胞的融合试验中观察到某些人的染色体有选择性的消失，对 100 个细胞克隆作了观察，检查人的两种酶存在或不存在，获得如下结果：

6-磷酸葡萄糖脱氢酶	磷酸葡萄糖变位酶	
	存在	不存在
存在	46	0
不存在	0	54

这一组资料说明什么问题？

8. 具有昏睡症(lh)、佝偻病(rh)、黄白色(pa)的小鼠与正常纯体小鼠交配，F_1 全为正常型，用三隐性小鼠进行测交，得到如下类型及数据：

表型			杂合子所带基因			观察数
不昏睡	不佝偻	鼠灰色	+	+	+	506
昏睡	佝偻	黄白色	lh	rh	pa	465
不昏睡	佝偻	黄白色	+	rh	pa	18
昏睡	不佝偻	鼠灰色	lh	+	+	13
不昏睡	不佝偻	黄白色	+	+	pa	119
昏睡	佝偻	鼠灰色	lh	rh	+	110
不昏睡	佝偻	鼠灰色	+	rh	+	3
昏睡	不佝偻	黄白色	lh	+	pa	4

试排出 3 个基因的次序，并计算 3 个基因的距离、干涉率。

第五章　性别决定及与性别相关的遗传

雌雄性别分化是生物界最普遍的现象之一,也是遗传学研究的重要内容。在自然条件下,两性生物中雌雄个体的比例大多是1:1,是典型的孟德尔分离比,这说明性别和其他性状一样受遗传物质的控制。

性别的发育必须经过两个步骤:一是性别决定,是就细胞内遗传物质对性别的作用而言的,受精卵的染色体组成是决定性别的物质基础,它在受精的那一瞬间就确定了;二是性别分化,是指在性别决定的物质基础上,经过与一定的内外环境条件的相互作用才发育成一定性别的表型。

第一节　高等动物性别的系统发生和性别特征

一、高等动物性别的系统发生

在探讨这一问题时,可以把性别作为一个性状。但这一性状的遗传控制机理有其特殊之处:从表现型看来,不同生命阶段具有不同的表现。高等动物的性别分化方向始于受精,这是由于遗传差别产生和决定的。一个胚胎在受精的一瞬间性别就决定了,但是这个时候(早期胚胎)性腺性别并未分化,只是在发育到一定阶段后才出现性别分化。一般情况下,高等动物胚胎的性别发育包括三个相关过程:受精时遗传性别的确立;遗传性别转变为性腺性别;性腺性别转变为表现型性别。

二、性别的特征

(一)形态特征

性别是个相当复杂的生物性状,这不仅仅表现在性分化的深度上,而且在性别的表现形态、机能的变异方面甚为广泛。生物的体态可以区分为雄(男)和雌(女),雄性往往比雌性高大。在鸟类上雄鸟比雌鸟羽毛漂亮、清秀。

(二)性比

所谓性比是指同一生物群体中雌雄个体的数量比。一般用相对于100个雌性个体的雄性个体数来表示,或用雄性个体与总个体数的比来表示。生物的性比有第一性比、第二性比、第三性比之分。第一性比是指受精早期胚胎的性比,或称遗传性比。第二性比是指出生时的性比。第三性比是指某一年龄(或发育阶段)的性别比率。

在生物种群中,大多数具有两性的生物,雌雄个体的比例大都接近1:1的关系。这是个典型的孟德尔比数。把性别看作一个性状可以推测:性别和其他孟德尔性状一样,也是按孟德尔方式遗传的。1:1是测交比数,这意味着某一性别(如雌性)是纯合体(XX),而另一性别(如雄性)是杂合体(XY)。

性比这个性状也受选择、季节、胎次、血液 pH、胚胎期死亡等许多环境因素的影响。

第二节 性别决定的遗传理论

关于性别决定的机制问题,曾有过多种假说,直到 1902 年,威尔逊(E. B. Wilson)、萨顿(W. S. Sutton)等首次发现了性染色体后,性别决定自然与性染色体联系起来,逐步形成了性染色体决定性别学说,这也是目前最流行的学说。在动物中,除性染色体决定性别外,遗传平衡、染色体组的倍数及 H - Y 抗原等与性别有关。

一、性染色体类型与性别决定

在二倍体动物以及人的体细胞中,都有一对与性别决定有明显直接关系的染色体,叫作性染色体,其他的染色体通称常染色体。有些生物的雄体和雌体在性染色体的数目上是不同的,简称性染色体异数。例如,蝗虫的性染色体,即 X 染色体,在雌虫的体细胞里是一对形态、结构相同的染色体(可用 XX 表示),但雄虫的体细胞里却只有一条性染色体(可用 XO 表示)。另一些生物的雌体和雄体的每个体细胞里都有一对性染色体,但它们在大小、形态和结构上随性别而不同。例如,猪雄性体细胞中是一对大小、形态、结构不同的性染色体,大的叫 X 染色体,小的叫 Y 染色体,雌性的体细胞中是一对 X 染色体。

X,Y 性染色体在形态和结构上都不相同,它们有同源部分也有非同源部分。同源部分和非同源部分都含有基因,但因 Y 染色体上的基因数目很少,所以,一般位于 X 染色体上的基因在 Y 染色体上没有相应的等位基因。

从进化角度看,性染色体是由常染色体分化来的,随着分化程度的逐步加深,同源部分逐渐缩小,或 Y 染色体逐渐缩短,最后消失。例如,雄蝗虫的性染色体可能最初是 XY 型,在进化过程中,Y 染色体逐渐消失而成为 XO 型。因此 X 与 Y 染色体愈原始,它们的同源区段就愈长,非同源区段就愈短。由于 Y 染色体基因数目逐渐减少,最后变成不含基因的空体,或只含有一些与性别决定无关的基因,所以它在性别决定中失去了作用(如果蝇)。但是,高等动物和人类中随着 X 和 Y 染色体的进一步分化,Y 染色体在性别决定中却起主要作用。

多数雌雄异体的动物,雌、雄个体的性染色体组成不同,它们的性别是由性染色体差异决定的。动物的性染色体分为两大类型。

(一)XY 型

这一类型的动物雌性个体具有一对形态、大小相同的性染色体,用 XX 表示;雄性个体则具有一对不同的性染色体,其中一条是 X 染色体,另一条是 Y 染色体,雄性个体的性染色体构型为 XY,称为雄异配型。属这类性染色体的动物有大多数昆虫类、原虫类、海胆类、软体动物、环节动物、多足类、蜘蛛类、若干甲壳虫、硬骨鱼类、两栖类和哺乳类等。

此外,在一部分昆虫(如蝗虫)中,雌性个体的性染色体为 XX,雄性个体只有一条 X 染色体,没有 Y 染色体,这类雄异配型动物的性染色体构型用 XO 表示。

(二)ZW 型

这类动物与上述情况刚好相反,雄性个体中有两条相同的性染色体,雌性个体中有两条不同的性染色体。因此,这类动物又称为雌异配型动物。为了与雄异配型动物相区别,这类动物的性染色体记为 ZW 型,雌性 ZW,雄性 ZZ。属于这一类型的动物有鸟类。在这类动物中,也有和雄异配型动物中类似的情况,雌性个体中不存在 W 染色体,这类雌异配型个体的性染色体构型记为 ZO 型,如极少数昆虫。

无论属于哪种性染色体类型的动物,凡是异配性别(heterogametic sex)个体(包括 XY 和 ZW 个

体)均产生两种等比例的性染色体的配子,对于 XY 雄性而言,产生带 X 和 Y 染色体的两类精子,对于
ZW 雌性而言,产生带 Z 和 W 染色体的两类卵子;凡是同配性别的个体(包括 XX 和 ZZ)只产生一种性
染色体的配子。当精子、卵子随机结合时,形成异配性别和同配性别子代的机会相等,因而,动物群体中
两性比例总是趋于 1∶1(图 5-1)。

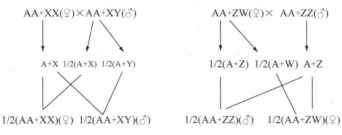

图 5-1　性染色体理论对性比 1∶1 的解释
A. 常染色体组　X、Y、Z、W. 性染色体

　　需要指出的是,虽然性别决定的性染色体理论并不适用于整个动物界,特别是在某些更低等的动物
中并不存在真正的性染色体,但对于大多数种类的动物来说,其性别决定与性染色体理论是完全相
符的。

二、遗传平衡与性别决定

　　性染色体鉴定出来之后不久,就发现性别决定比初步的观察结果更为复杂。1932 年,布里奇斯
(C. B. Bridges)在以果蝇为试验材料研究性别决定时提出性别决定的基因平衡学说。他用经 X 射线照
射后的果蝇与正常的二倍体果蝇杂交,从中得到了多种性别畸形类型。这些性别畸形表现出与体细胞
内 X 染色体的数目及常染色体倍数的比例有着密切关系,当 X 染色体数目与常染色体倍数的比值(用
X∶A 表示)等于 1 时为正常雌性或多倍体雌性,当该比值大于 1 时为超雌性;当该比值等于 0.5 时为
正常雄性或多倍体雄性,小于 0.5 时为超雄性;当该比值为 0.5～1.0 时,则表现为中间性(图 5-2 和表
5-1)。

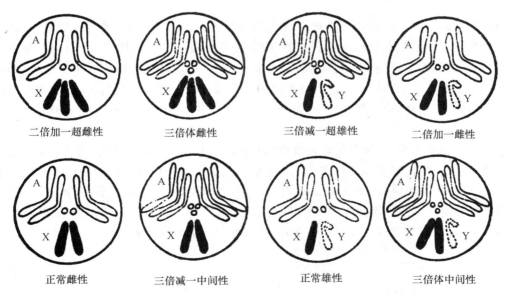

二倍加一超雌性　　三倍体雌性　　三倍减一超雄性　　二倍加一雌性

正常雌性　　三倍减一中间性　　正常雄性　　三倍体中间性

图 5-2　果蝇性染色体和常染色体间的平衡对性别的影响

　　对表 5-1 的分析,在逻辑上可以得出这样的结论:性染色体和常染色体上都带有决定性别的基因,

雄性基因主要在常染色体和 Y 染色体上,雌性基因主要在 X 染色体上,受精卵的性别发育方向取决于这两类基因系统的力量对比。

然而,由于各种动物的遗传基础不同,性染色体与常染色体上的性别基因的对比关系以及 X 染色体与 Y 染色体上的性别基因的对比关系不一致。例如在果蝇中,性别只取决于 X 染色体数目与常染色体倍数的比值,Y 染色体的雄性化力量并不大,但人类及哺乳动物的 Y 染色体则有强大的雄性化力量,性染色体构型即使是 XXXY 的个体仍能表现某些雄性特征。

表 5-1　果蝇染色体的比例及其对应的性别类型

性别类型	X 染色体数	常染色体倍数 A	X：A
超雌	3	2	1.50
	4	3	1.33
雌性	4	4	1.00
	3	3	1.00
	2	2	1.00
中间性	3	4	0.75
	2	3	0.67
雄性	1	2	0.50
	2	4	0.50
超雄	1	3	0.33

注:超雄和超雌果蝇其外貌像正常的雄性和雌性,但个体很小,生活力很低,且高度不育;中间性是指性腺、交尾器和第二性征都是雌性和雄性的混合体,且都发育不全。

三、染色体组倍数与性别

膜翅目昆虫的蚂蚁、蜜蜂、黄蜂和小蜂的性别与染色体组的倍数有关,雄性为单倍体,雌性为二倍体。如蜜蜂的雄蜂是由未受精的卵发育而成的,因而具有单倍体的染色体数($n=16$)。蜂王和工蜂是由受精卵发育成的,具有二倍体的染色体数($2n=32$)。在蜂类的性别决定中必定有某种与单倍体/二倍体的染色体安排有关联的机制存在。在寄生蜂的小茧蜂中也存在孤雌生殖的现象,这个属的雌蜂都是有 20 条染色体的二倍体,雄蜂都是有 10 条染色体的单倍体。雌蜂源于受精卵,但雄蜂通常出自未受精的卵。

有人在实验室中研究发现,从受精卵培育出的小茧蜂有些是二倍体的雄蜂,其他来自未受精卵的雄蜂则是单倍体,但所有的雌蜂都是二倍体。试验结果证实了某些染色体节段的纯合型和杂合型状态控制着性别的决定。更确切地说:单倍体雄蜂有 Xa、Xb 或 Xc 节段,二倍体雄蜂则是 XaXb、XaXc 或 XbXc,因此推测必须有不同的等位基因的互补作用才能有雌蜂的产生。任何等位基因,不论是在成单或成双的情况下,都没有与之起交互作用的互补基因,就会产生出雄蜂来。

四、H-Y 抗原与性别

(一)Y 染色体与 H-Y 抗原

20 世纪 50 年代在高度近交系小鼠中进行皮肤移植试验时发现:同性个体之间的皮肤移植或将雌性个体的皮肤移植到雄性个体身上时,均不出现免疫排斥反应;但是,若将雄性的皮肤移植到雌性个体身上则发生排斥反应。这表明雄性组织中存在有某种为雌性所不具有的组织相容性抗原,他们把这种具有雄性特异性的组织相容性抗原称为 H-Y 抗原(histocompatibility Y antigen)。在 XY 型性别决定体系中 H-Y 抗原存在于雄性个体中,在 ZW 型性别决定体系中,H-Y 抗原在雌性中表达。由此可见,H-Y 抗原依附于异形性染色体。后来有人提出 H-Y 抗原直接或间接诱导原始性腺分化为睾丸的假说,这就是 20 世纪 70—80 年代人们曾广泛认同的 H-Y 抗原性别决定说。进而有人推测:H-Y 抗原基因就是睾丸决定因子(testis determining factor,TDF)。但是,后来在小鼠中发现 XX 雄性(性反转所致)不具有此种抗原,因此否定了 H-Y 抗原性别决定说。

(二)H-Y 抗原与性别分化

在哺乳动物中,Y 染色体决定雄性性别而不受 X 染色体数量的影响。通常是没有 Y 染色体只有 X 染色体的为雌性。但在胚胎期性别分化前,性腺具有向雄性分化和向雌性分化的潜能。Y 染色体的雄性决定是使原始的未分化的性腺分化成睾丸,新形成的睾丸分泌雄性激素,使雄性性征继续发育。若无雄性激素的作用,未分化的性腺自然地向雌性方向分化。

近年来发现编码 H-Y 抗原的基因与睾丸分化的启动密切相关。据报道,用 H-Y 抗血清处理新生雄鼠睾丸细胞,封闭细胞膜上的 H-Y 抗原,继续培养 16 h,在培养过程中新产生的 H-Y 抗原继续被培养液中多余的 H-Y 抗体所封闭。处理后,睾丸细胞失去了 H-Y 抗原作用,使其形成球状聚合体,大多类似卵巢中的卵泡细胞。在同样条件下用不含 H-Y 抗体的对照血清处理,睾丸细胞仍保留有 H-Y 抗原,形成柱形管状结构,类似曲精小管。又如,分泌到培养液中的新生雄鼠睾丸组织产生的 H-Y 抗原,可使新生鼠的卵巢组织转化为睾丸组织。也有人将人的 H-Y 抗原加入到体外培养的胎牛卵巢中,5 d 内卵巢可转变为睾丸。以上事实说明,原始性腺分化为睾丸,H-Y 抗原起着重要的作用,所以认为它是性别分化的决定性因素之一。

五、性别决定基因

20 世纪中期以来,人们逐步认识到在动物性别分化过程中,Y 染色体上存在着 TDF 基因,它决定了原生殖嵴向睾丸方向分化。因此,对性别决定基因的研究一直集中在探求哺乳动物 Y 染色体上的 TDF 方面。

1987 年,佩奇(D. C. Page)等的研究指出 Y 染色体短臂上有一个锌指蛋白 ZFY 基因(Zinc finger Y gene,ZFY)。该基因在进化上高度保守,并且存在于所有真兽亚纲动物 Y 染色体上。但在 X 染色体上有同源基因 ZFX 的存在。随着在某些 XX 雄性中发现不存在 ZFY 以及在 X 染色体上存在 ZFX 和常染色体上存在类似 ZFY 的片段 ZFA,ZFY 作为 TDF 的候选者又被否定了。

1989 年,帕尔默(M. S. Palmer)等在对 3 个 XX 男性和 1 个 XX 间性人的研究中没有证实 ZFY 的存在,但却在他们中检测到了一个 35～40 kb 的 Y 特异性序列共同区段,使 TDF 基因的搜索范围缩小到该片段上,该片段靠近拟常染色体区域(pseudoautosomal-region,PAR)。对这一区域进一步研究发现,TDF 是位于距 PAR 边缘 5 kb 处的一个片段。根据它在染色体上的位置,人们将其命名为 Y 染色体性别决定区(sex-determining region of Y chromosome),即 SRY。同时在小鼠中也发现类似的同源序列,称为 Sry。

1990 年,辛克莱(A. H. Sinclair)等克隆到人的 SRY,被认为是性别决定研究的一个里程碑,包括转基因动物在内的许多试验已证明 SRY 就是 TDF 基因。但近年来的研究表明 SRY 并非决定性别的唯一基因,性别决定与分化是一个以 SRY 基因为主导的、多基因参与的有序协调表达过程。在哺乳动物已发现包括 SRY 在内至少有 8 个基因(SRY、SOX9、AMH、WT1、SF1、DAX-1、DMRT1、WNT4)参与了性别决定的级联过程,对性别决定和分化起着重要作用。

第三节　性别决定的剂量补偿

一、性染色质

性染色质是一种细胞核内着色较深的叫作性染色质体(sex chromatin body)的结构,又称巴氏小体(Barr body)。巴氏小体最先是在哺乳动物雌猫中被检测到的,它是由一条失活的 X 染色体形成的。研究表明:在雌性的两条 X 染色体中只有一条是具有活性的,另一条失活的 X 染色体在间期细胞核中呈异固缩(即该染色体与其他染色体的螺旋化不同步)状态,形成一个约 1 μm 大小,贴近于核膜边缘的染色小体,又称 X 染色质。巴氏小体普遍存在于雌性哺乳动物的体细胞中,而在正常雄性的体细胞中没有。在人类中正常男人(46,XY)和先天性卵巢发育不全(Turner syndrom)女人(45,X)无巴氏小体,先天性睾丸发育不全(Klinefelter syndrom)男人(47,XXY)有一个巴氏小体,具有 3 条 X 染色体的女人有 2 个巴氏小体,具有 4 个 X 染色体的女人则有 3 个巴氏小体。这种现象表明,无论一个个体有多少条 X 染色体,其中只有一条具有活性。

二、剂量补偿效应

我们知道,哺乳动物及果蝇的雌性个体比雄性个体多一条 X 染色体。当然 X 染色体的基因也就多一份,可是在雌雄个体之间由 X 染色体上的基因决定的性状的表现并无多少差异,因此,有人认为必然存在一种基因数量上的剂量补偿效应(dosage compensation),以保持雌雄个体的基因平衡。所谓剂量补偿效应就是使具有两份或两份以上的基因量的个体与只具有一份基因量的个体的基因表现趋于一致的遗传效应。

为了解释哺乳动物 X 染色体的剂量补偿效应,英国学者莱昂(M. Lyon,1961)提出了一种假说(即莱昂假说),其主要内容是:①雌性个体的两条 X 染色体中必有一条(来自父方或来自母方)是随机失活的;②X 染色体的失活发生在胚胎早期(受精后 7～12 d)。而且,失活的那条 X 染色体在以后的细胞增殖中永久失活。这是因为失活的 X 染色体呈现异固缩状态,它在细胞分裂中的复制比另一条有活性的 X 染色体晚,并且在细胞分裂间期也不解螺旋,以巴氏小体出现。

莱昂假说被以后的研究证明基本上是正确的。例如,在猫的皮毛颜色中,有一种橙色与非橙色镶嵌的龟甲壳毛色,橙色由 X 染色体上的 O 基因控制,O 基因能阻碍深色色素(黑色和棕色)产生,但能产生橙色色素。非橙色由同一基因位点上的等位基因 o 控制,o 基因能产生深色色素。若用橙色雌猫(X^O X^O)和非橙色雄猫(X^o Y)杂交,则子代所有雄猫都呈橙色(X^O Y),而子代所有雌猫(X^O X^o)则表现为龟甲壳毛色。这是由于在 X^O X^o 中一部分体细胞中 X^O 失活,以此分裂所形成的细胞 X^O 都是失活的,只表现出 o 的活性,故毛色为非橙色(黑色或棕色);而一部分体细胞中 X^o 失活,则表现为橙色。由于两条 X 染色体的随机失活,所以 X^O X^o 杂合雌猫为橙色与非橙色的嵌合体——龟甲壳猫(图 5-3)。

又如,位于 X 染色体上的人类 6-磷酸葡萄糖脱氢酶(G-6-PD)基因,正常的男性(X^{GD+} /Y)和正常的女性(X^{GD+} /

图 5-3　龟甲壳猫

X^{GD+})相比,虽然女性多一份 X^{GD+},但两者的 G-6-PD 活性却无差异。有趣的是,对于 X^{GD+}/X^{GD-} 女性,该酶的活性只有正常男性的一半。这是因为两条 X 染色体(X^{GD+} 和 X^{GD-})中的一条随机失活导致实际上只有一半的细胞产生有活性的酶。

显微镜观察表明,失活的 X 染色体是以浓缩的异染色质小体的形式显现在雌性体细胞间期核膜内侧,其大小一般为 $0.8\,\mu m \times 1.1\,\mu m$。而正常雄性则没有。这一失活的异染色质小体就是巴氏小体。它能很容易地从刮下的口腔黏膜中被检测出来,对性别的诊断是很有价值的。

值得一提的是,所有哺乳动物都呈现 X 失活,而鸟类中却未见 Z 失活现象,原因尚不清楚。

有关 X 染色体失活的机制和剂量补偿的遗传学分析是当今活跃的领域。1981 年,莫汉德斯(Mohandas)等曾用分离的杂种细胞系通过使 DNA 去甲基化的 5-氮胞苷处理,使失活染色体的片段激活,并证明与其他因素无关。因此,研究者们认为,造成莱昂效应的原因可能是 DNA 的甲基化使 X 染色体失活。细胞中存在着一种甲基化酶保证了失活的 X 染色体在体细胞中的世代稳定性。

第四节　环境与性别

胚胎学的研究证明:早期胚胎在性别上无雌雄之分,其性腺是中性生殖腺。中性生殖腺来源于生殖嵴,生殖嵴继续发育形成皮层和髓层两个区,之后中性生殖腺是向雄性还是向雌性分化,取决于髓层还是皮层的优先启动。如果髓层优先发育,皮层就退化,进而形成睾丸,同时,睾丸中曲细精管内的间质细胞产生大量雄性激素,促进原生殖管道和外生殖器向雄性方向衍变。如果髓层不能优先启动,皮层就继续发育,进而形成卵巢,并分泌雌性激素,促进雌性生殖器的进一步发育。髓层或者皮层的优先启动取决于胚胎性别的遗传基础,即性别决定。性别决定是性别分化的基础,性别分化是性别决定的必然发展和体现。性别分化是指受精卵在性别决定的基础上,进行雄性或雌性性状分化和发育的过程,这个过程和环境具有密切关系。当环境条件符合正常性别分化的要求时,就会按照遗传基础所规定的方向分化为正常的雄体或雌体;如果不符合正常性别分化的要求,性别分化就会受到影响,从而偏离遗传基础所规定的性别分化方向。内外环境条件对性别分化都有一定影响。

一、激素的影响

高等动物中性腺分泌的性激素对性别分化的影响非常明显。第二性征(副性征)一般都是在性激素的控制下发育起来的,第一性征(如睾丸和卵巢)的发育,也受性激素的直接影响。激素在个体发育中的作用发生越早,对性别的影响也就越大。

自由马丁牛和母鸡性反转是关于激素对性别分化影响的两个典型例子。早在公元前 1 世纪,人们就发现在异性双生犊中,母牛往往是不育的,这些母牛称为自由马丁。在人及其他物种中也都发现相似的情形,"自由马丁"一词用来表示异性双生子中的雌性不育现象。自由马丁牛是由于在异性双胎中,雄性胎儿的睾丸优先发育,先分泌雄性激素,通过血管流入雌性胎儿,从而抑制了雌性胎儿的性腺分化,出生后牛犊虽然外生殖器像正常雌牛,但性腺很像睾丸,使性别成间性,失去生育能力。同时,胎儿的细胞还可以通过绒毛膜血管流向对方,在异性双生雄犊中曾发现有 XX 组成的雌性细胞,在双生雌犊中曾发现有 XY 组成的雄性细胞。由于 Y 染色体在哺乳动物中具有强烈的雄性化作用,所以 XY 组成的雄性细胞可能会干扰双生雌犊的性别分化,这也是雌性发生雄性化的原因之一。以上事实说明,虽然性别在受精时已经决定,但性别分化的方向可以受到激素或外来异性细胞的影响而发生改变。

性反转是性激素影响性别发育的第二个生动例子。由雌性变成雄性,或由雄性变成雌性的现象称为性反转。母鸡性反转成公鸡时,长出雄性的鸡冠并能啼鸣,最后追逐母鸡,和母鸡交配,成为能育的公鸡。这主要是性激素影响的结果。产过蛋的正常母鸡,由于某种原因卵巢退化消失,处于退化状态的精巢便发育起来,同时产生雄性激素,母鸡的性征逐渐被公鸡的性征所代替,最后产生正常的精子,使母鸡变成了公鸡。但母鸡的性染色体组成并不改变,它仍然是 ZW。

二、外界环境条件与动物性别分化

(一)蜜蜂的性别

前已述及蜜蜂的性别与染色体的倍数有关,雄蜂为单倍体($n=16$),由未受精卵发育而成,雌蜂为二倍体($2n=32$),由受精卵发育而成。而受精卵可以发育成正常的雌蜂(蜂王),也可以发育成不育的雌蜂(工蜂),这取决于营养条件对它们的影响。如果受精卵形成的幼虫吃 2~3 d 蜂王浆,经过 21 d 发育成为工蜂,它们的身体比正常雌蜂小,生殖系统萎缩,不能与雄蜂交尾。如果吃 5 d 蜂王浆,经过16 d 发育就成为蜂王,它比工蜂大而且是能育的。在这里,营养条件对蜜蜂的性别分化起着重要的作用。

(二)后蟥的性别

海生蠕虫后蟥的性别是由环境决定的。这种海生软体动物雌、雄之间体型差异极大,雌虫体长约 8 cm,像一粒发了很长芽的豆子,雄虫很小,只有 1 mm 长,寄生于雌虫的子宫内。成虫的雌体产卵在海里,刚孵出的幼虫无性别差异,至于它们将向哪种性别分化发育,完全取决于它们随机生活的环境。如果幼虫在海中自由生活或落在海床上,则发育为雌虫;如果因为机会,也可能由于一种吸力,幼虫落在雌虫长长的口吻上,就发育为雄虫。如果把已经落在雌虫口吻上的幼虫移去,让其继续自由生活,就发育成间性,畸形程度视待在雌虫口吻上时间的长短而定。看来,雌虫口吻部的生理环境是决定性别的关键,后蟥性别不是在受精时决定的,而完全是由外界环境条件所决定。

(三)蛙和某些爬行类的性别

这类动物的性别与环境温度有关。在某些蛙中,如果使蝌蚪在 20℃下发育,形成的幼蛙群中性比正常,雌雄各半;若蝌蚪在 30℃条件下发育,则全部发育成雄蛙。蜥蜴的卵在 26~27℃下孵化成为雌性,在 29℃下孵化则为雄性。鳄鱼卵在 33℃下孵化全为雄性,在 31℃下孵化全为雌性,在这两种温度之间孵化则雌雄各半。

需指出的是,环境条件只改变性别发育的方向,并不能改变它们的性染色体组成。

三、性别鉴定与性别控制

在过去的几十年里,对哺乳动物的性别控制进行了大量研究,如应用性激素、改变体液酸碱度、食物营养、饲喂不同金属元素、改变生殖道环境、杀死或灭活带某种染色体的精子等,但这些方法仅能改变一定性比,达不到完全控制性别的目的,并且这些试验结果常常不稳定和缺乏重复性。目前常见的性别控制方法主要是早期胚胎性别鉴定和 X、Y 精子分离两种。

(一)胚胎性别鉴定

家畜胚胎性别鉴定通常采用 PCR 法。该方法的实质是 Y 染色体上特异片段或 Y 染色体上的性别决定基因的检测技术。即通过合成 SRY 基因或 Y 染色体上其他特异片段的部分序列作为引物,在一定条件下进行 PCR 扩增反应,能扩增出目标片段的个体即为雄性,否则为雌性。目前,应用 PCR 技术鉴定胚胎性别的较多,此种方法简单方便,利于普及。除 PCR 法外,还有间接免疫荧光法、Y 染色体特异性 DNA 探针法、核型分析法等,这些方法较 PCR 法发展缓慢,精确度不高。

(二)X 和 Y 精子分离技术

分离 X、Y 精子并用于人工授精是控制家畜性别最简单、可行的方法。X 和 Y 精子在密度、体积、运动特性、电荷、表面抗原及 DNA 含量等方面略有差异,据此人们设计了多种分离精子的方法。分离方法主要包括物理分离法、免疫法和流式细胞仪分离法。物理分离法主要有密度梯度离心法、电泳法、白蛋白柱分离法,免疫法主要是 H-Y 抗原法,流式细胞仪分离法具有准确率高、可靠性高、易于重复、较为省时等优点,是最有发展潜力和应用价值的精子分离方法。经此法所得的精子能以 85%~95% 的准确率产生预定性别的后代。这里主要介绍流式细胞仪和 Percoll 不连续密度梯度离心法分离精子的原理。

1. 流式细胞仪精子分离法　　流式细胞仪精子分离法根据 X、Y 两类精子在 DNA 含量上的差异来分离精子。通常，X 精子的染色体比 Y 精子的染色体大而且含较多的 DNA。在人上的差异为 2.8%，在家畜上的差异介于 3.0%~4.2% 之间，如猪的为 3.6%，牛的为 3.8%。操作方法是将精液用活体荧光染料 Hoechst33342 孵育染色。然后在精子逐个通过细胞分类器的微柱时，用一束激光激发荧光染料，使通过微柱的精子发光。X 精子发光量略高于 Y 精子。这种发光量的微小差别由光学检测器记录并把信号传送给电脑。精液通过激光束后，便被分成微滴。计算机把信息反馈到产生微滴的部位，使每个微滴带电：X 精子带正电，Y 精子带负电。当带电精子进入偏转电场后，两类精子便分别向不同的方向移动，进入不同的容器（图 5-4）。

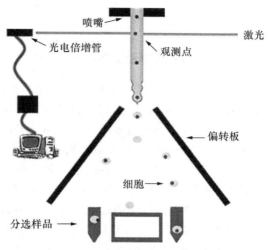

图 5-4　流式细胞仪精子分离法

2. Percoll 不连续密度梯度离心精子分离法　　Percoll 不连续密度梯度离心精子分离法是根据哺乳动物的 X 和 Y 染色体在大小上的差异也反映在两种精子密度上进行分离的。Percoll 是一种新的密度梯度介质，它不渗入细胞膜，对精子无毒害。操作过程是：用适当的适于精子存活的生理盐水与 Percoll 配制成 7~12 层不连续密度梯度溶液，自下而上由浓到稀地依次叠放于离心管中，构成分离管，将稀释精液置于分离管中梯度溶液的顶层，经一定速度和一定时间的离心后，精子聚集在各液层的界面和分离管的底层，在底层的精子含 X 精子较多，在顶层的精子含 Y 精子较多。基本原理如图 5-5 所示。

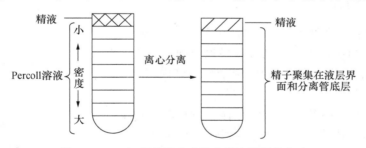

图 5-5　Percoll 不连续密度梯度离心精子分离法

（三）通过改变精子的外界条件控制性别

性别主要是由遗传决定的，但精子在雌性生殖道的运行和受精过程中，所处环境的差异也将对后代的性别产生一定影响。由于 X 和 Y 精子的运动速度、对酸碱的耐受性不同以及寿命长短的差异，可通过改变精子的外界环境条件在一定程度上控制性别。①营养条件。饲料不足或饲喂酸性饲料多生雄性后代；反之，饲料丰富或饲喂碱性饲料多产雌性后代。②激素水平。母畜雌激素分泌的增加进而调整雌性动物生殖道内的离子、蛋白、酶和氨基酸等分子的相应分泌，促使母体的受精环境利于 X 精子与卵子结合，提高雌性比例。③环境温度。在一定温度范围内，冷冻精液的解冻温度与精子的活力呈正比关系。解冻温度越高，精子复活速度越快，而活力也越强。由于活力强而消耗的能量快而多，故精子存活的时间短。这样缩短了 Y 精子的寿命，相应延长 X 精子的寿命和增加了与卵子结合的机会，从而可以提高雌性比例。

第五节 伴性遗传

一、伴性遗传的概念及特点

本书第三、第四章阐述遗传基本规律所引证的性状都是由处在常染色体上的基因控制的，在发生性状分离时，与性别无关，即后代中表现显性性状或表现隐性性状的雌雄个体各占一半。简而言之，受常染色体基因控制的性状的分离比例在两性中是一致的。但如果所研究的性状是由处于性染色体上的非同源部分的基因控制，则情况就不同了。

在本章第一节中已指出性染色体是异形的，其实不仅形态上不相同，质量上也大不相同。以 XY 型而言，X 染色体和 Y 染色体有一部分是同源的，该部分的基因是互为等位的，其所控制的性状的遗传行为与由常染色体基因控制的性状相同。另一部分是非同源的，该部分基因就不能互为等位，X 染色体非同源部分的基因只存在于 X 染色体上，Y 染色体非同源部分的基因只存在于 Y 染色体上，两者无配对关系，无功能上的联系，这些基因称半合基因（hemizygous gene）。由 X 染色体上的半合基因所控制的性状称伴性性状，因为这些性状的遗传与性别有关，故称为伴性遗传或性连锁遗传（sex-linked inheritance）。在体细胞里，X 染色体有时成双存在（雌性），有时成单存在（雄性），在成单情况下，非同源部分的隐性基因也能表现其作用，这与常染色体上的基因不相同。Y 染色体上的半合基因，称为全雄基因，其遗传方式称为全雄遗传或限雄遗传。

需指出，Y 和 W 染色体非同源部分的基因远远少于 X 和 Z 染色体非同源部分基因，故伴性遗传常见于 X 染色体和 Z 染色体上非同源部分的基因所控制的性状的遗传行为。

二、果蝇的伴性遗传

果蝇的野生型眼色都是红色，而摩尔根在 1910 年发现一只白眼雄性果蝇，让这只白眼雄果蝇与红眼雌果蝇交配，F_1 都是红眼果蝇。让 F_1 互交得到 F_2。在 F_2 中雌蝇全部为红眼，雄蝇中 1/2 为红眼，1/2 为白眼（图 5-6）。

P　♀红眼×白眼♂

↓

F_1　红眼♀♂

↓⊗

F_2　红眼♀　红眼♀　红眼♂　白眼♂

红眼：白眼=3：1

红眼♂：白眼♂=1：1

雌性全部为红眼

图 5-6 果蝇白眼性状的遗传

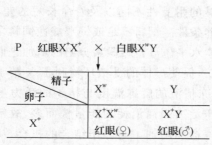

如果控制果蝇眼色的基因位于 X 染色体上，而 Y 染色体上不含有它的等位基因，上述遗传现象就会得到圆满的解释。以 w 表示白眼基因，+表示红眼基因。在亲本中白眼雄果蝇的基因型为 X^wY，红眼雌果蝇的基因型为 X^+X^+，其 F_1、F_2 的基因型、表型及比例如图 5-7 和图 5-8 所示。

P　红眼 X^+X^+　×　白眼 X^wY

↓

卵子＼精子	X^w	Y
X^+	X^+X^w 红眼(♀)	X^+Y 红眼(♂)

图 5-7 雄蝇的白眼基因 w 传给女儿

F_1　红眼♀ X^+X^w　×　红眼♂ X^+Y

↓

卵子＼精子	X^+	Y
X^+	X^+X^+	X^+Y
X^w	X^+X^w	X^wY

红眼：白眼=3：1

红眼♂：白眼♂=1：1

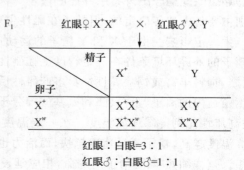

图 5-8 雌蝇的白眼基因 w 传给儿子

图 5-7 和图 5-8 解释了摩尔根试验的遗传现象。在上述试验中，白眼雄果蝇的白眼基因（w）随 X 染

色体传给它的女儿,不能传给他的儿子。这种现象称为交叉遗传(criss-cross inheritance)。女儿再把从父亲传来的白眼基因(w)传给它的儿子(也称交叉遗传);或者说外祖父的性状通过女儿而在外孙身上表现;或者女儿像父亲,儿子像母亲。这种遗传方式叫作伴性遗传。这些伴性遗传的基因位于 X 染色体上,故又称 X-连锁遗传。

三、人类的伴性遗传

在人类中,目前已知有 100 多个基因位于 X 染色体上,其中有些是致病基因。它们的遗传方式与果蝇白眼基因的遗传相同,其中最典型的例子是红绿色盲的伴性遗传。红绿色盲患者不能分辨红色和绿色,为隐性;该基因位于 X 染色体上,用符号 b 表示。我国男子红绿色盲患者近于 7%,女性患者近于 0.5%,男性患者要比女性患者多得多。男性红绿色盲患者(X^bY)与正常女性(X^BX^B)结婚,男性患者的子女都是正常的,但女儿都携带着从父亲传来的一个色盲基因(图 5-9)。

当携带红绿色盲基因的正常女性(X^BX^b)与正常男性(X^BY)结婚后,儿子将有 1/2 患病,女儿则都正常,但有 1/2 是 b 基因的携带者(图 5-10)。

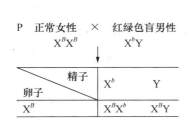

图 5-9　男性色盲基因传给他的女儿

女正常:女携带者:男正常:男色盲=1:1:1:1

图 5-10　女性携带者与正常男人婚配

此外,血友病和 γ-球蛋白贫血症也是常见的伴性遗传病。血友病是一种出血性疾病,由于患者的血浆中缺少一种凝血物质——抗血友病球蛋白,所以受伤流血时血液不易凝固。γ-球蛋白贫血症是体内不能产生 γ-球蛋白,或是在血液中缺少这种球蛋白引起的疾病,患者由于血液中缺少抗体,而导致抵抗力降低,易受细菌侵染得病。控制这两种疾病的基因都是隐性的,位于 X 染色体上,它们的遗传方式与红绿色盲的遗传方式相同。

四、鸟类(鸡)的伴性遗传

在鸡中,芦花性状是一伴性遗传性状。鸡的性别决定类型为 ZW 型,雌性性染色体组成为 ZW,雄性为 ZZ。芦花鸡的雏鸡绒羽是黑色的,但头顶有一黄斑,可与其他种黑色鸡相区别,芦花鸡的成羽有黑白相间的横纹。试验表明,芦花性状(B)对非芦花性状(b)为显性。当以非芦花公鸡(Z^bZ^b)与芦花母鸡(Z^BW)交配时,F_1 代中的公鸡是芦花鸡,母鸡是非芦花鸡。当 F_1 代自群繁殖时,在 F_2 代的两性中芦花鸡和非芦花鸡各占一半(图 5-11)。

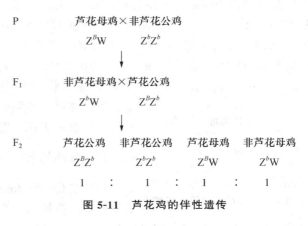

图 5-11　芦花鸡的伴性遗传

五、Y 染色体上的基因遗传

Y 染色体上也带有基因,但是目前已定位的基因很少。在 Y 染色体上只定位了 H-Y 抗原、人的 TDF 以及外耳道多毛等少数几个基因。在鱼类的 Y 染色体上具有较多的基因,例如,决定鱼的背鳍的色素斑基因就在 Y 染色体上。Y 染色体上的基因遗传的特点是全雄性遗传,因而 Y 染色体上的基因也叫全雄基因。

伴性遗传在理论上和实践上都具有重要意义。其理论意义在于为基因位于染色体上提供了论据。其实践意义是:①根据伴性遗传规律可以预防某些伴性遗传疾病。例如,人的红绿色盲和血友病是由位于 X 染色体上的隐性基因决定的,为了防止这类遗传疾病的发生,双方家族中都有此类病史的男女是否结婚应持慎重态度。②利用伴性遗传可以进行雌雄鉴别,特别是在养鸡业中,通过羽毛颜色这一伴性性状进行雏鸡的雌雄鉴定已得到广泛应用。

第六节　从性遗传和限性遗传

一、从性遗传

从性遗传(sex-conditioned inheritance)中所涉及的性状是由常染色体上的基因支配的,由于内分泌等因素的影响其性状只在一种性别中表现,或者在一性别为显性另一性别为隐性。例如,人青年时期秃顶,男性多见女性少见。男性中秃顶对非秃顶为显性,而在女性中则为隐性,所以杂合体男性表现秃顶女性则正常。在动物中,某些绵羊的角的遗传是从性遗传。有的绵羊品种雌雄都有角,如陶塞特羊;有的绵羊品种雌雄皆无角,如雪洛甫羊;有的绵羊品种雌性无角雄性有角,如美利奴羊、寒羊。用有角的陶塞特羊和无角的雪洛甫羊杂交得到的结果如图5-12所示。

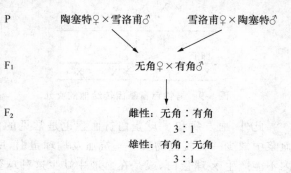

由图 5-12 可见,无论正交还是反交,F_1 代和 F_2 代的性状表现均相同,这一点与伴性遗传明显不同。在 F_1 代中,雄羊有角、雌羊无角。显然,对于 F_1 代所有个体基因型应是一致(都是杂合子)的,但由于

图 5-12　有角绵羊与无角绵羊的杂交

雄性激素的作用使雄性表现有角,而雌性无角。绵羊的有角、无角分别由常染色体上同一基因座的显性基因 H 和隐性基因 h 决定。对于基因型 HH 的羊(如陶塞特羊),其雌、雄个体均有角;对于基因型 hh 的羊(如雪洛甫羊),其雌、雄个体均无角。当两者杂交,其杂种(Hh)则是雄性有角雌性无角。因此,结合孟德尔规律就很容易解释上述试验结果(图 5-13)。

P	HH(有角)×hh(无角)

| F_1 | Hh(♀无角,♂有角) |

F_2	$1HH$	$2Hh$	$1hh$
雄性	有角	有角	无角
雌性	有角	无角	无角

图 5-13　绵羊角的遗传方式

总的说来,从性遗传是常染色体上基因的遗传,具有这种基因的同一基因型个体由于不同性别中内分泌因素的作用,在一性别中表现为显性而另一性别中表现为隐性。

二、限性遗传

限性遗传(sex-limited inheritance)是指只在某一性别中表现的性状的遗传。这类性状多数是由常染色体上的基因决定的。其中有的是单基因控制的简单性状,如单睾、隐睾;有的是多基因控制的数量性状,如泌乳量、产蛋量、产仔数等。这里有必要指出的是,虽然这些性状只在一种性别中表现,但支配这些性状的基因在两种性别中都存在。例如,泌乳量只在雌性中表现,但通过对公牛的选择可以提高其女儿的泌乳量,这说明公牛具有决定泌乳量的基因。另外,遗传性的和环境性的性反转现象也证实了一般不表现限性性状的个体确实含有这些限性性状的基因。

思 考 题

1. 名词解释：

性染色体　常染色体　拟常染色体区域　雌雄同体　雌雄同株　性染色质　剂量补偿效应　性反转　伴性遗传　从性遗传　限性遗传

2. 何谓性别决定？何谓性别分化？

3. 动物性别决定理论有哪些？你认为性别决定的实质是什么？

4. 简述环境对性别分化的影响。

5. 性别控制的途径有哪些？

6. 一个父亲是色盲而本人色觉正常的女子，与一个色觉正常的男子结婚，但这个男子的父亲是色盲，问这对夫妇的子女色觉正常和色盲的可能性各有多少？

7. 一个男子的外祖母色觉正常，外祖父是色盲，他的母亲是色盲，父亲色觉正常。

(1)推导祖亲和双亲的基因型是什么？

(2)如果他和遗传上与他的姐妹相同的女子结婚，他女儿的辨色能力如何？

8. 两个红眼、长翅的♀、♂果蝇相互交配，获得下列后代类型：

雌蝇：3/4 红眼、长翅,1/4 红眼、残翅

雄蝇：3/8 红眼、残翅,3/8 白眼、长翅

1/8 红眼、长翅,1/8 白眼、残翅

写出亲代及子代的基因型。

9. 纯种芦花公鸡和非芦花母鸡交配，得到子一代。子一代个体相互交配，问子二代的芦花性状与性别的关系如何？若使子代能够自别雌雄，应如何选择杂交亲本？

第六章 基因互作及其与环境的关系

前面涉及的性状是一对或两对相对性状,性状和基因都是"一对一"的关系,即一对等位基因控制一对相对性状,并且显性性状是完全的,也就是说杂合体与显性纯合体在性状上几乎完全不能区分开来。后来的研究发现在有些相对性状中,显性现象是不完全的,或显、隐性关系可以随所依据的标准而改变,这并没有违背孟德尔定律,相反是进一步对孟德尔定律进行发展和扩充。同时,生物个体所表现的性状也是相对的,因为表现型是基因型和环境相互作用的结果,也就是说,表现型受遗传和环境两类因素的制约。在生物群体中经常出现这样的情况:基因型改变,表现型随着改变;环境改变,表现型也随着改变。

第一节 环境的影响和基因的表型效应

一、环境与基因作用的关系

生物性状的表现,不只受基因的控制,也受环境的影响,也就是说,任何性状的表现都是基因型和内外环境条件相互作用的结果。

在同一环境条件下,基因型不同可产生不同的表型;另一方面,同一基因型个体在不同条件下也可发育成不同的表型。例如,玉米中的隐性基因 a 使叶内不能形成叶绿体,造成白化苗,显性等位基因 A 是叶绿体形成的必要条件。在有光照的条件下,AA 和 Aa 基因型个体都表现绿色,aa 基因型个体表现白色;而在无光照的条件下,无论基因型为 AA、Aa 还是 aa 的个体都表现白色。

环境的变化可引起表型的变化,甚至可使基因的显隐性关系发生变化。例如,有一种太阳红玉米,植物体见光部分表现为红色,不见光部分不表现红色而呈绿色。

这些现象说明基因型和表现型之间的关系远远不是"一对一"的关系,也反映了"外因是变化的条件,内因是变化的根本,外因通过内因而起作用"的唯物辩证观点,在这里外因是环境,内因是基因型。

二、基因型与表型

(一)表现型的相对稳定性

生物体必须在一定的环境中生长发育,因此各种性状特点也必须在一定的环境条件之下才能实现。在生物群体中,表现型会随着基因型的改变而改变,有些表现型也会随着环境的改变而改变。生物个体表现型在一生中可以发生变化,但其基因型是恒定不变的。因为表现型是由基因型和环境两者共同决定的。因此,生物个体表现型的稳定是相对的,而不是绝对的。

生物个体的生长发育是一系列的连续过程,在生长发育的每一阶段中,其性状的表现都由遗传因素和非遗传因素相互作用所决定,每一个后续阶段都依赖于前一阶段的完成,遗传因素和环境因素在每一个过程中都紧密联系、不可分割。而且,一种基因存在于其他基因构成的环境中,这些基因间可能产生某种相互作用。例如,果蝇的残翅突变型(vestigial,vg)是隐性基因纯合($vgvg$)时表现为简单的孟德尔性状。这种果蝇的翅膀不仅比野生型果蝇的要小,而且翅膀边缘有缺损。研究发现,残翅果蝇翅膀的发育是受到外界温度影响的。在31℃条件下培养的残翅果蝇的翅膀比在正常25℃条件下培养的残翅果蝇的翅膀要长很多,而且有的翅膀可以发育到野生型果蝇翅膀的2/3以上,同时可以出现25种左右不同大小的残翅类型,但共同特征仍表现为双翅的尖端边缘不同程度的残缺。在1934年,我国学者李汝祺等,用高温影响残翅果蝇的幼虫,以后长成的翅膀接近于常态型。这一结果表明表现型的稳定性是相对的,任何基因在发育中的作用可以受到内外条件的影响而发生变化。

　　但是,不同表现型具有不同程度的稳定性。许多基因型在多种不同的环境条件下能够保持同一种表现型,许多表现型一经形成也具有很大的稳定性。人的指纹、掌纹是极其稳定的,除了在胚胎期形成指纹、掌纹的过程中会受到环境影响而发生某些变化以外,形成了的指纹、掌纹的特征能够一生保持不变。此外,果蝇的长翅和红眼的基因型、人血型的基因型等一般也是这样。

　　(二)同一基因型在不同条件下的不同表现

　　生物群体中有许多表现型的稳定性比较弱,常常随着环境条件的改变而改变。例如喜马拉雅兔的毛色是受基因控制的,其中有一种基因型决定了喜马拉雅兔的毛色为白化,这种白化型的喜马拉雅兔会随着温度的改变而长出不同颜色的被毛。在30℃以上的环境条件下,长出的被毛都是白色的。在25℃左右温度下长出来的被毛就发生了变化,在身体温度比较低的部位,例如四肢、头部的尖端、尾巴和耳朵等长出黑色的被毛,其余体部长出白色的被毛。在25℃以下的温度条件下,如果把白化型喜马拉雅兔躯干部的一部分被毛剪去,躯干部剪去被毛的地方会长出黑色的被毛。泰国猫的毛色遗传表现相似的情况。

　　果蝇的复眼像其他昆虫的复眼一样,由许多小单位即小眼面(facets)所组成。野生型果蝇的小眼面在800个以上。棒眼果蝇的小眼面数目大大减少,使眼睛呈棒形。但是棒眼小眼面数目减少的程度随温度而改变,温度愈高,减少愈大(表6-1)。

表6-1　不同温度条件下果蝇棒眼的小眼面数

性别	15℃	20℃	25℃	30℃
♂	270	161	121	74
♀	214	122	81	40

　　因此,环境条件对多基因遗传的影响是十分明显的,如家畜的体型、肤色、生产性能等性状是受多基因控制的,营养状况、生活环境等情况对这些性状都有直接的影响,即使是单基因遗传的质量性状也或多或少受到环境的影响。当然生物有的遗传性状十分稳定,如人的血型,也是受基因控制的,基因型一旦形成表型就不会改变,不论生活在什么环境,营养状况如何,血型都不会改变。

三、反应规范

　　如何来衡量基因型、环境和表型三者之间的关系呢? 对于某一特定的基因型而言,在各种不同的环境条件下所显示的表现型变化范围(基因型对环境反应的幅度)称为反应规范(reaction norm)。反应规范有一定的范围,例如,同一个黄种人长久不晒太阳——变白,长久在太阳底下干活——变黑;这种表现型发生变化的范围就是黄种人肤色基因的反应规范。相同基因型的反应规范的宽窄不同。

　　不同基因型的反应规范也是不相同的。例如,人类的肤色,白化病人不论接受的阳光多少,色素的形成一般很少,表现白肤色;而正常的人由于接触阳光的多少,所形成的色素却不同,相应的皮肤颜色也有很大的差异;黑种人出生后几天就能迅速地形成色素,虽然没有直接接触到阳光,这又是另一种反应规范。又如,果蝇在不同的温度下发育复眼大小也不同。在这一物种中可以用复眼3种不同基因型来检测果蝇的反应规范。如有3个基因型:野生型、中棒眼和小棒眼,在不同的温度下发育,然后计算小眼面的数目,绘成曲线(图6-1),曲线显示出3种反应规范。野生型果蝇在15～30℃环境中,小眼面是从

1 000 逐步减少到 700。中棒眼随着温度的升高，小眼面反而增加。小棒眼在同样的环境下，小眼面减少，虽然减少的数目比野生型小，但减少的幅度比野生型大。

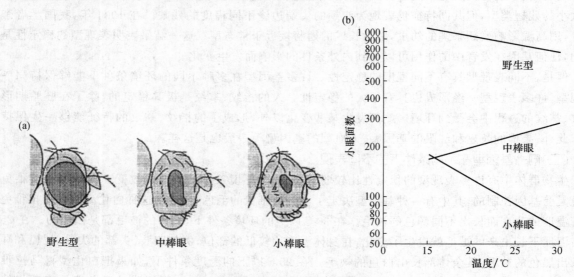

图 6-1　野生型、中棒眼和小棒眼在不同的温度下发育

(Griffiths et al，An Introduction to Genetic Analysis，2000)

四、拟表型或表型模拟

已知某种表型特征是基因突变的结果，而这种表型特征也可由遗传因素之外的其他因素引致。环境因素所诱导的表现型类似于基因突变所产生的表现型，这种现象称为表型模拟（phenocopy）或拟表型。模拟的表型性状是不能遗传的，表型模拟的异常个体在遗传结构上并没有任何改变。例如，人类的肾上腺生殖系统综合征，这种疾病是由基因突变后，不能合成 21-羟化酶引起的，如果母亲在妊娠期间患有肾上腺肿瘤，其后代也可形成与该综合征类似的表型。人类还有一种 Holt-Oram 综合征，属于常染色体显性遗传，该病是一组骨骼及心血管系统畸形综合征，又称为心肢综合征，临床症状表现为眼距增宽，拇指发育不全，有时呈三指节畸形，严重者桡骨、尺骨或肢骨缺如或发育不全；如果孕妇在怀孕期间服用了"反应停"的安眠镇静药，会引起胎儿发育致畸，幼年时期的表现型类似于 Holt-Oram 综合征的表型。上述两例说明了影响形态发生过程的致畸剂或其他因子可使胚胎畸形，模拟某突变基因所致的突变型表型。在人类中还有很多表型模拟的实例，白内障、耳聋、心脏缺陷等有的是遗传的，也有的是由于患者的母亲在怀孕后 2 周内感染了麻疹病毒而引起的。又如短指畸形（phocomelia），这种畸形有的是受显性等位基因控制的，这个基因抑制了手掌骨的发育（图 6-2），除遗传之外，也可由人工对鸡胚作胰岛素注射和维生素 B_2、生物素不足等环境因素引起短指畸形的发生。

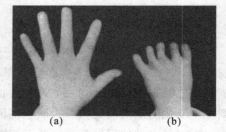

图 6-2　正常的手（a）和患有短指畸形的手（b）

在其他动物中也存在表型模拟现象。如把残翅果蝇的幼虫在高温下饲养，以后发育成的翅接近于野生型。遗传学家 Goldschmidt 曾经进行了以下试验：在 35～37℃ 条件下，将孵化后 4～7 d 的野生型黑腹果蝇（红眼、长翅、灰体、直刚毛）的幼虫处理 6～24 h（正常培养温度为 25℃），获得了一些翅型、眼型与某些突变体（如残翅，$vgvg$）表现型一样的果蝇，但是，这些果蝇的后代仍然是野生型的长翅，这种现象说明了某些环境因素（如温度）影响生物体的幼体在特定发育阶段的某些生化反应速率，相应地使幼体发生了类似于突变体表现型的变化。

五、表现度与外显率

表现度(expressivity)是指在不同的遗传背景和环境因素的影响下,个体间的基因表达的变化程度。有些基因的表达很一致,有些基因的表型效应有各种变化。这种变化有时由于环境因子的变动,或其他基因的影响,有时则找不到原因。例如,人类多指是由显性基因控制的,带有一个有害基因的人都会出现多指,但多出的这一手指有的很长,有的很短,甚至有的仅有一个小小突起,表明都有一定的表型效应,但变异程度不同。在黑眼果蝇中,有 20 多个基因与眼睛的色泽有关,这些基因的表现度很一致,虽然随着年龄的增加,眼睛的色泽可能稍为深些。另一方面,黑腹果蝇中有个细眼(lobe eye)基因,会影响到复眼的形状和大小,它的表型变化很大;这个基因可使眼睛变得很小,只有针尖那么大,也可使眼睛保持相当大,几乎跟野生型没有差别。

基因表达的另一种变异方式是不同的外显率(penetrance)。外显率是指在特定环境中某一基因型个体(常指杂合子)显示出相应表型的频率(用百分比表示)。也就是说同样的基因型在一定的环境中有的个体表达了,表型正常,而有的个体未得到表达。某个显性基因的效应总是表达出来,则外显率是100%;但某些基因的外显率要低些,这是由于修饰基因的存在,或者由于外界因素的影响,使有关基因的预期性状没有表达出来,因此,这个基因的外显率降低。如黑腹果蝇隐性间断翅脉基因 i(interrupted wing vein)的外显率只有 90%(i/i),10%的个体遗传组成同样为 i/i,但表现为野生型翅脉。由于外显不完全,在人类一些显性遗传病的系谱中,可以出现隔代遗传(skipped generation)现象。如人类的显性遗传病——颅面骨发育不全症(osteogenesis imperfecta),由于显性基因 Cd 外显不全,而表现出隔代遗传,某个个体从他的母系一方得到 Cd 基因,并遗传给了他的儿女,使他的女儿表现出颅面骨发育不全症,而他本人的表型却是正常的。

表现度和外显率是用来描述基因表达变异的两个概念。表现度和外显率的区别在于,表现度适用于描述基因表达的程度,外显率是指一个基因效应的表达或不表达,而不管表达的程度如何。

第二节　等位基因间的相互作用

最基本的基因间的相互作用是同一基因位点上等位基因间的相互作用。等位基因间的相互作用主要表现为显、隐性关系,即一对等位基因控制一对性状,并且显性性状是完全的,也就是说杂合体与显性纯合体在性状上并不能完全区分开来。后来发现由一对等位基因决定的相对性状中,显性是不完全的或出现其他的遗传现象,这是对孟德尔定律的进一步发展和扩充。

一、不完全显性

不完全显性(incomplete dominance)是指等位基因虽然同时发生效应,但所控制的性状都表现得不完全。也就是说一个基因不能完全抑制它的等位基因,子一代表现为介于两个亲本中间的性状。例如,家鸡中有一种卷羽鸡,又称翻毛鸡,其羽毛向上卷,这种鸡与正常非卷羽鸡交配,子一代是轻度卷羽,呈现中间型的性状,子二代是 1/4 卷羽、2/4 轻度卷羽和 1/4 正常(图 6-3)。

如将子一代轻度卷羽鸡(Ff)与正常羽亲本(ff)交配,得到的后代中有 1/2 轻度卷羽(Ff)、1/2 正常羽(ff),同样证明了分离定律的正确性。

金鱼中也有类似的现象,如金鱼身体透明度的不完全显性遗传。我国遗传学家陈帧将身体透明的金鱼与不透明金鱼进行杂交,F₁ 全是半透明的

P　　　卷羽鸡(FF)×正常羽鸡(ff)

F₁　　　轻度卷羽鸡(Ff)×轻度卷羽鸡(Ff)

F₂　　1/4卷羽鸡(FF):2/4轻度卷羽鸡(Ff):1/4正常羽鸡(ff)

图 6-3　鸡的卷羽性状的遗传

金鱼,该性状介于透明与不透明之间;在 F₂ 的金鱼中,有 1/4 透明、2/4 半透明和 1/4 不透明。

人的天然卷发也是由一对不完全显性基因决定的,其中卷发基因 W 对直发基因 w 是不完全显性。纯合体 WW 的头发十分卷曲,杂合体 Ww 的头发中等程度卷曲,ww 则为直发。

又如紫茉莉的花色遗传。红花亲本(RR)和白花亲本(rr)杂交,F₁(Rr)为粉红色。

二、共显性

共显性(co-dominance)是指相对性状在整体中一起出现的现象,又称并显性或等显性,也就是说在杂合体中既表现这个基因的性状,也表现它的等位基因的性状。例如人的 MN 血型系统,它是继 ABO 血型后首先由 Landsteiner 和 Levine 两位科学家检出的第二种血型。该血型系统可分为 M 型、N 型和 MN 型。M 型个体的红细胞表面有 M 抗原,由 L^M 基因决定;N 型个体的红细胞表面有 N 抗原,由 L^N 基因决定;MN 型个体红细胞表面既有 M 抗原,又有 N 抗原,由 L^M 与 L^N 基因共同决定,它们互不遮盖。M 型、N 型和 MN 型 3 种表型的基因型分别为 $L^M L^M$、$L^N L^N$ 和 $L^M L^N$。MN 血型表明 L^M 与 L^N 这一对等位基因分别控制不同的抗原物质,这两种抗原物质在杂合体中同时表现出来,这就是共显性现象。

人类的镰形细胞贫血症(sickle cell anemia),由一对隐性基因 $Hb^S Hb^S$ 控制,患有这种疾病的病人贫血很严重,发育不良,关节、腹部和肌肉疼痛,多在幼年期死亡。在显微镜下可以看到这种病人的红细胞全部呈镰形(图 6-4),不能携带氧气,所以称这种病为镰形细胞贫血症。

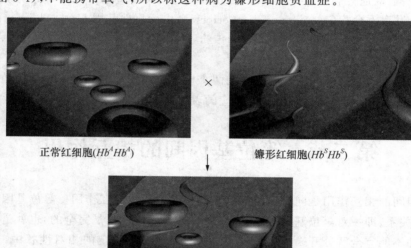

正常红细胞($Hb^A Hb^A$)　×　镰形红细胞($Hb^S Hb^S$)

既有正常红细胞又有镰形红细胞($Hb^A Hb^S$)

图 6-4 人类镰形红细胞的遗传

杂合体($Hb^A Hb^S$)的人似乎很正常,没有出现上面所提到的一些症状,但是,把杂合体人的血液放在显微镜下检验,不使其接触到氧气,也会有一部分红细胞成为镰刀形(图 6-4)。根据这一现象,可以看到显性其实是相对的。从临床角度来看,纯合体($Hb^S Hb^S$)是镰形细胞贫血症的患者,而杂合体($Hb^A Hb^S$)和纯合体($Hb^A Hb^A$)的人都没有这种临床症状,所以 Hb^S 对 Hb^A 是隐性的。从红细胞是否出现镰刀形来看,纯合体($Hb^S Hb^S$)和杂合体($Hb^A Hb^S$)的人的红细胞在缺氧状态下,都出现镰刀形,所以 Hb^S 对 Hb^A 是显性的。但是从红细胞呈现镰刀形的数目来看,纯合体($Hb^S Hb^S$)的人的红细胞在缺氧的状态下,全部呈镰刀形,杂合体($Hb^A Hb^S$)的人的红细胞在缺氧状态下,只有一部分红细胞出现镰刀形,而正常的人($Hb^A Hb^A$)的红细胞不出现镰刀形,所以 Hb^S 对 Hb^A 是并显性。

三、镶嵌显性

镶嵌显性（mosaic dominance）是指等位基因在身体的不同部位上互为显隐性，也就是说一个基因在身体的这个部位表现为显性，而在身体的另一个部位则表现为隐性。如短角牛的毛色有白色，也有红色，都能真实遗传。如果让这两种毛色的短角牛交配，后代毛色很特别，既不是白毛，也不是红毛，而是红毛与白毛镶嵌在一起表现为沙毛（红、白相混杂），子一代相互交配，子二代中 1/4 是白毛，2/4 是沙毛，1/4 是红毛（图 6-5）。

由图 6-5 可见，R 与 r 之间的显隐性关系不很严格，它们既不是完全明确的显性，也不是完全的隐性，它们都在发生作用。如果让沙毛短角牛与白毛短角牛交配，后代是 1 沙毛：1 白毛；沙毛牛与红毛牛交配，后代是 1 沙毛：1 红毛。这进一步证明了等位基因间的显隐性关系是不完全的。

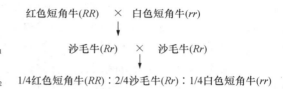

P　　红色短角牛(RR)　×　白色短角牛(rr)

F₁　　沙毛牛(Rr)　×　沙毛牛(Rr)

F₂　1/4红色短角牛(RR)：2/4沙毛牛(Rr)：1/4白色短角牛(rr)

图 6-5　短角牛毛色的遗传

异色瓢虫鞘翅色斑也是这种遗传方式。瓢虫的鞘翅有很多色斑变异，鞘翅的底色是黄色，但不同的色斑类型在底色上呈现不同的黑色斑纹，黑缘型鞘翅只在前缘呈黑色，由 S^{Au} 基因决定，均色型鞘翅则只在后缘呈黑色，由 S^E 基因决定。纯种黑缘型($S^{Au}S^{Au}$)与纯种均色型(S^ES^E)杂交，F₁ 既不是黑缘型，也不是均色型，而是表现出一种新的色斑类型($S^{Au}S^E$)，即翅的前缘和后缘都为黑色，表现为由两个亲本色斑类型镶嵌而成。F₁ 相互交配，在 F₂ 中有 1/4 黑缘型($S^{Au}S^{Au}$)、2/4 与 F₁ 相同的新类型($S^{Au}S^E$)和 1/4 均色型(S^ES^E)（图 6-6）。

谈家桢（1946）研究发现，瓢虫鞘翅的色斑遗传至少有 19 个互为等位的基因，每两个色斑类型相互杂交，F₁出现类似于上述镶嵌显性的现象，F₂ 表型分离比均为1：2：1。

四、延迟显性

延迟显性（delayed dominance）是指一类杂合个体，在幼龄期表现隐性性状，当个体发育到一定年龄时才表现出显性性状的显性类型。例如，人类一种行走、起立障碍的遗传性小脑运动失调疾病就是一种延迟显性遗传病，一般在 30 岁以后才发病。

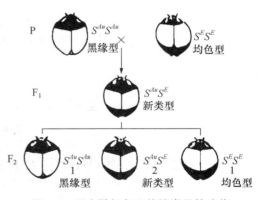

图 6-6　瓢虫鞘翅色斑的镶嵌显性遗传

以上介绍的是一对等位基因相互作用形式，实际上基因和性状之间的关系非常复杂，有时一个性状需要两对或两对以上的基因相互作用才能表现出来。

第三节　非等位基因间的相互作用类型

当几个处于不同染色体上的非等位基因影响同一性状时，也可能产生基因的相互作用。在生物界中，生物的绝大多数性状都会受许多对基因的影响，不同对基因间也不完全是独立的，有时会共同作用影响某一性状，这种现象称为基因的相互作用，简称基因互作。基因互作有多种形式。

一、互补作用

在两个或两个以上不同位点上的显性基因相互补充而表现出一种新的性状，这种基因间的相互作用称为互补作用(complementary effect)。具有互补作用的基因叫互补基因(complementary gene)。

鸡的冠形主要有单冠、豆冠、玫瑰冠和胡桃冠等(图6-7)。从试验可以知道,有些豆冠和玫瑰冠能真实遗传。如果将纯合的玫瑰冠鸡(如白色温多特鸡)与纯合的豆冠鸡(如科尼什鸡)杂交,子一代全是胡桃冠,子一代个体相互交配,所产生的子二代中有胡桃冠、玫瑰冠、豆冠和单冠四种,它们的比数为9:3:3:1,亲本型与新产生的表型比例为6:10,又不同于孟德尔第二定律,这就是基因间的互补作用。从分离比来看,这涉及两对基因的遗传;从F₂中分离出前所未见的单冠,可见单冠可能是由两对隐性基因控制的。根据单冠的公、母鸡交配产生的后代全都是单冠,证实了单冠是双隐性基因的纯合体。为弄清这几种冠形的遗传情况,进行了下列几种测交试验:①将亲本中的玫瑰冠与单冠鸡杂交,子代全都是玫瑰冠,证明该亲本确实是纯合体;②将亲本中的豆冠鸡与单冠鸡杂交,子代全是豆冠,证明该亲本也确实是纯合体;③将 F₁ 胡桃冠与单冠杂交,子代中出现了胡桃冠、玫瑰冠、豆冠和单冠,其比数为1:1:1:1,证明胡桃冠是两对基因的杂合体,胡桃冠是由于两个不同位点上显性基因互补作用所产生的。用 R 代表玫瑰冠基因,P 代表豆冠基因,而且都是显性,那么玫瑰冠的鸡没有显性豆冠基因,豆冠鸡没有显性玫瑰冠基因,所以玫瑰冠鸡的基因型为 RRpp,豆冠鸡的基因型为 rrPP(图6-8)。

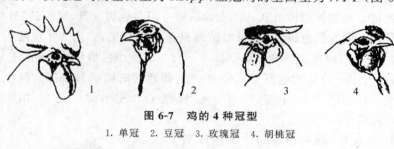

图 6-7　鸡的 4 种冠型
1. 单冠　2. 豆冠　3. 玫瑰冠　4. 胡桃冠

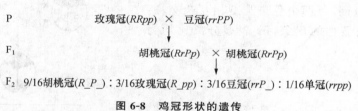

P　　　　　　　　玫瑰冠(*RRpp*)　×　豆冠(*rrPP*)

F₁　　　　　　　　　　胡桃冠(*RrPp*)　×　胡桃冠(*RrPp*)

F₂　9/16胡桃冠(*R_P_*):3/16玫瑰冠(*R_pp*):3/16豆冠(*rrP_*):1/16单冠(*rrpp*)

图 6-8　鸡冠形状的遗传

图6-8试验的结果表明,显性基因 R 和 P 分别决定了玫瑰冠和豆冠的形成,R 与 P 互补形成了胡桃冠,r 与 p 互补形成了单冠。所以 R 与 P、r 与 p 是互补基因。

二、累加作用

当非等位的两个显性基因同时存在时分别对某一性状起作用,它们的作用相加,使该性状表现出积加效应,这种基因互作的方式就叫作累加作用(additive effect),又称积加作用。如猪毛色的遗传。A 和 B 基因都控制猪的毛色,双显性个体(*A_B_*)产生红毛;双隐性基因型(*aabb*)产生白毛;只含一个显性基因的纯合体或杂合体(*A_bb* 或 *aaB_*)产生棕色毛。当双显性杂合体(*AaBb*)相互杂交时,后代出现三种表型:9/16 红毛、6/16 棕毛和1/16 白毛(图6-9)。

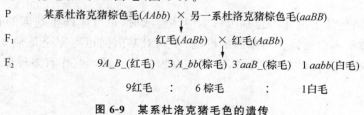

P　　　某系杜洛克猪棕色毛(*AAbb*)　×　另一系杜洛克猪棕色毛(*aaBB*)

F₁　　　　　　　　　　红毛(*AaBb*)　×　红毛(*AaBb*)

F₂　　　　　9*A_B_*(红毛)　3*A_bb*(棕毛) 3*aaB_*(棕毛) 1*aabb*(白毛)

　　　　　　　9红毛　　:　　6棕毛　　　:　　1白毛

图 6-9　某系杜洛克猪毛色的遗传

由此可见，A 和 B 显性基因在 $aabb$ 为白色的基础上，分别能使毛色变成棕色，作用相似，A 和 B 同时存在时，猪毛色可累加成红色。

南瓜有不同的果形，圆球形对扁盘形为隐性，长圆形对圆球形为隐性。如果用两种不同基因型的圆球形品种杂交，F_1 产生扁盘形，F_2 出现三种果形：9/16 扁盘形，6/16 圆球形，1/16 长圆形（图 6-10）。

P　　　　　　　　圆球形($AAbb$) × 圆球形($aaBB$)

F₁　　　　　　　　扁盘形($AaBb$) × 扁盘形($AaBb$)

F₂　　　9$A\_B\_$(扁盘形)　3A_bb(圆球形)　3$aaB\_$(圆球形)　1$aabb$(长圆形)

　　　　　9扁盘形　：　6圆球形　：　1长圆形

图 6-10　南瓜果形的遗传

三、重叠作用

基因的重叠作用是指两个位点上的两对基因的显性作用是相同的，个体内只要有任何一对基因中的一个显性基因，其性状即可表现出来，而且这两对基因同时存在显性时，其性状表现与只有一个显性基因时的性状相同，只有当这两对基因均为隐性纯合时，显性性状才不被表现，而表现为另一种性状，这种基因互作方式称为重叠作用(duplicate effect)。一般发生在显性上位条件下，不同位点上显、隐性基因都是同义基因（即不同位点上的基因功能相同），只有在双隐性纯合的情况下才能表现的性状。如猪的阴囊疝基因 h_1 和 h_2，它们的显性基因 H_1 和 H_2，都是显性上位的非致病基因，只要有一个显性基因存在，猪都不患病（图 6-11）。

应该注意，阴囊疝只在一个性别表现（即阴囊疝为限性性状），也就是只有公猪才会出现阴囊疝。因此，在图 6-11 中，F_2 公猪表现非阴囊疝和阴囊疝的比例为 15：1；在 F_2 所有公母猪中，表现非阴囊疝和阴囊疝的比例为 31：1。如果某个性状不是限性性状则仍为 15：1。

将荠菜三角形蒴果($T_1T_1T_2T_2$)与卵圆形蒴果($t_1t_1t_2t_2$)植株杂交，F_1 全是三角形蒴果。F_2 由于每一对显性基因都具有使蒴果表现为三角形的相同作用，只有隐性纯合基因表现为卵圆形蒴果，所以分离为 15/16 三角形蒴果：1/16 卵圆形蒴果，F_2 表型出现 15：1 的比例。

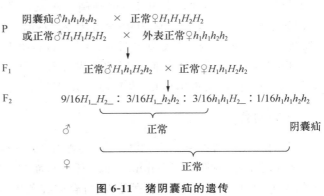

图 6-11　猪阴囊疝的遗传

四、上位作用

两对基因共同影响一对相对性状，其中一个位点的某一对基因抑制另一位点上的另一对基因的作用，即一对基因能够抑制另外一对基因的表现，这种作用称为上位作用(epistasis)。起抑制作用的基因称为上位基因(epistasis gene)，它既可以是显性基因，也可以是隐性基因；而被抑制的基因称为下位基因(hypostatic gene)。根据上位基因是显性还是隐性基因，上位作用可分为显性上位作用和隐性上位作用。

（一）显性上位作用

显性上位作用(dominant epistasis)是指一个位点上的显性基因抑制另一位点上的基因的作用。在这种情况下，只有当上位基因为隐性纯合时，下位基因才能表达。在狗的毛色遗传中，有一对基因(B 和 b)跟黑色和褐色有关，其中 B 基因控制狗的毛色为黑色，b 基因控制狗的毛色为褐色。如果在另一个位点上有显性基因 I 的存在，那么任何色素都不能形成，也就是 I 基因抑制了 B、b 基因的表达，此时狗的皮毛色为白色。只有在 i 基因纯合时，B 基因和 b 基因所控制的毛色才能得到表现。如果让纯种的褐色狗（$bbii$）跟纯种的白色狗（$BBII$）杂交，子一代都是白色狗（$BbIi$），因为有显性基因 I 存在。子一代相互交配，产生的子二代中出现了三种类型：白色狗、黑色狗和褐色狗（图 6-12），其表型比例为 $12：3：1$。

这个遗传现象说明了褐色狗是两对隐性基因 bb 和 ii 互作的结果，黑色狗是一种显性基因 B 跟一种隐性基因 ii 互作的结果，白色狗是一种显性基因 I 对 B 和 b 基因表现上位作用的结果。

决定西葫芦的显性白皮基因（W）对显性黄皮基因（Y）有上位性作用，当 W 基因存在时能阻碍 Y 基因的作用，表现为白皮。缺少 W 时 Y 基因表现其黄色作用。如果 W 和 Y 都不存在，则表现 y 基因的绿色。白皮和绿皮杂交，F_1 产生白皮西葫芦，F_2 代中白皮：黄皮：绿皮＝$12：3：1$。

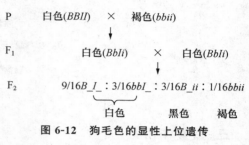

图 6-12　狗毛色的显性上位遗传

P 　　白色（$BBII$）　×　褐色（$bbii$）

F$_1$　　白色（$BbIi$）　×　白色（$BbIi$）

F$_2$　　$9/16B\_I\_$：$3/16bbI\_$：$3/16B\_ii$：$1/16bbii$
　　　　　　白色　　　　　黑色　　　褐色

（二）隐性上位作用

隐性上位作用（recessive epistasis）是指一个位点上的隐性基因抑制另一位点上基因的表达。其特点是：上位基因一定在隐性纯合时才有上位作用，而显性上位无须纯合。在家鼠的毛色遗传上，一个位点上的一对等位基因 A 和 a 分别控制家鼠的毛色为鼠灰色和黑色，但这个控制毛色的基因座上的等位基因的表达还受另一个位点上的基因（C 和 c）影响。如果 C 基因座上的等位基因均为隐性基因（cc），则不能形成任何色素，即 c 基因纯合时抑制了 A 基因和 a 基因的表达。将纯种的黑色家鼠（$CCaa$）与纯种的白化家鼠（$ccAA$）杂交，F_1 为鼠灰色（$CcAa$），F_1 相互交配产生的 F_2 中出现了一定比例的三种类型：鼠灰色、黑色和白化，其表型比例为 $9：3：4$，表明毛色受两对基因的控制（图 6-13）。

隐性基因 cc 能够阻止任何色素的形成。因此只要隐性上位基因纯合 cc 时，即使其他基因存在也不能呈现出颜色，而表现出白化，没有纯合 cc 基因，A 基因控制鼠灰色性状，a 基因控制黑色性状。

五、抑制作用

在两对独立遗传的基因中，其中一种显性基因本身并不直接控制性状，但可抑制另一种显性基因的表现，这种现象称为抑制作用（inhibiting effect），而起抑制作用的基因称为抑制基因（inhibiting gene）。如鸡的羽色的遗传，基因 C 为色素基因，可合成红色素；如没有 C 基因鸡（cc）的羽色为白色。如果抑制基因 I 存在时，基因 C 被抑制，不能表达，羽色也表现为白色。如果白羽鸡（$IICC$）与另一种白羽鸡（$iicc$）杂交，F_1 代全为白羽鸡（$IiCc$），F_1 代互相杂交，F_2 代出现两种类型：白色和红色，其比例是 $13：3$（图 6-14）。

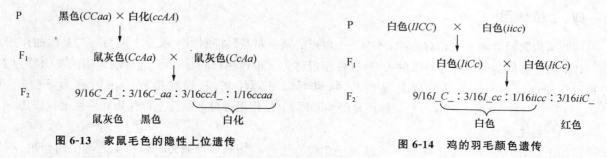

P 　　黑色（$CCaa$）× 白化（$ccAA$）

F$_1$ 　　鼠灰色（$CcAa$）　×　鼠灰色（$CcAa$）

F$_2$ 　　$9/16C\_A\_$：$3/16C\_aa$：$3/16ccA\_$：$1/16ccaa$
　　　　鼠灰色　　　黑色　　　　白化

图 6-13　家鼠毛色的隐性上位遗传

P 　　白色（$IICC$）　×　白色（$iicc$）

F$_1$ 　　白色（$IiCc$）　×　白色（$IiCc$）

F$_2$ 　　$9/16I\_C\_$：$3/16I\_cc$：$1/16iicc$：$3/16iiC\_$
　　　　　　　　白色　　　　　　　红色

图 6-14　鸡的羽毛颜色遗传

上位作用和抑制作用不同，抑制基因本身不能决定性状，而显性上位基因除遮盖其他基因的表现外，本身还能决定其他性状。

六、基因相互作用的机理

从上面的讨论可以看出,当两对非等位基因决定同一性状时,由于基因间的各种相互作用,使孟德尔比例发生了修饰。从遗传学发展的角度来理解,这并不违背孟德尔定律,而实质上是对孟德尔定律的扩展。

生物体内基因作用的表达是一个非常复杂的生化反应过程,除了上述简单的基因间相互作用外,实际上许多性状是由超过两对基因的相互作用产生的,如在玉米中,A_1 和 a_1 与 A_2 和 a_2 决定花青素的有无,C 和 c 与 R 和 r 决定糊粉层颜色的有无。胚乳的紫色和红色是由等位基因 Pr 和 pr 决定的。但是只有在 $A_1\_A_2\_C\_R\_$ 四个显性基因共同存在的条件下,$Pr\_$ 才显示出紫色,$prpr$ 显示红色。但 $A_1\_A_2\_C\_R\_$ 四个显性基因没有共同存在时,即使 Pr 存在,不会显示紫色,也不会显示红色,而是无色的。换言之,紫色胚乳植株的基因型必须是:$A_1\_A_2\_C\_R\_Pr\_$,红色胚乳的植株的基因型必须是:$A_1\_A_2\_C\_R\_prpr$。因此说等位基因 Pr 和 pr 决定紫色和红色只是一种简单化了的说法。某对基因决定某一性状,是在其他基因都相同的情况下才成立,实际上一个性状受到若干个基因的控制,是一个非常复杂的过程。以下用图解方式来说明上述例子中出现这种现象的机理。(图 6-15)

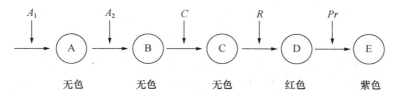

图 6-15 玉米胚乳颜色形成机理

图 6-15 说明了产生胚乳颜色所需的一系列化合物的产生过程,即由 A 物质转变成 B 物质,由 B 物质转变成 C 物质等,A、B、C 这三种物质是无色的,D 是红色的,而 E 是紫色的。反应的每一步都需一定的酶作用,而且隐性纯合体不能合成酶,因而从图上可以看出,当前面四个基因均为显性($A_1\_A_2\_C\_R\_$)时,若为 $Pr\_$,因能合成物质 E,则胚乳呈紫色,若为 $prpr$,因不能合成物质 E,只有 D 物质,故胚乳为红色;同样,若 A_1、A_2、C 中某一个为隐性纯合体,均无法产生物质 D,因没有合成色素的前体,故尽管 Pr 或 R 基因为显性,胚乳仍表现为无色。

这样的例子有许多,例如玉米叶绿素的合成与 50 多个显性基因有关,其中任何一个发生变化,都会引起叶绿素合成的异常;在果蝇中至少有 40 个不同位置的基因影响果蝇眼睛的颜色等等。

第四节　多因一效与一因多效

从前面讲述的基因互作内容可以知道,许多性状的遗传基础不是一个基因,基因跟性状的关系并不是绝对的"一对一"的关系。但是对于一个性状而言,有主要基因和次要基因之分。从这个意义上讲,为了说明问题时简单方便,一般还保留"某一基因控制某一性状"的说法,以说明主要基因的作用。从现代遗传学材料得知,一个性状经常受许多不同基因的影响,许多在染色体上位置不同的基因的改变可以影响同一性状。

一、多因一效

多因一效(multigenic effect)是指由多对非等位基因控制、影响同一性状表现的现象。也就是说,一个性状的形成是由许多基因所控制的许多生化过程连续作用的结果。如果蝇的复眼颜色由 40 多个基因决定,任何一个基因异常,就会导致色素基因合成受阻,形成白眼。

一般情况下,在控制同一性状的许多对基因中,有一对等位基因对该性状的作用可能比较突出,而这个起主要作用的基因称为主效基因(major gene),又称为主基因。其他一些非等位的基因对该性状的表现不起主要作用,这些基因称为次要基因,次要基因对主要基因的作用程度有修饰效应,又称为修饰基因(modified gene)。修饰基因必须依赖主要基因的存在才能发生作用。

修饰基因的特点主要表现有:①没有显、隐性之分,有时也用大、小写字母表示,但只表示两者作用不同;②不同位点上的修饰基因都是同义的;③每个基因的效应都较小,具有连续性的作用特点;④只有在主要基因存在的前提下,才发挥其本身的作用。如荷兰兔,其标准兔毛色为口、鼻、额、爪及身体的前半部是白色,其余部分全是黑色,这种特殊的毛色是由 du 基因所控制的,但至于黑、白毛范围的大小是由多基因的效应引起的。控制黑白毛范围大小有 4 对修饰基因,分别是 A_1a_1、A_2a_2、A_3a_3 和 A_4a_4,每增加一个 A 基因,黑毛的范围就增大一些,每增加一个 a 基因,白毛的范围就增大一些,毛色变化是连续的。但它们的变化必须在 Du 基因存在的前提下才能发生作用,因为控制毛色的主基因是 Du(Du黑色,du 白色)。控制黑、白色是由 Du、du 一起发挥效应,但黑、白范围则是由修饰基因发挥作用(图6-16)。

$$A_1a_1A_2a_2A_3a_3A_4a_4 \quad \times \quad A_1a_1A_2a_2A_3a_3A_4a_4$$

$8A$	$7A+a$	$6A+2a$	$5A+3a$	$4A+4a$	$3A+5a$	$2A+6a$	$A+7a$	$8a$
几乎全黑	2号黑色	3号黑色	4号黑色	标准毛色	4号白色	3号白色	2号白色	几乎全白

图 6-16　荷兰兔黑、白毛色范围的遗传

在畜牧生产中,上述现象是比较常见的。如黑白花奶牛身上的黑、白花斑也是受修饰基因决定黑、白花大小的。

二、一因多效

一因多效(pleiotropism)是指一个基因可以影响许多性状的表现,也就是说一个基因可以对多个性状发生效应。一个基因改变直接影响以该基因为主的生化过程,同时也影响与之有联系的其他生化过程,从而影响其他性状表现。如家鸡中有一个卷羽(翻毛)基因,为不完全显性基因,杂合时,羽毛轻度卷曲;纯合体卷羽鸡的羽毛翻卷很厉害,不仅影响羽毛的翻卷和脱落,而且引起体热散失快,因此卷羽鸡的体温比正常鸡低。由于卷羽鸡体温容易散失,从而引起一系列后果:体温散失快会促进代谢加速来补偿消耗,这样一来又使心跳加速,心室肥大,血量增加,继而使与血液有重大关系的脾脏扩大。同时,代谢作用加强,采食量必然增加,使消化器官、消化腺和排泄器官发生相应变化,代谢作用影响肾上腺、甲状腺等内分泌腺体,使生殖能力降低。由一个卷羽基因引起了一系列的连锁反应。这就说明了一个基因可以在不同程度上影响到机体的某些形态结构性状和机能性状。

第五节　复等位基因

复等位基因(multiple alleles)是指在群体中占据同源染色体上同一位点的两个以上的、决定同一性状的基因。同一个二倍体生物群体内的复等位基因不论有多少个,但每个个体最多只有其中的任意两个,因为一个个体的某一同源染色体只能是一对。在生物群体中,等位基因的成员可以在两个以上,甚至多到几十个。这样,在同一基因座上的许多不同的等位基因就构成了一组复等位基因,其作用相似,都影响同一器官或组织的形状和性质。复等位基因来源于某基因座上某个野生型等位基因的不同方向的突变。通常用 1 个英文字母作为该基因座的基本符号,不同的等位基因在英文字母的上标上作不同

的标记,字母的大、小写则表示该基因的显隐性。假定群体某基因座上有 n 个复等位基因,则有 $n+n(n-1)/2$ 种不同的基因型,其中有 n 种为纯合体,$n(n-1)/2$ 种为杂合体。复等位基因广泛存在于各种生物中,如亚洲瓢虫的鞘翅色斑遗传至少由 19 个复等位基因控制。复等位基因的遗传方式遵循孟德尔规律,一般可分为有显性等级的复等位基因和共显性的复等位基因。

一、复等位基因的分类

(一)有显性等级的复等位基因

在家兔的毛色 C 基因座上有 6 个复等位基因:C(深色)、c^{chd}(深色青紫蓝)、c^{chm}(中等色青紫蓝)、c^{chl}(淡色青紫蓝)、c^H(喜马拉雅型白化)和 c(白化),它们之间的显性等级是 $C > c^{chd} > c^{chm} > c^{chl} > c^H > c$,也就是 C 是所有其他 5 个基因的显性。c^{chd} 是除 C 以外其他 4 个基因的显性,c^{chm} 是 c^{chl}、c^H、c 的显性,c^{chl} 是 c^H、c 的显性,c^H 是 c 的显性。由于是复等位基因,所以在相同表型的情况下可以有多种不同的基因型(表 6-2)。

表 6-2　家兔被毛颜色的遗传

被毛颜色	基因型
全色	CC 或 Cc^{chd} 或 Cc^{chm} 或 Cc^{chl} 或 Cc^H 或 Cc
深色青紫蓝	$c^{chd}c^{chd}$ 或 $c^{chd}c^{chm}$ 或 $c^{chd}c^{chl}$ 或 $c^{chd}c^H$ 或 $c^{chd}c$
中等色青紫蓝	$c^{chm}c^{chm}$ 或 $c^{chm}c^{chl}$ 或 $c^{chm}c^H$ 或 $c^{chm}c$
淡色青紫蓝	$c^{chl}c^{chl}$ 或 $c^{chl}c^H$ 或 $c^{chl}c$
喜马拉雅型白化	c^Hc^H 或 c^Hc
白化	cc

(二)共显性的复等位基因

在人类 ABO 血型系统中,共有 A、B、AB 和 O 型四种血型,每人必属其中一种。研究证明,ABO 血型系统受同一位点的三个复等位基因即 I^A(血型 A 基因)、I^B(血型 B 基因)、和 i(血型 O 基因)的控制。其中 I^A 对 i 是显性,I^B 对 i 也是显性,I^A 与 I^B 为共显性。ABO 血型系统的表现型及其基因型如表 6-3所示。根据 ABO 血型的遗传规律可排除亲子关系,进行亲子鉴定。例如,O 型血的母亲有一个 A 型血的孩子,则 B 型和 O 型血的男子不可能是这孩子的生物学父亲。

人类 ABO 血型与 MN 血型不同。在人类 MN 血型系统中,不同血型个体的红细胞上有相应的抗原,但人体内没有天然的抗体,只有把人的红细胞注入兔子血液后,才能从兔子体内提取出含有相应抗体的抗血清。ABO 血型系统中,不同血型个体的红细胞上有相应的抗原,体内还有天然的抗体,如 A 型血的人红细胞上有 A 抗原,血清中有抗 B 的抗体 β;B 型血的人红细胞上有 B 抗原,血清中有抗 A 的抗体 α;AB 型血的人红细胞上既有 A 抗原,又有 B 抗原,但血清中没有抗体 α 和 β;O 型血的人红细胞上没有 A 抗原和 B 抗原,但血清中既有抗体 α,又有抗体 β(表 6-3)。

表 6-3　人的 ABO 血型系统的表型与基因型

血型	基因型	抗原 (红细胞上)	抗体 (血清中)	血清	血细胞
A	I^AI^A 或 I^Ai	A	β	可使 B 及 AB 型的红细胞凝集	可被 B 及 O 型的血清凝集
B	I^BI^B 或 I^Bi	B	α	可使 A 及 AB 型的红细胞凝集	可被 A 及 O 型的血清凝集

续表6-3

血型	基因型	抗原（红细胞上）	抗体（血清中）	血清	血细胞
AB	$I^A I^B$	A、B	—	不能使任一血型的红细胞凝集	可被 A、B 及 O 型的血清凝集
O	ii	—	α、β	可使 A、B 及 AB 型的红细胞凝集	不被任何血型的血清凝集

因为 ABO 血型有天然的抗体，所以在临床医学上决定输血时，尤其在输入全血时，最好输入同一血型的血。根据表 6-3，在临床上输血时，也可以输入其他合适的血型的血液，如 O 型供血者的血液可以输给同一血型的受血者，也可以输给 A 型、B 型和 AB 型的受血者，因为输入的血液的血浆中的一部分抗体被不亲和的受血者的组织吸收，同时输入的血液可被受血者的血浆稀释，使供血的抗体浓度很大程度地降低，不足以引起明显的凝血反应。因此，在决定输血后果上，血细胞的性质比血清的性质更为重要。

二、复等位基因的遗传特点

在二倍体生物群体中任一基因位点的等位基因常有 3 个或 3 个以上，但都具有以下特点：第一，复等位基因系列的任何一个基因都是突变的结果，由野生型基因突变而来，或由该系列的其他基因突变而来。如 $A→a_1$、$a_1→a_2$，$a_2→a_3$、$A→a_3$ 等。第二，不同生物的复等位基因系列的基因成员数各不相同，甚至同一物种的不同的复等位基因系列的基因成员数也不相同。如人类的 ABO 血型有 3 个复等位基因，而亚洲瓢虫的鞘翅色斑的遗传至少有 19 个复等位基因。第三，一个复等位基因系列中，不论基因数目多少，在一个二倍体生物中，只能有其中的两个基因。如人类的 ABO 血型中，每个人的基因型可能是：$I^A I^A$、$I^A i$、$I^A I^B$ 等。第四，不同的复等位基因系列往往表现为不同的显隐性关系，有完全显性、共显性等。第五，复等位基因在二倍体生物中都遵循孟德尔的分离规律，但后代的表型分离比例并不一定是 3∶1 或 1∶1。

第六节　不良基因

不良基因（ill gene）是指产生对动物生命活动不利性状的遗传物质的总称。畜禽许多遗传疾病就是由不良基因引起的。遗传性疾病是指由遗传因素所引起的疾病。它们或者是代谢机能发生障碍或紊乱，或者是解剖上发生畸形。这些疾病由于是遗传因素造成的，患畜还能把它传给后代，所以认识这些遗传性疾病，才能减少和避免遗传性疾病的发生。不良基因的致害作用在程度上差异很大，程度强烈的可以致使生物在胚胎早期死亡，如致死基因；程度微弱的，仅使生物的代谢机能产生轻微的障碍，或者在外形上有轻度的缺陷，或者在某些经济性状上有轻度的降低。因此根据不良基因的危害程度，可以将其分为致死基因、半致死基因、低活力基因、亚致死基因和有害基因。

一、致死基因的发现

在孟德尔定律被重现发现后的几年中，各国生物学家都热衷于研究性状间的分离比。法国动物学家 Cuénot 在 1907 年左右，发现小鼠中的黄鼠不能真实遗传。Cuénot 在对黄鼠进行的大量杂交试验中，发现下列一些现象：

黑鼠×黑鼠→都是黑鼠。

黄鼠×黑鼠→黄鼠 2 378 只，黑鼠 2 398 只，两者比例接近 1∶1。

黄鼠×黄鼠→黄鼠 2 396 只,黑鼠 1 235 只,两者比例接近 2:1。

从上面三种交配结果来看,黑鼠是纯合体,所以其后代中没有发生分离现象,而黄鼠的后代中有分离现象,说明黄鼠是杂合体。从黄鼠中分离出黑鼠,说明决定小鼠黄色的基因是显性基因,决定黑色的是隐性基因。黄鼠与黑鼠交配产生的黄鼠和黑鼠的比数接近 1:1,也进一步说明了黄色对黑色显性。但是 Cuénot 发现上述现象中存在两个疑问:第一,黄鼠为什么没有纯合体? 第二,黄鼠既然是杂合体,为什么后代分离比不是 3:1,而是 2:1? 后来进一步研究发现:黄鼠与黄鼠杂交产生的子代中,每一窝都比黄鼠与黑鼠杂交产生的子代数少 1/4 左右。这一点给 Cuénot 一个启发,他想可能是其他原因引起的,又进行了试验:用黄鼠与黄鼠杂交,雌鼠怀孕后,剖腹检查发现,有死亡的胚胎,把死胎数加进黄鼠的后代中,则黄鼠与黑鼠的比例近似于 3:1,这就符合孟德尔的分离比。结果发现死亡胚胎都是纯合子黄鼠,由此说明纯合的黄色显性基因是致死基因。用 A^Y 表示黄色、致死基因,在决定毛色时为显性,只有在纯合时才发生致死作用;用 a 表示黑色、正常的隐性基因,则黄鼠与黄鼠交配的结果如图 6-17 所示。

后来发现 A^YA^Y 的致死作用表现在小鼠胚泡植入子宫壁后不久,大概是对胚泡的滋养层发生了影响,引起胚泡的死亡。在家禽和家兔中也存在致死基因。如日本短腿鸡具有一种显性的短腿基因 C^P,由于这种基因能使软骨发育不全,导致鸡的翅膀和腿长得非常短,以致走路时看起来像爬一样,所

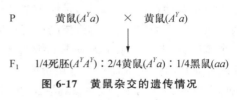

P　　　黄鼠(A^Ya)　　×　　黄鼠(A^Ya)

F₁　1/4死胚(A^YA^Y) : 2/4黄鼠(A^Ya) : 1/4黑鼠(aa)

图 6-17　黄鼠杂交的遗传情况

以又把这种鸡称为爬行鸡。C^P 基因在纯合时有致死作用,一般在入孵后 3~4 d 鸡胚死亡。用这种鸡进行的杂交试验结果是:爬行鸡×正常鸡→爬行鸡 1 676 只,正常鸡 1 661 只,比数接近 1:1;爬行鸡×爬行鸡→爬行鸡 775 只,正常鸡 388 只,比数接近 2:1。证明其遗传形式与上例相同。

又如,在家兔中的侏儒基因 D^W 在纯合时致死,杂合时使家兔的体格明显变小。

二、不良基因的类型

(一)致死基因

致死基因(lethal gene)是指能使个体在胚胎期或出生后不久即死亡的基因。带有这种基因的个体,死亡率达到 100%。按环境条件对致死效应的影响可分为条件致死基因(如温度敏感基因在较低温度下不出现致死效应,在较高温度下出现致死效应)和非条件致死基因(在已知的条件下都有致死效应)。按致死作用发生的阶段可分为配子致死基因、合子致死基因、胚胎致死基因和幼体致死基因。根据致死基因的位置,致死基因可分为常染色体致死基因、性染色体致死基因。根据致死基因的外显率,致死基因可分为全致死基因、亚致死基因、半致死基因、弱致死基因。根据基因的显、隐性,致死基因可分为显性致死基因和隐性致死基因。

1. 显性致死基因　显性致死基因(dominant lethal gene)是指具有显性作用,只有在纯合状态下,才能导致胚胎死亡或出生后不久死亡的基因;如果在杂合状态下,导致个体在胚胎期或出生后不久就死亡的基因,该基因随着个体的死亡而消灭,因此根本就谈不到显性致死基因的遗传。例如上述的 C^P 基因在作用于鸡的短腿性状时是显性,D^W 在作用于家兔的侏儒性状时是显性,A^Y 在作用于家鼠的黄毛性状时是显性,而这些基因只有在纯合的情况下才产生致死作用。

2. 隐性致死基因　隐性致死基因(recessive lethal gene)是指在杂合状态时不表现,但在隐性纯合时才导致胚胎或出生后不久死亡的基因。如丹麦红牛的弯曲症就是隐性致死基因的遗传性缺陷,此外,白斑银狐、曼岛猫(Manx cat)等都存在隐性致死基因。

(二)半致死基因

半致死基因(half lethal gene)是指胚胎发育到一定阶段或晚后期,才导致死亡或不发育的基因。致死的程度比致死基因要弱一些。带有这种基因的个体的死亡率在 50% 以上。带有半致死基因的个体死亡与否有时取决于其所处环境的好坏。如猪的血友病基因,小猪不受到损伤,就不会流血,也就不

会死亡。又如鸡的白血病易感基因,如果环境中有此病毒,这种鸡就容易感染白血病病毒而死亡;如果环境中没有白血病病毒,这种鸡也就不会发生白血病而死亡。

(三)低活力基因

低活力基因(low vigor gene)是指能使个体生活力显著降低,对疾病和不良环境的抵抗力很低的一类基因。携带有低活力基因的个体的死亡率一般在 50％ 以下。如鸡有一种常染色体隐性基因 se,能使鸡从出壳起至整个一生中,下眼睑经常半闭,因此称为瞌睡眼。这种鸡有时因看不见吃料、饮水而使生活力下降,在出壳后 3～4 日龄时容易死亡。

(四)亚致死基因

亚致死基因(sublethal gene)的致死时间较迟,一般可在动物的青春期发作。例如,家兔中有一种常染色体隐性基因 Tr,它能引起家兔的震颤病,一般在 3 月龄时完全瘫痪,然后死亡。

(五)有害基因

有害基因(harmful gene)是使个体产生某些缺陷而不足以致死的基因的总称,因此又称为非致死基因。在有害基因中,它们对机体的危害程度的差别也是很大的。危害程度轻的如家兔的垂耳性状,这是由几个基因共同作用的结果,垂耳性状并不危及家兔的健康,只是在竖耳的品种中出现了垂耳后,使该个体缺乏品种应有的特征而失去种用价值。危害程度较重的是使个体产生某些缺陷和疾病。如鸡的位于性染色体上的隐性基因 w_1 能使该鸡缺翅;家兔的常染色体上隐性基因 na 能阻止一侧肾脏的发育等等。

三、遗传疾病的防止

现在在畜禽中所发现的遗传性疾病比较多,这些不良基因阻碍着畜禽生产的发展,所以在生产中必须采取一定的措施避免遗传性疾病的发生。防止遗传上不良性状的积极措施,除了严格控制近亲交配外,更重要的是加强选择和淘汰制度,在必要时还必须对可疑的种畜禽进行检测。不良基因大都是以隐性方式存在,可以运用孟德尔的分离定律和测交方法,检测可疑的种畜禽中是否带有这种隐性基因。凡查出携带有这种隐性基因的个体,必须严格地从种畜禽群中淘汰出去,逐步降低有害和致死基因的频率,减少它们结合的机会,从而有效地防止这些遗传性疾病的出现。

思　考　题

1. 名词解释:

反应规范　表型模拟　共显性　镶嵌显性　延迟显性　互补作用　累加作用　重叠作用　显性上位作用　隐性上位作用　抑制作用　多因一效　一因多效　致死基因

2. 当母亲的表型是 ORh⁻ MN,子女的表型是 ORh⁺ MN 时,问在下列组合中,哪一个或哪几个组合不可能是子女的父亲的表型,可以被排除?

ABRh⁺ M,ARh⁺ MN,BRh⁻ MN,ORh⁻ N。

3. 鸡冠的种类很多,假定用纯种豆冠和纯种玫瑰冠相杂交,问从什么样的交配中可以获得单冠?

4. 在小鼠中,已知黄鼠基因 A^Y 对正常的野生型基因 a 是显性,另外还有一短尾基因 T,对正常野生型基因 t 也是显性。这两对基因在纯合态时都是胚胎期致死,它们相互之间是独立地分配的。

(1)问两个黄色短尾个体相互交配,下代的表型比率怎样?

(2)假定在正常情况下,平均每窝有 8 只小鼠。问这样一个交配中,你预期平均每窝有几只小鼠?

第七章　染色体畸变

细胞学研究发现,生物的染色体结构通常是很稳定的,同一物种的不同个体含有同样数目、同样种类的染色体。但是,事实上染色体结构和数目是会发生改变的;1916 年布里奇斯(Bridges)发现的 X 染色体不分开的现象给摩尔根学派以很大的启示,那就是"染色体的稳定性是相对的,变异才是绝对的"。各种射线、化学药剂、温度剧变等外界因素的影响,或生物体内生理生化过程不正常、代谢失调、衰老等内因的变化,以及远缘杂交等,均有可能使染色体发生变异。人们把染色体发生形态、结构和数目等方面的改变统称为染色体变异(chromosomal variation),也称染色体畸变(chromosomal aberration)或染色体突变(chromosomal mutation)。染色体畸变是指在自然突变或人工诱变的情况下,染色体的某一节段(包括其上的基因)发生变化(它改变了基因的位置和顺序)和个别或全套染色体数目发生的变化。染色体畸变包括两大类型:染色体结构变异和染色体数目变异。

第一节　染色体结构的变异

染色体结构的变异是指在自然突变或人工诱变的条件下使染色体的某区段发生改变,从而改变了基因的位置和顺序。一对同源染色体,其中一条是正常的而另一条发生了结构变异,含有这类染色体的个体或细胞称为结构杂合体(structural heterozygote)。含有一对同源染色体都产生了相同结构变异的个体或细胞,就称为结构纯合体(structural homozygote)。染色体结构的变异可分为缺失(deletion/deficiency)、重复(duplication)、倒位(inversion)、易位(translocation)4 种类型。

一、缺失

缺失是指一个正常染色体上某区段的丢失。缺失是 1917 年由布里奇斯首先发现的,他在培养的野生型果蝇中偶然发现一只翅膀边缘有缺刻的雌蝇。染色体检查发现,它的产生是由于果蝇 X 染色体上一小段包括红眼基因在内的染色体发生了缺失。短臂缺失用"p^-"表示,长臂缺失用"q^-"表示。

(一)缺失的类型

按照缺失区段发生的部位不同,可分为以下两种类型:

1. 中间缺失(interstitial deletion)　是指染色体缺失的区段位于某臂的内段。如染色体的直线区段顺序是 ABCDEFGH,缺失 CD 区段便称为中间缺失染色体(图 7-1)。中间缺失由两个染色体断裂点造成,由于无断头外露,一般较稳定,所以中间缺失染色体比较常见。

2. 末端缺失(terminal deletion)　是指缺失的区段位于染色体某臂的末端,又称顶端缺失。染色体发生一次断裂即可形成末端缺失。例如,染色体各区段的正常直线顺序为 ABCDEFGH,当 AB 区段丢失后便形成末端缺失(图 7-1)。末端缺失染色体很难定型,一般少见。染色体在缺失了某臂的外端后,在该臂上留下断头,染色体的断头很难愈合。染色体没有愈合的断头有可能与缺失的末端断片的断头重接,

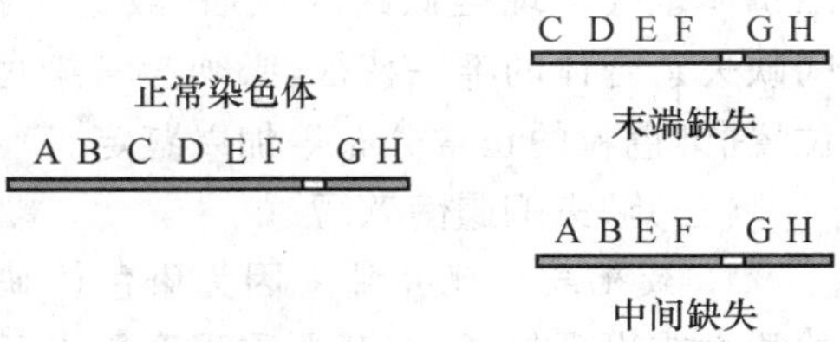

正常染色体
A B C D E F　G H

C D E F　G H
末端缺失

A B E F　G H
中间缺失

图 7-1　末端缺失和中间缺失

重建的染色体仍是单着丝粒。也可能与另一个有着丝粒的染色体的断头重接,成为双着丝粒染色体(dicentric chromosome)。末端缺失染色体的两个姐妹染色单体也可能在断头上彼此结合,形成双着丝粒染色体。双着丝粒染色体在细胞分裂的后期,两个着丝粒向相反两极移动,所产生的拉力使染色体发生断裂,再次造成结构变异而不稳定。

如果同源染色体中一条是正常染色体,另一条是缺失染色体,则该个体是缺失杂合体(deficiency heterozygote);若一对同源染色体均是缺失染色体,则该个体为缺失纯合体(deficiency homozygote)。

(二)缺失的细胞学鉴定

细胞内是否发生染色体缺失不是很容易鉴定。但可通过观察细胞减数分裂过程中同源染色体联会时的细胞学图像特征来鉴定(图 7-2)。

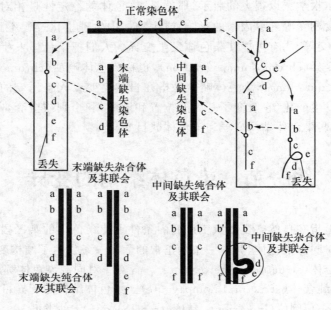

图 7-2　染色体缺失

缺失纯合体在减数分裂时能够正常联会和分离,二价体在偶线期和粗线期无特殊的构型出现。

末端缺失杂合体联会时,若缺失的片段较长,正常染色体未缺失的一端在联会时呈游离状态。但细胞学特征鉴定末端缺失和微小的中间缺失是比较困难的。

中间缺失杂合体减数分裂联会时,若缺失的片段较长,二价体会形成环或瘤,称其为缺失环(deficiency loop 或 deletion loop)(图 7-3)。这是正常染色体未缺失的区段向外突出引起的。

缺失环可以在显微镜下观察到。由于重复杂合体联会时二价体也会出现类似的环或瘤,故这一特征不能作为区分中间缺失杂合体的唯一特征,必须参考染色体的长度、着丝粒的位置、染色粒的正常分布等加以鉴定。

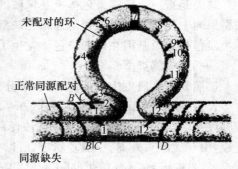

图 7-3　果蝇唾腺 X 染色体上的缺失环

(三)缺失的遗传效应

1. 致死或出现异常　因为染色体缺失使它上面所载的基因也随之丢失,所以,缺失常常造成生物的死亡或出现异常,但其严重程度取决于缺失区段的大小、所载基因的重要性以及缺失是纯合体还是杂合体。

染色体缺失小片段比缺失大片段对生物的影响小,有时虽不致死,但会产生严重异常;有时缺失的区段虽小,但所载的基因直接关系到生命的基本代谢,同样也会导致生物的死亡;一般缺失纯合体比缺失杂合体对生物的生活力影响大。人类的猫叫综合征(cri-du-chat-syndrome)是由于 5 号染色体短臂缺失所致(图 7-4 中箭头所示)。

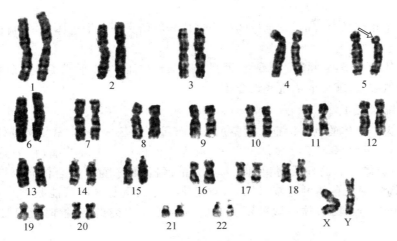

图 7-4　猫叫综合征患者的染色体 G 带核型

2. **假显性或拟显性**　显性基因的缺失使同源染色体上的隐性等位基因(非致死)的效应得以显现,这种现象称为假显性或拟显性。一个典型的例子就是果蝇的缺刻翅,即在果蝇翅的边缘有缺刻。这是由于一条 X 染色体 c 区的 2-11 区缺失了,缺失的区域除了有控制翅型及刚毛分布的基因外,还含有控制眼色的基因(图 7-5)。

二、重复

重复是指一个正常染色体增加了与本身相同的某区段。

(一)重复的类型

按发生的位置和顺序不同,重复可分为以下三种类型(图 7-6):

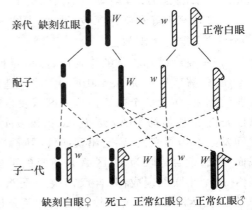

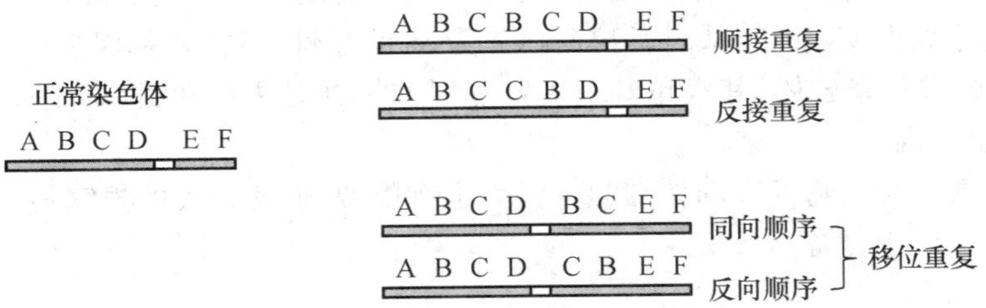

图 7-5　缺刻翅遗传的特点

(王亚馥等,遗传学,2002)

正常染色体

A B C D　E F

A B C B C D　E F　顺接重复

A B C C B D　E F　反接重复

A B C D　B C E F　同向顺序　⎫
⎬ 移位重复
A B C D　C B E F　反向顺序　⎭

图 7-6　重复的类型

1. **串联重复**(tandem duplication)　重复片段紧接在固有的区段之后,而且两者的基因顺序一致,又称为顺接重复。例如,染色体的正常直线顺序为 ABCDEF,若 BC 段重复,则顺接重复是 ABCBCDEF(图 7-6)。

2. **倒位串联重复**(reverse duplication,反向串联重复,反接重复)　重复片段接在固有区段之后,但基因顺序恰恰相反。例如，染色体的正常直线顺序为 ABCDEF，若 BC 段重复，则反接重复是 ABCCB-DEF（图 7-6）。

3. 移位重复（displaced duplication）　重复片段随机插在与固有区段不相连的其他位置上，例如，染色体的正常直线顺序为 ABCDEF，若 BC 段重复，则移位重复是 ABCDBCEF，或 ABCDCBEF 等（图 7-6）。

重复和缺失总是相伴随出现的，染色体的一个区段转移给另一个染色体后，它自己就成为缺失染色体了。

一对同源染色体中一条染色体发生重复，而另一条染色体正常，就形成了重复杂合体。若一对同源染色体都发生相同的重复，就形成了重复纯合体。

（二）重复的细胞学鉴定

可以用检查缺失染色体的方法检查重复染色体。若重复的区段较长，重复杂合体中的重复染色体和正常染色体联会时，重复区段就会被排挤出来，成为二价体的一个环或瘤，称为重复环（duplication loop）。这与缺失杂合体形成的环或瘤相似。若重复的区段很短，重复杂合体同源染色体联会就不容易分辨，根据对果蝇唾腺染色体的观察，联会时重复染色体的重复区段可能收缩一点，正常染色体在相对的区段可能伸长一点，二价体一般就不会有明显的环或瘤突出，镜检时就很难观察是否发生过重复。

果蝇唾腺染色体是研究缺失和重复的好材料之一，因为果蝇唾腺染色体特别大而且是体细胞联会（somatic synapsis）。4 对染色体所联会的 4 个二价体的总长达 1 000 μm，肉眼能见。果蝇唾腺染色体上有许多宽窄不等和染色深浅不同的横纹带，可以作为鉴别缺失和重复的标志。

（三）重复的遗传效应

（1）重复会破坏正常的连锁群，影响固有基因的交换率。

（2）位置效应（position effect）。重复造成表型变异最早的例证是果蝇 X 染色体上由 16A1 至 16A6 区段的重复，包含 5 个带纹。这一区域发生重复，果蝇复眼中的小眼面数量将会减少。重复产生的原因可能是 X 染色体的 16A1 至 16A6 区段发生不等交换所致。如果在两条都具有重复区段的同源染色体之间发生不均等交换，则会出现四种不同类型的棒眼变异（图 7-7）。正常野生型果蝇的复眼由 780 个小眼面组成；杂合棒眼为 16 区 A 段重复的重复杂合体，复眼由 358 个小眼面组成；棒眼为重复纯合体，复眼由 68 个小眼面组成；杂合双棒眼一条 X 染色体上重复 2 次，另一条为正常染色体，小眼面数仅为 45 个。显然棒眼和杂合双棒眼表型的差异是重复区段位置不同所引起，同时也说明 16 区 A 段重复有降低果蝇复眼中小眼面数量的剂量效应。

（3）剂量效应（dosage effect）。是指同一种基因对表型的作用随基因数目的增多而呈一定的累加增长。细胞内某基因出现的次数越多，表型效应越显著。基因的重复可产生剂量效应。例如，果蝇眼色有朱红色和红色两种，分别由 V 和 V^+ 基因所控制，V^+ 为 V 的显性。V^+V 基因型的眼色是红的，可是一个基因型为 V^+VV 的重复杂合体，其眼色却与 VV 基因型一样是朱红色的，即 2 个隐性基因的作用超过了自己的显性等位基因。

（4）表型异常。重复对生物发育和性细胞生活力也有影响，但比缺失的损害轻。如果重复的基因或产物很重要，就会引起表型异常。

三、倒位

倒位是指一个染色体上同时有两处断裂，断裂后中间的染色体片段发生 180° 的颠倒重接，该片段上所载荷的基因顺序也发生了颠倒。

（一）倒位的类型

1. 简单倒位（simple inversion）　一条染色体内只发生一次倒位（图 7-8）。又分为：

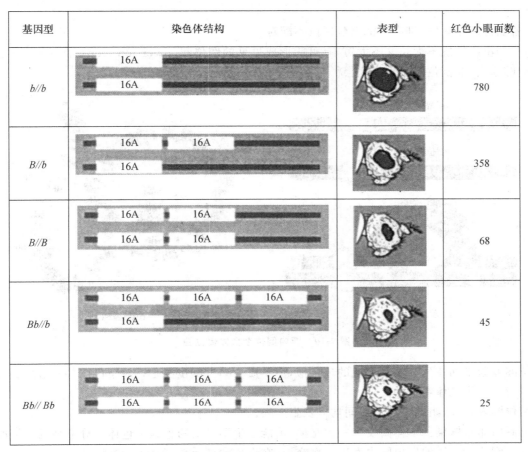

基因型	染色体结构	表型	红色小眼面数
b//b			780
B//b			358
B//B			68
Bb//b			45
Bb//Bb			25

图 7-7　染色体 16A 区段重复及其表型

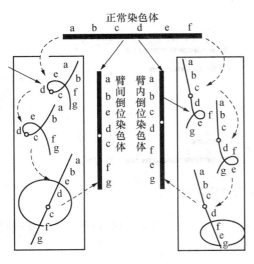

图 7-8　染色体倒位示意图

（1）臂间倒位（pericentric inversion）　倒位的区段包含着丝粒［图 7-9（a）］。

（2）臂内倒位（paracentric inversion）　倒位的区段不包含着丝粒［图 7-9（b）］。

2. 复杂倒位　一条染色体内发生两次或两次以上的倒位。

（二）倒位的细胞学鉴定

1. 倒位纯合体　细胞正常,减数分裂只是原来的连锁群基因顺序发生变化,交换值改变。

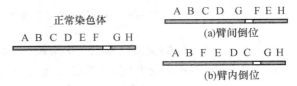

图 7-9　倒位示意图

2. 倒位杂合体　在减数分裂联会时,因倒位区段的大小不同而形成不同的配对图像。有以下几种情况:

（1）若倒位区段很长,减数分裂的偶线期和粗线期倒位区段会反转方向配对,正常区段则排在配对区段之外。

（2）若倒位区段太短,则有可能倒位区段不配对。

（3）若倒位区段既不太长又不太短,有可能形成可见的倒位圈(inversion loop)（图7-10）。这样,倒位区段能够联会,非倒位区段也能联会。

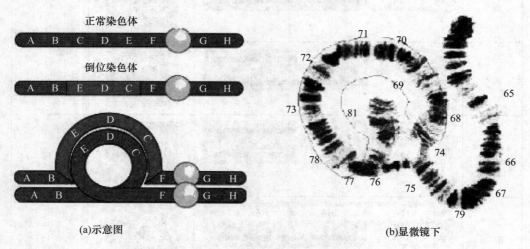

(a)示意图　　　　　　　　　　　　　(b)显微镜下

图7-10　臂内倒位杂合体倒位圈

倒位圈看起来同缺失和重复形成的环相似,但本质不同。倒位圈是一对染色体共同形成的,缺失和重复则是由一条染色体组成的。

在倒位圈内外,非姐妹染色单体间均可发生交换。

倒位圈内非姐妹染色单体间发生一次交换,可能产生不平衡的重组染色体。分下列两种情况。

①臂内倒位杂合体的倒位圈内发生一次交换,在形成的四个配子中,一个含正常染色体,一个含倒位染色体,两个含缺失的染色体(不育),这是由于交换的染色单体形成双着丝粒桥和无着丝粒片段所致（图7-11）。

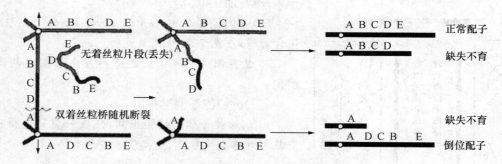

图7-11　臂内倒位杂合体产生双着丝点染色体

②臂间倒位杂合体的倒位圈内发生一次交换,在形成的配子中,一个含正常的染色体,一个含倒位染色体,两个含有重复-缺失的染色体(不育)。但不出现染色单体桥（图7-12）。

倒位环内若发生双交换,可产生正常配子。

（三）倒位的遗传效应

（1）对于倒位纯合体而言,倒位区内与倒位区外基因之间的重组率改变了。

主要原因有两个方面:

①得到交换过的染色单体的配子大多是不育的。含有交换染色单体的配子是不育的,降低了重组

近中心的倒位杂合体

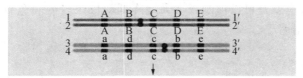

倒位环，包括交叉

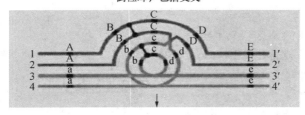

合成的配子

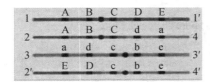

1 A B C D E 1'			正常顺序
2 A B C d a 4			重复和缺失
3 a d c b e 3'			倒位顺序
2' E D c b e 4			重复和缺失

图 7-12 臂间倒位遗传效应

型配子的数目，因而降低了重组率。

②由于倒位，倒位区段必须形成倒位圈才能与未倒位的相应的区段配对。而在倒位区段与非倒位区段交接处同源染色体之间的配对不如未倒位的正常区段紧密。配对是交换的前提，如果配对不密切，会在空间位置上影响交换，从而降低重组率。

（2）染色体发生倒位后，倒位区段内基因的直线顺序颠倒了，相应地倒位区内的基因与倒位区外的基因的距离随之发生改变。

（3）倒位不仅改变了基因之间的交换值，也改变了基因之间固有的相邻关系，从而造成遗传性状的变异。因此，倒位是物种进化的重要途径之一。据研究，很多近缘物种就是由于一次或再次的倒位形成的。通过种间杂交，根据杂种减数分裂时染色体的联会情况，可以分析物种之间的进化关系。

（4）倒位杂合体会产生部分不育配子，臂间倒位的杂合体，着丝粒在倒位圈的外面，环内发生交换后，虽然不会出现桥和断片，但也会使交换过的染色单体带有缺失和重复，形成不平衡的配子。这些配子一般是没有生活力的。

（5）对于臂内倒位杂合体而言，只要非姐妹染色单体在倒位圈内发生交换，就有可能产生下列四种染色单体。

①无着丝粒的染色单体片段。

②双着丝粒的缺失染色单体。

③缺失染色单体或既缺失又重复的染色单体。

④正常染色单体和倒位但不缺失的染色单体。

上述第4类染色单体只有发生了相互双交换时才能产生。而第1、2、3类是在倒位圈内发生一次交换的产物。凡得到第1类，在减数分裂的后期Ⅰ丢失。第2类在后期形成桥（染色体桥）后被拉断，变成缺失染色体，得到这种染色体的配子是不育的。第3类本身缺失，或者既缺失又重复，得到它们的配子也是不育的。

不论是臂间倒位还是臂内倒位，只要在倒位环内有交换发生，交换过的染色单体大多数带有缺失和重复,进入配子后往往引起配子死亡,使得最后参与受精的配子几乎均是在环内没有发生染色体交换的。所以倒位的一个遗传学效应就是可以抑制或大大地降低倒位区段内同源染色体的交换与重组,为此有时又把倒位称为"交换抑制因子"。

四、易位

易位是指两对非同源染色体之间发生染色体片段转移的一种结构变异。

(一)易位的类型

1. 单向易位 一个染色体的某区段转移至另一个非同源染色体上,称为单向易位或转位(图7-13)。

2. 相互易位 两个非同源染色体的某区段相互转移,称为相互易位(图7-13)。

3. 罗伯逊易位 罗伯逊易位是指两个近端着丝粒染色体在着丝粒处或其附近断裂后融合成为一个染色体。

4. 移位 易位发生在一条染色体内时称为移位(shift)或染色体内易位。

图7-13 单向易位与相互易位

(二)易位的细胞学鉴定

在减数分裂细胞里,单向易位杂合体在同源染色体联会时易位片段呈现游离端,容易识别。相互易位杂合体在联会时则较为复杂,表现为两对非同源染色体形成"十"字形结构,当染色体由于纺锤丝向两极牵引时,形成一个环状结构,有时也会形成"8"字形结构(图7-14)。

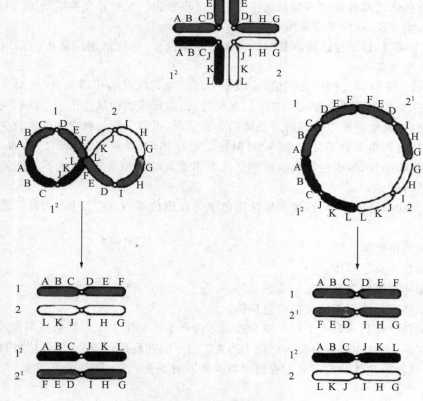

图7-14 易位的细胞学鉴定

易位杂合体前期:单向易位杂合体在粗线期呈"T"字形(图 7-15);相互易位杂合体在粗线期呈"十"字形(图 7-16)。

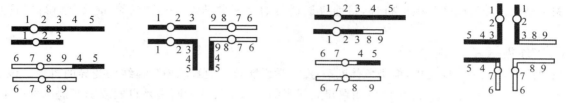

图 7-15　单向易位杂合体呈"T"字形　　　　　　**图 7-16　相互易位杂合体呈"十"字形**

(三)易位的遗传效应

1. **改变正常的连锁群**　一个染色体上的连锁基因,可能因易位而表现为独立遗传,独立遗传的基因也可能因易位而表现为连锁遗传。

2. **位置效应**　易位与倒位类似,一般不改变基因的数目,只改变基因原来的位置。若位于常染色质的基因经过染色体的重排转移到异染色质附近区域,该基因就不能表达出相应的表型。如果蝇红眼基因 W^+ 易位到异染色质区则不能产生红色,而大部分细胞仍然是正常的,出现红白相间的复眼。

3. **基因重排**　一些基因可通过染色体易位而与其他基因发生重排,如一些癌基因就是通过基因重排而激活,产生肿瘤。

4. **假连锁现象**　两对染色体上原来不连锁的基因,由于易位而表现出假连锁现象(图 7-17)。基因 bw(brown eye,褐眼)位于第二染色体。e(ebony body,黑檀体)位于第三染色体上。

图 7-17 中,易位杂合体雄蝇与双隐性雌蝇测交,由于易位染色体总是以交替式分离方式产生可育的配子,而可育配子都是亲本型,所以子代只出现亲代类型,无重组类型,造成假连锁现象。

在动物和人类中,易位除了导致肿瘤发生外,还可引起动物的繁殖机能和生产性能降低、人的智力低下等症状。

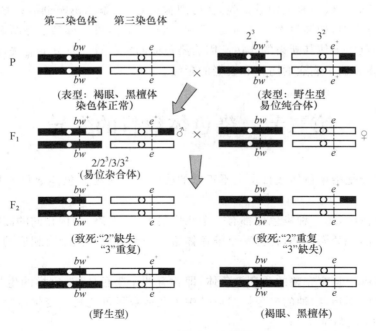

图 7-17　易位杂合体雄蝇用双隐性雌蝇测交

五、染色体结构畸变产生的机理

关于染色体结构畸变产生的机理,目前普遍认可的是两种学说:一是"断裂-重接"学说;二是互换假说。

(一)"断裂-重接"学说

虽然这一学说仍需要完善,但染色体断裂-重接学说能较好地解释染色体结构变异的机理。该学说是由 Stadler(1931—1962)等 6 位学者相继建立起来的。该学说认为断裂是自发或诱变剂诱发产生的,细胞内的染色体断裂后有如下 3 种可能:

(1)断裂后,它们保持原状,不愈合,没有着丝粒的染色体片段最后丢失,形成缺失染色体。

(2)某一断裂的一个或两个断裂端,可以与另一断裂所产生的断裂端连接,使染色体结构发生变异,即非重建性愈合,产生各种各样的畸变。

(3)同一断裂的两个断裂端重新愈合或重建,回复到原来的染色体结构。

前两点中发生的现象可在显微镜下看见,染色体在较大范围内发生变异。断裂发生重组可有各种方式,但有一点要注意,只有新发生的断裂端才有重组能力,已经游离的染色体断片或颗粒,一般是不能再黏合的。如果一个染色体发生断裂,而在原来的断面又立即黏合,就如正常的染色体一样,不会发生结构的变异。一对同源染色体在双线期发生等位基因间的交换,就是这样发生断裂、交换而又正常黏合的结果。但是如果一个染色体的不同区段发生断裂,而断裂区段的断面以不同方式进行黏合,就形成了染色体缺失、重复或倒位的变异。当两对非同源染色体的各一个染色体断裂后,如果它们断裂的区段间发生单向黏合或相互黏合,即形成易位的变异。

(二)互换假说

染色体畸变是由于两个相邻很近的不稳定的部位之间发生不等互换的结果。

染色体结构改变的原因有,受外界环境的影响,如 X 射线、γ 射线和其他射线,或某些化学药品的处理,可以增加断裂和结构改变的频率。但是没有遭到强烈外界条件的影响,染色体结构也可以发生某些变化,只是发生的频率非常低。有人做过试验,在白细胞培养中,添加诱癌剂可以增加染色体断裂的频率,但同时添加氧化防止剂,如维生素 C、维生素 E 和亚硒酸钠等,可降低染色体断裂的频率,这样看来,氧化防止剂有保护染色体不使其断裂的作用。因为染色体断裂与致癌及衰老有关,所以现在认为:大量服用氧化防止剂,可能有助于癌症的防止和衰老的延缓。

第二节　染色体数目的变异

染色体数目的变异是指染色体数目发生不正常的改变。在讨论染色体数目变化时,必须先明确染色体组的概念。

在动物细胞染色体中,每一种染色体都有一个相应的大小、形态、结构相同的同源染色体,每一种同源染色体之一组构成的一套染色体,称为一个染色体组。一套染色体上带有相应的一套基因,称为一个基因组(genome)。

在动物正常的细胞中具有完整的两套染色体,即含有两个染色体组,这样的生物称为二倍体($2n$),但由于内外环境条件的影响,物种的染色体组或其中染色体数目可能发生变化,这种变化可归纳为整倍体的变异、非整倍体的变异(表 7-1)。

表 7-1 整倍体和非整倍体染色体组(X)及其染色体变异类型

染色体数目的变异		染色体组(X)及其染色体	合子染色体数(2n)及其组成		
			染色体组数	染色体组类别	染色体
整倍体	二倍体	$A=a_1a_2a_3$	2X	AA	$a_1a_1a_2a_2a_3a_3$
		$B=b_1b_2b_3$	2X	BB	$b_1b_1b_2b_2b_3b_3$
		$E=e_1e_2e_3$	2X	EE	$e_1e_1e_2e_2e_3e_3$
	同源 三倍体	$A=a_1a_2a_3$	3X	AAA	$a_1a_1a_1a_2a_2a_2a_3a_3a_3$
	同源 四倍体		4X	AAAA	$a_1a_1a_1a_1a_2a_2a_2a_2a_3a_3a_3a_3$
	异源 四倍体	$A=a_1a_2a_3$ $B=b_1b_2b_3$	4X	AABB	$(a_1a_1a_2a_2a_3a_3)(b_1b_1b_2b_2b_3b_3)$
	异源 六倍体	$A=a_1a_2a_3$ $B=b_1b_2b_3$ $E=e_1e_2e_3$	6X	AABBEE	$(a_1a_1a_2a_2a_3a_3)(b_1b_1b_2b_2b_3b_3)$ $(e_1e_1e_2e_2e_3e_3)$
	异源 三倍体	$A=a_1a_2a_3$ $B=b_1b_2b_3$ $E=e_1e_2e_3$	3X	ABE	$(a_1a_2a_3)(b_1b_2b_3)(e_1e_2e_3)$
非整倍体	亚倍体 单体 缺体 双单体	$A=a_1a_2a_3$ $B=b_1b_2b_3$	$2n-1$	$AAB(B-1b_3)$	$(a_1a_1a_2a_2a_3a_3)(b_1b_1b_2b_2b_3)$
			$2n-2$	$AA(B-1b_3)(B-1b_3)$	$(a_1a_1a_2a_2a_3a_3)(b_1b_1b_2b_2)$
			$2n-1-1$	$AAB(B-1b_2-1b_3)$	$(a_1a_1a_2a_2a_3a_3)(b_1b_1b_2b_3)$
	超倍体 三体 四体 双三体	$A=a_1a_2a_3$	$2n+1$	$A(A+1a_3)$	$a_1a_1a_2a_2a_3a_3a_3$
			$2n+2$	$A(A+2a_3)$	$a_1a_1a_2a_2a_3a_3a_3a_3$
			$2n+1+1$	$A(A+1a_2+1a_3)$	$a_1a_1a_2a_2a_2a_3a_3a_3$

一、整倍体的变异

整倍体是指含有完整染色体组的细胞或生物。整倍体的变异是指细胞中整套染色体的增加或减少。可分为：一倍体(monoploid)、单倍体(haploid)和多倍体(polyploid)。多倍体包括：三倍体(triploid)、四倍体(tetraploid)、五倍体(pentaploid)、六倍体(hexaploid)等。

（一）一倍体和单倍体

一倍体是具有一个染色体组的细胞或生物。单倍体是具有配子染色体数的生物,它具有正常体细胞染色体数的一半。大部分动物单倍体和一倍体是相同的,都含有一个染色体组,x 和 n 可以交替使用。而在某些植物中,x 和 n 的意义就不同了,如小麦有 42 条染色体,共有 6 套染色体,那么它的单倍体就不是一个染色体组了,而是含有 3 个染色体组。

动物绝大多数是含有 2 套染色体。膜翅目昆虫、雄性蜂和蚁等,都是由未受精的卵子发育而成的(单性的孤雌生殖)。它们是单倍体,也是一倍体。在大部分物种中一倍体个体是不正常的,在自然群体中很少产生这种异常的个体。近年来也发现有未受精卵自发成为单倍体的鹅和鸡,孵出来的小鸡和小鹅全是雄性,这里单倍体都是常态的,它们一般都有正常的生活力。

单倍体的精细胞不是经过正常减数分裂产生,因为它们的染色体只有一套,不存在同源染色体的配对。

（二）多倍体

具有两个以上染色体组的细胞或生物统称为多倍体。1926年木原均和第一次根据组成多倍体的染色体组的来源，将多倍体分为同源多倍体（autopolyploid）和异源多倍体（allopolyploid），前者是指含有两个以上染色体组并来自同一物种的细胞或生物；后者是指含有两个以上染色体组并来自于不同物种的细胞或生物（图7-18）。

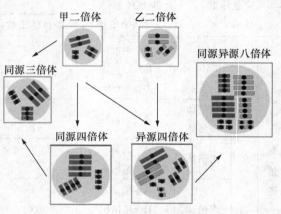

图7-18　同源、异源多倍体的形成

1. 多倍体产生的途径　同源多倍体和异源多倍体的形成过程基本相似，途径很多，但主要有两条：一是原种或杂种所形成未减数配子（即配子内保持原种或杂种的合子染色体数）的受精结合；二是原种或杂种的合子染色体数加倍。多倍体不仅可以自然发生，也可以通过各种途径人为地创造。多倍体的自然发生主要是通过上述的第一条途径，人工创造多倍体则主要是通过第二条途径。

人工创造多倍体是现代育种工作的一个重要手段，目的是为了克服远缘杂交不孕和克服远缘杂种不育，创造远缘杂交育种的中间亲本和育成作物新类型。人工创造的多倍体可以是同源的，也可以是异源的；后者是由不育的种间或属间杂种的染色体数加倍所形成。某些新创造的多倍体已经或正在农业生产上发挥重要的作用。

2. 多倍体的特点

①多数的多倍体细胞形态往往较二倍体细胞大一些，而且，细胞核也相对大些。洛岛红鸡三倍体间性个体的红细胞的直径和核的直径的测量值均较二倍体的公鸡和母鸡大些。

②一般多倍体细胞比二倍体细胞具有较强的代谢能力，这是由于等位基因数量增加，基因的产物也随之增加所表现出来的剂量效应。

③多倍体个体的育性有如下规律：染色体组倍数是偶数（4倍，6倍，8倍……）的多倍体大多是可育的，而奇数性多倍体则大多数是不育的；异源多倍体大多数是可育的，自然界的异源多倍体都是偶数倍性的。

④在人工诱变中染色体组的加倍同诱变因子的作用强度有关。例如，我国学者郑斯英等用X射线对体外培养的人淋巴细胞研究发现，多倍体细胞出现频率随着X射线剂量增加而增加，当照射剂量增加到3.72 Gy（372 rad）时，诱发的多倍体细胞频率可达9.13%，而对照组则未见多倍性细胞。

⑤离体培养细胞的多倍性检出频率随着培养时间的延长而增加，一般培养48~52 h，不论X射线照射组还是对照组检出的多倍性细胞皆很少。培养至72~96 h时，四倍体细胞、八倍体细胞明显增多。

⑥多倍体个体有时是以嵌合形式出现的。曾在鸡群中发现如下多倍嵌合体类型：2A＋ZZ/3A＋ZZZ、2A＋ZZ/3A＋ZWW、2A＋ZW/2A＋ZZWW、3A＋ZZW/6A＋ZZZZWW等，而且，多数个体是间性个体。

3. 多倍体的类型　在动物界自然产生的多倍体是非常罕见的。虽然曾在鱼类、鸟类、两栖类、爬行类以及人类中有多倍性个体的报道，但皆不能形成类群。据报道，人类出现多倍体在胚胎早期或出生后不久即夭亡，或由于染色体异常而引发自然流产，大部分是三倍体和四倍体个体，而能存活一段时间的多倍体皆是嵌合体。可见，动物出现多倍体会严重影响其个体生命力。植物中多倍体的例子很多，据报道异源多倍体新种已达1 000余种。例如，八倍体的小黑麦就是将普通小麦与黑麦杂交，使杂种染色体组加倍而育成的优良异源多倍体。

（1）同源多倍体

①同源三倍体 同源三倍体通常是由同源的四倍体和二倍体自然或人工杂交而产生的。

三倍体的特点是不育，这与减数分裂时染色体分离有关，无论是同源三倍体还是异源三倍体，在减数分裂的后期，3 个同源染色体总有一个染色体随机拉向一极。只有每种同源染色体中的每条染色体都同时进入同一配子，这个配子才具有育性。这种配子的概率为 $(1/2)^{x-1}$。由于这种概率太小，故认为同源三倍体和异源三倍体都是不育的。

同源三倍体的联会和分离 同源三倍体的联会特点是每个同源组的三个染色体，在任何同源区段内只能有两条染色体发生联会，而将第三个染色体的同源区段排斥在联会之外。因此，三价体内每两个染色体之间的联会区段少于二价体，即每两个染色体之间只是局部联会。联会是非姐妹染色单体之间发生交换的前提；交换是形成交叉的前提；交叉是使联会了的同源染色体紧密联系在一起的前提。既然三价体的每两个染色体之间只是局部联会，交叉较少，联会松弛，就有可能发生提早解离（desynapsis），就是说，在三价体往中期Ⅰ赤道面转移之前，就已经松解为一个二价体和一个单价体。再则一个同源组的三个染色体之中，如果有两个已经先联会成二价体，第三个势必成为单价体，即发生不联会。所以每个同源组的三个染色体或者联会成三价体，或者联会成一个二价体和一个单价体。三价体在后期Ⅰ只能是 2/1 的不均衡分离。一个二价体和一个单价体发生分离有两种可能性：一是 2/1 的不均衡分离，二是单价体被遗弃在胞质之内，二价体就是 1/1 的均衡分离了。不管是哪一种情况，都将造成同源三倍体的配子中染色体组合成分的不平衡。曼陀罗（$n=x=12$）同源三倍体（$2n=3x=36=12$Ⅲ）的染色体不均衡分离就是一个很好的例证。配子染色体组合成分的不平衡导致同源三倍体的高度不育。也正是由于这个原因，同源三倍体的基因分离缺乏规律性。

②同源四倍体 同源四倍体是自然产生的，如一个二倍体的生物，由于本身染色体的加倍就可能产生同源四倍体。同源四倍体是同源多倍体中最常见的一种。同源四倍体在减数分裂时，会出现三种情况：一个三价体和一个单价体，或两个二价体，或一个四价体（图 7-19）。两个同源染色体相互配对的叫二价体；3 个同源染色体相互配对的叫三价体；4 个同源染色体相互配对的叫四价体。2 个二价体和一个四价体的配对形式可以正常地分离，一般 2/2 分离产生的配子是有功能的。同源多倍体

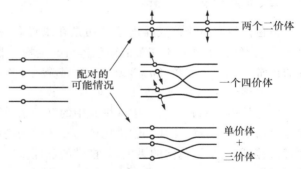

图 7-19 同源四倍体在减数分裂中的可能配对方式

因为具有多套染色体，植株高大，细胞、花和果实都比二倍体的要大一些。

同源四倍体的联会和分离 同源四倍体的每个同源组是 4 个同源染色体，由于在任何同源区段只能有两条染色体联会，所以每个同源组的 4 条同源染色体的联会，也会与同源三倍体一样，发生不联会和四价体提早解离的情况，于是在中期Ⅰ，除四价体外，还会出现一个三价体和一个单价体（Ⅲ＋Ⅰ）、两个二价体（Ⅱ＋Ⅱ）以及一个二价体和两个单价体（Ⅱ＋Ⅰ＋Ⅰ）等多种变化。到了后期Ⅰ，除Ⅱ＋Ⅱ的联会发生 2/2 式的均衡分离外，其他 3 种联会可能是 2/2 式的均衡分离，也可能是 3/1 式的不均衡分离。如果每个同源组的 4 条染色体都发生不均衡分离，会造成同源四倍体的配子内染色体数和组合成分的不平衡，从而造成同源四倍体的部分不育及其子代染色体数的多样性变化。

（2）异源多倍体 两个不同物种的二倍体生物杂交，其杂种再经染色体加倍，可形成异源多倍体。自然界能够自繁的异源多倍体种几乎都是偶倍数。在偶倍数的异源多倍体细胞内，由于每种染色体组都有两个，同源染色体都是成对的，因而减数分裂时能像二倍体一样联会成二价体，所以异源多倍体表现与二倍体相同的性状遗传规律。异源四倍体与同源四倍体不同，在减数分裂时能进行正常的染色体配对和分离，产生有功能的配子。因此异源多倍体不但可以繁殖，而且还很有规律。

奇倍数的异源多倍体是偶倍数多倍体种间杂交的子代。例如,使异源六倍体的普通小麦($6X=$ AABBDD$=42=21\,\mathrm{II}$)与异源四倍体的圆锥小麦($4X=$ AABB$=28=14\,\mathrm{II}$)杂交,F_1就是奇倍数的异源五倍体($2n=5X=$ AABBD$=35=14\,\mathrm{II}+7\,\mathrm{I}$)。再如,普通小麦与异源四倍体的提莫菲维小麦($4X=$ AAGG$=28=14\,\mathrm{II}$)杂交,F_1也是奇倍数的异源五倍体($2n=5X=$ ABDG$=35=7\,\mathrm{II}+21\,\mathrm{I}$)。这两个$F_1$虽然同是异源五倍体,可是它们在减数分裂时却表现不同的细胞学特征。在普通小麦×圆锥小麦的F_1孢母细胞内理论上将出现14个二价体和7个单价体($14\,\mathrm{II}+7\,\mathrm{I}$),而在普通小麦×提莫菲维小麦的$F_1$孢母细胞内只有7个二价体和21个单价体($7\,\mathrm{II}+21\,\mathrm{I}$)。由于单价体的出现,这两个$F_1$都会表现不育或部分不育,可是后一种$F_1$的不育程度要比前一种$F_1$严重得多。因为单价体数越多,染色体的分离越紊乱,配子染色体数及其组合成分越不平衡。所以自然界的物种很难以奇倍数的异源多倍体存在,除非它可以无性繁殖。

在多倍体的形成过程中,染色体之所以能够加倍,主要是因为在减数分裂时,染色体复制之后细胞分裂被抑制,造成染色体在同一细胞内的累积。

多倍体物种在动物中十分罕见,因为大多数动物是雌雄异体,雌雄性细胞同时发生不正常的减数分裂机会极小,而且染色体稍不平衡,就会导致不育。但在扁形虫、水蛭和海虾中发现有多倍体,它们是通过孤雌生殖方式繁殖的。在鱼类、两栖和爬行动物中也都有多倍体,它们有各种繁殖方式。某些鱼类是由单个的多倍体在进化中产生了完整的分离群。

在动物中存在有不育的三倍体。如三倍体牡蛎,它比相应的二倍体更具有商业价值。二倍体牡蛎进入产卵季节时味道不好,而三倍体是不育的,不产卵,一年四季味道鲜美。

二、非整倍体的变异

染色体组非整倍体变异现象最初是在果蝇和一些植物的染色体研究中发现的。非整倍体(aneuploid)是指细胞中含有不完整的染色体组的生物。非整倍体的变异是指生物体内的染色体数目比该物种的正常合子染色体数($2n$)多或少一个甚至若干个染色体。按其变异类型可分为:

(一)单体(monosomy)

单体是指在原有二倍体中减少其中的某一条,即$2n-1$(图7-20)的生物个体。由于染色体的减少,单体会出现异常表型特征。①染色体的平衡受到破坏;②某些基因产物的剂量减半,有的会影响性状的发育;③随着一条染色体的丢失,其携带的显性基因随之丢失,其隐性基因得以表达。性染色体的单体常表现性别发育不全或异常,在人类和动物中均有表现,如人类45,XO和牛59,XO等,均表现先天性卵巢发育不全。常染色体的单体一般导致胚胎的早期死亡。

(二)缺体(nullsomy)

缺体是指一对同源染色体全部丢失($2n-2$)的生物个体(图7-21),又称为零体。由于丢失的染色体上带有的基因是别的染色体所不具有的,无法补偿其功能,故会引起致死。在异源多倍体植物中常可成活,但较弱小。

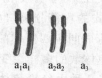

a₁a₁　a₂a₂　a₃

图7-20　单体($2n-1$)

a₁a₁　a₂a₂

图7-21　缺体($2n-2$)

(三)多体(polysomy)

多体是二倍体染色体增加了一个或多个染色体的生物个体的通称。因染色体增加的多少不同,多体可分为以下几种:

1. 三体(trisomy)　三体是指多了某一条染色体(2n＋1)的生物个体(图7-22)。在动植物的二倍体生物群体内三体比单体多见,且有害效应比单体小。例如,人类的第21号常染色体异常,21三体,又称先天愚型,其眼裂小,常伸舌,智力低下,但可勉强生活。而21单体不能存活。在家畜上,发现65,XXX型母马,X三体表现不孕,卵巢小,子宫发育不全,性周期不规则。65,XXY型公马,颈似母马,无精子形成。长白猪39,XXY型公猪,阴茎短,无精子形成。牛的一些常染色体三体,通常死亡。

2. 双三体(double trisomy)　双三体是指在二倍体的基础上,某两对染色体都增加一条(2n＋1＋1)的个体(图7-23)。

3. 四体(tetrasomy)　四体是指某对染色体多出两条(2n＋2)的个体(图7-24)。

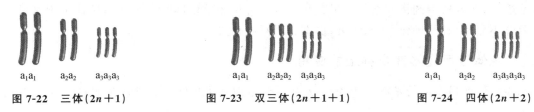

图7-22　三体(2n＋1)　　　　　图7-23　双三体(2n＋1＋1)　　　　　图7-24　四体(2n＋2)

在非整倍体变异的类型中单体和缺体都是由于正常个体在减数分裂时个别染色体发生不正常的分裂而形成不正常的配子受精所致。在大多数情况下动物中非整倍体是致死的,而植物中非整倍体常得以生存。单体和缺体对生物的影响大于整个染色体组的增减,这说明遗传物质平衡的重要性。三体的影响一般比缺少个别染色体的影响小,但由于个别染色体的增加,能使基因剂量效应发生变化,从而引起某些性状及其发育的改变。

三、嵌合体(genetic mosaic)

嵌合体是指含有两种以上染色体数目或类型细胞的个体,如2n/(2n−1),XX/XY,XO/XYY等。将含有雌雄两种细胞类型的称为雌雄嵌合体或两性嵌合体。在人类,XX/XY两性嵌合体既具有男性睾丸,又具有女性卵巢。这种XX/XY嵌合体可能是两个受精卵融合的结果。另一种两性嵌合体XO/XYY可能是在XY合子发育早期,在有丝分裂中两条Y染色体的姐妹染色单体没有分离,同趋一极,而使另一极缺少了Y染色体。这样一个子细胞及其后代为XYY,另一个子细胞及其后代为XO。这种个体的性别取决于身体的某一组织细胞类型是XYY,还是XO。如果不是在受精卵一开始分裂就产生染色体不分离,就可能产生三种类型的嵌合体XY/XO/XYY。还有一种两性嵌合体XO/XY,可能是XY合子在发育早期的有丝分裂中丢失了一条Y染色体所致。

在动物中嵌合体都有存在,在牛上广泛分布着60,XX/60,XY的细胞嵌合体,这种核型多见于异性双胎的母牛,一般公牛犊的核型和发育正常。据报道,约有90%的双生间雌个体其核型为60,XX/60,XY嵌合体,这种嵌合体约有30%～40%的细胞为60,XX型,58%～70%的细胞为60,XY型。这种牛表现为外阴小,但具有两性的生殖系统和发育不全的生殖器官,没有生育能力。其形成的原因是在胚胎发育早期,由于胎盘微血管交换血液造成的。除此之外,还有60,XY/61,XYY;60,XX/61,XXY;60,XY/61,XXY的嵌合体,据报道,第一类型的种公牛,常表现睾丸发育不全,精子生产水平低下,血液中性激素含量不足的特征,后两种核型的嵌合体,常表现不育。在水牛中,异性双生或三生中,公母犊均为50,XX/50,XY嵌合体,均无生育能力。

在黄牛中还发现了二倍体/五倍体(2n/5n)的嵌合体,这种牛一般外形正常,发育良好,性器官外观正常,仅无生育能力。在我国滩羊中,也发现有二倍体/四倍体、二倍体/五倍体嵌合体的个体。

非整倍体变异导致遗传上的不平衡,对生物体是不利的。非整倍体的出现,表明上几代曾经发生减数分裂或有丝分裂的不正常,其中最主要的原因是减数分裂时的不分离或提早解离,致使配子染色体数

少于或多于 n。这种配子同正常的配子结合,便发育成各种类型的非整倍体个体。正是由于这个原因,在同源多倍体中,特别是同源三倍体的子代群体中,经常出现非整倍体。

在生物自然进化中,有的物种非整倍体变异不仅常见,而且对生物进化有意义。例如,各种甘蔗的体细胞核中的染色体数目有 $2n=48$、56、64、72、80、96、104、112、118 等各种变异类型;千姿百态的菊花,其染色体组成为 $2n=53\sim67$。

动物的非整倍体变异不像植物那样广泛,但也有类似现象。美国俄亥俄州对肉用仔鸡、白来航鸡和一些杂种鸡的染色体畸变类型及其发生频率的研究报道,非整倍体的发生频率,1 日龄胚占全部染色体畸变频率的 $3\%\sim7\%$,4 日龄胚为 17%。人类白细胞非整倍体的发生频率,新生儿为 3%,成年男性为 7%,成年女性为 13%。在用 ^{60}Co、γ 射线照射离体培养的淋巴细胞,亚倍体细胞的出现频率在 $0\sim5$ Gy 的剂量范围内,随着所用剂量增加而呈直线上升。可见非整倍体的发生同诸种体细胞有丝分裂的姐妹染色单体不分离因素(理化因子、年龄、性别、品种等)有关。

四、染色体数目变异在育种上的应用

根据染色体数目变异的基本遗传理论,产生了通过改变染色体数目进行育种的许多方法,主要包括以下两个方面。

(一)染色体加倍的多倍体育种

因为多倍体适应性强、耐寒性好,异源多倍体又表现杂种优势,繁殖力强,所以产生多倍体已成为育种的一个方向。目前,在鱼、虾、贝等海洋生物中已采用此种方法育种。

(二)二倍体染色体数减半的单倍体育种

单倍体育种实质上是一种直接选择配子的方法,它能提高纯合基因型的选择概率,而且需要改良的基因数越多,选择效率越高,因为它不存在等位基因的显隐性问题,故便于淘汰不良的隐性基因。如纯合诱变育种,可提高选择效率。被选中的单倍体优良植株,只要使染色体加倍成为纯合的株系,即可显著地缩短育种年限。

思 考 题

1. 名词解释:

缺失　重复　倒位　易位　单体　缺体　整倍体　非整倍体　同源多倍体　异源多倍体

2. 为什么果蝇唾腺染色体特别适宜进行染色体结构变异研究?

3. 有一个倒位杂合子,它的一条染色体上基因的连锁关系如下:

$$\bullet\!\!\!-\!\!\!-\!\!\!-\!\!\!-\!\!\!-\!\!\!-\!\!\!-\ \ a\ \ b\ \ c\ \ d\ \ e\ \ f\ \ g$$

另一条染色体上在 cdef 区有一个倒位。

(1)这是什么类型的倒位?

(2)画出这两条染色体的联会图。

4. 一个纯合果蝇的 X 染色体上一段朱红色眼决定基因的序列发生了重复:

$$\frac{V^+\qquad\quad V}{V^+\qquad\quad V}$$

这种个体有野生型眼色。将这种品系果蝇的雌性个体与朱红色眼的雄性个体杂交(这种雄性个体是不

具有重复片段的）：

$$\frac{V^+\qquad V}{V^+\qquad V} \times \frac{V}{\diagup}$$

后代中的雄性都有野生型眼色,而雌性都有朱红色眼。

(1)解释这些与显性决定理论显然不同的现象。

(2)解释下列表型形成的原因:雌雄亲本;雌雄后代。

第八章　基因突变

突变一词是荷兰遗传学家 de Vris 首先提出来的,他根据在月见草中发现的变异,把基因型大而明显的改变现象称为突变,并于 1901—1903 年发表了"突变学说"。所有可遗传变异均源于突变,它为生物进化提供了原始材料。基因突变是染色体上某一基因位点内部发生的化学变化,突变基因与原来基因形成相对关系,基因突变是生物进化的主要源泉。

第一节　基因突变的分类与特性

一、基因突变的类型

突变(mutation)是指生物遗传物质结构的改变。广义的突变包括基因突变和染色体畸变,狭义的突变专指基因突变。染色体畸变和基因突变的界限并不明确,尤其是细微的畸变。

含有突变的细胞或表现突变性状的个体称为突变体或突变型(mutant),没有突变的细胞或个体称为野生型(wild-type)。人们试图对突变的发生进行量化,常使用突变率和突变频率两种术语,突变率(mutation rate)是指在单位时间内某种突变发生的概率,即每代每个基因的突变概率;突变频率(mutation frequency)是指在一个群体中某种突变产生的突变体占群体总数的比率,一般指每 10 万个生物中突变体的数目,或每 100 万个配子中突变的数目。

(一)基因突变的概念

基因突变(gene mutation)是指由于某种原因导致 DNA 碱基对的置换、增添或缺失而引起的基因结构的变化,亦称点突变(point mutation)。突变前的基因(野生型)与突变后的基因(突变型)形成相对关系,常使得原基因决定的性状(野生型)发生变异,出现突变型。如红花基因 R(野生型)突变为 r(突变型)后,其花色就由红花(野生型)变为白花(突变型)。

基因重组与基因突变在性状表型上有相似之处,但二者之间有本质区别。基因重组是原有基因之间关系的改变,基因突变则是基因内部发生的质变。因此,基因突变是生物多样性的根本原因,是生物进化的源泉。

基因突变的发生和 DNA 复制、DNA 损伤修复、癌变和衰老等都有关系,研究基因突变除了本身的理论意义以外还有广泛的生物学意义。基因突变为遗传学研究提供突变型,为育种工作提供素材,具有科学研究和生产上的实际意义。

(二)基因突变的类型

基因突变按不同依据可划分出不同的类型。

1. 按鉴定突变的方法划分

(1)形态突变(morphological mutant)　这类突变主要影响生物的形态结构,导致形状、大小、色泽等的改变,可从表现型识别,故又称为可见突变。如普通绵羊突变产生的短腿安康羊。

(2)生化突变(biochemical mutant)　这类突变主要影响生物的代谢过程,导致一个特定生化功能的改变或丧失,可用生化方法鉴别。常见的是营养缺陷型,如红色面包霉一般能在基本培养基上生长,但突变后,要在基本培养基上添加某种特定营养物质才能生长。

(3)致死突变(lethal mutant)　这类突变主要影响生物的生活力,甚至导致细胞或个体死亡。致死突变既可在常染色体遗传的基因中发生,也可在性染色体上遗传的基因中发生。大多数的致死突变为隐性致死。

(4)条件致死突变(conditional lethal mutant)　在一定条件下表现致死效应,而在其他条件下却能成活的突变。如噬菌体 T4 的温度敏感突变型,在 25℃能在大肠杆菌上生长,形成噬菌斑,但在 42℃ 则致死。

(5)中性突变(neutral mutation)　有些基因突变对生物无所谓有利或不利,对生物的生殖力、生活力、适应性等均无影响,自然选择对它不起作用,这类突变称为中性突变。1968 年日本人木村资生(M. Kimura)根据核酸中核苷酸和蛋白质中氨基酸的置换速率,以及这些置换所造成的核酸和蛋白质分子的改变并不影响生物大分子功能等事实,提出了分子进化中性学说(natural theory of molecular evolution);1969 年美国人 J. L. King 和 T. H. Jukes 用大量的分子生物学资料进一步充实了这一学说。该学说认为,多数或绝大多数突变都是中性的,这些中性突变以随机"遗传漂变"的形式影响生物的进化,而与选择无关。

2. 按基因结构改变划分

(1)碱基置换突变(substitution mutation)　指 DNA 分子上一种碱基被另一种碱基置换而导致的 DNA 序列异常,碱基对的数量没有发生变化。碱基置换突变可分为转换和颠换,一种嘌呤被另一种嘌呤置换或一种嘧啶被另一种嘧啶置换叫转换(transition),一种嘌呤被一种嘧啶置换或一种嘧啶被一种嘌呤置换叫颠换(transversion)(图 8-1)。碱基置换若发生在编码区,只改变被置换碱基所在的密码子,不会影响其他密码子,可能导致某一氨基酸的改变。

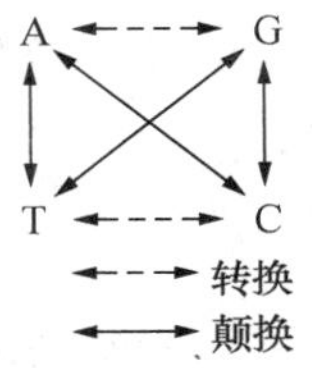

图 8-1　转换与颠换

(2)移码突变(frameshift mutation)　DNA 分子中插入或者缺失一个或少数几个相邻碱基对,导致插入或缺失部位之后一系列编码发生移位而产生的突变。如果插入或缺失的碱基对数正好是 3 的整数倍,则所表达的多肽链就插入或丢失了某一个或几个氨基酸,这种整码插入或整码缺失称为整码突变(in-frame mutation);如果插入或缺失的碱基数为 $3n\pm1$ 或 $3n\pm2$,则会使插入或缺失点以后的密码错位,核糖体在突变位点下游阅读出一套不同的密码子,完全改变编码蛋白质的氨基酸序列,产生一种异常的多肽链,从而造成移码突变(图 8-2);如果同时发生插入和缺失的双重突变,且插入和缺失的碱基数目相等,则二者可以相互抑制突变产生的遗传效应,即第二次移码突变能校正第一次移码突变打乱的密码顺序。

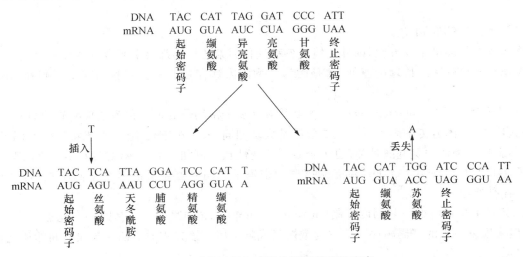

图 8-2　碱基对插入或丢失引起的移码突变

3. 按遗传信息改变方式划分

（1）同义突变（samesense mutation）　由于密码的简并性,发生在基因编码区的突变可能并不改变编码的氨基酸,这类基因突变称为同义突变。例如,天冬氨酸密码子 GAU 变成 GAC 后仍编码天冬氨酸[图 8-3(a)]。

（2）错义突变（missense mutation）　由于一对或几对碱基的改变而使决定某一氨基酸的密码子变为决定另一种氨基酸的密码子,这类基因突变叫错义突变。例如,谷氨酸密码子 GAA 变成 GUA 后就成为缬氨酸密码子[图 8-3(b)]。

（3）无义突变（nonsense mutation）　由于一对或几对碱基的改变而使决定某一氨基酸的密码子变成终止密码子,这类基因突变叫无义突变,所编码的蛋白质（或酶）大都失去活性或丧失正常功能。例如,赖氨酸密码子 AAG 突变成 UAG（终止密码子）[图 8-3(c)]。

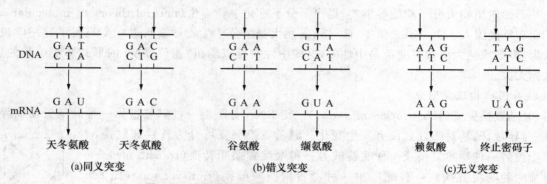

图 8-3　按遗传信息改变方式划分的基因突变类型

某一突变基因的表型效应由于第二个突变基因的出现而恢复正常时,称后一突变基因为前者的抑制基因。抑制基因并没有改变突变基因的 DNA 结构,只是使突变型的表型恢复正常。例如,酪氨酸的密码子是 UAC,置换突变使 UAC 变为无义密码子 UAG 后翻译便到此为止。如果酪氨酸 tRNA 基因发生突变,使其反密码子由 AUG 变为 AUC 时,其 tRNA 仍然能与酪氨酸结合,而且它的反密码子 AUC 也能与突变的无义密码子 UAG 配对。因此这一突变型 tRNA 能使无义突变密码子位置上照常出现酪氨酸,使翻译正常进行。在此,酪氨酸 tRNA 的突变基因便是前一个无义突变基因的抑制基因。

4. 按是否掺有人为因素　可分为自发突变（spontaneous mutation）和诱发突变（induced mutation）（人工诱变）。自发突变是指因自然环境条件的作用或生物体内的生理和生化变化而发生的突变。诱发突变是指人工利用物理或化学因素诱发产生的突变。这两类突变的表现形式没有严格的区别。

（三）基因突变的抑制

生物体所处的环境千变万化,内外环境中各种理化因素的作用都会引起各种各样的突变。实际上,生物体表现出的突变率远比理论值低,这是因为生物体内都存在着一套完整的突变抑制和 DNA 修复系统。

1. 密码子的简并性（degeneracy）　一个氨基酸有多个密码子的现象称为遗传密码的简并性。同一氨基酸的多个三联体遗传密码中,第一、二位碱基大多相同,只是第三位不同,如果第三位密码子发生点突变,并不影响所翻译的氨基酸种类,也不会表现突变性状。例如,ACU、ACC、ACA、ACG 都是苏氨酸的密码子,GUA、GCU、GUC、GUG 都是缬氨酸的密码子。同一氨基酸的多个密码子在不同物种中的使用频率各有差异。

2. 基因内突变的抑制　基因内抑制（intragenic suppression）是指一个基因突变掩盖了另一个基因的突变（但未恢复原来的密码顺序）,使突变型恢复成野生型。该方式类似插入与缺失间的相互校正,故也称校正突变。

如果突变是由于碱基对的增加或减少,就会使增加或减少碱基对以后的密码子全部误读。若这时在这个突变密码子附近又发生缺失或插入,就会使读码恢复正常,编码有活性的蛋白质。假如原来的序列是 ATC CCG CCC GGG ACG……如果第 4 个碱基丢失,编码就变为 ATC CGC CCG GGA CG……;这时若在第 5 位碱基前插入一个碱基,就会使后面的密码子恢复正常,成为 ATC CXG CCC GGG ACG ……。这种双移码突变已在 T4 噬菌体中发现。

3. 基因间突变的抑制　基因间抑制(intergenic suppression)是指控制翻译机制的抑制者基因(通常是 tRNA 基因)发生突变,使原来的无义突变、错义突变或移码突变恢复成野生型。

(1)无义突变和错义突变的抑制　结构基因发生碱基替代会造成无义突变和错义突变,如果相应密码子的 tRNA 基因也发生突变,使 tRNA 反密码子也发生变异,就会合成带有相同氨基酸的完整多肽,使突变得到抑制。

(2)移码突变的抑制　移码突变也可由 tRNA 分子结构的改变而被抑制,如在正常的 DNA 序列中插入一个 G,使其后的密码子发生移码突变,这时如果反密码子上增加一个 C,使反密码子成为 CXXX,从而校对了由插入一个碱基造成的移码突变。

(3)直接抑制突变与间接抑制突变　根据野生表现型恢复作用的性质还可以将突变分为直接抑制突变(direct suppressor mutation)和间接抑制突变(indirect suppressor mutation)。直接抑制突变是通过恢复或部分恢复原来突变基因产物——蛋白质的功能而使表型恢复为野生型状态。所以基因内抑制突变和一些改变翻译性质的基因间抑制突变的作用都是直接的。间接抑制突变不恢复正向突变基因产物蛋白质的功能,而是通过改变其他蛋白质的性质或表达水平以补偿原来突变造成的缺陷,使野生型表现得以恢复。

4. RNA 编辑　1986 年,R. Benne 对锥虫(*Trypanosome*)线粒体基因的研究发现,基因转录产生的 mRNA 分子中,由于核苷酸的缺失、插入或替代,基因转录物的序列不与基因编码序列互补,使翻译生成的蛋白质的氨基酸组成不同于基因序列中的编码信息,这种现象称为 RNA 编辑(RNA editing)。RNA 编辑与基因的选择剪接或可变剪接(alternative splicing)一样,使得一个基因序列有可能产生几种不同的蛋白质,这可能是生物在长期进化过程中形成的、更经济有效地扩展原有遗传信息的机制。

二、基因突变的特性

基因突变作为生物变异的一个重要来源,无论是真核生物还是原核生物的突变,也不论是何种类型的突变,都具有以下主要特性。

(一)普遍性

基因突变在生物界是普遍存在的,无论是低等生物还是高等动植物以及人类,都可能发生基因突变。例如,果蝇的白眼、残翅,家鸽羽毛的灰红色,禽类的无毛,羊的短腿,牛的无角,棉花的短果枝,水稻的矮秆、糯性,人的色盲、糖尿病、白化病等遗传病,都是基因突变所致。

(二)独立性

某一基因座上的某一等位基因发生突变时不影响其他等位基因,一对显性基因 AA 中的一个 $A \rightarrow a$,另一个 A 基因仍保持显性而不受影响。例如巨大芽孢杆菌(*Bacillus megaterium*)抗异烟肼的突变率是 5×10^{-5},而抗氨基柳酸的突变率是 1×10^{-6},对两者双重抗性突变率是 8×10^{-10},与两者的乘积相近。

(三)可逆性

基因突变的方向是可以逆转的,即 $A \rightleftharpoons a$。通常把原始的野生型基因变异成为突变型基因的过程称为正突变(forward mutation),相反的过程称为反突变(back mutation)或回复突变(reverse mutation)。试验证明,任何遗传性状都可发生正突变和回复突变。一般正突变频率(u)大于反突变频率(v)。

突变的可逆性是区别基因突变和染色体微小结构变异的重要标志。染色体微小结构变异可能产生与基因突变相似的遗传行为,但它们一般不可逆,其结构和功能不能回复。

(四)多向性

当某一基因座上存在复等位基因时,基因突变可以多方向进行。如基因 A 可以突变成 a_1、a_2、a_3…,而 a_1、a_2、a_3…对 A 来说都是隐性基因,它们之间的生理功能与性状表现各不相同。

(五)稀有性与随机性

虽然基因突变具有普遍性,但自发突变发生的频率很低,一般在 $10^{-6} \sim 10^{-9}$ 之间。

从突变发生时期和部位来看,基因突变是随机发生的,它可以发生在生物个体发育的任何时期和生物体的任何细胞,即基因突变既可以发生在体细胞中,也可以发生在生殖细胞中。发生在生殖细胞中的突变可以通过受精作用直接传递给后代,发生在体细胞中的突变一般不能传递给后代。从突变发生的频率看,基因突变的发生又是非随机的,不同生物或同一物种不同基因的突变率有很大差异,同一基因的突变频率则相对稳定(表8-1)。

表 8-1　几种生物不同基因的自然突变率
(杨业华,普通遗传学,2001)

生物	突变体表型	基因	突变率	单位
大肠杆菌 (*E.coli*)	乳糖发酵	$lac^+ \rightarrow lac^-$	2×10^{-6}	每次细胞分裂(每个细胞世代)
	乳糖不发酵	$lac^- \rightarrow lac^+$	2×10^{-7}	
	需组氨酸	$his^+ \rightarrow his^-$	2×10^{-6}	
	不需组氨酸	$his^- \rightarrow his^+$	4×10^{-8}	
肺炎双球菌 (*Diplococcus pneumoniae*)	青霉素抗性	$pen^s \rightarrow pen^r$	1×10^{-7}	每次细胞分裂(每个细胞世代)
	肌醇需求性	$inos^s \rightarrow inos^-$	8×10^{-8}	
果蝇 (*D. melanogaster*)	黄体	$Y \rightarrow y$	1.2×10^{-68}	每个配子世代
	白眼	$W \rightarrow w$	4×10^{-5}	
	黑檀体	$e^+ \rightarrow e$	2×10^{-5}	
	无眼	$eg^+ \rightarrow eg$	6×10^{-5}	
小鼠 (*Mus musculus*)	浅色皮毛	$d^+ \rightarrow d$	3×10^{-5}	每个配子世代
	粉红色眼	$p^+ \rightarrow p$	3.5×10^{-6}	
	白化	$c^+ \rightarrow c$	1.022×10^{-5}	
人 (*Homo sapiens*)	血友病	$h^+ \rightarrow h$	2×10^{-5}	每个配子世代
	视网膜色素瘤	$R^+ \rightarrow R$	2×10^{-5}	
	软骨发育不全	$A^+ \rightarrow A$	5×10^{-5}	
玉米 (*Zea mays*)	无色	$C \rightarrow c$	49.2×10^{-5}	每个配子世代
	紫色	$Pr \rightarrow pr$	1.1×10^{-5}	
	非甜粒	$Su \rightarrow su$	2.4×10^{-6}	
	黄胚乳	$Y \rightarrow y$	1.2×10^{-6}	
	饱满粒	$Sh \rightarrow sh$	1×10^{-6}	

研究表明,性细胞的突变率高于体细胞的突变率,这是因为生殖细胞在减数分裂末期对外界环境条件比较敏感,且一旦发生了突变就可通过受精作用直接传递给后代。体细胞则不然,突变的体细胞往往生活力不如正常体细胞,在其生长过程中受到抑制或最终消失。要保留体细胞突变,需及时将其从母体上分割下来加以无性繁殖,或设法使其产生性细胞,再经有性繁殖将突变传递给后代。许多植物的芽变

就是体细胞突变的结果,如著名的温州早橘就是由温州蜜橘的芽变培育而成的。一般来说,在生物个体发育过程中,基因突变发生的时期越迟,生物体表现的突变部分就越少。例如,植物的叶芽如果在发育早期发生基因突变,那么由突变叶芽长成的枝条,上面着生的叶、花和果实都有可能与其他枝条不同;如果基因突变发生在花芽分化时,那么,将来可能只在一朵花或一个花序上表现出变异。

(六)重演性与平行性

同一突变可以在同种生物的不同个体间多次发生,这种特性称为基因突变的重演性。例如果蝇白眼突变,多个雌雄果蝇发生白眼突变后,通过选育即育成了白眼品系;又如有角海福特牛群中,同时发生几头无角突变体,便育成了无角海福特牛品系;短腿安康羊也是由正常羊发生多个短腿突变体选育而成的。

亲缘关系相近的物种因遗传基础比较近似会发生相似基因突变,这种现象叫基因突变的平行性。根据这一特性,当了解到一个物种或属内具有哪些突变类型,即可预见近缘的其他物种或属也可能同样存在相似的变异类型。如小麦有早熟、晚熟的变异类型,属于禾本科的其他物种如大麦、黑麦、燕麦、水稻、玉米、冰草等同样存在这些变异类型。在籽粒的若干性状方面,这些物种也具有相似的变异类型。

(七)有利性与有害性

大多数基因突变对生物的生长发育有害,如生活力的降低,孕性的降低等。这是因为任何一种生物都是经过长期自然选择、进化的产物,其遗传物质及其控制下的代谢过程以及它们与环境条件之间都已达到了相对平衡和高度协调的状态,如果某基因发生突变,原有的协调关系难免遭到破坏或削弱,生物赖以生存的正常代谢关系就被打乱,从而引发不同程度的有害后果。一般表现为生育反常,极端的有害突变可导致有机体的死亡,例如人类中的血友病、植物的白化苗等。白化苗由于缺乏叶绿素,不能进行光合作用制造有机物,最终死亡。也有少数突变对生物是有利的,如植物的抗倒伏性、早熟性、抗病性、耐旱性等。突变的有害性和有利性是相对的,对人类的需要和生物体本身有时是不一致的。有的突变对生物体本身有利,但对人类却不利,如谷类作物的落粒性;而有些突变对生物体本身不利,但对人类有利,如羊的短腿突变(安康羊)、牛的无角突变(无角牛)、禽类的无毛突变等。

第二节　基因突变的原因

基因突变可以是自发的,也可以是某些诱变因素(mutagen)诱导的。人为用物理射线、化学诱变剂处理所诱发产生的突变称诱发突变(induced mutation)。两类突变表现形式无本质区别,均显示出DNA改变所产生的表型后果。

一、自发突变

自发突变(spontaneous mutation)是在自然中发生的、不存在人类干扰的基因突变。在自然条件下,基因的突变率很低,不同生物的基因突变率各不相同。例如,每代每个基因的自发突变率在果蝇中为$10^{-4} \sim 10^{-5}$,人类中为$10^{-4} \sim 10^{-6}$,细菌中为$10^{-5} \sim 10^{-7}$。

自发突变可能由诸多因素之一引起,包括DNA复制错误、DNA自发的化学变化和转座因子的移动等。

(一)DNA复制错误

在DNA复制过程中可能产生碱基错配,如G-T配对。当带有G-T错配的DNA重新复制时,产生的两条子链中,一条子链双螺旋在错配的位置上形成G-C对,而另一条子链的双螺旋在相应位点将形成A-T对,这样就产生了碱基对的转换。由于碱基存在交替的化学结构,即互变异构体(tautomer),也能形成错误的碱基对。当碱基以其常见形式出现时,可能和错误的碱基形成碱基对,这种碱基化学结构形式的改变叫互变异构移位(tautomeric shift)(图 8-4)。

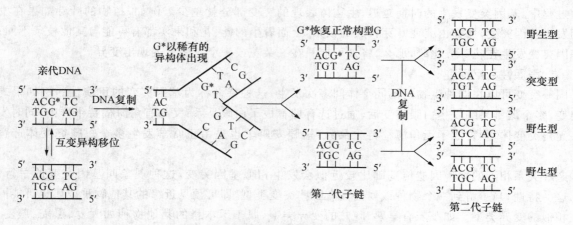

图 8-4　复制中互变异构移位造成的突变

　　在 DNA 复制中,少量碱基的插入或缺失也能自发产生,这可能由于新合成链或模板链错误地环出(跳格)所致(图 8-5)。若是新合成链的环出,则可能导致碱基对的增加,若是模板链的环出,则可能导致碱基对缺失。若插入或缺失的碱基为 3 的非整数倍,会引起移码突变。

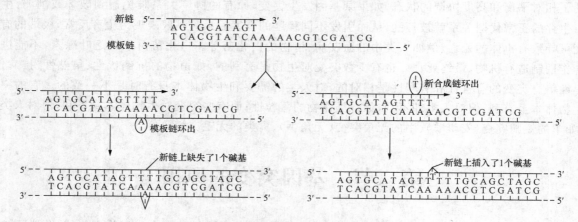

图 8-5　碱基错误跳格产生的缺失和插入突变

(二)DNA 自发的化学变化

　　除复制错误外,自发损伤(即自然产生的对 DNA 的损伤)也能引起突变。特殊碱基脱嘌呤(depurination)和脱氨基(deamination)作用是两种最为常见的引起 DNA 自发损伤的变化。

　　1. **脱嘌呤作用**　由于碱基和脱氧核糖之间的糖苷键受到破坏,从而引起一个鸟嘌呤(G)或腺嘌呤(A)从 DNA 分子上脱落(图 8-6)。研究发现,在培养的哺乳动物细胞增殖期中,有数以千计的嘌呤通过脱嘌呤作用而丢失。若这些损伤得不到修复,DNA 复制时就没有碱基特异地与之互补,而是随机地插入一个碱基对,很可能插入一个与原来不同的碱基对,最终导致突变发生。

　　2. **脱氨基作用**　脱氨基作用是指从一个碱基上去掉氨基的过程。例如,在胞嘧啶(C)上有一个易受影响的氨基,脱去该氨基后产生了尿嘧啶(U)[图 8-7(a)]。在 DNA 中,尿嘧啶(U)不是正常碱基,修复系统会除去大部分由胞嘧啶(C)脱氨基而产生的尿嘧啶(U),使序列中发生的突变减少到最小程度。然而,若"U"未被修复,在 DNA 复制中它将和"A"配对,导致原来的 C-G 对变成 T-A 对,产生碱基转换突变。生物 DNA 含有少量的修饰碱基——5-甲基胞嘧啶(5-methylcytosine,5mC),5mC 也可脱氨基而产生胸腺嘧啶(T)[图 8-7(b)]。由于 T 是 DNA 的正常碱基,没有修复机制能觉察和改正这种突变,

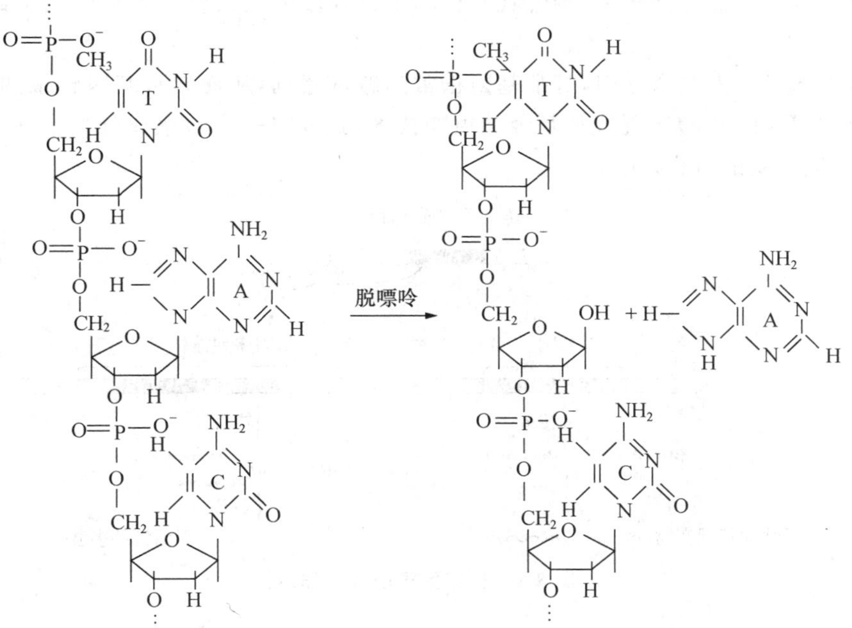

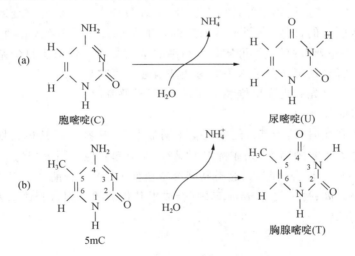

图 8-6　脱嘌呤作用

导致基因组中 5mC 位点突变率很高,故被称为突变热点(mutational hot spots)。

(a) 胞嘧啶(C) → 尿嘧啶(U)

(b) 5mC → 胸腺嘧啶(T)

图 8-7　脱氨基作用

3. 氧化性损伤碱基(oxidatively damaged bases)　氧化性损伤碱基也可能产生基因自发突变。有活性的氧化剂,如过氧化物原子团(O_2^-)、过氧化氢(H_2O_2)和羟基(—OH)等需氧代谢的副产物,可导致 DNA 的氧化损伤,从而产生突变。胸苷氧化后产生胸苷乙二醇;鸟嘌呤(G)氧化后产生 8-氧-7,8-二氢脱氧鸟嘌呤;8-氧鸟嘌呤(8-O-G 或 GO)可和腺嘌呤(A)错配,导致 G→T 突变。活跃的氧化剂里的超氧基,不仅损伤 DNA 前体,也能对 DNA 本身造成氧化性损伤,导致突变和人类疾病。

(三)转座因子的致变作用

DNA 基因组中绝大多数基因固定在染色体的某个位置上,但有些基因能够通过复制将一个拷贝插入新位点,这类基因被称为可动基因(mobile gene)、转座元件(transposable element)或转座因子。生物体内含有许多转座成分,一般长至数百至数千个碱基对,通过复杂的转座机制将其复制拷贝插入到基因组的另一位点。倘若该位点处于一个基因的内部,则该片段的插入将导致移码或整码突变或造成基因失活。

转座因子可以随机插入某个基因,打乱基因正常的碱基序列,从而导致基因转录的 mRNA 发生差错,致使翻译产物失活(图 8-8)。现代转基因动植物技术,犹如将一个转座成分整合到一个正常基因内部并使之表达,产生突变的过程。

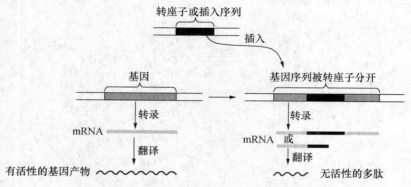

图 8-8　转座因子的致变作用

在细胞遗传研究、分子生物学、遗传工程等方面,转座因子已作为基因的标记用于克隆目的基因。由于产物不详,一些与发育、生理及行为有关的基因不能用常规方法克隆,影响了这些基因的深入研究。

试验证明,从带转座因子的生物中筛选出在发育、生理与行为等方面有突变的品系,如果这些突变是由于转座因子的插入引起的,则转座因子给未知的目的基因加上了标签,有助于该基因的识别与分离,以此突变基因的有关序列做探针,便可从野生品系的基因文库中钓取出目的基因,结合突变品系的表型,可探知此基因的功能,还可从分子水平对这些基因进行研究与利用。

利用玉米的转座因子已先后克隆出雄性不育、抗病等重要基因。

(四)增变基因的致变作用

生物体内有些基因突变时,整个基因组的突变率明显上升,这些基因被称为增变基因。实际上,正常情况下它们是维持基因正常的因素,只在特殊情况时,才引起其他基因突变的增加。目前已知这种基因主要有两类:一类是 DNA 聚合酶基因,这类基因突变会使 DNA 聚合酶 $3' \rightarrow 5'$ 校对功能表达率下降,导致其他基因的突变率升高;另一类是 *dam* 基因(合成甲基化酶的基因),若该基因突变,则错配修复功能丧失,引起突变率的升高。

二、诱发突变

长期以来,遗传学家们认为自发突变是由环境中固有的诱变剂所产生的,如放射线和化学物质。诱发突变自 1927 年 Muller 用 X 射线开始研究,通过对一定数目生物基因突变的研究表明,诱变剂可以增加突变的频率。

引起突变的外界条件和物质叫作诱变因素,可分为物理因素(各种放射线、超声波、温度等)、化学因素(秋水仙素、芥子气、烷化剂、碱基类似物等)和生物因素三类,三类因素的诱变机理各不相同。

(一)物理因素诱变

物理因素有各种电离辐射和非电离辐射。基因突变需要相当大的能量,细胞必须在得到大量的能量以后基因才可能突变。能量低的辐射(如可见光)只产生热量,能量较高的辐射(如紫外线)除产生热能外,还能使原子"激发",能量很高的辐射(如 X 射线、γ 射线、β 射线、中子等)除产生热能和使原子激发外,还能使原子"电离"。

1. 电离辐射诱变

(1)电离辐射源　电离辐射包括 α、β 和中子等粒子辐射及 γ 射线、X 射线等电离辐射。最早用于诱发变异的是 X 射线，随后主要是 γ 射线，^{60}Co 和 ^{137}Cs 是 γ 射线的主要辐射源。

中子是不带电的粒子，中子的诱变效果最好，但经中子照射的物体带有放射性，人体不能直接接触。

X 和 γ 射线及中子都适宜外照射，即辐射源与接受照射的物体之间要保持一定的距离，让射线从物体之外透入物体之内，在体内诱发突变。

α 粒子(氢核)和 β 粒子(阴电子)穿透力很弱，只能用于内照射。α 粒子在空气中的射程只有几厘米，而在植物组织中只有十分之几毫米，β 粒子比 α 粒子穿透力大，在植物组织中可达几毫米。现大部分用 β 射线，常用的辐射源是 ^{32}P 和 ^{35}S，尤以 ^{32}P 使用较多，可以用浸泡和注射的方法使其渗入生物体内，在体内放出 β 射线进行诱变。

辐射剂量(radiation dose)是指被照射的单位质量物质所吸收的能量值。

X 射线和 γ 射线的剂量单位是伦琴(Roentgen，R)单位，1 伦琴单位是在 0℃，101 324.72 Pa (760 mmHg)气压下使 1 cm^3 空气中产生 1 静电单位($3.336\ 4\times10^{10}$C)正负离子的辐射剂量。伦琴单位不是国际单位，与国际单位的换算是 1 伦琴单位$=2.58\times10^{-4}$C/kg。

中子的剂量单位是"积分流量"，即每平方厘米截面上通过的中子数。

β 射线的剂量单位用每克物质吸收多少"微居里"的放射性同位素(μCi/g)表示。μCi 是放射强度单位，每秒钟 3.7×10^4 个原子核发生蜕变叫 1 μCi。

(2)电离辐射诱变的机制

直接作用：电离辐射可诱发基因突变和染色体断裂，突变的频率与辐射剂量成正比。试验得知，应用中等剂量的 X 射线，致死突变的发生频率与 X 射线的剂量成正比。例如，在果蝇里，性连锁致死的自然突变频率是 0.2%～3%，使用 2 000 伦琴单位会提高到 6%，使用 3 000 伦琴单位会提高到 9%。

间接作用：由射线处理后形成的环境损伤而引起的反应，例如，使细胞中的水电离，产生各种游离基团(H^0、OH^0 等)，游离基团再作用于 DNA 分子而导致突变。

累积效应：Muller 研究指出，对于果蝇，在 8 min 内给以 2 000 伦琴单位和在 30 d 以上给以同样剂量的放射线，所引起的突变频率都是 6%。这表明伦琴单位的作用取决于所引起离子化的数目，而不取决于时间的长短。X 射线和其他同类性质的放射线，由于穿过组织的能力极强，对一切生物，包括人类，都极易引起突变。

X 射线和其他放射线对生物体的影响是多方面的，生物体受伤害的程度与照射的剂量相关。对家鼠的试验显示，若剂量较大，它们就会死亡。同样的剂量，家鼠要比果蝇死得快。因为家鼠比果蝇含有更多的活细胞和分裂中的细胞。对人类，1 000 伦琴单位以上会引起死亡，全身照射 50～1 000 伦琴单位会引起放射线病。若照射剂量稍低一些，家鼠可以活下去，但表现不同种类的伤害，它可能掉毛，或像受了火伤一样。X 射线所引起的火伤可以发展成癌，使生物间接地死于 X 射线的照射。如果照射的剂量更少一些，家鼠可能不表现任何受伤害的样子，但可能不育。如果剂量再减少一些，家鼠完全可以健康地生长繁育。

2. 非电离辐射诱变　非电离辐射包括紫外线、电子流、激光和超声波等，主要是紫外线(ultraviolet light rays，UV)。紫外线的波长(10～380 nm)比可见光略短，它的能量不足以使原子电离，只能产生激发作用，但它是一种常用的诱变剂。由于紫外线的波长较长，限制了它在组织内部穿透的能力，所以紫外线一般只能用于微生物或以高等生物配子为材料的诱变工作。

射线的诱变机制是造成 DNA 结构改变，主要是形成嘧啶二聚体(TT、CC、CT)，严重影响 DNA 复制和转录。此外，高能射线还可能使 DNA 链断裂、DNA 分子内或分子外产生交联等。

紫外线诱变的最有效波长为 260 nm 左右，这个波长正是 DNA 所吸收的紫外线波长。这是因为 DNA 中的嘌呤和嘧啶吸收光的能力很强，特别是对波长为 254～260 nm 处的紫外线，这一波段的紫外线作用于 DNA 同一条链中两个相邻嘌呤分子之间或 DNA 双螺旋两条链的嘌呤之间,形成异常的化学键,多数情况下诱导 DNA 链中两个相邻的胸腺嘧啶形成共价键,产生胸苷二聚体(TT),胸苷二聚体(TT)持续存在或不能修复,使 DNA 合成延伸衰减,从而产生基因突变。这是紫外线的直接诱变作用。

紫外线还有间接诱变作用,比如用紫外线照射过的培养基培养微生物,结果使微生物的突变率增加。这是因为紫外线照射过的培养基内产生了 H_2O_2,氨基酸经 H_2O_2 处理后有使微生物突变的作用。这一事实说明,辐射诱变的作用并不单靠它直接影响基因本身,改变基因的环境也能间接地起作用。

(二)化学诱变剂

化学诱变剂包括碱基类似物、碱基修饰剂和 DNA 插入剂。

1. 碱基类似物 碱基类似物是一类化学结构与 DNA 中正常碱基十分相似的化学制剂,有时它们会替代正常碱基而掺入 DNA 分子中,又由于这类化合物存在两种异构体可相互转化,不同异构体又有不同的配对性质,所以经过 DNA 的复制就会引起碱基的替换。如 5-溴尿嘧啶(5-BU),它和胸腺嘧啶(T)很相似,仅在第 5 位碳原子上由溴(Br)取代了胸腺嘧啶(T)的甲基。5-BU 有酮式和烯醇式两种异构体,它们可分别与腺嘌呤(A)和鸟嘌呤(G)配对。因此,在 DNA 复制时,酮式 5-BU 与 A 配对掺入 DNA 分子中,然后变成烯醇式,在下一次复制时即会与 G 配对,这样在 DNA 复制中一旦掺入 5-BU 就会引起碱基的转换而产生突变。再如 2-氨基嘌呤(2-AP),它是嘌呤类似物,有正常状态和以亚胺形式存在的稀有状态两种异构体,可分别与 DNA 中的胸腺嘧啶(T)和胞嘧啶(C)结合,导致 A-T→C-G 或 G-C→A-T 突变。

除 5-BU 外,还有 5-溴脱氧尿苷、5-氟尿嘧啶、5-氯尿嘧啶,它们的诱变机制相同。

并非所有的碱基类似物都是诱变剂,比如,用于治疗艾滋病(获得性免疫缺陷综合征,acquired immunodeficiency syndrome,AIDS)的药物叠氮胸苷(azido thymidine,AZT)也是腺嘌呤(A)的类似物,但它却不是诱变剂,因为它并不导致碱基对的改变。艾滋病病毒又称为人类免疫缺陷病毒 1(human immunodeficiency virus-1,HIV-1),是一种逆转录病毒,其遗传物质是 RNA。当病毒侵入细胞后通过反转录酶将基因组 RNA 反转录成一个 DNA 拷贝(即 cDNA)。该 DNA 整合到宿主细胞的基因组 DNA 中,之后进行一系列亲代蛋白质的合成,从而产生新的病毒。而 AZT 能作为 T 类似物掺入 DNA 中。AZT 在病毒 RNA 反转录 DNA 的阶段是反转录酶的底物,但在细胞中它却不是 DNA 聚合酶的合适底物。所以,AZT 的作用是一种选择性的底物,可抑制病毒 cDNA 的生成,阻断新病毒生成。

2. 碱基修饰剂 碱基修饰剂是通过修饰碱基的化学结构、改变其性质,导致基因突变,如亚硝酸盐(NA)、羟胺(HA)、烷化剂等。

亚硝酸盐具有氧化脱氨作用,可使鸟嘌呤(G)第 2 个碳原子上的氨基脱掉,产生黄嘌呤(X),黄嘌呤(X)仍和胞嘧啶(C)配对,不会产生突变。但胞嘧啶(C)和腺嘌呤(A)脱氨后,分别产生尿嘧啶(U)和次黄嘌呤(H),则会导致 C-G 转换成 A-T,A-T 转换成 G-C。

羟胺特异性地和胞嘧啶(C)起反应,在第 4 位碳原子上加—OH,产生 4-羟胞嘧啶(4-OH-C),它可与腺嘌呤(A)配对,使 C-G 转换成 T-A。

烷化剂的作用是使碱基烷基化,导致基因突变,如甲基黄酸乙酯(EMS)能使鸟嘌呤(G)的第 6 位或胸腺嘧啶(T)的第 4 位烷化,产生的 O-6-E-G 和 O-4-E-T 分别与 T、G 配对,导致 G-C 转换成 A-T、T-A 转换成 C-G。硫酸二乙酯(DES)、乙烯亚胺(EI)、氮芥(NM)、甲基黄酸甲酯(MMS)等都属于烷化剂。

3. DNA 插入剂 DNA 插入剂包括原黄素(proflavin)、吖啶橙(acridine orange)、溴化乙锭(ethidium bromide)等。它们通常插入到 DNA 双螺旋双链或单链的两个相邻碱基之间。

在合成新链时必须有 1 个碱基插在插入剂相应的位置上以填补空缺,这个碱基不存在配对问题,所以可随机插入。新合成链插入了 1 个碱基后,下一轮复制就会增加 1 个碱基;如果新合成的链插入了

1个分子的插入剂取代了相应位置的碱基,在下一轮合成前此插入剂又丢失了,则下一轮复制的DNA将减少1个碱基;无论是增加还是减少1个碱基,都会导致移码突变。

（三）生物诱变因素

生物诱变因素主要是病毒、细菌和真菌。大量的观察研究表明,流感病毒、麻疹病毒、风疹病毒、疱疹病毒等多种DNA病毒是常见的生物诱变因素;一些RNA病毒也具有诱发基因突变的作用。

细菌和真菌所产生的毒素或代谢产物也具有强烈的诱变作用。例如,生活于花生、玉米等作物中的黄曲霉菌产生的黄曲霉毒素就具有致突变作用,并被认为是肝癌的重要诱发因素之一。

（四）诱变应用于育种的注意事项

在基因突变的性质上,诱变和自然突变没有区别。但是,在突变率上,诱变可超过自然突变几百倍甚至上千倍,为人工创造变异开辟了广阔的途径。诱变育种能提高突变率,扩大变异幅度,对改良现有品种的单一性状常有显著的效果,而且处理方法简便。因此,在作物育种上,特别是在微生物育种上,广泛采用这一技术,在生产上已取得了显著成果。但是,诱变育种必须注意以下几个技术问题。

一是选用合适的处理材料。试验表明,诱变育种的成果常因作物繁殖方式和染色体倍数而不同。水稻、大麦等二倍体作物的成果较显著;小麦等多倍体作物因有重复基因的存在,效果常较差。

二是确定适当的诱变剂量。根据辐射诱变的资料,辐射剂量与基因突变率成正比。适当的诱变剂量应该是既能引起较多的有利突变,又能保存相当多的成活个体以供选择。为此,最常用的剂量是半致死剂量(medial lethal dose,LD_{50}),即被处理的材料能有50%成活的剂量。由于处理时的不同条件(如氧气、温度、湿度),诱变剂量常表现不同的诱变效应。不同的作物、不同的品种和不同的组织、器官对诱变剂量的敏感性也不同。在辐射处理中,一般以豆科植物最敏感,7 000～20 000伦琴单位,禾本科20 000～30 000伦琴单位,十字花科60 000～80 000伦琴单位。湿润或萌发的种子,幼龄植物和分生组织,尤其是性细胞表现较为敏感。

三是善于选择诱变后代。诱变处理的种子胚或其他组织大都由多细胞组成,发生的突变体必然是嵌合体,诱变第一代(M_1)一般不进行选择,需扩大群体,待M_2分离出突变性状后再选择,M_3进一步鉴定当选株系的综合性状及其基因型的纯合性,一般在M_4已经纯合稳定,即可测产比较,育成优良品种。例如,稻麦等谷类作物的种子有3～4个胚芽,诱变种子当代长成的第一代植株(M_1)中,可能有少数植株的某一个穗中部分的籽粒发生突变,且多数是隐性突变,M_1无法选择,M_2会分离出大量突变性状;再如大麦主茎发生隐性突变($A \rightarrow a$),成熟时要按单穗分别收获,以便穗行播种,从中选择符合需要的有利突变体。

以上所述是对一般质量性状的突变而言,实际上,有些质量性状的突变往往表现一因多效或与其他性状连锁的现象,这种突变不利于选择,常需要进一步与杂交育种相结合,促使基因发生交换和重组,然后再进行选择。

第三节　基因突变的修复

基因要保持其相对稳定性,存在一套自我保护系统,如密码子的简并性、突变的抑制等。但在自然界中,自发突变或诱变会引发DNA损伤,损伤修复系统是DNA的一种安全保障系统。生物在长期进化过程中,已形成各种酶促系统来修复或纠正偶然发生的DNA复制错误或DNA损伤,当按原样修复时不会引起突变,若未按原样修复则引起突变,所以,突变是损伤和修复相互作用的结果。针对不同类型的基因突变有不同的修复机制。

一、紫外线引起 DNA 损伤的修复

(一)光复活

由于紫外线的作用,DNA 分子形成胸腺嘧啶二聚体,在 DNA 螺旋形成一个巨大的凸起或扭曲,好像一个"赘瘤",这个"赘瘤"被一种特殊的巡回酶(例如光复活酶)所辨认而形成复合体,在有蓝色光波(300~600 nm)的条件下,光复活酶利用光能将二聚体切开,复合体解体,DNA 恢复正常。这种在可见光存在的条件下,通过光复活酶的作用将紫外线引起的嘧啶二聚体分解为单体的过程称为光复活(photo reactivation)(图 8-9)。光复活是原核生物中的一种主要修复形式,其作用过程:①光复活酶与 T＝T 结合形成复合物;②复合物吸收可见光切断 T＝T 之间的 C—C 共价键,使二聚体变成单体;③光复活酶从 DNA 链解离。

(二)暗修复

某些 DNA 的修复不需要光也能进行,称为暗修复。暗修复过程由四种酶来完成:首先由核酸内切酶在胸腺嘧啶二聚体一边切开;然后由核酸外切酶在另一边切开,把胸腺嘧啶二聚体和临近的一些核苷酸切除;再由 DNA 聚合酶把新合成的正常的核苷酸片段补上;最后由连接酶把切口连接好,使 DNA 的结构恢复正常(图 8-10)。因此,暗修复又叫切除修复,它既可消除由紫外线引起的损伤,也能消除由电离辐射和化学诱变剂引起的其他损伤,切除的片段可由几十到上万个碱基,分别称为短补丁修复和长补丁修复。

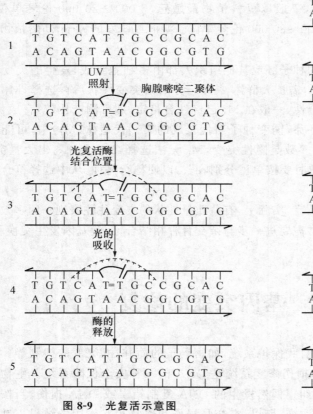

图 8-9　光复活示意图

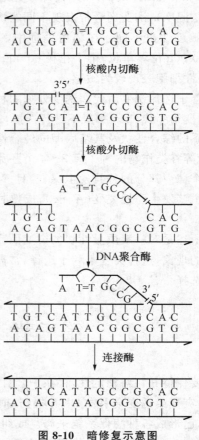

图 8-10　暗修复示意图

明显的损伤可通过光复活或暗修复得以修复,但不明显的损伤需要特异性修复。特异性切除修复包括糖基化酶修复和无碱基(AP)内切酶修复系统修复两种。

1. 糖基化酶修复　　如果碱基被共价修饰,糖基化酶可作用于 C—N 糖苷键,使碱基释放,产生无碱

基(AP)位点,再由 AP 内切酶修复系统修复。

2. AP 内切酶修复系统修复 也由内切酶、外切酶、聚合酶和连接酶四种酶共同来完成,以修复 AP 位点,其过程与暗修复过程类似。

上述修复过程都没有涉及 DNA 的重组,属于无误差修复。

(三)重组修复

在 DNA 复制过程中,通过 DNA 分子间的重组来修复 DNA 损伤的过程称为重组修复(recombination repair),又称复制后修复。重组修复的过程如图 8-11 所示。

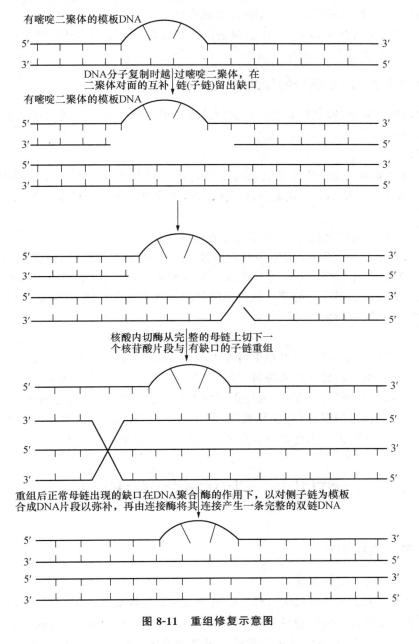

图 8-11 重组修复示意图

重组修复并没有从亲代 DNA 中除去 TT 二聚体,第二次复制时,留在母链中的二聚体仍通过上述过程完成,损伤的 DNA 链逐渐"稀释"。人的色素性干皮症是典型的切除二聚体能力缺损带来的疾病,现已查明,切除修复系统中的 8 个基因中,任何一个基因缺陷就会造成内切核酸酶功能失活,少数病人因复制后修复缺陷造成细胞死亡、染色体断裂、突变及癌变等一系列效应。

（四）SOS 修复

一般认为，SOS 修复是在 DNA 分子受到大范围损伤情况下，为防止细胞死亡而诱导出的一种应急措施，可越过 TT 嘧啶二聚体进行低保真复制，使细胞通过一定变异换取最后的生存希望。因此，SOS 修复是一种错误的修复过程，可能是紫外线造成突变的一种错误修复。

当 DNA 损伤较大（如产生很多的 T＝T），正常的 DNA 聚合酶复制到损伤位点时其活性受到抑制，短暂抑制后产生一种新的 DNA 聚合酶，催化损伤部位 DNA 的复制；由于新的 DNA 聚合酶修复校正功能较低，导致新合成的碱基错配频率较高而引起突变。

所以，SOS 修复系统需要在 DNA 分子受损伤的范围较大而且复制受到抑制时才启动，修复系统对错配碱基的修复校正功能低下，从而增加基因突变的频率。

二、电离辐射引起 DNA 损伤的修复

因为电离辐射比较复杂，所以修复过程不如紫外线照射的修复清楚。通常认为可分为三种修复过程，需要三种修复酶系。

（一）超快修复

单链打断的极快修复过程，是在无氧条件下进行的单链修复，0℃ 时 2 min 内即可完成，可能是 DNA 连接酶的单独作用。E.coli 在缺氧条件下照射时，观察到打断的单链少于有氧条件下的照射。

（二）快修复

需要 DNA 多聚酶 I 的修复过程，室温下在缓冲溶液中迅速进行。

细菌经 X 射线照射后，细菌在室温下缓冲液中放置几分钟，超快修复后，剩下的单链断裂有 90% 可被修复。缺乏 DNA 多聚酶 I 的 E.coli 变异株经 X 射线照射后，可以观察到较多的单链断裂，这是由于缺乏这种修复系统的结果。但是它与紫外线损伤的切除修复不完全相同，在快修复过程中，不需要对嘧啶二聚体专一作用的核酸内切酶。

（三）慢修复

细菌被 X 射线照射后，在 37℃ 培养基中培养 40～60 min，快修复所不能修复的单链断裂可由重组修复系统修复。因而当重组功能发生障碍时，细菌对 X 射线的敏感性显著增加。

修复过程在生物体内是普遍存在的，也是正常的生理过程。紫外线、电离辐射、化学诱变剂导致的损伤都可修复，简单的生物（如细菌）有修复系统，复杂的生物（哺乳动物）细胞内也有修复系统。不过 DNA 损伤不是都能修复的，否则生物就没有变异，生物进化也就不可能产生。

第四节　基因突变的检出

一、基因突变与性状表现

（一）显性突变与隐性突变的表现

由原来的隐性基因突变成其等位的显性基因的现象称为显性突变（dominant mutation），如 $a \rightarrow A$；由原来的显性基因突变成其等位的隐性基因的现象称为隐性突变（recessive mutation），如 $A \rightarrow a$。基因发生显性突变和隐性突变后，其性状表现世代的早晚和纯化程度的快慢有所不同。

一对等位基因一般总是其中之一发生突变，而另一基因不同时发生突变。高等生物中，基因突变若发生在配子中，在纯繁（自交）情况下，显性突变表现得早，但纯合得慢；相对地，隐性突变表现得晚，但纯合得快。基因突变若发生在体细胞中，显性突变当代表现嵌合体，镶嵌程度取决于突变发生的早晚；隐

性突变当代不表现突变性状,往往不能被发现和保留。单倍体低等生物一旦发生基因突变,就会表现突变性状。基因突变的时期与性状表现见表 8-2、图 8-12。

表 8-2　基因突变时期与性状表现

生物级别	突变时期	显性突变	隐性突变(或下位性突变)
高等生物	性细胞	突变当代表现突变性状,第二代能纯合但不能检出,纯合体在第三代可望检出	突变当代不表现突变性状,第二代纯合后表现突变性状
	体细胞	突变当代表现为嵌合体,镶嵌范围取决于突变发生的早晚	突变当代不表现突变性状,往往不能被发现和保留
低等生物(单倍体)	有性生殖	表现突变性状	表现突变性状
	无性生殖	表现突变性状	表现突变性状

(二)大突变与微突变的表现

控制性状的主效基因发生的突变称为大突变,控制性状的微效基因发生的突变称为微突变。大突变引起的性状变异很明显,易识别。控制质量性状的基因突变大都属于大突变,如角的有无、羽毛颜色、腿的长短、花色等。

微突变的表型效应微小,较难察觉,要鉴定突变的遗传效应,常需借助统计学的方法加以研究分析。控制数量性状的基因突变大都属于微突变。微突变对形态或生理特征的影响虽小,但也非常重要,因为生物特别是畜禽许多有益的经济性状,一般都受微效基因控制和影响,在育种中应重视对微突变的研究和选择。

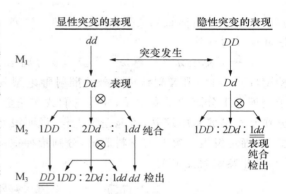

图 8-12　配子中显性突变与隐性突变的表现

二、基因突变的鉴定

性状的变异是否属于可遗传的变异？是基因突变还是染色体畸变所致？是显性突变还是隐性突变？突变发生的频率如何？等等,都需进行鉴定。在观察材料的后代中,一旦发现与原始亲本不同的变异体,就要鉴定它是否真实遗传。测定和检出突变的方法因物种不同而各有差异。

(一)细菌营养缺陷型突变体的检测

对细菌营养缺陷型的检测方法很多,最常用的方法有影印培养法和青霉素法两种。

1. 影印培养法　影印培养法是 Lederberg 于 1952 年发明的,将通过诱变处理后的细菌在完全培养基中培养,长出菌落后分别影印到基本培养基和补充培养基上再培养;发生突变的菌株在基本培养基中不能生长,相应位置无菌落长出,只有在相应的补充培养基中才能长出菌落;由此可知诱变处理产生了何种营养缺陷型突变(图 8-13)。

2. 青霉素法　因为青霉素能抑制细菌细胞壁的生物合成,但只有处于生殖状态的细菌对青霉素才敏感,处于休止状态的细菌对青霉素不敏感。野生型菌株在含有青霉素的基本培养基中生长时会被杀死,突变型细菌则处于休止状态,从而被保留下来。因此,将诱变后的细菌在含有青霉素的基本培养基中培养一段时间后去除青霉素,再补加其他营养物质继续培养,长出的菌株即为突变体。具体是何种突变型,可再通过影印培养法确定。

(二)真菌营养缺陷型突变体的检测

许多真菌与细菌一样,也能发生各种营养缺陷突变,且其生活周期中都有单倍体时期,所以也能对

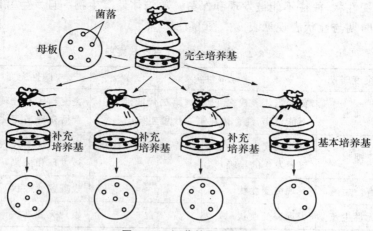

图 8-13 细菌的影印培养

真菌中发生的营养缺陷突变体加以检测。检测真菌营养缺陷型突变体的常用方法有子囊孢子分离培养法和菌丝过滤法。

1. **子囊孢子分离培养法** 子囊孢子分离培养法类似细菌影印培养法,如链孢霉营养缺陷突变体的检测(图 8-14),用 X 射线或紫外线照射野生型分生孢子诱发突变,让诱变的分生孢子与野生型分生孢子交配产生分离的子囊孢子,并将它们放在完全培养基中培养;从完全培养基上长出的孢子中分离一部分在基本培养基中培养,若能正常生长,说明没有发生突变,若不能在基本培养基中生长,说明发生了突变;将确定发生了突变的材料取出,分别接种在基本培养基和添加各种不同营养物质的补充培养基上培养,以此鉴定突变类型。

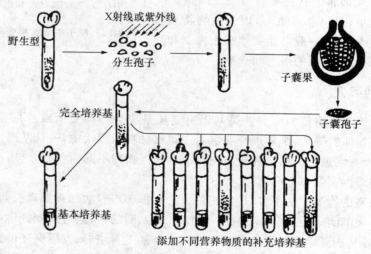

图 8-14 链孢霉营养缺陷型的鉴定

(盛祖嘉,微生物遗传学,1981,略有改动)

2. **菌丝过滤法** 菌丝过滤法是先将诱变处理的链孢霉分生孢子接种在液体培养基中,不断给培养液充气以刺激分生孢子生长,防止它们彼此结合在一起,培养 1 d 分生孢子即可萌发长出菌丝。用棉花把萌发的分生孢子过滤掉,没有萌发的分生孢子仍留在培养液中。这些未萌发的孢子可能有三种类型:一是需要长时间才能萌发的野生型孢子;二是已经突变为营养缺陷型的分生孢子,它们在基本培养基中不萌发;三是已经死亡的孢子。若每隔一定时间过滤一次,连续过滤若干次后,野生型分生孢子因不断萌发而被除掉,剩下的就是突变型或死亡的分生孢子,再利用各种补充培养基鉴定出不同的营养缺陷型突变体。

(三)果蝇突变的检测

1.*ClB*测定法检测伴性基因的隐性突变 果蝇的*ClB*品系是一种X染色体上的倒位杂合体雌果蝇,它的一个X染色体正常(X^+),另一个X染色体是倒位染色体(X^{ClB})。"*C*"为抑制交换因子(倒位区段),可阻止X^{ClB}染色体与待测定的雄蝇X染色体之间的交换;"*l*"为倒位区段内的一个隐性致死突变;"*B*"为倒位区段外的一个棒眼基因,为个体是否存在倒位X染色体提供标记。

*ClB*测定法是利用$X^{ClB}X^+$杂合体雌蝇与经诱变处理的雄果蝇杂交,选择F_1代"*ClB*"雌蝇与F_1野生型雄蝇单对交配(测交),以检测诱变处理后的雄蝇X染色体上是否有突变发生,其检测过程如图8-15所示。

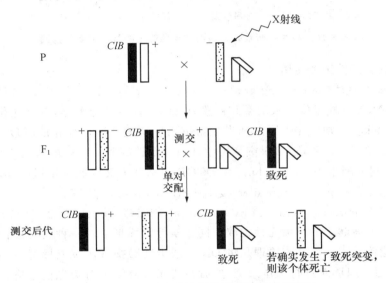

图8-15 *ClB*测定法检测伴性基因突变示意图

若有X隐性致死突变,则测交后代无雄蝇,因为雄"*ClB*"和"−"个体死亡。若有X隐性非致死突变发生,则测交后代预期♀:♂=2:1,突变性状只在测交后代雄蝇中表现,F_1"*ClB*"雌蝇和测交后代雌蝇中不表现。若无X隐性突变,测交后代仅表现简单的♀:♂=2:1。

2.利用平衡致死系检测常染色体上的基因突变 果蝇的卷翅(*Cy*)和星状眼(*S*)基因是位于2号染色体上的非等位显性突变基因,且都具有显性纯合致死效应,即卷翅纯合子(*Cy/Cy*)致死,星状眼(*S/S*)也致死。通过选择获得的卷翅/星状眼双杂合子(*Cy+/S+*)则能正常成活,构成平衡致死系。

利用平衡致死系检测常染色体上基因突变的过程可分4步(图8-16):①将平衡致死系雌果蝇(*Cy+/S+*)与经诱变处理的雄果蝇杂交,F_1代产生卷翅正常眼和正常翅星状眼两种表型。②将F_1中任一类型的雄果蝇与平衡致死系雌果蝇(*Cy+/S+*)回交,回交后代出现三种表型。③将回交后代中除平衡致死系外的1种类型进行自群繁育得自繁后代。④对自繁后代的表型进行分析,即可判断通过诱变的果蝇是否发生突变及发生了何种突变。如果发生了隐性致死突变,则自繁后代只有一种类型(卷翅或星状眼);如果发生了隐性非致死突变,则自繁后代中除卷翅(或星状眼)外,还有突变类型;如果无突变发生,则自繁后代中除有卷翅(或星状眼)外,还有野生型。该方法只能检出与平衡致死系同号常染色体的基因突变。

(四)利用分子生物技术鉴定基因突变

随着分子生物技术的研究与发展,突变基因的检测方法有了长足发展,特别是PCR技术诞生后,在PCR基础上衍生了许多检测技术,目前已达20余种,且自动化程度越来越高,分析时间大大缩短,分析结果可精确到单细胞和单核苷酸(SNP)水平。下面分别介绍几种经典突变检测方法和PCR衍生技术,

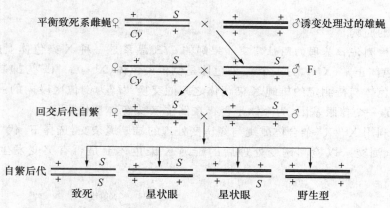

图 8-16　利用平衡致死系检测常染色体上的基因突变示意图

可根据检测目的和试验条件选择使用。

1. **变性梯度凝胶电泳法**(denaturing gradient gel electrophoresis，DGGE)　当双链 DNA 在变性梯度凝胶中进行到与 DNA 变性温度一致的凝胶位置时，DNA 发生部分解链，电泳迁移率下降，若解链的 DNA 链中有 1 个碱基改变，则会在不同时间发生解链而影响电泳速度变化的程度，导致突变 DNA 被分离。用 DGGE 法分析 DNA 片段，如果突变发生在最先解链的 DNA 区域，检出率可达 100%，检测片段可达 1 kb，最适检测范围为 100～500 bp。在 DGGE 的基础上又发展了用温度梯度代替化学变性剂的温度梯度凝胶电泳法(temperature gradient gel electrophoresis，TGGE)。

2. **荧光原位杂交**(fluorescence in situ hybridization，FISH)　FISH 是 20 世纪 80 年代末在放射性原位杂交技术基础上发展起来的以荧光标记取代同位素标记而形成的一种新的原位杂交方法，是一种非放射性分子细胞遗传技术。其基本原理是将 DNA(或 RNA)探针用荧光标记后，将探针与待测染色体或 DNA 纤维切片上的 DNA 进行原位杂交，然后在荧光显微镜下对荧光信号进行辨别和计数，对染色体或基因异常的细胞、组织样本进行检测和诊断，对待测样品上的 DNA 进行定性、定位和相对定量分析。FISH 具有安全、快速、灵敏度高、探针保存期长、能同时显示多种颜色等优点，不但能显示中期分裂象，还能显示于间期核。近年在荧光原位杂交基础上又发展了多彩色荧光原位杂交技术和染色质纤维荧光原位杂交技术。

3. **聚合酶链式反应-单链构象多态性**(polymerase chain reaction and single strand conformation polymorphism，PCR-SSCP)分析法　PCR-SSCP 的基本原理是将扩增的 DNA 片段经过变性处理形成单链，若 DNA 分子上有基因突变，会因序列不同而使单链构象有差异，在中性聚丙烯酰胺凝胶中电泳的迁移率就不同，通过与标准物对比，即可检测出有无突变。PCR-SSCP 已广泛用于检测基因的点突变、缺失突变和基因的多态性等。

4. **原位 PCR**(in situ PCR)技术　原位 PCR 即聚合酶原位扩增技术，是将 PCR 技术与原位杂交技术结合起来，不改变与周围组织的原有位置关系，直接在组织、细胞或病原体原位研究基因变化的技术。这种技术既提高了杂交的灵敏度，又能直接显微观察病变部位，而且标本不需特殊处理或制备，只需标记引物或 dNTP，不需标记探针，比较省时和经济，尤其对形态学研究具有其他方法难以比拟的独到长处。原位 PCR 自创立以来，已经在神经性疾病、肿瘤、微生物病原体等多种检测中得到广泛应用。

5. **基因芯片**(gene chip)技术　基因芯片是指将大量寡核苷酸 DNA 排列在一块集成硅片上，彼此之间重叠 1 个碱基，并覆盖全部所需检测的基因，将荧光标记的正常 DNA 和突变 DNA 分别与 2 块 DNA 芯片杂交，由于至少存在 1 个碱基的差异，正常和突变的 DNA 将得到不同的杂交图谱，经共聚焦显微镜分别检测两种 DNA 分子产生的荧光信号，即可确定是否存在突变。该方法是 20 世纪 90 年代发展起来的一项 DNA 分析新技术，它集合了集成电路计算机、激光共聚焦扫描、荧光标记探针和 DNA

合成等先进技术。该方法快速简单、自动化程度高、处理样品数量巨大,在基因突变检测中将发挥重要作用。

6. DNA 测序(DNA sequencing)　自 1977 年 Sanger 发明了具有里程碑意义的末端终止测序法(Sanger 法,第一代测序技术)以来,随生物学研究的发展 DNA 测序技术不断更新换代,通过从光学检测到电子传导检测、从低通量到高通量、从低读长到超高读长等技术更新,大大提高了检测效率和精准度,降低了成本,现已发展到第四代。

第二代测序是需要前期 DNA 扩增的电子传导技术,第三代测序是光信号捕获的单分子测序,第四代测序是单分子测序加电子传导检测——利用 DNA 合成过程中每种不同分子通过纳米孔道时对电流产生的可区别影响来识别基因中碱基(对)的排列顺序,又称纳米孔测序(nanopore sequencing)技术。

对所测序列与正常序列进行比对分析,即可确定突变类型和突变位点,检出率可达 100%。测序技术还常用于基因组分析、甲基化研究等。

除上述常用方法外,鉴定基因突变的生物学方法还有异源双链分析法(heterogenous-double-chain analysis,HA)、化学切割错配法(chemical cleavage of mismatch,CCM)、RNA 酶 A 切割法(RNase A cleavage)、等位基因特异性寡核苷酸(allele-specific oligonucleotide,ASO)分析法、连接酶链式反应(ligase chain reaction,LCR)等,可根据需要选择使用。

思　考　题

1. 举例说明自发突变和诱发突变、正突变和反突变。
2. 试述基因突变的一般特征。
3. 为什么基因突变大多数是有害的?
4. 为什么多数突变是隐性的?
5. 为什么正突变率总是高于反突变率?
6. 试述物理因素诱变和化学因素诱变的机理,二者有何不同?
7. 在特定的物种进化过程中,一个位点的复等位基因系列是怎样产生的?
8. 基因重组和基因突变都能引起可遗传的变异,它们之间的主要区别是什么?
9. DNA 如何保证自身的安全稳定?
10. 如何检测基因突变?
11. 一个用 X 射线处理过的雄果蝇的 X 染色体上基因发生了隐性致死突变,将它同正常的野生型雌果蝇交配,请写出杂交第一代和第二代的性别比例。

第九章　数量遗传学基础

数量遗传学是在孟德尔经典遗传学的基础上发展而成的一门学科,但与孟德尔遗传学有明显的区别。1918 年费希尔(R. A. Fisher)将统计方法与遗传分析方法相结合进而创立了数量遗传学。畜禽的大多数经济性状属于数量性状,了解数量遗传学原理、方法并掌握数量性状的遗传规律对畜禽生产性能的提高以及新品种、品系的培育等工作均是十分必要的。

第一节　性状的分类

生物体所表现的形态结构、生理特征和行为方式统称为性状。生物的性状按照其表现和对其研究的方式,可分为质量性状、数量性状和阈性状(表 9-1)。

表 9-1　质量性状、数量性状与阈性状间的区别

(盛志廉等,数量遗传学,1999)

项目	质量性状	数量性状	阈性状
变异类型	种类上的变化(品种外貌等)	数量上的变化(生产、生长性状)	种类上的变化(生产与疾病性状)
变异表现方式	间断型	连续型	间断型
遗传基础	少数主效基因控制,遗传基础简单	微效多基因系统控制,遗传基础复杂	微效多基因系统控制,遗传基础复杂
对环境敏感性	不敏感	敏感	敏感
研究对象与方法	家系、系谱分析与概率论	群体、统计分析	群体、统计分析

1. 质量性状(qualitative trait)　质量性状指某一性状不同表现型之间不存在连续性的数量变化,而呈现质的中断性变化的那些性状,遵从孟德尔遗传规律,其遗传学基础是单个或少数几个基因的作用,表型变异是间断的。如牛的无角与有角、兔的白化与有色、鸡冠的类型等。

2. 数量性状(quantitative trait)　数量性状是可以计数或度量的性状,其遗传学基础是多基因(polygene),表型变异是连续的。在动物生产中所关注的绝大多数经济性状呈连续性变异,其在个体间表现的差异只能用数量来区分,这类性状均属于数量性状,如奶牛的产奶量、鸡的产蛋量、肉用家畜的日增重、饲料转化率、羊的产毛量等。

与质量性状相比较,数量性状主要有以下特点:①性状变异程度可以用度量衡度量;②性状表现为连续性分布;③性状的表现易受到环境的影响;④控制性状的遗传基础为多基因系统。

3. 阈性状(threshold trait)　遗传基础为多基因控制,而表现为非连续性变异的性状称为阈性状。如羊的产羔数、肉质的分类、对疾病抗性的有无等。阈性状可由几个阈值把性状划分成几个等级,如羊的一胎产羔数,可以分成 0、1、2 和 2 以上 4 个等级。最极端的是一个阈值的性状,称为"全或无"性状,如存活与死亡,发病与不发病等。严格说来,鸡的产蛋数、猪的窝产仔数等也属于这类性状,但其表型状态过多,作为阈性状分析过于复杂,通常近似地将其作为数量性状来看待。

第二节　数量性状的遗传特点与分析

一、数量性状的遗传特点

数量性状一般由微效多基因控制,其遗传特点可概括为:数量性状是由大量的、效应微小的、可加的基因控制;这些基因一般不存在显隐性关系,只表现为增效或减效作用,在世代传递中服从孟德尔遗传规律;数量性状的表型变异受到基因型和环境的共同作用,且对环境敏感。

微效多基因作用的数量性状在畜牧生产中占有非常重要的地位。但是,到目前为止,对数量性状的遗传基础的解释主要还是基于 Yule(1902,1906)首次提出、由 Nilsson-Ehle(1908)总结完善并由 Johannsen(1909)和 East(1910)等补充发展的多因子假说,也称为多基因假说或 Nilsson-Ehle 假说。这一假说在实践中已得到大量数据的证实,在育种中发挥了重要作用,并在生产中取得了巨大成就。同时,随着科学的不断发展,这一假说还在不断完善之中。

根据这一假说,当一个数量性状由 k 对等位基因(Aa)控制,等位基因间无显性效应,基因座间无上位效应,基因效应相同且可加,则两纯系杂交子二代表型频率分布为 $(1/2A+1/2a)^{2k}$ 的展开项系数(图9-1)。

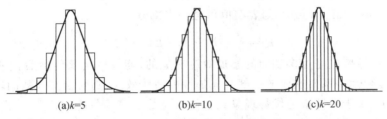

(a)$k=5$　　　　(b)$k=10$　　　　(c)$k=20$

图 9-1　基因型频率分布图

由图 9-1 可见,随着控制该数量性状的等位基因对数 k 的增加,基因型频率分布接近正态分布。微效多基因系统仅仅是数量性状呈现连续变异的遗传基础,数量性状的表现还受到大量复杂环境因素的影响,在各种随机环境因素的作用下,不同基因型所对应的表现型间的差异进一步减小。在遗传基础和环境修饰共同影响下,数量性状表现为连续变异。

二、数量性状分析

根据数量性状的微效多基因假说,假设遗传和环境效应间不存在互作的情况下,可将数量性状表型值 P 线性剖分为以下部分:

$$P = \mu + G + E$$

式中:P——个体某一性状的表型值或测量值;

　　μ——群体某一性状观察值或测量值的平均值;

　　G——个体某一性状的基因型值或基因型效应,表示个体所携带基因型的效应与群体平均数的偏差,一般服从正态分布,$N(\mu, \sigma_g^2)$;

　　E——影响个体某一性状表型值的所有环境因素的效应,一般服从正态分布,$N(0, \sigma_e^2)$。

可见,数量性状表型值由遗传效应和环境效应共同决定,遗传效应是决定表型值的内在原因,随机环境效应是影响性状表型值的外在原因。

　　一般情况下,由于 μ 属于群体参数,而群体中所有个体都具有相同的 μ,因此针对某一特定群体而言,在实际计算个体的表型值时,为了简化计算,往往忽略 μ。但在进行不同群体(不同品种、场地、饲养管理条件等)间数量性状的相关分析时,必须考虑 μ 的影响。

　　在 $P=u+G+E$ 中,若 E 与 G 之间相互独立,在一个随机交配的大群体中,由于随机环境效应是以离均差形式表示的,个体随机环境效应对各观察值的影响不同,其大小和正负总和为 0,因此,在同一固定环境条件下可以认为 $\overline{P}=\overline{G}$。

　　证明:

$$\overline{P}=\frac{P_1+P_2+\cdots+P_n}{n}=\frac{\sum\limits_{i=1}^{n}P_i}{n}$$

$$\overline{G}=\frac{\sum\limits_{i}^{n}G_i}{n},\overline{E}=\frac{\sum\limits_{i}^{n}E_i}{n}$$

$$\sum\limits_{i}^{n}E_i=0\Rightarrow\overline{P}=\overline{G}$$

　　影响数量性状表型值的基因型效应 G(genotype value)可进一步分解为基因的加性效应 A(additive effect)、等位基因间的显性效应 D(dominance effect)和非等位基因间的上位效应 I(epistatic effect)。环境效应可分为一般(固定)环境效应 E_g(general environmental value)和特殊(随机)环境效应 E_s(special environmental value)。则表型值可进一步剖分为

$$P=A+D+I+E_g+E_s$$

　　在这些效应中,加性效应是由多基因的累加效应造成的,能够稳定遗传给后代的部分,而显性效应是由等位基因间的显隐性关系而造成的一部分非加性的遗传效应,随着自交代数的增加而逐渐消失,因此能遗传但不能固定,属于一种杂种优势现象。上位效应是由非等位基因之间上下位关系所产生的非加性的效应,也被认为能遗传而不能固定。一般环境效应指对机体性状所造成的永久性和全面的影响,如胚胎期营养不良造成的效应,而特殊环境效应指影响个体局部的暂时性环境效应,如猪在育成时期内营养不良造成这一时期生长缓慢等。一般环境效应和特殊环境效应均不能遗传。

　　在研究中,通常以方差和协方差形式表示数量性状变异。假设遗传效应与环境效应间不存在互作,数量性状表型值方差可表示为

$$V_P=V_G+V_E=V_A+V_D+V_I+V_{E_g}+V_{E_s}$$

式中:V_P——性状表型方差;

　　　V_G——基因型效应方差组分;

　　　V_E——环境效应方差组分;

　　　V_A——加性效应方差组分;

　　　V_D——显性效应方差组分;

　　　V_I——上位效应方差组分;

　　　V_{E_g}——一般环境效应方差组分;

　　　V_{E_s}——特殊环境效应方差组分。

　　由于能够稳定遗传的只有加性效应,显性效应、上位效应带有一定的随机性,不能稳定遗传,可将其与一般环境效应与特殊环境效应合并,统称为剩余值,记作 R,因此数量性状表型值可表示为

$$P=G+E=A+D+I+E=A+R$$

同理,数量性状表型值方差可表示为

$$V_P = V_G + V_E = V_A + V_R$$

第三节 数量性状的遗传参数与应用

估计遗传参数是数量遗传学中最基本的内容之一。从统计层次上讲,遗传参数估计可归结为方差(协方差)组分的估计。方差组分的估计是遗传参数估计的基础,方差组分可用于计算遗传力、重复力、遗传相关,预测误差方差或遗传评定的可靠性,也可以用于预测期望的遗传改进。遗传力、重复力和遗传相关是定量描述数量性状遗传规律的三个最基本且重要的遗传参数(genetic parameter),通常称作三大遗传参数。三大遗传参数在数量性状的分析与应用方面均起着重要的作用。

一、遗传力

(一)遗传力的概念

遗传力反映的是亲代传递其遗传特性的能力,或指性状的遗传方差在总方差(表型方差)中所占的比例。一般分为广义遗传力和狭义遗传力(Lush,1937)以及实现遗传力(Falconer,1955),它们各有不同的含义与应用价值。

1. 广义遗传力(heritability in the broad sense,H^2 或 h_B^2) 广义遗传力是指数量性状基因型方差占表型方差的比例,用下式表示:

$$H^2 = V_G / V_P$$

式中:V_G——基因型方差;

V_P——表型方差。

通过广义遗传力的估计,可以了解一个性状受遗传效应影响的大小或程度。遗传力越高,性状传递给子代的能力就越强,受环境的影响也较小。在某些情况下,特别是一些自花授粉的植物中,估计 H^2 是必要的,因为这时基因型效应不易剖分,而且所有的基因型效应均可以稳定遗传。

2. 狭义遗传力(heritability in the narrow sense,h^2 或 h_N^2) 狭义遗传力是指数量性状加性效应(育种值)方差占表型方差的比例,用下式表示:

$$h^2 = V_A / V_P$$

由于加性效应(育种值)是从基因型效应中已剔除显性效应和上位效应后的部分,在世代传递中是可以稳定遗传的,因此 h^2 在动物生产与育种中具有重要意义。如无特殊说明,一般所说的遗传力就是指狭义遗传力。

另外,国外计算狭义遗传力时,用育种值对表型值的回归系数 b_{AP} 来表示:

$$h^2 = \frac{\sigma_A^2}{\sigma_P^2} = b_{AP}$$

式中:σ_A^2——加性方差;

σ_P^2——表型方差。

这是从育种值估计的角度阐述的。尽管实质上是育种值决定表型值,但是表型值可以度量得到,而育种值不能直接度量,只能由表型值估计,这实际上是一种反向回归估计。

3. 实现遗传力(realized heritability,h_R^2) 实现遗传力是指对数量性状进行选择时,通过在亲代获得的选择效果中,在子代能得到的选择反应大小所占的比值。

$$h_{\mathrm{R}}^2 = \frac{R}{S}$$

式中:R——选择反应;

　　S——选择差。

这一概念反映了遗传力的实质。然而,由于动物遗传育种中的许多选择试验受到的影响因素多且复杂,难以控制,用选择反应来估计遗传力尚有很大的偏差。因此一般不采用这一方法来估计遗传力。

(二)遗传力的特点

上述的三种遗传力概念中,最重要的是狭义遗传力,因为基因加性作用产生的方差是固定遗传的变异,所以狭义遗传力的数值比广义遗传力的数值更为准确可靠。遗传力估计值可以用百分数或者小数来表示,具有以下特点:

(1)数量性状的遗传力估计值介于 0~1 之间(表 9-2)。

(2)根据性状遗传力的大小,可将其大致划分为三等:一般 0.5 以上者为高遗传力;0.2 以下者为低遗传力;介于 0.2~0.5 者为中等遗传力。

(3)遗传力估计值只是说明对后代群体某性状的变异来说,遗传与环境两类因素影响的相对重要性,并不是指该性状能遗传给后代个体的绝对值。

表 9-2　猪一些性状的遗传力

性状	遗传力	性状	遗传力
初生重	0.15	怀胎率	0.05
断奶重	0.10~0.20	泌乳力	0.06
成年体重	0.50	窝产仔数	0.10~0.15
椎骨数	0.70	孕期长短	0.45
乳头数	0.20	系水力	0.01~0.43
背膘厚	0.12~0.74	肌肉 pH	0.04~0.41
眼肌面积	0.40~0.60	肉的松软度	0.58

需要指出的是,一个数量性状的遗传力不仅仅是性状本身独有的特性,它同时也是群体遗传结构和群体所处环境的一个综合体现。一般而言,在计算遗传力时,除应指明是哪一个品种、哪一个品系的哪一个性状外,同时还需指明是哪一个群体,以及群体所处的环境。因此,在统计过程中应注意消除固定环境的系统误差和扩大样本含量减少取样误差,一般说来同一品种或品系的同一性状的遗传力估计值是可以通用的。尽管如此,应尽量使用本群资料估计的遗传力,但必须满足以下三个条件,即度量正确、样本含量足够大和统计方法正确(包括没有系统误差)。这三个条件缺一不可,否则与其使用本群估计不正确的遗传力,还不如借用其他类似群体估计正确的遗传力。

(三)遗传力的估计原理

遗传力通常由表型变异来估计,前提是利用在遗传上关系明确的两类个体同一性状的资料,借助于这一确定的遗传关系和它们的表型相关就可以估计出该性状的遗传力,这是所有遗传力估计方法的原理。如图 9-2所示,其中 P_1,P_2,A_1,A_2,R_1,R_2 分别表示两类个体的表型值、育种值、剩余值;h 表示育种值(A)到表型值(P)的通径系数;r_A 表示两类个体间的遗传相关系数;

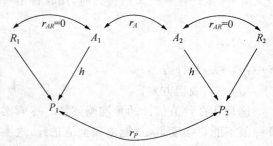

图 9-2　遗传力估计原理通径图

r_P 表示两类个体表型值间的相关系数。

依据通径分析原理，两个变量之间的相关系数等于连接它们的所有通径链系数之和，而各通径链系数等于该通径链上的全部通径系数和相关系数的乘积。因此，假定不存在剩余值（环境效应）与育种值之间的相关，即 $r_{AR}=0$，那么 P_1 和 P_2 间的相关系数 r_P 可以用下式计算：

$$r_P = h r_A h = r_A h^2 \qquad h^2 = \frac{r_P}{r_A}$$

式中 r_A 是两类个体间的遗传相关系数，即个体间的亲缘系数，注意区别于两性状间的遗传相关。通常亲缘系数是可以明确知道的。r_P 是两类个体表型值间的相关系数，在不同情况下可以通过相应的统计分析得到。因此，遗传力的估计实际上可以转化为这两个相关系数的计算。

(四)遗传力的估计方法

遗传力的估计方法很多，从用于遗传力估计的两类个体间的遗传关系来看，有亲子资料、同胞资料及同卵双生资料等等，常用的是亲子资料、全同胞资料和半同胞资料。影响遗传力估计误差的因素主要有资料个体间亲缘关系远近、样本含量和统计方法等。

1. 亲子回归估计方法　　由于在动物生产中，很多数量性状属于限性性状，如牛的泌乳性状，鸡的产蛋性状，猪、兔的产仔数性状等，而且由于人工授精等繁殖新技术的使用导致群体中公畜数量远远少于母畜，因此这些资料一般是母畜相关资料，下面以母女回归法来示例如何进行遗传力分析。

母女回归法估计遗传力的公式为

$$h^2 = 2b_{OP}$$

式中：b_{OP}——女儿对母亲的回归系数。

其原理是：

$$b_{OP} = COV_{OP}/V_P$$

式中：COV_{OP}——母女间特定性状的协方差；

V_P——母亲特定性状的表型方差。

因为

$$
\begin{aligned}
COV_{OP} &= \frac{\sum (O-\overline{O})(P-\overline{P})}{N} \\
&= \frac{\sum \frac{1}{2}(A-\overline{A})[A+R-(\overline{A}+\overline{R})]}{N} \quad (\text{女儿的平均值为母亲育种值的一半}) \\
&= \frac{\sum \frac{1}{2}(A-\overline{A})[(A-\overline{A})+(R-\overline{R})]}{N} \\
&= \frac{\sum \frac{1}{2}(A-\overline{A})^2 + \sum \frac{1}{2}[(A-\overline{A})(R-\overline{R})]}{N} \\
&= \frac{\sum (A-\overline{A})^2}{2N} + 0 = \frac{V^2}{2}
\end{aligned}
$$

所以

$$b_{OP} = \frac{V_A/2}{V_P} = \frac{h^2}{2} \qquad h^2 = 2b_{OP}$$

2. 同胞表型相关估计法

全同胞的表型相关估计：$h^2 = 2r_{FS}$，其中 r_{FS} 为全同胞个体之间的表型值相关系数。

母系半同胞的表型相关估计：$h^2 = 4r_{HS}$，其中 r_{HS} 为半同胞个体之间的表型值相关系数。

相关分为直线相关和组内相关（同类相关）。直线相关只能表示两个变量间的相关，而全同胞之间的相关是多个同类变量之间的相关，因此全同胞相关要用组内相关（同类相关）方法来计算。组内相关的计算公式为

$$r_1 = \frac{\sigma_B^2}{\sigma_P^2} = \frac{\sigma_B^2}{\sigma_B^2 + \sigma_W^2}$$

式中：σ_B^2——组间方差；

σ_W^2——组内方差；

σ_P^2——总方差，即组内方差与组间方差之和。

组内相关系数是组间方差和总方差之比，也就是说组间变异量在总变异量中占的比率。在总变异量中，组间变异相对大时，组内变异就相对小，组内各变数间相关也就相对大，这也就是组内相关原理。

同父同母的全同胞内相关计算公式为

$$r_{FS} = \frac{\sigma_S^2 + \sigma_D^2}{\sigma_S^2 + \sigma_D^2 + \sigma_W^2}$$

式中：σ_S^2——公畜间的方差；

σ_D^2——母畜间的方差；

σ_W^2——母畜内后代间的方差。

再由 $h^2 = 2r_{FS}$ 计算相应遗传力。

在实际动物生产中，公畜一般远少于母畜，因此更多的情况是同父异母的半同胞资料，特别是单胎动物更是如此。当然多胎动物也有可能存在母系半同胞情况，用下式表示：

$$h^2 = 4r_{HS} = \frac{4\sigma_B^2}{\sigma_P^2} = \frac{4\sigma_B^2}{\sigma_B^2 + \sigma_W^2}$$

式中：σ_B^2——组间（公畜或母畜间）的方差；

σ_W^2——公畜或母畜内后代间的方差。

因为

$$MS_B = \sigma_W^2 + n\sigma_B^2$$

式中：MS_B——组间均方；

n——各公畜（母畜）平均子女头数。

$$MS_W = \sigma_W^2$$

式中：MS_W——组内均方。

所以

$$\sigma_B^2 = \frac{MS_B - MS_W}{n}$$

代入公式得

$$r_{HS} = \frac{(MS_B - MS_W)/n}{(MS_B - MS_W)/n + MS_W} = \frac{MS_B - MS_W}{MS_B + (n-1)MS_W}$$

组间均方和组内均方可由方差分析求得，再由 $h^2 = 4r_{HS}$ 计算相应遗传力。

（五）遗传力的显著性检验

遗传力估计之后，需要测验它的显著性。一般用 t 测验，首先计算遗传力的标准误差 σ_{h^2}，如果遗传力由公畜内母女回归计算，h^2 等于 $2b_{OP}$，因而

$$\sigma_{h^2}^2 = \sigma_{2b_{OP}}^2 = 4\sigma_{b_{OP}}^2 \qquad \sigma_{h^2} = 2\sigma_{b_{OP}}$$

$$t = \frac{h^2}{\sigma_{h^2}} = \frac{b_{OP}}{\sigma_{b_{OP}}} = \frac{b_{OP}}{\sqrt{\dfrac{\sum(O-\overline{O})^2 - b_{OP}^2\sum(P-\overline{P})^2}{(N-S-1)\sum(P-\overline{P})^2}}}$$

式中：$\sigma_{b_{OP}}$——回归系数的标准误差；

　　N——亲子对数，即所有母女组合数；

　　S——公畜数目。

如果遗传力由中亲值计算，由于 $h^2 = 2b_{\overline{OP}}$，$\sigma_{h^2} = \sigma_{b_{\overline{OP}}}$，需要将 t 的计算公式中亲代表型值换为双亲均值。

如果遗传力由父亲半同胞计算，则

$$\sigma_{h^2} = 4 \times \sqrt{\frac{2[1+(n-1)r_{HS}]^2(1-r_{HS})^2}{n(n-1)(S-1)}}$$

式中：r_{HS}——半同胞之间的表型相关系数；

　　n——半同胞数目；

　　S——公畜数目。

如果遗传力由父系全同胞家系计算，则

$$\sigma_{h^2} = 2 \times \sqrt{\frac{2[1+(k_1-1)r_{FS}]^2(1-r_{FS})^2}{k_1(k_1-1)(d-1)}}$$

式中：r_{FS}——全同胞之间的表型相关系数；

　　d——某一公畜所有与配母畜的数目。

k_1 由下式表示：

$$k_1 = \frac{1}{Sd-S}\left(n.. - \sum_{i=1}^{S}\sum_{j=1}^{d_i}\frac{n_{ij}^2}{n_{i.}}\right)$$

式中：S——公畜数目；

　　d——公畜内所有与配母畜数目；

　　$n..$——群体中所有的全同胞数；

　　n_{ij}——第 i 公畜第 j 母畜所生的子女（全同胞）数；

　　$n_{i.}$——第 i 公畜所有的子女数。

值得注意的是，当 t 检验结果表明 h^2 估值显著或极显著时，说明该参数值准确度较高，在实际中可被利用；而检验结果表明不显著时，则表明该参数值的估计不准确，因而不宜被利用，因为抽样误差太大，所得的 h^2 估值准确度太低或在实际群体中这个值不是真实存在的。

（六）遗传力的应用

遗传力是反映数量性状遗传特征的重要遗传参数，无论是育种值估计、综合选择指数制订、选择反应预测、选择方法比较以及育种规划决策等方面，遗传力均起着十分重要的作用。可归纳为以下四个方面：

1. 预测选择效果　在选留种畜时，一般选择表型值高的个体留种（如日增重、产蛋量、产奶量等），因此，选留种畜的性状表型值平均值和全群的平均值就有一个差值，但应注意的是这部分不能全部地遗传给后代。例如，某鸡群 500 日龄产蛋量平均值为 200 个，选留种群的平均值为 240 个，并不是 40 个蛋的差值均能完全遗传给后代，而是要乘一个系数，这个系数就是遗传力，所得数值就是后代在产蛋性状上可提高的部分。如果上面鸡群产蛋量性状的遗传力 $h^2=0.15$，可提高的部分为 40 个×0.15＝6 个，这样，就可以通过计算预期下一代 500 日龄产蛋量平均值为 200 个＋6 个＝206 个。

2. **估计种畜的育种值**　任何一个数量性状的表型值可以剖分为加性效应和非加性效应两个部分，能够稳定遗传的只是基因的加性效应，即育种值。由于育种值能真实地遗传给后代，所以估计动物的育种值对于提高选择的准确性和加快遗传改进具有重要的意义。育种值的估计一般通过遗传力与表型偏差这两个参数来估计，而遗传力在育种值估计中具有重要的作用，具体表现在对育种值估计的准确性与估计的方法等影响。

3. **确定选择方法**　遗传力的大小可以反映某性状遗传给后代的能力。遗传力与选择方法也有很大关系。遗传力中等以上的性状可以采用个体表型选择这种既简单又有效的选择方法。遗传力低的性状宜采用家系选择方法，因为个体随机环境效应偏差在家系群体中相互抵消，家系平均表型值接近于平均育种值，根据家系平均表型选择，其效果接近于根据平均育种值选择。由此可见，确定不同性状的合理选择方法，必须考虑遗传力的高低。

4. **制订综合选择指数**　对动物选择有时会涉及两个以上的性状，这时为了选择的方便，有必要将其转换成一个综合指标，即综合选择指数。与育种值估计一样，综合选择指数的制订离不开遗传力等参数。

二、重复力

(一)重复力的概念

重复力（repeatability）是不同次生产周期之间同一性状所能重复的程度或同一性状不同度量值间的相关程度。许多数量性状在同一个体是可以多次度量的，例如，奶牛各泌乳期产奶量、绵羊的剪毛量等，在个体一生中有多个记录，表现为不同时间和空间上的重复度量。成年奶牛每年可以测得一个泌乳期的产奶量，而测量绵羊的剪毛量可以从身体的两侧对称部位同时获得两个测量数据。

(二)重复力的估计原理

一般而言，度量的次数越多，依据越充分，结果越可靠，评定动物的价值越准确。但是度量次数越多所需时间越长，且有些性状度量到一定程度，再增加度量次数并不一定增加度量值的准确性。这时需要一个标准，这个标准就是重复力，重复力是一个变数多个变量之间的相关，因此要用组内相关来计算，计算方法与同胞相关基本相同。不同之处在于估计同胞相关时，组间是家系间，组内是个体间，而重复力组间是个体间，组内是个体内多次度量间。

一般地，估计重复力 r_e 的公式是：

$$r_e = \frac{\sigma_B^2}{\sigma_B^2 + \sigma_W^2}$$

式中：σ_B^2——个体间方差；

$\quad\ \sigma_W^2$——个体内度量值间方差。

如前所述，从效应剖分来看，可以将环境效应（E）剖分为一般环境效应（E_g）和特殊环境效应（E_s）两个部分，即 $E = E_g + E_s$。因此，假定基因型效应、一般环境效应和特殊环境效应之间都不相关，可得到：

$$V_P = V_G + V_{E_g} + V_{E_s}$$

重复力 r_e 可定义为

$$r_e = \frac{V_G + V_{E_g}}{V_P} = \frac{V_G + V_{E_g}}{V_G + V_{E_g} + V_{E_s}}$$

它反映了一个性状重复力主要受遗传效应和一般环境效应影响。当然 r_e 也受特殊环境效应的影响，r_e 高说明性状受特殊环境效应影响小，每次度量值的代表性强，因而所需度量的次数就少；反之，r_e 低说明性状受特殊环境效应影响大，每次度量值的代表性差，因而所需度量的次数就多。

（三）重复力的估计方法

重复力的估计利用组内相关原理进行，组内相关程度的大小用组内相关系数表示。组内相关系数 r_e 是组间方差组分。因此

$$r_e = \frac{\sigma_B^2}{\sigma_P^2} = \frac{\sigma_B^2}{\sigma_B^2 + \sigma_W^2}$$

根据同胞相关的计算方法，可知

$$MS_B = \sigma_W^2 + n\sigma_B^2 \qquad MS_W = \sigma_W^2$$

所以
$$\sigma_W^2 = MS_W \qquad \sigma_B^2 = \frac{MS_B - MS_W}{n}$$

将 σ_B^2 代入得：

$$r_e = \frac{(MS_B - MS_W)/n}{(MS_B - MS_W)/n + MS_W} = \frac{MS_B - MS_W}{MS_B - MS_W + nMS_W} = \frac{MS_B - MS_W}{MS_B + (n-1)MS_W}$$

如果各组的观察数目不等，则应计算加权值 n_o：

$$n_o = \frac{1}{D-1}\left(N - \frac{\sum n_i^2}{N}\right)$$

式中：n_o——各个体度量次数的加权平均数；

　　　　N——各个体度量次数的总和；

　　　　D——度量个体数；

　　　　n_i——每个个体的度量次数。

（四）重复力的应用

重复力的应用大致可归纳为以下四个方面：

1. 估计遗传力估计的正确性和可靠性　由重复力与遗传力的计算方法可知，重复力大小不仅取决于所有基因型效应，而且取决于一般环境效应，因而重复力是同一性状遗传力的上限。因此，如果遗传力估计值高于同一性状的重复力估计值，则一般说明遗传力估计有误。

2. 确定性状需要度量的次数　由于重复力是同一个体某一性状多次度量值间的相关系数，依据它的大小可以确定达到一定准确度要求所需的度量次数。假设每个动物某一性状的度量次数为 n，其应用公式为：

$$Q = \sqrt{\frac{n}{1 + (n-1)r_e}}$$

式中：Q——相对精确度。

继续增加度量次数，当相对精确度不再增加时，这时的 n 就是这个性状实际需要度量的次数。

3. 估计个体终身可能生产力　当需要比较多个具有不同度量次数的个体的生产性能时，首先应依据各个体的多次度量均值估计出 Lush(1937)提出的最大可能生产力（most probable producing ability, MPPA），消除个体暂时性环境影响，以获得更可靠的比较结果。有了重复力的估计值，育种实践中就可根据早期记录资料估计动物以后的可能生产力，其公式为

$$P_x = (P_n - \overline{P})r_{e(n)} + \overline{P} = (P_n - \overline{P})\frac{nr_e}{1 + (n-1)r_e} + \overline{P}$$

式中：P_x——个体 x 的某性状可能生产力；

$\overline{P}$——全群某性状平均值；

P_n——个体 x 的某性状 n 次记录的平均值。

4. 计算多次度量均值的遗传力　多次度量均值遗传力 $h^2_{(n)}$ 在动物性状育种值估计中非常重要，个体多次度量均值可用于提高个体育种值的估计准确度，这时重复力起着关键作用：

$$h^2_{(n)} = \frac{nh^2}{1 + (n-1)r_e}$$

三、遗传相关

（一）遗传相关的概念

动物不同性状间由于各种遗传原因造成的相关程度大小称遗传相关（genetic correlation）。动物作为一个有机的整体，它所表现的各种性状之间必然存在着内在的联系。动物性状间的简单相关，即表型相关（phenotype correlation），通常是由于遗传和环境两方面的因素造成的。由环境因素造成的相关称环境相关（environmental correlation），它是在个体发育过程中形成的，是由于两个性状受个体所处相同环境造成的相关；由各种遗传原因造成的相关称遗传相关，它是生物在长期的系统发育进化中形成的，是出于基因的一因多效和基因间的紧密连锁造成的性状间遗传上的相关。遗传相关可分为正相关与负相关，例如，鸡的体重与胫长呈现正相关，而泌乳奶牛的产奶量与乳脂率呈现负相关。

（二）遗传相关的估计原理

从动物遗传育种学角度看，遗传相关实质上是性状育种值之间的相关，也称育种值相关。根据通径分析，可将表型相关划分为遗传相关和环境相关为主的两部分，一般依据通径理论和表型值方差的剖分来估算遗传相关（图 9-3）。

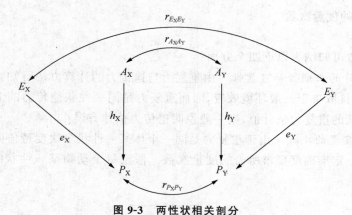

图 9-3　两性状相关剖分

图中：P_X、P_Y——X、Y 两性状的表型值；

A_X、A_Y——X、Y 两性状的育种值；

E_X、E_Y——两性状的环境效应；

$r_{P_X P_Y}$——两性状的表型相关系数，简写为 r_{XY}；

$r_{A_X A_Y}$——X、Y 两性状的育种值相关，简写为 r_A；

$r_{E_X E_Y}$——X、Y 两性状环境相关系数，简写为 r_E；

h_X、h_Y——X、Y 两性状的育种值到其表型值的通径系数，即 X、Y 两性状遗传力的平方根；

e_X、e_Y——X、Y 两性状的环境效应到其表型值的通径系数。

根据通径理论

$$r_{XY} = h_X r_A h_Y + e_X r_E e_Y$$

由上式可见,构成 X、Y 两性状的表型相关(总的相关)有两条通径链,其中一条是遗传通径链,它由 h_X、r_A、h_Y 三个部分组成,另一条是环境通径链,它由 e_X、r_E、e_Y 三个部分组成。

(三)遗传相关的估计方法

遗传相关的估计方法与遗传力估计方法类似,需要通过两类亲缘关系明确的个体的两个性状表型值间的关系来估计。遗传相关的估计方法有两种:一种是亲子关系估计法;另一种是半同胞资料估计法。一般公式如下:

$$r_A = \frac{COV_{A_X A_Y}}{\sigma_{A_X} \sigma_{A_Y}}$$

式中:r_A——性状 X 与性状 Y 的遗传相关;

$COV_{A_X A_Y}$——性状 X 与性状 Y 育种值的协方差;

σ_{A_X}——性状 X 育种值的方差;

σ_{A_Y}——性状 Y 育种值的方差。

1. 亲子关系估计法 根据通径分析的方法,利用性状间的表型协方差来估计性状间的遗传相关。主要步骤是先求出两性状表型间的相关,然后再求遗传相关,其计算公式如下:

$$r_{A(XY)} = \frac{COV_{X_1 Y_2} + COV_{X_2 Y_1}}{2\sqrt{COV_{X_1 X_2} COV_{Y_1 Y_2}}}$$

或

$$r_{A(XY)} = \frac{SP_{X_1 Y_2} + SP_{X_2 Y_1}}{2\sqrt{SP_{X_1 X_2} SP_{Y_1 Y_2}}}$$

式中:$r_{A(XY)}$——性状 X 与性状 Y 的遗传相关;

$COV_{X_1 Y_2}$、$SP_{X_1 Y_2}$——亲代(1)X 性状与子代(2)Y 性状之间的协方差;

$COV_{X_2 Y_1}$、$SP_{X_2 Y_1}$——子代(2)X 性状与亲代(1)Y 性状之间的协方差;

$COV_{X_1 X_2}$、$SP_{X_1 X_2}$——亲代(1)X 性状与子代(2)X 性状之间的协方差;

$COV_{Y_1 Y_2}$、$SP_{Y_1 Y_2}$——亲代(1)Y 性状与子代(2)Y 性状之间的协方差。

2. 半同胞资料估计法 建立于方差分析和协方差分析的基础上,例如,对于每胎只产一仔的大家畜,方差和协方差的分析见表 9-3。

表 9-3 半同胞资料方差、协方差分析表

变因	自由度	X 性状均方结构	均叉积结构	Y 性状均方结构
公畜间	$S-1$	$MS_{B(X)} = \sigma^2_{W(X)} + n_0 \sigma^2_{B(X)}$	$MP_{B(XY)} = COV_{W(XY)} + n_0 COV_{B(XY)}$	$MS_{B(Y)} = \sigma^2_{W(Y)} + n_0 \sigma^2_{B(Y)}$
公畜内	$N-S$	$MS_{W(X)} = \sigma^2_{W(X)}$	$MP_{W(XY)} = COV_{W(XY)}$	$MS_{W(Y)} = \sigma^2_{W(Y)}$
总数	$N-1$			

注:S 表示公畜数;N 表示所有后代的总数;MS、MP 分别表示均方、均叉积;σ^2_B 表示公畜间方差;σ^2_W 表示公畜内方差;X、Y 分别表示两个性状;$COV_{B(XY)}$ 表示公畜间协方差;$COV_{W(XY)}$ 表示公畜内协方差;n_0 表示公畜家系中后代的加权平均值,其公式为:$n_0 = \frac{1}{S-1}\left(N - \frac{\sum n_i^2}{N}\right)$。

因此,半同胞资料估计遗传相关的公式为

$$r_{A(XY)} = \frac{COV_{B(XY)}}{\sqrt{\sigma_{B(X)}^2 \sigma_{B(Y)}^2}} = \frac{MP_{B(XY)} - MP_{W(XY)}}{\sqrt{(MS_{B(X)} - MS_{W(X)})(MS_{B(Y)} - MS_{W(Y)})}}$$

同时,表型相关与环境相关分别由以下公式来估计:

$$r_P = \frac{COV_{XY}}{\sqrt{\sigma_X^2 \sigma_Y^2}} \qquad r_E = \frac{r_P - h_X h_Y r_A}{\sqrt{(1 - h_X^2)(1 - h_Y^2)}}$$

(四)遗传相关的应用

遗传相关的应用可归纳为以下三个方面:

1. **间接选择** 在动物育种工作中,有些经济性状在活体难以度量(如屠宰率、瘦肉率、背膘厚等);有些是生长发育晚期的性状。应用两类性状间的遗传相关,通过对那些容易度量或早期表现的性状的选择,来间接地改良难以度量或晚期发育的性状。另外,有些重要的经济性状的遗传力较低(如繁殖力、产奶量、产蛋量等性状),性状直接选择效果不理想,在这些情况下可以考虑采用间接选择,可以大大地提高选择效果。

2. **不同环境下性状表型值的比较** 在动物育种工作中,一些育成的优良品种会被引种到异地或者推广到其他条件生产场,由于环境条件的改变,性状表型值在一定程度上会受到影响。如何比较不同环境条件下的性状表型值,进而判断种畜的好坏?根据遗传相关原理可以判断同一性状在不同环境下表型值差异是遗传因素导致的还是环境变化导致的。设一个环境下的表型值为 X,另一环境下为 Y,假如它们之间存在强遗传相关,则意味着性状表型值是由同一基因组来决定的,两种环境下表型值的差异是环境条件导致的,即种畜的质量是可靠的。反之,遗传相关很低,则两者间存在着基因组间的差异,种畜的质量可能存在问题。

3. **制订综合选择指数** 一般而言,只要涉及两个性状以上的选择问题,无不需要用到遗传相关这一参数制订相关性状的选择指数,在制订综合选择指数时,不仅需要考虑性状的经济价值、性状的遗传力、标准差,多数情况下还要考虑性状间的遗传相关。这也是遗传相关最主要的用途之一。

第四节 数量性状基因座

一、数量性状基因座的概念

数量性状基因座(quantitative trait loci,QTL),是对数量性状有较大影响的基因座,是控制数量性状变异的一个染色体片段,而不一定是一个单基因座。与此相对应,把对某一数量性状具有明显效应的基因,称为主效基因或主基因(major gene)。随着现代分子遗传学技术的发展,一些高效的 DNA 分子遗传标记将各种畜禽的遗传图谱研究与动物育种相结合,有可能将复杂的数量性状分解为多个数量性状主基因区进行定位分析。许多情况下,有主效应的等位基因是在选择群中由新突变产生的,在未选择群体中这种主效等位基因的频率很低,对数量性状变异的影响也很小。近年来利用分子遗传多态性检测技术,成功地检测到一些主基因(表 9-4)。

二、QTL 定位

(一)QTL 定位概念

确定一个数量性状受到多少个 QTL 作用的控制,确定它们在染色体上的位置,并估计它们对数量性状的效应大小及其互作效应,该过程称为 QTL 定位(QTL mapping)。QTL 定位具有以下意义:①可以利用分子遗传标记对数量性状基因型进行标记辅助选择(marker-assisted selection,MAS)来提高家畜育种的效率,特别是对低遗传力性状和限性性状而言;②将转基因技术用于数量性状的遗传操作;③能够鉴别由多因素引起的遗传疾病,为基因治疗和改进预防措施提供依据;④对这些 QTL 基因的数目和特性有所了解后,可以使数量遗传学理论建立在更加完善的基础上,对家畜育种实践的指导更为科学合理。

表 9-4　影响数量性状的主基因

畜种	性状	基因
鸡	体重	矮小基因
猪	瘦肉率	氟烷敏感基因
	应激综合征	
	产仔数	雌激素受体基因(ESR)
牛	瘦肉率	双肌基因
	肌肉肥大	
羊	多产性	布鲁拉 F 基因

(二)QTL 定位步骤

QTL 定位的基本步骤为:①构建作图群体,一般选择在所研究的数量性状上处于分离状态的纯系或高度近交系;②确定和筛选遗传标记;③进行系间杂交获得分离世代的 F_2 个体或者进行回交获得 BC(back cross)个体;④分析各世代群体中各个体的数量性状值和标记基因型;⑤分析标记基因型与数量性状值之间的连锁程度,确定 QTL 连锁群,估计 QTL 效应。

(三)影响 QTL 定位的因素

影响 QTL 定位的因素主要有遗传标记、遗传图距、QTL 基因型与候选基因座等。

1. 遗传标记　一个理想遗传标记(molecular genetic marker)应具有:①高度多态性,以保证个体或系在每一个基因座都可能携带不同的等位基因;②丰富性,以保证足够多的标记覆盖整个基因组;③中性,对所研究的数量性状和适应性等都是呈中性的;④共显性,以保证标记某基因座上所有的基因型都可以被识别。以往数量性状基因座的基因定位一直缺乏合适的遗传标记。目前,分子标记为人类、鼠、果蝇和鸡、猪等许多家畜品种的 QTL 定位分析提供了方便。用于 QTL 定位的遗传标记一般是 DNA 分子标记,目前常用的有:限制性片段长度多态性(RFLP),随机扩增多态 DNA(RAPD),扩增片段长度多态性(AFLP),简单序列重复(SSR),即微卫星(MS)、可变数目序列重复(VNTR)、单股构象 DNA 多态(SSCP)、双股构象 DNA 多态(DSCP)以及单核苷酸多态标记(SNP)。

2. 遗传图距(θ)　指两个基因在染色体图上距离的数量单位,用 cM(centi-Morgan)(厘摩)表示。1 cM 的定义为两个位点间平均 100 次减数分裂发生 1 次遗传重组,因此,遗传图距主要取决于基因组间重组率(r)的大小,也可用基因座间的重组率表示基因间的遗传图距。1 cM 约等于 1%重组率。通常将 r 转化为 θ。当两基因座间无多重交换时,图距函数可简单表示为

$$\theta = r$$

当基因座间有多重交换时,可用 Haldane 图距函数:

$$\theta = \begin{cases} -0.5\ln(1-2r) & 0 \leqslant r < 0.5 \\ 0 & \text{其他 } r \text{ 值} \end{cases}$$

不同的图距函数适用于不同的干扰水平,得到的连锁图谱也有一定的差异,在将图距转为重组率时必须说明图距是用哪种图距函数得到的。

3. QTL 基因型　QTL 定位最有效的试验设计是利用在 QTL 和标记基因都分别纯合的两个系杂交,在 F_1 代得到基因座间最大的连锁不平衡。如果所有等位基因都是纯合的,即在一个亲本系中是增效等位基因的纯合,在另一个亲本系中则是减效等位基因的纯合,那么是相当理想的。F_1 代与一个或两个亲本系进行回交得到 F_2 代可以得到重组的近交系,它也可用于数量性状定位。只要有标记基因座分化的系,就可能有不同的 QTL 等位基因固定,因此仍然可以用系间杂交方法进行定位。如果在不同标记基因型组间的表型平均值有差异,就可推断有与标记基因座连锁的 QTL 存在。

4. 候选基因座　在未知基因座片段上已有许多已知功能的基因被检测及克隆出来的前提下,这种可能与未知基因座有表型联合作用的已知基因座称为候选基因座。QTL 定位可以成功地将其定位在大约 20 cM 的片段,其中可能包含许多基因座。如果通过后裔测验将其图谱位置更精确地定位到 3 cM 左右,足可在育种选择方案中利用 QTL,基因座克隆以及在数量性状表型变异中与同一片段上"候选"基因座的多态标记的联合变异分析可检测一个特定基因组片段上作为 QTL 的基因。基因座克隆要求所研究基因座的图谱位置小于 0.3 cM,这一方法处于探索阶段,还未广泛用于单基因座 QTL 的定位。

分子遗传标记技术的成熟使得畜禽数量性状基因座图谱越来越系统化和完善,从而为动物遗传改良提供新的手段,其中最主要的是如何利用分子遗传标记对数量性状基因型进行辅助选择,即标记辅助选择(marker-assisted selection)。用于标记辅助选择的理想分子遗传标记应该具有如下特性:①等显性,从而可以保证直接检测出各种基因型;②可以在两性别任何年龄的个体检测;③遗传标记与 QTL 有较强的连锁关系,在家系内遗传变异中占有一定的分量。概括起来讲,标记辅助选择的基本技术路线包括七个方面:①寻找含 QTL 的染色体片段(10～20 cM);②标定 QTL 的位置(5 cM);③找到与 QTL 紧密连锁的遗传标记(1～2 cM);④在这些区域内找到可能的候选基因;⑤寻找与性状变异有关的特定基因;⑥寻找这些特定基因的功能基因座;⑦在遗传标记辅助下更加准确地对性状进行选择。

思　考　题

1. 名词解释:

数量性状　质量性状　阈性状　多基因假说　遗传力　重复力　遗传相关　QTL　QTL 定位

2. 多基因假说的要点是什么?

3. 估计遗传力的基本原理是什么? 遗传力有何应用价值?

4. 何谓数量遗传学的三大遗传参数?

5. 重复力有哪些用途?

6. 性状间的遗传相关是由哪些因素造成的?

7. 遗传相关有哪些用途?

8. 遗传参数为什么是可变的? 在估计群体遗传参数时应该注意什么?

9. 简要叙述群体遗传参数在家畜育种中的应用。

10. QTL 如何进行定位? 影响 QTL 定位的主要因素有什么?

第十章 群体遗传学基础与生物进化

由于所有现存生物都是进化的产物,因此,群体遗传变异的研究必然和进化论联系起来。进化所研究的是遗传物质的演变及物种形成的遗传基础,实质是群体遗传结构的变化过程。群体遗传学(population genetics)是专门研究群体的遗传结构及其变化规律的遗传学分支学科,应用数学和统计学方法研究群体中基因频率和基因型频率以及影响这些频率的选择效应和突变作用,研究迁移和遗传漂变等与遗传结构的关系,目的在于阐明生物进化的遗传机制。

第一节 群体遗传学相关的基本概念

一、群体和孟德尔群体

所谓群体(population)是拥有一个共同基因库的许多个体构成的生物集团;是指一个种、一个变种、一个品种或一个其他类群所有成员的总和(gene pool)。例如秦川牛,不管是什么地方,只要是秦川牛,都属于秦川牛这个群体,每一头秦川牛都是这个群体中的一个个体。但不同类群生物个体的总和不能叫群体,如马和驴组成的个体群。但在群体遗传学中通常把所研究的群体称为孟德尔群体(Mendelian population)。所谓孟德尔群体是指在个体间有相互交配的可能性并随着世代进行基因交换的有性繁殖群体。换句话讲,具有共同的基因库,并且由有性交配个体所组成的群体。这里所讲的基因库是指以各种基因型携带着各种基因的许多个体所组成的群体,包括不同层次的种群。在一个大的孟德尔群体内,由于各种原因造成的交配限制,可能导致基因频率分布不均匀的现象,形成若干遗传特性有一定差异的群落,通常称为亚群(subpopulation)或亚种(subspecies),家畜品种都可视为特种的亚群。对于品种而言,品系、地域群都是亚群。

孟德尔群体的特点是:

(1)具有再划分特点,即一个大的孟德尔群体又可划分成若干个小的孟德尔群体。

(2)孟德尔群体以有性生殖为前提,因而其对象是具有二倍体染色体数,并限于有性生殖的高等生物。

二、随机交配

所谓随机交配(random mating)是指在一个有性繁殖的生物群体中,任何一个雌性或雄性的个体与其任何一个相反性别的个体交配的概率是相同的,不受任何选配因素的影响。

随机交配不是自然交配。自然交配是雌雄动物混合在一个群体里,任其自由结合,这种交配方式实际上有选配在其中起作用,最明显的就是身强力壮的雄性与雌性个体交配的概率高于其他雄性个体,这显然不符合随机交配的定义。

三、基因频率和基因型频率

在个体中遗传组成用基因型表示,而在群体中遗传组成用基因频率和基因型频率表示。不同群体的同一基因往往有不同频率,不同基因组合体系反映了各群体性状的表现特点。

(一)基因频率

任何一个群体都是由它所包含的各种基因型所组成的,因此基因型频率和基因频率是群体遗传组成的基本标志,不同的群体同一基因频率往往不同。

基因频率(gene frequency)是指一个群体中,某一基因占其同一位点全部基因的比率。

$$基因频率 = \frac{某基因个数}{群体中同一位点基因总数}$$

显性基因频率,用 P 表示;隐性基因频率,用 p 表示。

例如,牛角的有无决定于一对等位基因 P 和 p,它们组成三种基因型,即 PP、Pp、pp 型,PP 个体有两个 P 基因($2n_1$),Pp 个体有一个 P 基因 n_2,所以该群体中 P 基因的总数为 $2n_1+n_2$,同理 p 基因的总数为 $2n_3+n_2$,群体中总的等位基因数为 $2n_1+2n_2+2n_3$,于是:

$$P \text{ 基因频率公式}:\frac{2n_1+n_2}{2n_1+2n_2+2n_3}, p \text{ 基因频率公式}:\frac{2n_3+n_2}{2n_1+2n_2+2n_3}$$

不同群体间的差异,由基因频率不同所引起,品种间的差异实际是基因频率的差异。

各等位基因的频率之和等于1,若是复等位基因,各基因频率之和仍等于1。例如,人的 ABO 血型由同一个基因位点上的三个复等位基因(I^A、I^B 和 i)所决定,据 1944 年 Sfan 调查,中国人(昆明)中,I^A 基因的频率为 0.24,I^B 基因的频率为 0.21,i 基因的频率为 0.55,三者之和为 $0.24+0.21+0.55=1$。

由于基因频率是一个相对比率,以百分率表示,其变动范围在 $0\sim1$ 之间,一般写成小数形式,没有负数。

(二)基因型频率

一个群体中,某一相对性状的不同基因型所占的比率就是基因型频率(genotype frequency)。也就是群体中某一特定基因型个体占群体总数的百分比。

$$基因型频率 = \frac{某一基因型个体数}{群体总数}$$

例如,上面例子中提到的 PP、Pp、pp 型,PP、Pp 表现无角,pp 表现有角,这三种基因型在牛群体中分布不同,如某牛群中 PP 占 0.01%,Pp 占 1.98%,pp 占 98.01%,三者合计等于 100% 或 1。

又假定,牛自然群体中,显性无角纯合体 PP 型有 250 个,杂合体 Pp 型有 500 个,隐性纯合体 pp 型有 250 个,合计为 1 000 个。那么它们的基因型频率分别为 0.25、0.5 和 0.25,合计为 1。基因型不等于表现型,基因型频率并不完全是表现型比例,例如上述的三种基因型,表现型只有两种——无角和有角,两者的比例分别为 75%(25%+50%)和 25%。

(三)基因频率和基因型频率的关系

由于基因型是由基因组成的,所以两者的频率是密切关联的。我们以一对等位基因为例来说明,设 A 与 a 是某一位点上的两个等位基因,它们的频率分别为 p 和 q,它们组成的三种基因型为 AA、Aa 和 aa,其基因型频率分别以 D、H 和 R 表示。在群体中,每个 AA 基因型含有 2 个 A 基因;每个 Aa 基因型含有 1 个 A 基因和 1 个 a 基因;每个 aa 基因型含有 2 个 a 基因。这样:

$$A \text{ 基因频率} \quad p = \frac{2D+H}{(2D+H)+(H+2R)} = \frac{2D+H}{2(D+H+R)} = \frac{2D+H}{2} = D + \frac{1}{2}H$$

$$a \text{ 基因频率} \quad q = \frac{H+2R}{(2D+H)+(H+2R)} = \frac{H+2R}{2(D+H+R)} = \frac{H+2R}{2} = \frac{1}{2}H + R$$

根据以上推论公式,现举例加以说明。某实验室饲养的 520 只普通果蝇的乳酸脱氢酶(LDH)的同工酶电泳分析结果是:显示快带个体数为 188 只,慢带个体数为 83 只,居于二者之间的个体数为 249 只。LDH 受染色体上的一个基因位点所控制,为 F 和 S 两等位基因。快、慢、中带的基因型分别为 FF、SS 和 FS。

基因型	FF	FS	SS
观察数	188	249	83

F 和 S 基因的频率分别为

$$p(F) = \frac{2D+H}{2(D+H+R)} = \frac{2 \times 188 + 249}{2 \times 520} = \frac{625}{1\,040} = 0.601\,0$$

$$q(S) = \frac{H+2R}{2(D+H+R)} = \frac{249 + 2 \times 83}{2 \times 520} = \frac{415}{1\,040} = 0.399\,0$$

第二节　哈代-温伯格定律

英国数学家哈代(Hardy)和德国医生温伯格(Weinberg)经过各自独立的研究,于 1908 年分别发表了有关基因频率与基因型频率的重要规律,现在称为哈代-温伯格定律,又称为基因平衡定律或遗传平衡法则。

一、平衡群体的条件

所谓平衡群体是指在世代更替的过程中,遗传组成(基因频率和基因型频率)不变的群体。平衡群体必须是随机交配的大群体,且无迁移、无突变、无选择等,无选择包括无人工选择(artificial selection)和自然选择(natural selection)。

二、定律要点

哈代-温伯格定律的要点是:

(1)在一个随机交配的大群体中,若没有其他因素(所谓其他因素是指选择、突变、迁移、遗传漂变和交配制度等改变基因频率的因素)影响,基因频率世代相传,始终不变。即

$$p_0 = p_1 = \cdots = p_n \qquad q_0 = q_1 = \cdots = q_n$$

(2)任何一个大群体,无论起始基因频率如何,只要经过一代随机交配,常染色体上基因型频率就达到平衡状态,若没有其他因素影响,一直进行随机交配,这种平衡状态也将始终保持不变。即

$$D_1 = D_2 = \cdots = D_n$$
$$H_1 = H_2 = \cdots = H_n$$
$$R_1 = R_2 = \cdots = R_n$$

(3)在平衡状态下,基因型频率与基因频率之间的关系是:

$$\text{显性纯合子 } D = p^2 \qquad \text{杂合子 } H = 2pq \qquad \text{隐性纯合子 } R = q^2$$

三、平衡群体的若干性质

在随机交配条件下,遗传平衡群体的两个性质:

性质 1:在二倍体遗传平衡群体中,杂合子(Aa)的频率 $H = 2pq$ 的值永远不会超过 0.5。

根据这个性质可知，H 值可大于 D 或 R，但不能大于 $D+R$；只要 $H>0.5$，就绝对不是平衡群体。

性质 2：杂合子的比例（或数目）是两个纯合子比例（或数目）的乘积的平方根的二倍：

$$H = 2\sqrt{DR}$$

该性质给我们提供了检验群体是否达到平衡的一个简便方法，即 $\dfrac{H}{\sqrt{DR}}=2$，就说明该群体是平衡群体。

四、平衡定律的意义

这个定律具有非常重要的意义，可以说是群体遗传学中的"守恒定律"，主要表现在以下两点：

（1）平衡定律揭示了基因频率与基因型频率的遗传规律，正因为有这样的规律，群体的遗传性才能保持相对的稳定性。生物的遗传变异归根到底主要是由于基因型的差异，同一群体内个体之间的遗传变异起因于等位基因的差异，而不同群体（亚种、品种、品系等）之间的遗传变异，则主要在于基因频率的差异。因此，基因频率的平衡对于群体遗传稳定起着直接的作用。在家畜育种中，采用改变基因频率的各种因素，就可以改变基因频率，使群体的遗传性向人们需要的方向发展，消除这些因素，就可以使基因频率保持不变，保持种群的稳定。

（2）平衡定律揭示了基因频率与基因型频率之间的关系，为计算基因频率创造了条件。

第三节　平衡定律的应用与扩展

一、无显性或显性不完全

在无显性或显性不完全时，计算比较简单。因为基因型和表型一致，即由表型直接可以识别基因型，因此，只要知道表现型的百分数，就可知道基因型频率，再通过基因型频率计算出基因频率，所用公式为：

$$p = D + \frac{H}{2} \qquad q = R + \frac{H}{2}$$

二、完全显性

在这种情况下，一对基因有三种基因型，而只有两种表型，显性纯合子和杂合子表型相同，不能识别。所以，我们只能得到隐性纯合子的基因型频率和显性纯合子、杂合子基因型频率之和。因此，用上面的方法求基因频率是不可能的。

如果是一个随机交配的大群体，根据哈代-温伯格定律，基因频率应处于平衡状态，于是，隐性纯合子的基因型频率就应等于 $R=q^2$，即 $q=\sqrt{R}$，$p=1-q$，这就很容易计算出基因频率了。

三、伴性基因

对于伴性基因，将公母作为两群分开计算。

（1）在性染色体类型为配子异型（XY，ZW）的群体中，基因位于 X 或 Z 染色体的非同源部分。

基因频率＝基因型频率

这种情况，只有两种基因型 X^+Y 和 XY 或 Z^+W 和 ZW，只要知道表型的百分数，就等于知道了该基因频率。

（2）在性染色体类型为配子同型（XX 和 ZZ）的群体中，按常染色体基因频率计算。

四、复等位基因

（一）等显性的复等位基因

该情况与不完全显性的情况相类似，但由于等位基因较多，基因型种类也较多，计算较复杂。其基本原则是：某一基因的频率是该基因纯合体的频率加上含有该基因全部杂合体频率的 1/2。

人的 ABO 血型是受三个复等位基因 I^A、I^B、i 控制的，I^A 和 I^B 为等显性，在杂合状态下均可以得到表现，i 对 I^A 和 I^B 均为隐性。设 A、B、O 血型的比率分别为 A、B、O，$[I^A, I^B, i] = [p, q, r]$，那么随机交配下一代的基因型及频率如表 10-1 所示，表现型及频率如表 10-2 所示。

表 10-1　等显性的复等位基因随机交配下一代的基因型及频率

♀	♂		
	$I^A(p)$	$I^B(q)$	$i(r)$
$I^A(p)$	$I^A I^A(p^2)$	$I^A I^B(pq)$	$I^A i(pr)$
$I^B(q)$	$I^B I^A(pq)$	$I^B I^B(q^2)$	$I^B i(qr)$
$i(r)$	$I^A i(pr)$	$I^B i(qr)$	$ii(r^2)$

注：括号内为频率。

表 10-2　等显性的复等位基因随机交配下一代的表型及频率

表型	基因型	基因型频率	表型频率
A 型	$I^A I^A$	p^2	$p^2 + 2pr$
	$I^A i$	$2pr$	
B 型	$I^B I^B$	q^2	$q^2 + 2qr$
	$I^B i$	$2qr$	
AB 型	$I^A I^B$	$2pq$	$2pq$
O 型	ii	r^2	r^2

由表型频率推知基因频率：

$$O = r^2 \qquad r = \sqrt{r^2} = \sqrt{O}$$
$$A + O = p^2 + 2pr + r^2 = (p + r)^2 = (1 - q)^2$$
$$1 - q = \sqrt{A + O}$$
$$q = 1 - \sqrt{A + O}$$
$$p = 1 - q - r$$

（二）有显隐性等级的复等位基因

决定兔毛色的基因中有 3 个等位基因，其中 C 对 C^h 和 c 为显性，C^h 对 c 为显性，即 CC、CC^h、Cc 都表现为灰色，$C^h C^h$、$C^h c$ 都表现"八黑"，cc 表现白化。

设 C、C^h 和 c 的基因频率分别为 p、q 和 r，八黑和白化兔的比率分别为 H 和 A。

在随机交配的大群体中，基因型及频率如表 10-3 所示，表型及频率如表 10-4 所示。

表 10-3　　有显隐性等级的复等位基因随机交配下一代的基因型及频率

♀	♂		
	$C(p)$	$C^h(q)$	$c(r)$
$C(p)$	$CC(p^2)$	$CC^h(pq)$	$Cc(pr)$
$C^h(q)$	$CC^h(pq)$	$C^hC^h(q^2)$	$C^hc(qr)$
$c(r)$	$Cc(pr)$	$C^hc(qr)$	$cc(r^2)$

注:括号内为频率。

表 10-4　　有显隐性等级的复等位基因随机交配下一代的表型及频率

表型	基因型	基因型频率	表型频率
灰色	CC	p^2	$p^2+2pq+2pr$
	CC^h	$2pq$	
	Cc	$2pr$	
"八黑"	C^hC^h	q^2	q^2+2qr
	C^hc	$2qr$	
白化	cc	r^2	r^2

由表型频率推知基因频率:

$$A=r^2 \qquad r=\sqrt{A}$$
$$A+H=r^2+2qr+q^2=(r+q)^2=(1-p)^2$$
$$1-p=\sqrt{A+H}$$
$$p=1-\sqrt{A+H}$$
$$q=1-p-r$$

(三)从性遗传的复等位基因

绵羊的角由 3 个等位基因控制:P 决定无角,P' 决定有角,p 在公羊中决定有角,在母羊中决定无角。P 对 P' 和 p 为显性;P' 对 p 为显性,这样 PP、PP' 和 Pp 在公母羊都表现为无角,$P'P'$ 和 $P'p$ 在公母羊都表现为有角,pp 在公羊表现为有角,在母羊表现为无角。

设 P、P' 和 p 的频率分别为 p、q 和 r,有角公羊在全部公羊中的比率为 T,有角母羊在全部母羊中的比率为 J,各基因随机结合如表 10-5 所示。

表 10-5　　从性遗传的复等位基因随机交配下一代的基因型及频率

♀	♂		
	$P(p)$	$P'(q)$	$p(r)$
$P(p)$	$PP(p^2)$	$PP'(pq)$	$Pp(pr)$
$P'(q)$	$PP'(pq)$	$P'P'(q^2)$	$P'p(qr)$
$p(r)$	$Pp(pr)$	$P'p(qr)$	$pp(r^2)$

注:括号内为频率(基因在常染色体上,两性别中同一基因的频率是相等的)。

有角公羊的频率　　　　$$T=q^2+2qr+r^2=(q+r)^2=(1-p)^2$$

所以　　　　　　　　　　$$p=1-\sqrt{T}$$

有角母羊的频率　$J = q^2 + 2qr = (q+r)^2 - r^2 = (1-p)^2 - r^2 = T - r^2$

所以
$$r^2 = T - J$$
$$r = \sqrt{T - J}$$
$$q = 1 - p - r$$

第四节　影响基因频率和基因型频率变化的因素

基因频率和基因型频率的平衡不变是有条件的、相对的,而实际中无论是自然界,还是家畜群体中,无论是动物还是植物,没有一个群体的基因频率和基因型频率不是在不断的变化中,研究它们变化的原因,对于阐明生物进化的遗传进程和加速畜禽改良都具有重要意义。

一、突变

突变(mutation)是所有遗传变异的根本来源,是进化的原始材料,在现有的群体中发现的"新"突变,可以断定以前就发生过许多次,因为有充分的证据表明基因突变时常重新产生。但由于突变率很低,如果突变没有选择上的优越性,在一个有限群体中就容易消失。只有突变基因被保留下来,直至突变个体增多,才能改变群体中基因频率。从这个意义上讲突变是有益的,否则,自然选择和它的进化的后果就不会发生。

一般说来,新的突变是有害的,因为生物一般都很适应它们的环境。因此,表现型的任何变化将使得它们不大适合于存活和生殖,除非环境因素同时变化给予新突变基因的携带者以意外的好处。因此大多数突变被消灭了。如果突变是显性的,它消失得更快,如果是隐性的,则要慢得多,但是大多数突变能以一定的速度重复发生。在有害的隐性基因消失之前,又把额外的隐性基因引入到群体中去。在这种情况下,选择压力和突变压力倾向于抵消,而在这些对抗力量之间建立起一种平衡,即新的突变的发生和它被自然选择所消失有差不多相等的速率。

突变对基因频率影响程度的估计,以一对等位基因为例介绍。

设 A 和 a 为一对等位基因,当突变时,A 变为 a 称为正突变,a 变为 A 则称为反突变。正突变率为 u,反突变率为 v,上一代 A 和 a 的基因频率分别为 p_0 和 q_0。

当只有正突变时,下一代 A 和 a 基因频率 p_1、q_1 为

$$p_1 = p_0 - p_0 u = p_0(1-u)$$
$$q_1 = q_0 + p_0 u = q_0 + (1-q_0)u = u + q_0(1-u)$$

当正、反突变都存在时,下一代基因频率为

$$q_1 = q_0 + p_0 u - q_0 v$$
$$p_1 = p_0 - p_0 u + q_0 v$$

二、选择

无论是自然选择还是人工选择,都是改变基因频率的重要因素。在经受人工选择的任何群体中,人工选择和自然选择将同时发生。不论育种家想把哪些性状综合在一起,他们得到的有机体终究必须能生存和繁殖,否则,选择就无意义。

基因频率的改变,归根结底是由于选择打破了繁殖的随机性,从而打破了群体的平衡状态。事实上任何群体中的各个个体在生活力和繁殖力上都存在或多或少的差异,所以它们各自产生的后代子女数

也不可能完全相同。不同基因型的个体对下一代的供给比率称为适合度(adaptive value)。为数学上处理的方便,遗传学者通常把具有最高适合度的基因型的适合度定为1。适合度用 W 表示,与适合度有关的另一参数是淘汰率,用 S 表示。两者的关系为

$$S = 1 - W$$

选择的方法很多,在不同的淘汰率下选择导致基因频率改变的结果也不一样。这里,仅以对显性基因的选择为例即能看出其影响。

在生物进化过程中,很多隐性有害基因在自然选择下得以保存,在动物育种工作中,常常需要对隐性基因进行淘汰,而选择显性基因。由于许多性状的隐性纯合子可由表型识别,所以淘汰隐性纯合子并不困难。当然全部淘汰隐性纯合子,并不意味群体中不存在隐性基因,因为杂合子很难辨别,它将隐性基因一代一代传递下去。只有将杂合子通过测交后和隐性纯合子一同淘汰,群体中才能消灭隐性基因。

当隐性纯合子完全淘汰时,怎样计算基因频率的变化结果呢?以一对基因为例,可根据表 10-6 计算。

表 10-6 隐性纯合子完全淘汰下的基因型频率变化

项目	AA	Aa	aa
选择前频率	p^2	$2pq$	q^2
留种率	1	1	0
对下代贡献	$p^2 \times 1 = p^2$	$2pq \times 1 = 2pq$	$q^2 \times 0 = 0$
选择后频率	$\dfrac{p^2}{p^2+2pq+0}$ (D_1)	$\dfrac{2pq}{p^2+2pq+0}$ (H_1)	$\dfrac{0}{p^2+2pq+0}$ (R_1)

选择后的群体繁殖下一代,下代中 a 基因的频率为

$$q_1 = \frac{H_1}{2} + R_1 = \frac{1}{2} \times \frac{2pq}{p^2+2pq+0} + 0 = \frac{q}{1+q}$$

式中:q——选择前 a 基因频率;

q_1——选择后 a 基因频率。

如果下代再完全淘汰隐性纯合子,则

$$q_2 = \frac{q_1}{1+q_1} = \frac{\dfrac{q}{1+q}}{1+\dfrac{q}{1+q}} = \frac{q}{1+2q}$$

如果隐性纯合子经过连续的 n 个世代的淘汰,那么

$$q_n = \frac{q}{1+nq}$$

公式变换后

$$n = \frac{1}{q_n} - \frac{1}{q_0}$$

例 10-1　兰德瑞斯猪(Landrance)中存在着一种遗传疾病——赘生性皮炎,该病由隐性基因 d 所致,杂合子不表现病症,隐性纯合子 dd 几乎不能治愈。某地区 1982—1984 年的种猪群中 d 的频率为

0.119 5。假如每代淘汰全部隐性纯合子,问 10 代后群体中 d 的频率为多少? 多少世代后才能把该隐性基因频率降到 0.050 0?

解:

$$q_{10} = \frac{0.119\ 5}{1 + 10 \times 0.119\ 5} = 0.054\ 4$$

$$n = \frac{1}{0.050\ 0} - \frac{1}{0.119\ 5} = 11.63 \approx 12(代)$$

通过计算发现,尽管连续 10 代淘汰隐性纯合子,到那时该种猪群中如果没有其他因素影响,d 的频率尚为 0.054 4,从 0.119 5 降到 0.054 4,一方面表明选择有效,另一方面表明对隐性基因淘汰比较艰巨。设想使 d 降到 0.05,需花 12 代连续淘汰隐性纯合子,若每代平均 1.5 年,则需要经历 18 年。可见,杂合子导致淘汰隐性基因的效果缓慢。但如果能将杂合子和隐性纯合子一同全部淘汰,一个世代后 d 的频率就为 0,下代将不会出现一头这种病猪。

三、迁移

一个群体的个体迁移至另一群体并与另一群体的个体随机交配,于是导致基因流动,这种现象称为迁移(migration)。

(一)迁移对基因频率的影响

设在一个群体内,每世代有一部分个体是新迁入的,迁入比例为 m,$1-m$ 是原有的个体比例。令迁入个体隐性基因 a 的频率为 q_m(如果迁移是随机的,即迁移的亚群体是整个大群体的代表,那么 q_m 也就是大群体的平均值 $\hat{q}$),原有群体的同一基因频率是 q_0,迁移后群体中的基因频率 q_1 为

$$q_1 = mq_m + (1-m)q_0$$
$$= m(q_m - q_0) + q_0$$

因迁移引起的基因频率的变化为

$$\Delta q = q_1 - q_0 = m(q_m - q_0)$$

由上式可见,在有迁入个体的群体中,如果迁入率 m 一定,Δq 与迁入群体和原有群体基因频率之差成正比。当两种频率相等时,无论迁入率有多大,$\Delta q = 0$,即意味着迁移未导致基因频率改变。事实上,迁移对人类和动物基因频率的影响是很大的。例如人类早期的游牧生活时期,部落间要么和平相处,要么进行战争吞并某个部落,常常发生大规模的基因交换。移民就属于迁移之一。据统计,亚洲人群体中,血型 B 基因的频率高达 25%,但是当人们横过欧洲向西考察,发现人群中 B 基因频率逐渐降低,到了英国、法国、瑞典和挪威,频率还不到 10%,如何解释这种现象? 一般认为是早在公元后 500—1500 年之间,蒙古人西进并与欧洲当地人通婚,将 B 基因从亚洲扩张到本来没有 B 基因的欧洲,当然,迁移不是唯一可能的解释,也可能由于其他因素所致。

动物育种中采用的杂交实际上就是不同群体的混杂,混杂后群体的基因频率的改变与迁移效应相仿。

(二)迁移与选择的联合影响

假定杂合体的适合度处于两种纯合体的中间,即

$$W_{AA} = 1, W_{Aa} = 1 - S, W_{aa} = 1 - 2S$$

这在动物人工选择时仅针对等显性或显性不完全而言,采用选择对基因频率的影响的求解方法,获得选择后:

$$q_1 = \frac{q(1-S)}{1-Sq}$$

$$\Delta q = q_1 - q = \frac{-Sq^2(1-q)}{1-Sq^2}$$

当 S 很小时，Δq 中的分母近似于 1，那么

$$\Delta q = -Sq^2(1-q)$$

已知迁移时：

$$\Delta q = m(q_m - q_0) \quad 或 \quad \Delta q = -m(q_0 - q_m)$$

迁移和选择对基因频率的共同影响为两者之和：

$$\Delta q = [-Sq(1-q)] + [-m(q_0 - q_m)]$$

式中，q_0 就是原群体中的频率，所以第二项中的 q_0 等于第一项中的 q，即

$$\Delta q = Sq^2 - q(m+S) + mq_m$$

当 $\Delta q = 0$ 时，表明在迁移和选择共同作用时群体处于平衡状态，平衡时的基因频率的变化为

$$\Delta q = \frac{(m+S) \pm \sqrt{(m+S)^2 - 4mSq_m}}{2S}$$

针对上述情况分析如下：

(1)当 $m = |S|$ 时，即迁移率与淘汰率的绝对值相等，于是 $m+S=2S$ 或 0（S 为正值指对 a 基因选择不利；S 为负值，选择对 a 有利），代入公式得

$$\hat{q} = \sqrt{q_m} \quad 或 \quad \hat{q} = 1 - \sqrt{1-q_m}$$

例如，$q_m = 0.40$，当 S 为负值时，平衡值：

$$\hat{q} = \sqrt{0.40} = 0.632\,5$$

当 S 为正值时，平衡值：

$$\hat{q} = 1 - \sqrt{1-q_m} = 1 - \sqrt{1-0.4} = 0.225\,4$$

(2)当 $m < |S|$ 时，表明以选择方向决定基因频率变化为主。例如，设 $q_m = 0.40$，$m = 0.01$，$S = \pm 0.15$。

当 $S = 0.15$ 时，平衡值：

$$\hat{q} = \frac{0.16 - \sqrt{0.16^2 - 0.002\,4}}{0.30} = 0.025\,6$$

当 $S = -0.15$ 时，平衡值：

$$\hat{q} = \frac{-0.14 + \sqrt{0.14^2 + 0.002\,4}}{-0.30} = 0.961\,1$$

(3)当 $m > |S|$ 时，如果迁移率比淘汰率大得多，则与上面的情况相反，迁移的影响将超过选择影响。结果选择群因迁移的缘故，基因频率趋向于迁入者或迁入者所属的大群体的均值，使得选择群与大群体之间的平均基因频率差异缩小。

四、遗传漂变

突变、选择和迁移对基因频率改变的大小如何？根据以上介绍，只要已知等位基因频率、突变率、迁移率和选择系数，就可预测 Δq。而且，如果它们的作用方向一致，这些过程可导致某种等位基因的丧失或激增；如果在一群体中，三者相互作用但作用方向相反，可导致一稳定平衡。可见它们的作用方向是可以预测的。因此，突变、选择和迁移的作用模式称为系统过程。

遗传漂变（genetic drift），或称为随机遗传漂变，是指在一个有限群体中，特别是在一个小群体中，等位基因频率由于抽样误差引起的随机波动。遗传漂变引起的等位基因频率变化的值是可以预测的，但是变化方向不可预测。通常称之为非系统过程。

在动物育种工作中经常遇到这样的现象。例如，某种猪场偶有遗传性赘生性皮炎的仔猪出现，设引起该病的基因（d）在这个群体中的频率 $q=0.01$。一个新猪场选购一公猪一母猪，有可能均为显性纯合子，如果闭锁繁育并建群，那么这个新群体中（d）的频率 $q=0$，新群体中除发生突变，不会发生赘生性皮炎。另一种情况是两头种猪都是显性杂合子，由此建立的新群体中的 $q=0.5$，患病仔猪将会不断出现。还有一种可能即一头是显性纯合子，一头是杂合子，由此建立的新群体中 $q=0.25$。可见来自同一群体的子群体，基因频率波动很大，且方向是不定的，实际工作中引种、留种、分群、建系等都会产生遗传漂变。

哈代-温伯格定律成立的最基本前提是随机交配和大群体。实际上任何群体都是有限的，而且家畜一般以小群体居多。群体愈小，遗传漂变的作用愈大。当群体很大时，遗传漂变的作用就微不足道。因为从一亲本群体中抽出若干个样本（亚群体），各样本内的等位基因频率分布服从二项分布。例如，从 $p=q=0.5$ 的亲本群体中随机抽出 N 个个体繁殖，配子数目等于 $2N$，则该样本中含有等位基因 A 的数目（$i=0,1,2,\cdots,2N$）的概率为

$$C_{2N}^i p^i q^{2N-i}$$

等位基因 A 因抽样导致消失（若从亲本群体中抽出的个体都是 aa）的概率为

$$C_{2N}^i p^i q^{2N-i} = C_{2N}^0 (1/2)^0 (1/2)^{2N}$$

根据这一公式，可以计算不同样本含量的 A 基因消失的概率（表 10-7）。

表 10-7　遗传漂变使 A 基因消失的概率（亲本群 $p=0.5$）

样本大小（N）	A 消失的概率	样本大小（N）	A 消失的概率
2	0.062 500	100	6.223×10^{-61}
5	0.000 976	150	4.909×10^{-91}
50	7.889×10^{-31}		

因抽样引起的 A 基因消失的概率与样本含量的大小成反比，所以样本越小 A 基因越易消失。同理，a 基因消失的概率也和 A 一样，而任一等位基因从群体中消失的概率是 A 和 a 消失概率之和，依次为 $0.125、0.002、\cdots、9.818\times10^{-91}$。所以说随机遗传漂变往往发生在小群体中。当群体很大时，其基因频率就接近平衡。一旦某等位基因频率达到 1，其他等位基因频率等于 0，一个基因纯化了，其他等位基因消失了，也就无遗传漂变可言。

值得注意的另一特征是：当亲本群一对等位基因的频率不是居中（$p\neq0.5,q\neq0.5$）时，某一基因频率越低，在遗传漂变的作用下越易消失。例如，当亲本群中 $p=0.1,q=0.9,N=2,5,50\cdots$ 时，A 基因流失的概率分别为 0.656 1、0.348 6 和 0.000 026，虽然随着样本增大，A 基因流失的概率减少，但 A 基因流失的概率远大于亲本群基因频率居中的情况。

五、杂交

动物育种或生产中,杂交实际上就是不同群体的混杂,两个基因频率不同的群体混合,当代的基因频率是这两个群体的基因频率以各自群体大小为权的加权均数。譬如一个 1 000 个个体的群体,某一基因的频率为 0.6,另一个 400 个个体的群体,同一基因的频率为 0.3,这两个群体混合在一起,整个混合群体的这个基因的频率为 $(0.6 \times 1\ 000 + 0.3 \times 400)/1\ 400 = 0.514\ 3$。这两个群体的雌雄个体杂交所产生的一代杂种群体,其基因频率为两个亲本群体基因频率的简单均数。譬如 1 000 头黑白花母牛(无角基因的频率为 0,有角基因的频率为 1)与三头安格斯公牛(三头都是无角的,无角基因的频率为 1,有角基因的频率为 0)杂交,所产生的一代杂种群的无角基因的频率为 $(0+1)/2 = 0.5$,有角基因的频率为 $(1+0)/2 = 0.5$。

在生物界中,群体混合以后往往并不全面杂交。例如,某试验动物饲养场的一大群小白鼠由于意外原因而全部逃出鼠笼,混杂到野生的小家鼠群体中,其中一部分与小家鼠杂交了,一部分却仍保持纯繁(小白鼠×小白鼠,小家鼠×小家鼠),有些一代杂种进行了横交,有些可能进行了回交,种种情况都有,因此其基因频率的变化也就不是那样简单,而是非常复杂。但无论如何,只要没有其他因素影响,混杂群体的基因频率总是居于原两群体之间。

数量性状的杂种优势与杂交群体的基因频率直接有关,一般说来,两杂交群体在控制某性状的一些基因频率上差异愈大,这个性状所表现的杂种优势也愈大。

两个群体,特别是两个家畜品种,并不是所有的基因频率都不相同,例如大白猪与哈白猪,在毛色方面白色基因的频率基本上都等于 1,黑色基因的频率基本上都等于 0。这样两个群体杂交,在毛色的基因频率上就不会发生什么变化。因此,就某一性状而言,如果亲本群体在这个性状上由于所决定的基因的频率没有差异,也可以认为并没有杂交。如上例在大白猪与哈白猪杂交时,就毛色而言,可以认为并没有杂交。

六、同型交配

如果把同型交配严格地定义为同基因型交配,那么近交和同质选配都只有部分的同型交配,只有极端的近交方式——自交才是完全同型交配。

以一对基因为例,同型交配仅有三种交配类型:$AA \times AA$、$Aa \times Aa$ 和 $aa \times aa$。第一、三种交配类型所生后代与亲本完全相同,即都是纯合子,而第二种交配类型所生后代则分离为 3 种基因型,即 AA、Aa 和 aa,它们的比率顺序为 0.25、0.5 和 0.25,也就是通过一代同型交配,杂合子的比率减少一半,但这减少的一半并不是消灭了,而是分离成两种纯合子,AA 和 aa 各占 1/4。

譬如原始群体的基因频率为 $D=0$、$H=1$、$R=0$,则连续进行同型交配,各代的基因型频率变化如表 10-8 所示。

表 10-8　连续同型交配各代的基因型频率变化情况

世代	AA	Aa	$aa \to 1$
0	0	1.000 0	0
1	0.250 0	0.500 0	0.250 0
2	0.375 0	0.250 0	0.375 0
3	0.437 5	0.125 0	0.437 5
4	0.468 3	0.062 5	0.468 3
5	0.484 4	0.031 2	0.484 4
6	0.492 2	0.015 6	0.492 2

值得注意的是,基因型频率虽然代代变化,但基因频率却始终不变:

0 世代　　　　　　　　$p = 0 + \dfrac{1}{2} = 0.5$　　　$q = \dfrac{1}{2} + 0 = 0.5$

1 世代　　　　　　　　$p = 0.250\ 0 + \dfrac{0.5}{2} = 0.5$　　　$q = \dfrac{0.5}{2} + 0.250\ 0 = 0.5$

2 世代　　　　　　　　$p = 0.375\ 0 + \dfrac{0.25}{2} = 0.5$　　　$q = \dfrac{0.25}{2} + 0.375\ 0 = 0.5$

3 世代　　　　　　　　$p = 0.437\ 5 + \dfrac{0.125}{2} = 0.5$　　　$q = \dfrac{0.125}{2} + 0.437\ 5 = 0.5$

……

可见同型交配本身只能改变基因型频率,却不能改变基因频率,但是在畜禽近交过程中,由于近交个体有限,加上严格选择,因此基因频率会发生显著变化。这并不是近交本身的效应,而是遗传漂变和选择的效应。

近交和同质选配是不完全的同型交配,因此其效应程度不如完全的同型交配,但效应的性质是相同的,即能使杂合子逐代减少,纯合子逐代增加,群体趋向分化而对基因频率则无影响。

例 10-2　在基因型为 AA、Aa 和 aa 的群体中,基因 A 对 a 为完全显性,若选择对隐性纯合体不利,且 $S = 0.01$。问基因 a 频率从 0.01 降 0.001 需要多少世代?

解:a 的初始频率为 q_0,选择后的频率为 q_n。已知

$$q_0 = 0.01 \qquad S = 0.01 \qquad q_n = 0.001$$

当选择是在缓慢($S = 0.01$ 可以认为很小)的情况下,基因频率 q 的变化率:

$$\Delta q = -Sq^2(1 - q)$$

而 q 的增量 Δq 是以世代为单位的时间(t)的函数。于是完成微分形式:

$$\frac{\mathrm{d}q}{\mathrm{d}t} = -Sq^2(1 - q)$$

因此,求世代数的问题实际变为依已知变化率求原函数

$$\frac{\mathrm{d}q}{q^2(1 - q)} = -S\,\mathrm{d}t$$

在区间 $[q_0, q_n]$ 的定积分,即得世代数 n。

$$\int_{q_0}^{q_n} \frac{\mathrm{d}q}{(1 - q_1)} = \int_0^n -S\,\mathrm{d}t$$

两边积分:右 $= -S\displaystyle\int_0^n \mathrm{d}t = -[t]\Big|_0^n = -Sn$

　　左 $= -\left[\dfrac{1}{q} + \ln\dfrac{1 - q}{q}\right]_{q_0}^{q_n}$

　　　 $= \dfrac{q_0 - q_n}{q_0 q_n} + \ln\dfrac{q_0(1 - q)}{q_n(1 - q_0)}$

　　　 $= \left[\dfrac{0.01 - 0.001}{0.01 \times 0.001} + \ln\dfrac{0.01(1 - 0.001)}{0.001(1 - 0.01)}\right] = -902.311\ 6$

所以

$$n = \frac{-902.311\ 6}{-S} = 90\ 231.16$$

也就是说，a 基因的频率从 0.01 降到 0.001 约需 902.31 个世代。

第五节　分子进化

在生物进化的研究中，最初注意的是进化的证据，即古生物学和比较形态学的证据，研究的方法则多用比较观察的方法。

现在一般认为，地球形成于大约 45 亿年之前，至于地球上第一个生命或自体复制物质形成的确切年代还不清楚。Barghoorn 和 Schopf(1966) 在无花果树燧石中发现了拟细菌化石。这个来自南非的古化石，约有 31 亿年。这种生物已被命名为孤立始细菌。丝状蓝藻化石，距今 22 亿年。最古老的有核真核细胞化石由 Clouol(1969) 发现，距今 12 亿~14 亿年。

遗传学的兴起和发展，使进化的研究逐渐转向进化的机理方面，采用的方法主要是群体遗传学方法。随着分子遗传学的发展，采用生化分析和群体遗传学相结合的方法(分子群体遗传学)，可以在分子水平上讨论生物进化的问题。通过不同物种间核苷酸序列和蛋白质氨基酸组成上的相似性及差异性的分析，同按遗传关系及进化世代所作的估计是接近的，从而从分子水平上证实，在渐进的进化过程中，遗传上相似的物种比在遗传上较不同的物种更可能有最近的祖先。生物进化过程中生物大分子的演变现象，主要包括蛋白质分子的演变、核酸分子的演变和遗传密码的演变。

一、蛋白质分子的演变

蛋白质的氨基酸顺序决定了它们的立体结构以及理化性质，而氨基酸顺序是由 DNA 的核苷酸顺序所编码，所以比较各类生物的同一种蛋白质，可以看出生物进化过程中遗传物质变化的情况。

迄今，氨基酸顺序研究最详细的蛋白质有细胞色素 c、血红蛋白及血纤维蛋白肽。现以肌红蛋白 (Mb) 和血红蛋白 (Hb) 的分子演变为例加以说明。在无颌类脊椎动物 (如七鳃鳗)，运输 O_2 的球蛋白只有 Mb，而在绝大多数脊椎动物中，运输 O_2 的球蛋白有 Mb 和 Hb。据研究，Mb 由一条多肽链组成，含有 153 个氨基酸残基；成人血红蛋白 (Hb-A) 由两条 α 链和两条 β 链组成，即 $\alpha_2\beta_2$，α 链含 141 个氨基酸残基，β 链含 146 个氨基酸残基。此外，胎儿血红蛋白 (Hb-F) 含有两条 γ 链 (即 $\alpha_2\gamma_2$)；成人 (少量) 血红蛋白 (Hb-A) 含有两条 α 链和两条 δ 链 (即 $\alpha_2\delta_2$)。γ 链和 δ 链的结构与 β 链相似，均由 146 个氨基酸残基组成。已知鲸的 Mb 与人的各种 Hb 之间有 115~121 个 (约占 80%) 氨基酸残基的差异，这表明 Mb 和 Hb 的祖先分子在很早以前就通过基因重复和随后的基因突变而开始分歧了。在人的各种 Hb 多肽链之间，差异最大的是 α 链与 β 链、γ 链、δ 链，有 84~89 个 (约占 60%) 氨基酸残基的差异；其次是 β 链与 γ 链，有 39 个 (约占 27%) 氨基酸残基的差异；最小的是 β 链与 δ 链，只有 10 个 (约占 7%) 氨基酸残基的差异。这表明 Hb 的祖先基因，首先通过基因重复和基因突变分化出 α 基因和 β 基因，然后从 β 基因分化出 γ 基因，最后才分化出 δ 基因 [图 10-1(a)]。据戴霍夫 (M. O. Dayhoff) 估算，Hb 分子大约每 600 万年有 1/100 的氨基酸残基发生变化。照此，Mb 与 Hb 的分歧时间约发生在 4.8 亿年前 (80×600 万年)；Hb 的 α 链与 β 链的分歧时间约发生在 3.6 亿年前 (60×600 万年)；β 链与 γ 链的分歧时间约发生在 1.6 亿年前 (27×600 万年)；β 链与 δ 链的分歧时间约发生在 420 万年前 (0.7×600 万年)。根据以上数据，就可画出 Mb 分子和各种 Hb 分子多肽链的进化系统树 [图 10-1(b)]。

二、核酸分子的演变

在分子水平上探讨进化，更直接的方法是分析遗传物质的本身核酸。在进化研究中，往往需要测定两个不同种的 DNA 之间的全部差异。目前的方法还不完善，在此介绍有关 DNA 进化变异的有价值的

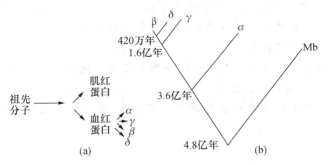

图 10-1　肌红蛋白、血红蛋白分子进化系统树

结果。

　　就量的方面看,在生物进化过程中,从低级到高级,基因的数量是逐渐增加的,因此,细胞中的 DNA 含量也逐渐增加。这是总的趋势。但也有少数例外,如肺鱼和某些两栖类细胞中的 DNA 含量就比鸟类和哺乳类的高出很多,主要原因是由于出现了多倍化,或重复序列及内含子的大量增加。

　　就质的方面看,随着生物的进化,DNA 中的碱基顺序也发生了变化。利用分子杂交方法可以比较各种生物 DNA 分子的相似程度,进而可以确定它们之间的亲缘关系。通常先将待测的 DNA 用限制性内切酶切成一个个片段,然后通过凝胶电泳把大小不同的片段分开,再把这些 DNA 片段吸附到硝酸纤维素膜上,并使吸附在膜上的 DNA 分子发生变性,再和预先制备好的 DNA 探针(标有放射性同位素的 DNA 片段)进行分子杂交,最后通过放射自显影就可以鉴别出待测的那个 DNA 片段和探针 DNA 的同源程度。例如,有人用分子杂交法测定灵长类 5 种动物与人的 DNA 的相似性,其结果依次为丛婴猴 58%,卷尾猴 90.5%,恒河猴 91.1%,大猩猩 94.7%,黑猩猩 97.6%。结果与形态分类方法确定的亲缘关系基本一致。

三、遗传密码的进化

　　20 世纪 70 年代末发现了线粒体的特殊密码,启发人们认识到遗传密码也是经历了变化的。现在大家都公认的遗传密码是“三体密码”。据戴霍夫推测,在化学进化和生物进化过程中,遗传密码经历了 GNC→GNY→RNY→RNN→NNN 5 个阶段的变化。G、C 分别代表鸟嘌呤和胞嘧啶;N 可以是 G、C、A、U 中任何一种碱基;Y＝C 或 U;R＝G 或 A。最初,密码的通式是 GNC,可形成 GGC、GCC、GAC、GUC 4 种密码子,分别决定甘氨酸、丙氨酸、天冬氨酸和缬氨酸 4 种氨基酸。随着化学进化中氨基酸种类的增加,遗传密码也由 GNC 扩展为 GNY。这种扩展虽仍决定 4 种氨基酸,但已增加了信使 RNA 突变的可能性,对原始生命体的进化有利。以后又由 GNY 扩展为 RNY,这样翻译出来的蛋白质便可含多达 8 种氨基酸。接着再由 RNY 扩展为 RNN,可决定 13 种氨基酸参与蛋白质合成,而且出现了起始密码 AUA。最后,由 RNN 扩展为 NNN,使参加蛋白质的氨基酸增加到 20 种,侧基复杂的氨基酸如苯丙氨酸、酪氨酸、半胱氨酸、色氨酸、精氨酸、组氨酸、脯氨酸等都是在这次扩展中出现的,同时还出现了三个无义密码,充当肽链合成中的终止信号,构成现在的遗传密码表。目前不少学者认为,以上推测是比较合理的。

思　考　题

1. 名词解释:

孟德尔群体　基因库　随机交配　基因频率　基因型频率　适合度　遗传漂变　同型交配

2. 哈代-温伯格定律的要点是什么？它有何性质？

3. 影响基因效率和基因型频率变化的因素有哪些？试简述之。

4. 简述生物分子进化的主要机制。

5. 对个体生存有害的基因会受到自然选择的作用而逐渐淘汰,请问有害的伴性基因和有害的常染色体隐性基因,哪一种容易受到自然选择的作用？

6. 家养动物的遗传变异比相应的野生群体要丰富得多,为什么？请从下列几方面来考虑:①交配体系;②自然选择;③突变。

第十一章　核外遗传

真核生物细胞遗传以核内染色体 DNA 为主要遗传物质。细胞核内染色体上的基因是重要的遗传物质,由核基因决定的遗传方式称为"细胞核遗传"。随着遗传学研究的不断深入,人们发现"细胞核遗传"不是生物唯一的遗传方式。生物的某些遗传现象并不决定于核基因或不完全决定于核基因,而是决定于或部分决定于细胞核以外的一些遗传物质。如线粒体、叶绿体也存在少量的 DNA。从整个生物界来讲,这种遗传称为"核外遗传"或"非染色体遗传",此种遗传不遵循孟德尔的遗传规律,所以又称为"非孟德尔式遗传"。它包括核外或拟核以外任何细胞成分所引起的遗传现象。

第一节　核外遗传的特点及性质

核外遗传因子存在于线粒体或叶绿体基因组中,它们能够自主复制,通过细胞质由一代传到另一代。因此,这种遗传传递行为不是按核基因的方式进行的,在杂交子代中往往只表现母方的性状,而且也不出现一定比例的分离。核外遗传的这些性质和特点可以通过亲子之间性状的传递方式来说明。

一、紫茉莉的遗传

1909 年 Correns 在研究了大量显花植物的花斑叶片时发现了其表型中很多都显示了典型的孟德尔遗传。但他也发现了一些例外的情况,在紫茉莉(*Mirabilis jalapa*)中有一品系在其茎和叶上出现白、绿相间的绿白斑(图 11-1)。以不同表型枝条上的花朵相互授粉产生种子后,其结果如下:一是正反交后代的性状表现不同于经典遗传学的规律。二是杂交子代茎叶的颜色完全依母本花所在的枝条而定,与花粉来自哪一种枝条无关。如来自深绿色枝条的种子长成深绿色幼苗;来自白色枝条种子的幼苗只包含无色的质体;唯有来自母本为绿色枝条的种子可以产生白色、绿色和绿白斑的幼苗,它们的比例在每朵花中也不相同(表 11-1)。

在这些正反交中,子代某些性状仅与母本有相同表现,是由于控制这些性状的遗传因子存在于核外的细胞质中,而杂交后所形成的合子其细胞质几乎全部来自于雌性配子,雄性配子的贡献往往只是提供一个核,所提供的细胞质却微不足道。1927 年,美国学者把这种遗传现象正式命名为细胞质遗传,即指真核生物的细胞质中的遗传物质所表现的遗传现象。

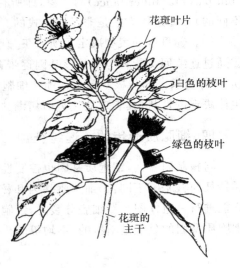

花斑叶片

白色的枝叶

绿色的枝叶

花斑的主干

图 11-1　紫茉莉的花斑叶片

(Russell,Genetics,1992)

二、真菌异核体试验

关于核外因子是通过细胞质传递,还可用真菌中的异核体试验进一步证实。霉菌或放线菌的菌丝细胞常可连接在一起发生细胞融合。两个核基因不同的菌株其菌丝彼此连接并发生融合,于是不同类型的核便处在混合的细胞质中。这样的菌丝体就称作异核体。如粗糙脉孢菌的野生型与突变型 poky 品系的菌丝互相融合,可形成异核体。当形成分生孢子时,异核体内的两种细胞核将分别出现在不同的分生孢子中,但已经混合的细胞质则不再分开。根据核基因标记,对这些单核分生孢子的后代进行遗传分析,可以看到一些具有野生型核的菌株表现出 poky 小菌落性状,而另一些带有小菌落核的菌株却变成了野生型。这一异核体测验的结果说明核的来源对小菌落这个表型性状的发育并无影响,而核外基因才是控制小菌落性状的遗传因子,这种遗传因子通过异核体的细胞质传递给它的无性分生孢子。

表 11-1　紫茉莉绿白色斑植株的子代性状

母本枝条的类型	父本枝条的类型	子代的类型
白	白	白
绿		绿
绿白斑		绿、白或绿白斑
白	绿	白
绿		绿
绿白斑		绿、白或绿白斑
白	绿白斑	白
绿		绿
绿白斑		绿、白或绿白斑

三、核外遗传主要特点

一般,核外遗传因子是由一个亲本而来的,不经过有丝分裂或减数分裂,它们的行为不按核基因的方式进行,所以核外遗传具有以下特点:①正反交的结果不同。核外基因通常显示逐代出现单亲遗传(uni-parental inheritance)的现象,即所有的后代不论雌雄都只表现一个亲本的某一表型(与性连锁是不同的)。②遗传方式是非孟德尔式的。杂交后代一般不分离或无孟德尔分离。杂交后代不出现一定的比例。③母本的表型决定了所有 F_1 代的表型。④遗传信息在细胞器 DNA 上,不受核移植的影响。⑤通过连续回交能将母本的核基因逐步置换掉,但母本的细胞质基因及其所控制的性状仍不消失,形成质-核异质系。⑥与核基因不连锁。细胞质基因在一定程度上是独立的,能自主复制。⑦由附加体或共生体决定的性状,其表现往往类似病毒的转导或感染。

四、细胞质遗传的传递特征

与核基因一样,细胞质基因也控制性状发育,具有稳定性、连续性和变异性。但是细胞质遗传的传递特征与核基因不同:①细胞质基因和核基因所在的位置不同。细胞质基因不能在核染色体上定位。不能进行重组作图。②细胞分裂时,细胞质基因和核基因的传递分配规律不同。核基因是均等分配,而细胞质基因的分配是随机的,不均等的。③双亲对后代的贡献不同(或不等)。

第二节　母性影响

在正反交情况下,子代某些性状相似于其雌性亲本的现象,有的是由于细胞质遗传因子传递的结果,属于核外遗传的范畴,但有的却是由于母体中核基因的某些产物积累在卵细胞的细胞质中,使子代表型不由自身的基因所决定而与母本表型相同,这种遗传现象称为母性影响(maternal inheritance)。

母性影响有两种:一种是短暂的,只影响子代个体的幼龄期;另一种是持久的,影响子代个体终生。

一、永久母性影响

椎实螺(*Limnaea*)外壳螺纹的旋转方向是由母体的细胞核基因型所决定的,它们有左旋的,也有右旋的。鉴别它们的方法是把一个螺壳的开口朝向自己,从螺顶向下引垂线,观察时,若开口偏向左侧,螺壳是左旋;若开口偏向右侧,则为右旋。椎实螺外壳的左旋或右旋受一对基因控制,通常右旋(D)对左旋(d)为显性(图 11-2)。

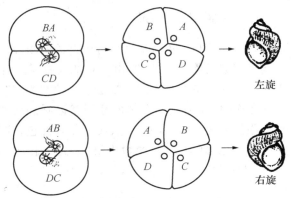

图 11-2 椎实螺的受精卵前两次卵裂图像及它的外壳形状

椎实螺是雌雄同体,繁殖时行异体或自体受精。每个个体均产生卵及精子,不同个体的精子互相交换进行受精。当以右旋个体为母本、左旋个体为父本进行杂交时,F_1 全为右旋,F_2 也全是右旋。但 F_2 代自体受精后,F_3 中 3/4 右旋,1/4 左旋。

在反交试验中,即当左旋母本与右旋父本杂交时,F_1 全为左旋,F_2 却全为右旋,F_2 代自交时,F_3 代中 3/4 右旋,1/4 左旋(图 11-3)。

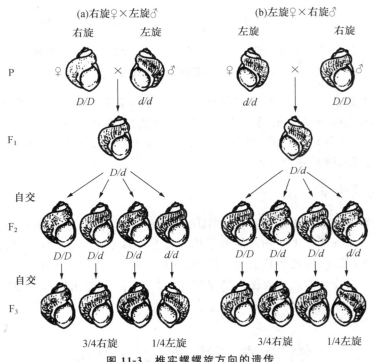

图 11-3 椎实螺螺旋方向的遗传

(Russell,Genetics,1992)

上述正、反交结果表明,F_3 代外壳旋转方向均为右旋:左旋=3:1。此现象实际上反映了 F_2 代的基因型 $D\_$:dd=3:1 的分离比,说明后代的性状是由母体的基因型所决定的。研究还发现受精卵在第一次卵裂中期纺锤体的方向决定了成体外壳的旋转方向。纺锤体向左倾斜的受精卵发育成左旋的成体,而纺锤体向右倾斜的受精卵发育成右旋的成体。这种纺锤体倾斜方向的不同是由母体的基因型决定的,受精卵(子代)本身基因型对此不起作用。当母体的基因型是 $D\_$ 时,D 基因产生的物质存在于卵细胞质中,最终形成右旋螺壳;当母体的基因型是 dd 时,dd 基因产生的物质也存在于卵细胞质中,从而决定了左旋螺壳。

二、短暂母性影响

在麦粉蛾(*E.phestia*)中,野生型的幼虫皮肤是有色的,成虫复眼是深褐色的。这种色素是由一种叫作犬尿素的物质形成的,由一对基因控制。突变型个体缺乏犬尿素,幼虫皮肤不着色,成虫复眼红色。

皮肤有色的个体(*AA*)与无色的个体(*aa*)杂交,不论哪个亲本是有色的,F₁都有色。F₁个体(*Aa*)与无色个体(*aa*)测交,亲本的性别就影响到后代的表型:如果*Aa*是雄蛾,Fₜ中1/2幼虫皮肤有色、成虫复眼深褐色,1/2幼虫无色、成虫复眼红色,这与通常的测交结果相同;如果*Aa*是雌蛾,所有的幼虫皮肤都有色,到成虫时,半数褐眼,半数红眼,这些结果显然和一般的测交不同,与伴性遗传方式也不符合(图 11-4)。

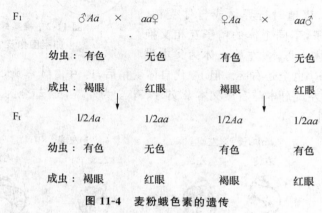

图 11-4　麦粉蛾色素的遗传

产生上述结果主要是由于精子一般不带细胞质,而卵子内含有大量的细胞质,当 *Aa* 母蛾形成卵子时,不论 *A* 卵或 *a* 卵,细胞质中都含有足量的犬尿素,卵子受精(基因型有 *Aa* 和 *aa*)发育的幼虫都是有色的。虽然 *aa* 个体的幼虫体内有色素,但由于它们缺乏 *A* 基因,自身不能产生色素,随着个体的发育,色素逐渐消耗,所以到成虫时复眼为红色。

三、母性影响的遗传学特点

由上述两个母性影响的遗传现象不难发现:①正反交结果不同,都受细胞核基因的控制。②母体的细胞核基因可通过合成卵细胞质中的物质控制子代的表型。母体的卵细胞质的特性可以影响胚胎的发育,如果只影响幼体的性状,仅出现短暂的母性影响;如果这些物质改变个体一生的性状,则为持久的母性影响。③母性影响的遗传学方式仍遵循孟德尔定律,仅子代的分离比延迟表现而已。可能延迟到成体,也可能延迟到下一代。

第三节　线粒体的遗传

线粒体是各类真核细胞中广泛存在的一类细胞器,为细胞中重要的代谢中心之一。试验证明,三羧酸循环、氧化磷酸化等反应都是在线粒体的不同部位上进行的。1963 年 M. Nass 和 S. Nass 发现线粒体 DNA(mitochondrion DNA,mtDNA)以来,对 mtDNA 的结构、功能等方面进行了大量的研究,表明线粒体具有半自主性,是细胞中的核外遗传系统,其 DNA 可被线粒体行使功能所需的 rRNA、tRNA 以及某些蛋白质(如细胞色素、ATP 合成酶)编码。

一、线粒体遗传的表现

(一)红色面包霉缓慢生长突变型的遗传

红色面包霉的两种接合型都可以产生原子囊果。原子囊果相当于一个卵细胞,它包括细胞质和细胞核两部分。原子囊果可以被相对接合型的分生孢子所受精。分生孢子在受精中只提供一个单倍体的细胞核,一般不包含细胞质,因此分生孢子就相当于精子。

红色面包霉中有一种缓慢生长突变型,在正常繁殖条件下能很稳定地遗传下去,即使通过多次接种移植,它的遗传方式和表现型都不发生改变。将突变型与野生型进行正交和反交试验(图 11-5),当突变型的原子囊果与野生型的分生孢子受精结合时,所有子代都是突变型的;在反交情况下所有子代都是野生型的。在这两组杂交中,所有由染色体基因决定的性状都是 1∶1 分离。也就是说,当缓慢生长特性被原子囊果携带时,就能传给所有子代;如果这种特性由分生孢子携带,就不能传给子代。对生长缓慢的突变型进行生化分析,发现它在幼嫩培养阶段不含细胞色素氧化酶,而这种氧化酶是生物体的正常氧化作用所必需的。由于细胞色素氧化酶的产生是与线粒体直接联系的,并且观察到缓慢生长突变型的线粒体结构不正常,所以可以推测有关的基因存在于线粒体中。

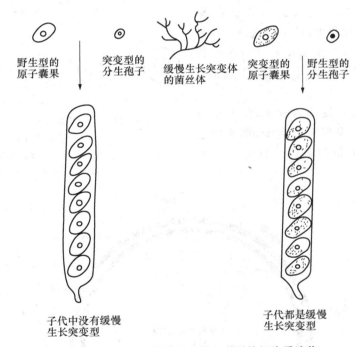

| 野生型的原子囊果 | 突变型的分生孢子 | 缓慢生长突变体的菌丝体 | 突变型的原子囊果 | 野生型的分生孢子 |

子代中没有缓慢生长突变型　　　　子代都是缓慢生长突变型

图 11-5　红色面包霉缓慢生长突变型的细胞质遗传

(朱军,遗传学,2002)

○和•代表不同的染色体基因

(二)酵母小菌落的遗传

酿酒酵母(*Saccharomyces cerevisiae*)与红色面包霉一样,同属于子囊菌。无论是单倍体还是二倍体都能进行出芽生殖。只是它在有性生殖时,不同交配型相互结合形成的二倍体合子经减数分裂形成 4 个单倍体子囊孢子。

1949 年,伊弗鲁西(Ephrussi)等发现在正常通气情况下,每个酵母细胞在固体培养基上都能产生一个圆形菌落,大部分菌落的大小相近。但有 1%～2% 的菌落很小,其直径大约是正常菌落的 1/3～1/2,通称为小菌落(petite)。多次试验表明,用大菌落进行培养,经常产生少数小菌落;如用小菌落培养,则只能产生小菌落。如果把小菌落酵母同正常个体交配,则只产生正常的二倍体合子,它们的单倍体后代也表现正常,不分离出小菌落(图 11-6)。这说明小菌落性状的遗传与细胞质有关。仔细分析这种杂交的后代,发现这 4 个子囊孢子有 2 个是 a^+,另两个是 a^-,交配型基因 a^+ 和 a^- 仍然按孟德尔比例进行分离。而小菌落性状没有像核基因那样发生重组和分离,从而说明这个性状与核基因没有直接关系。进一步研究发现,小菌落酵母的细胞内缺少细胞色素 a 和 b,还缺少细胞色素氧化酶,不能进行有氧呼吸,因而不能有效地利用有机物。已知线粒体是细胞的呼吸代谢中心,上述有关酶类也存在于线粒体中,因此推断这种小菌落的变异与线粒体的基因组变异有关。

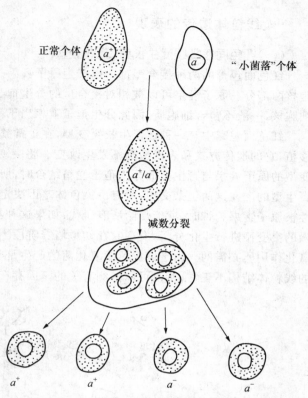

图 11-6　啤酒酵母小菌落的细胞质遗传
(朱军,遗传学,2002)

a^+ 和 a^- 代表交配型基因。有黑点的细胞质代表正常细胞质;
没有小黑点的细胞质代表突变型

二、线粒体的基因组

线粒体 DNA(mtDNA)是双链环状分子(图 11-7),基因组的大小变化很大,动物细胞线粒体基因组较小,约 16.5 kb,每个细胞中有几百个线粒体,每个线粒体有多个 DNA 拷贝,mtDNA 通常与线粒体内膜结合在一起。

人的线粒体基因没有发现内含子,但在酵母线粒体至少两个基因中发现有内含子,如细胞色素氧化酶复合物亚基Ⅰ蛋白基因中就有 9 个内含子。

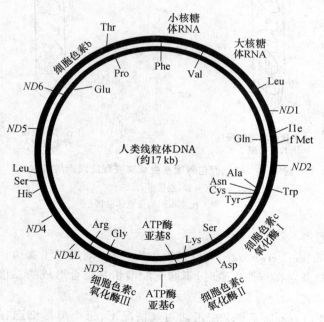

图 11-7　人的线粒体基因组
(Griffiths et al,1999)

在哺乳动物中线粒体基因组一般是裸露的共价闭合环状 DNA 分子,分子大小为 16.5 kb 左右。

mtDNA 能独立进行复制、转录和翻译。mtDNA 无内含子,绝大多数没有重复序列,含有短的多聚核苷酸序列,一般比核 DNA 小。唯一的非编码区为 D-loop 区,是 mtDNA 复制转录的调控区,总长约 1 000 bp,是线粒体基因组中进化速度最快的 DNA 序列,特别适合于种内群体水平的研究。

与核基因组相比,mtDNA 有其独特的生物学环境和特性:①mtDNA 是裸露的,缺乏组蛋白的保护,致癌物容易与其结合;②线粒体内脂肪/DNA 的比值高,使亲脂性的致癌物优先在占细胞总 DNA 量很少的 mtDNA 上聚集;③mtDNA 在整个细胞周期中都处于不断合成状态,易受外界干扰,稳定性差;④线粒体内氧的浓度高,易产生氧自由基及过氧化氢等物质,它本身又不能合成谷胱甘肽将其有效清除,故 mtDNA 易受氧化损伤;⑤mtDNA 多聚酶 γ 的校对功能差,tRNA 基因部位易形成发夹样结构,导致复制错配频率高;⑥缺乏有效的基因修复系统,突变 mtDNA 可在细胞内不停地复制和传播,从而产生数量惊人的重复拷贝。故 mtDNA 的突变频率远高于核 DNA(nDNA),根据突变的分子性质,可分为错义突变、生物合成突变、缺失、插入突变和拷贝数突变。

三、线粒体基因及线粒体 DNA 的复制和转录

(一)线粒体基因

在人的线粒体 DNA 中有两个线粒体 rRNA 基因(12S rRNA 和 16S rRNA 基因)、22 种线粒体合成蛋白质所需的 tRNA 基因和 13 种编码蛋白质的基因。

由于不同生物线粒体基因组大小不同,遗传信息量也不相同(表 11-2)。

表 11-2　已鉴定的线粒体基因

基因	人	真菌	植物
rRNA 大亚基	16S	21S	26S
rRNA 小亚基	12S	15S	18S
5S RNA	—	—	＋
tRNAs	22	24	～30
核糖体蛋白	0	1	＋
RNase P(RNA 成分)	—	＋	?
NADH 脱氢酶亚基	7	*	?
细胞色素 b	＋	＋	＋
细胞色素氧化酶亚基	3	3	3
ATP 合酶亚基	2	3	4

注:＋表示存在;－表示不存在; * 表示某些真菌可编码 6 个亚基;? 表示未知。NADH:烟酰胺腺嘌呤二核苷酸。

(二)线粒体 DNA 复制

线粒体 DNA 在核基因编码的 DNA 聚合酶的作用下以 D 环方式进行复制,这种 DNA 聚合酶是线粒体特异的。线粒体的复制期主要在细胞周期的 S 期和 G2 期,与细胞周期不同步,不均一,与核 DNA 合成彼此独立;仍受核基因的控制,DNA 聚合酶是由核编码,在细胞质中合成。线粒体 DNA 复制方式有以下几种:

(1)半保留复制。

(2)由于不同细胞环境的调节,在相同的细胞中,线粒体 DNA 可以通过几种方式中的任何一种方式复制,也可以是几种方式并存:①θ-形式:小鼠肝细胞 mtDNA 类似大肠杆菌的 θ-形式。②D 环式:合成最初是沿轻链(L 链)进行,经过一段时间重链(H 链)的新互补链才开始合成。当复制沿轻链开始时,其对应的重链处形成一个圈,即 D 环。③滚环式复制。④线性 DNA 的复制。

(三)线粒体 DNA 转录

线粒体 DNA 是对称转录的,即在线粒体 DNA 的 H 链(重链)和 L 链(轻链)上各有一个启动区,从各自的启动区开始全长对称转录合成前体 RNA,经切割加工后履行生物学功能。

四、线粒体 DNA 遗传特点

线粒体 DNA 是动植物共有的核外遗传物质,作为核外遗传物质,mtDNA 具有以下几方面不同于核 DNA 的特点。

(1)mtDNA 无组织特异性。尽管近年来在动植物中都发现了 mtDNA 的异质性(heteroplasmy),但不同大小的 mtDNA 分子共同存在于所有组织细胞的线粒体内。虽然在人类疾病研究中发现 mtDNA 存在组织特异性变异及异质型变异,但正常个体 mtDNA 仍然不存在组织特异性。

(2)mtDNA 为多拷贝基因组,但其含量仅占细胞总 DNA 的 0.5% 左右。

(3)mtDNA 结构一般为共价、闭合、环状分子,分子在几百 kb 以下,远远小于核基因组。

(4)mtDNA 呈现严格的母系遗传特性。近年来在植物和少数动物线粒体 DNA 中发现有父系遗传及双亲遗传现象,但在脊椎动物中所占比例极微。

(5)mtDNA 遗传上具有自主性,核外 DNA 的合成不只在细胞减数分裂时发生,在细胞有丝分裂时也在活跃地进行。

(6)进化速率不同。线粒体 DNA 的 DNA 聚合酶不同于核 DNA 聚合酶,复制中的误差率和修复系统与核 DNA 不同,进化速率也与核基因不同,哺乳动物线粒体 DNA 的突变率比核 DNA 的高 5～10 倍。

(7)基因转移。通过 DNA 杂交和序列分析技术发现,在植物中,mtDNA 与 cpDNA 存在混杂现象,在动物和植物核 DNA 内随机插有 mtDNA 短片段,称为核线粒体 DNA(nuclear mitochondrial DNA,Numt),Numt 在核基因组中不编码多肽,以高度串联重复序列方式出现。Numt 存在是线粒体基因向核基因组转移的结果。

第四节　核遗传和核外遗传的互作

细胞核遗传和细胞质遗传各自都有相对独立性,但并不意味着没有关系。核基因是主要的遗传物质,但主要在细胞质中表达,细胞质虽然控制一些性状,但还要受到细胞核的影响。所以细胞质基因与核基因是相互依存,相互制约的。

一、草履虫的放毒型遗传

草履虫(*Paramecium aurelia*)是一种常见的原生动物,种类很多。每一种草履虫都含有两种细胞核:大核和小核。大核是多倍体,主要负责营养;小核是二倍体,主要负责遗传。有的草履虫种有大小核各一个,有的则有一个大核和两个小核。草履虫既能进行无性生殖,又能进行有性生殖。无性生殖时,一个个体经有丝分裂成为两个个体,有性生殖采取接合的方式。此外,草履虫还能通过自体受精(autogamy)进行生殖。

在草履虫中有一个特殊的放毒型品系,它的体内含有卡巴粒(Kappa particle),是一种直径 0.2～0.8 μm 的游离体。凡含有卡巴粒的个体都能分泌一种毒素即草履虫素,能杀死其他无毒的敏感型品系。

草履虫的放毒型遗传必须有两种因子同时存在:一种是细胞质里的卡巴粒,另一种是核内的显性基

因 K。K 基因本身并不产生卡巴粒,也不携带合成草履虫素的信息。K 基因的作用是使卡巴粒在细胞质内持续存在。

放毒型草履虫与敏感型草履虫进行接合生殖,由于交换了一个小核,双方的基因型都为 Kk。接合一般可能出现两种情况:第一种接合的时间短,各自的细胞质未变,原为放毒型的个体都含有卡巴粒,故仍为放毒型。它经过自体受精,后代的细胞核基因有两种,KK 和 kk。若核基因为 KK,再加上它原有卡巴粒,仍为放毒型;若核基因为 kk,起初有卡巴粒,经过几代分裂后,卡巴粒不再增殖,最后卡巴粒消失成为敏感型。至于原为敏感型的个体虽有了 K 基因(Kk),再经自体受精产生的核基因为 KK 或 kk,但未接受卡巴粒,仍不能产生毒素,都是敏感型[图 11-8(a)]。

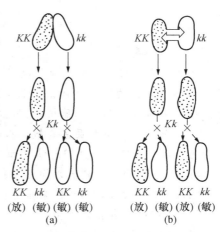

图 11-8　草履虫的放毒型遗传
(张建民,现代遗传学,2005)
(a)接合时间短,没有交换细胞质
(b)接合时间长,变换了细胞质

第二种接合时间延长,使两个个体除交换小核外还能交换一部分细胞质,结果双方都有核基因 Kk,细胞质内均有卡巴粒,所以起初都能产生毒素,经自体受精繁殖几代后,核基因为 KK 的个体均为放毒型,核基因为 kk 时因卡巴粒逐渐消失而成为敏感型[图 11-8(b)]。

经分析得知,草履虫中的卡巴粒在控制合成毒素时并不影响自身的生存;而且卡巴粒的体积似细菌,其细胞色素不同于草履虫,而与细菌的相似,由此推测它可能是内共生体。

二、细胞质基因和细胞核基因之间的关系

实际上,许多性状是受细胞核基因和细胞质基因共同作用的,细胞质基因和细胞核基因之间有着一定的关系。

(1)细胞质是细胞核基因活动的场所。核基因的表达,必须通过细胞质来完成。染色体 DNA 上所携带的全部信息都要通过转录形成 mRNA,到达细胞质中的核糖体上才翻译成蛋白质。而代谢所需的原料,如氨基酸、核苷酸、ATP 和酶系统等,都需要由细胞质来提供。

(2)细胞质基因和细胞核基因共同编码某种或某些蛋白质。线粒体参与呼吸作用的一些酶的组分是由双重遗传控制的,即部分亚基为核基因所编码,而另一些亚基则受线粒体基因的控制。

(3)细胞质基因既可独立控制性状的发育,又可与细胞核基因共同起作用,两者能引起相似或相同的表型效应。如植物叶绿体的白化变异既受细胞核基因控制,又受细胞质基因影响,两者共同作用也可导致叶绿体功能丧失。

(4)细胞核基因与细胞质基因共同建造细胞器。叶绿体和线粒体是真核细胞内主要的细胞器,各自在代谢过程中起重要作用。但它们的构成所需的蛋白质既有本身基因控制合成的,又有核基因控制合成的。

(5)核基因保证了细胞质基因的延续。如草履虫放毒型遗传中,卡巴粒的延续繁殖必须在细胞核中存在着 K 基因,若细胞核中无 K 基因,即使细胞中有卡巴粒,这种卡巴粒也存活不长,不能繁殖,很快丢失。

(6)植物细胞中 3 套基因组[叶绿体 DNA(ctDNA)、mtDNA、核 DNA]中的基因可以相互转移。

思　考　题

1. 名词解释：

母性影响　核外遗传　卡巴粒　细胞质基因

2. 核外遗传的特点是什么？请举例说明。

3. 线粒体基因组与细胞核基因组有哪些异同？

4. 草履虫的放毒型品系与敏感型品系接合，产生的 F_1 是放毒者（Kk＋Kappa）和敏感者（Kk）。在下述几种情况下预期的结果如何？

(1) F_1 中的两个放毒者之间接合；

(2) F_1 中的放毒者和敏感者接合；

(3) F_1 中敏感者自体受精；

(4) 由上述(3)中产生的 Kk 敏感者与 F_1 中的放毒者接合。

5. 在草履虫中，有卡巴粒的为放毒型，无卡巴粒的为敏感型。细胞质中的卡巴粒的增殖又依赖于显性核基因 K 的存在。试问：

(1) 有两个基因型为 Kk 的放毒型草履虫经自体受精，若干代后，子代中放毒型比例为多少？

(2) 如基因型为 Kk 的放毒型草履虫经过长时间接合，接合后子代中放毒型的比例为多少？

6. 果蝇对 CO_2 敏感性是由于它有一种 σ 因子的细胞质颗粒，而抗 CO_2 的果蝇则无 σ 因子颗粒，写出下列杂交组合的结果。(1)♀敏感性×♂抗性；(2)♀抗性×♂敏感性。

7. 酵母菌的"小菌落"遗传方式同时受线粒体 DNA 和核基因的控制，隐性的突变核基因造成线粒体的功能缺陷而成小菌落；当线粒体 DNA 缺陷时，线粒体功能也缺陷而成小菌落。一种小菌落具有纯合正常的核基因，但线粒体 DNA 缺陷；另一种小菌落具有正常的线粒体 DNA，但核基因为纯合隐性突变基因。如果将这两种小菌落杂交，那么：(1)二倍体的 F_1 的表现型如何？(2)二倍体产生的子囊孢子发育而成的单倍体个体的表现型如何？

8. 紫茉莉的枝条有绿色、白色和花斑三种不同颜色，其颜色的遗传属于细胞质遗传，用♀花斑×♂绿色，其后代都表现为什么颜色？

9. 比较伴性遗传、细胞质遗传和母性影响的异同。

10. 杂交稻是利用哪些遗传学理论和技术培育出来的？

第十二章　质量性状的遗传

生物的性状是指所表现出来的外部特征,也就是可以测量、观察和感觉的外部表现。性状是受基因控制的,根据表现程度可以把性状分为质量性状和数量性状两类。在遗传学三大定律中所涉及的相对性状之间的差异,大多数是明显不连续的。在杂种后代的分离群体中,具有相对性状的个体可以明确分组,求出不同组之间的比例,这些性状在表面上都显示质的差别,可以用文字直接描述,往往只由一对或少数几对起决定作用的遗传基因来支配,而且性状间的差别可以比较容易地用分离定律和连锁定律来分析,把这样的一类性状称为质量性状。所以,质量性状是指同一种性状的不同表现型之间不存在连续性的数量变化,而呈现质的非连续性变化的那些性状。

第一节　质量性状特征及基因型

一、质量性状的基本特征

一般而言,质量性状的基本特征主要有:多由一对或少数几对基因所决定,每对基因都在表型上有明显的可见效应;其变异在群体内的分布是间断的,即使出现有不完全显性杂合体的中间类型也可以区别归类;性状一般可以描述,而不是度量;遗传关系较简单,一般服从三大遗传定律;遗传效应稳定,受环境影响小。

质量性状中有些是重要的经济性状,特别是毛皮用畜禽,另外遗传缺陷的剔除,品种特征如毛色、角型的均一,遗传标记如血型、酶型、蛋白类型的利用,都涉及质量性状的选择改良。数量性状的主基因具有质量性状基因的特征,在鉴别和分析方法上也采用质量性状基因分析的方法,因此质量性状对育种工作具有重要的科学意义。

同时,质量性状和数量性状并不是绝对的,而是既有区别又有联系。一些表面上看起来是质量性状的,如黑白花奶牛的毛色,从变异的性质来看,它是质量性状即有花斑或无花斑,但如果用黑白花片的面积占整个牛全身表面的比例进行分析,它就成为一个数量性状了;而有的度量性状,如牛的双肌,有时可以区分为正常和双肌两类,这又可以视为质量性状。

随着现代分子生物技术的发展,使得从分子水平上研究数量性状位点成为可能。近20年来,随着分子生物学和统计学的发展,人们发现动物某些数量性状表型值的变异受某一个或少数几个主效基因的控制,主基因可以作为单基因进行克隆和定位,分析其遗传效应,因此在分析方法上也采用质量性状基因的分析方法。

二、质量性状基因型的判定

在判断质量性状基因型时首先应考虑质量性状的遗传方式的类型,质量性状的遗传方式主要有以下几种类型。

(一)常染色体遗传

涉及一对等位基因突变,可按遗传方式分为:

1. 常染色体显性遗传 根据显性程度又存在以下三种情况：

(1)完全显性 突变基因有显性和隐性之分,其区别在于杂合状态(Aa)时,是否表现出相应的性状。若杂合子(Aa)能表现出与显性基因 A 有关的性状,其遗传方式称为显性遗传。其中凡基因处于杂合状态(Aa)时,表现出像纯合子一样的显性性状,称为完全显性。如猪的白毛对黑毛的完全显性。

(2)不完全显性 有时杂合子(Aa)的表现型较纯合子轻,这种遗传方式称为不完全显性或半显性。这里,杂合子(Aa)中的显性基因 A 和隐性基因 a 的作用都得到一定程度的表达。β 地中海贫血可作为不完全显性遗传实例,致病基因 βO 纯合子,基因型为 $\beta O \beta O$ 者病情严重,杂合子基因型为 $\beta O \beta A$ 者病情较轻,而正常基因 βA 纯合子基因型为 $\beta A \beta A$ 者无症状。

(3)共显性 一对常染色体上的等位基因,彼此间没有显性和隐性的区别,在杂合状态时,两种基因都能表达,分别独立地产生基因产物,这种遗传方式称为共显性遗传。ABO 血型的遗传即是共显性遗传的实例。

2. 常染色体隐性遗传 控制遗传性状的基因位于常染色体上,其性质是隐性的,在杂合状态时不表现相应性状,只有在隐性基因纯合子(aa)方得以表现,称为常染色体隐性遗传。

(二)性染色体遗传

1. X(Z)连锁隐性遗传 一种性状或遗传病有关的基因位于 X(Z)染色体上,这些基因的性质是隐性的,并随着 X(Z)染色体的行为而传递。dw 基因控制鸡矮小性状,携带 dw 基因的鸡家系中矮小个体总是母鸡(ZW),表示 dw 基因是 Z 连锁隐性遗传模式。

2. X 连锁显性遗传 一些性状或遗传病的基因位于 X 染色体上,其性质是显性的,这种遗传方式称为 X 连锁显性遗传。如抗维生素 D 佝偻病(VDRR)就是 X 连锁显性遗传的实例。

3. Y 连锁遗传 如果致病基因位于 Y 染色体上,并随着 Y 染色体而传递,则只有雄性才出现症状。这类致病基因只由父亲传给儿子,再由儿子传给孙子,雌性则不出现相应的遗传性状,这种遗传方式称为 Y 连锁遗传。

三、单基因质量性状的选择

单基因质量性状的选择的基本方法就是选留理想类型,淘汰非理想类型。由于隐性性状能表现出来的个体都是纯合子,因此只要选留表型理想的个体就能达到很好的选择效果。

1. 选留隐性性状的个体 如果全部选留隐性性状的个体,只需一代就能把显性性状从群体中基本清除,下一代不再分离出非理想的类型。

2. 选留显性性状的个体 对显性性状,由于纯合子与杂合子在表型上不能区分,因此必须借助系谱分析或测交试验才能选留纯合子而达到良好的选择效果。只进行表型选择是很难从群体中完全清除非理想的隐性类型的,因为选留的显性类型中包含部分杂合子,而杂合子中有隐性基因,所以在各后代中必然还将分离出来继而有所表现。

第二节 畜禽体表性状的遗传

一、毛色(羽色)遗传

毛(羽)色是一个品种的重要特征,也是畜禽稳定遗传的一个特征。我国畜禽品种审定条例把稳定一致的毛(羽)色特征作为品种审定的基本条件之一。毛(羽)色在确定杂交组合、品种纯度和亲缘关系以及评价产品质量等方面也有一定用途。动物遗传育种学家利用毛(羽)色可以培育专门的品系,生产专门产品以适应消费者对某些性状特殊的需要。

毛色基因都是成对存在的,成对基因一方来自父系,另一方来自母系。假定 W 代表长白猪的白毛基因,纯种长白猪即为 WW,带有两个 W 基因。以小写 w 代表北京黑猪的黑毛基因,则北京黑猪为 ww,带有两个 w 基因。根据孟德尔的分离定律,形成生殖细胞时,每对遗传因子相互分开(分离),因此,公猪的精子与母猪的卵子结合,即受精而产生的仔猪,该仔猪具有父母双方的基因,形成新的成对基因,当白毛猪与黑毛猪杂交时,其杂种的基因型就成了 Ww。

由于控制毛(羽)色的基因较多,这些基因之间除了显隐性关系之外,还有互作效应、互补效应、上位效应、抑制等关系,所以要彻底分清一个有色品种的基因型是有一定难度的。

毛(羽)色可以作为品种特征,也可作为个体特征。哺乳动物的毛色等位基因主要有 6 个系统,包括:鼠灰色系统(A)、褐色系统(B)、白化系统(C)、淡化系统(D)、扩散系统(E)和粉红眼系统(P)。控制家畜毛色的基因都可以在这 6 个系统中找到相应的基因座。下面介绍几种主要家畜的毛(羽)色基因控制系统。

(一)猪的毛色

猪的毛色是最容易辨认的一项外形特征,一个品种内的不同类群和各个个体,都能保持相对一致的毛色。

1. 猪的毛色　　主要有以下 7 种类型:

(1)野猪色　特征是背部黑毛末梢有黄色横纹,而且不同部位的颜色深度不同。野猪在出生后有纵向条纹,以后会逐渐消失,一些家养品种还保留了这种特征,如曼格里察(Mangalitza)猪和杜洛克(Duloc)的少数个体。还有些猪的后代中出现低频率的纵向条纹分离。

(2)全黑色　我国的许多地方猪、越南的地方猪、英国大黑猪、法国的 Gascon 猪和德国的 Cornwall 猪等,毛色为全黑色。

(3)全红色　如杜洛克、泰姆华斯、明尼苏达 I 号。我国云南大河猪也大多为红色,另外,曼格里察和 Iberian 猪的一些类型,地中海和非洲本地猪以及源于 Iberian 的美洲当地品种,毛色大多为红色。

(4)多米诺黑斑　通常为白底上出现黑斑,有时红毛以不同比例与白毛混生,直至形成全红的底色。皮特兰、中欧及俄罗斯的一些本地品种属于这种类型。"多米诺"毛色通常指除腿、额和尾尖外,其他部位有大量中等、不规则的黑斑点。

(5)黑色或红色花斑　这种花斑与多米诺小黑斑不同,由少量大块黑色或红色斑块组成,而且主要分布在头部和臀部,背上部可能也有中等大小斑块。其中又可分为三种类型:①黑斑与黑头:如我国金华猪、华中两头乌猪和法国地方品种利木辛(Limousin)的大部分猪属于此种类型。②黑斑、头部有白色标记:如我国大花白、越南本地花猪。③白肩带:如汉普夏、Essex、英国的威赛克斯(Wessex)品种为黑底上有白肩带,巴伐利亚的 Landschwein 品种为红底上有白肩带,由杜洛克、汉普夏、皮特兰、大白猪杂交形成的合成系中以及地中海地区的一些地方猪中也有这类毛色。

(6)黑色带白点　如巴克夏、波中猪的黑色六白特征,梅山猪除四肢白色外,其余全部为黑色。

(7)白色　有两种类型,一种是白肤白毛的亮白色,如大白(约克夏)、长白、切斯特白、拉康比;另一种为有色皮肤白毛的暗白色,如曼格里察猪。

大量研究证明,猪的毛色遗传规律如表 12-1 所示。

表 12-1　猪的毛色的遗传

显性	隐性	显性	隐性
白色(约克夏、长白)	有色(黑色、棕色和花斑)	野猪色(暗棕灰白色、灰黑色)	黑色、棕色
黑色(北京黑猪)	棕色(杜洛克)	单色	斑纹
黑六白(巴克夏、波中猪)	棕色(杜洛克)	白带猪(汉普夏)	黑六白(巴克夏、波中猪)、棕色(杜洛克)

2. **猪毛色的遗传控制**　现已知道猪毛色的基因座至少由 7 个位点控制,包括显性白色(I 位点)、毛色扩展(E 位点)、白肩带(Be 位点)、白头(He 位点)、野生型位点(A)、淡化位点(D)和白化位点(C)。

(1)白色位点 I　现代品种中白色是最主要毛色。1906 年,Spillman 通过杂交试验确认了白色对有色显性。Wright 和 Lush(1923)提出白色受单一显性基因控制的假说。Hetzer(1945)证实了这个假说,并把这个基因称为 I(抑制色素)基因,以后的研究结果进一步证明 I 和 E 基因座是相互独立的。通常白色品种(如大白猪、长白猪)的 I 基因是纯合的,I 基因抑制黑色素、黄色素的形成。有色品种如巴克夏、波中猪、大黑猪、杜洛克、皮特兰以及有色的中国品种都是隐性基因的纯合体(ii)。在 I 基因座除了等位基因 I 和 i 外,还发现了 Id、Ip、im 等位基因,其显性等级为 $I>Id>Ip>i>im$。Id 对 I 呈隐性,但当存在 Ep 时,Id 与 I 同样对色素的形成有抑制效应,如 $IdiEpEp$ 基因型产生暗白,当存在 E 基因时,Id 产生灰杂色(grey-roan),又叫蓝宝石色(sapphire),实际是黑毛或白毛的混生,与牛、马的杂色基因同源。等位基因 Ip 是最近才提出来的,原因是当白色品种(大白、长白)和欧洲野猪或中国黑猪杂交时,F_1 偶尔可观察到黑斑,这是由于 I 基因座有一个 Ip 等位基因的作用,这个等位基因在欧洲白色品种分离频率很低,主要存在于斯堪的纳维亚国家的白猪。这可能是由于我国近年来从丹麦等国引进的长白后代中有时有黑斑。对于大白、长白等白色品种与黑猪杂交出现黑斑的原因,除了认为存在 Ip 基因外,还有一种假设,即 Legault(1998)提出的在杂合状态下白色显性基因的外显率不全。在 I 基因座上,有 im 等位基因控制曼格里察猪的隐性白色,但另一些学者认为曼格里察猪的隐性白色是由于 C 基因座的一个等位基因的作用。

(2)毛色扩展位点 E　已知这个基因座至少有 4 个等位基因,即显性黑色 Ed、黑色 E、黑斑 Ep 和红色 e,其显性等级为 $Ed>E>Ep>e$。研究证明,巴克夏、波中猪、皮特兰在 E 基因座的基因型都是 $EpEp$,因而黑色是黑斑扩展的一种形式。控制白色的 I 基因座对 E 基因座呈上位效应。由于控制梅山猪、金华猪、利木辛猪的黑色都是扩展基因 E,它们的基因型都是 $iiEE$,所以对梅山猪选择黑色可扩展成全黑或选择白色可扩展成黑白花,甚至得到金华两头乌类型。杂交试验表明,中国品种(梅山、金华)与杜洛克杂交,后代大部分呈全黑色(接近 90%),出生时仔猪毛色呈黑红色,2 月龄后变为全黑色或黑色,可能有红斑。关于显性黑色 Ed 等位基因,可从汉普夏(或汉诺威)与巴克夏杂交后代仍表现汉普夏的黑色白肩带得到证实,但也可能属于另一个上位基因。

(3)白肩带位点 Be　目前认为在白肩带基因座上有 3 个等位基因,即 Bew、be、beb。Bew 是控制宽的白肩带基因,窄的白肩带可能是未固定的杂合基因型($Bewbe$),但白肩带的宽窄实际上可能是一个多基因性状。单色 be 等位基因对 Bew 为隐性,如杜洛克与汉普夏杂交时,杜洛克的单色 be 为隐性。Be 位点的另一等位基因 beb 对 be 又呈隐性,beb 是半色基因,是在巴伐利亚的 Landschwein 猪中发现的白肩带向前方延伸的基因,用单色的杜洛克猪(Be 基因座为 $bebe$)与金华猪杂交时 F_1 表现单色(黑色),表明金华猪不存在 Bew 等位基因,而可能存在半色基因 beb。

(4)白头斑或海福特位点 He　白头与白脸是同一特征。在对皮特兰、明尼苏达 I 号、汉普夏等品种的杂种进行一系列观察后证实,白头斑是单一显性等位基因作用的结果,白头斑的大小取决于亲本品种,全黑(如嘉兴黑猪)、全红(如杜洛克)品种与皮特兰杂交时,后代的白色斑点通常很小,而黑白花品种(如金华猪、利木辛)与皮特兰杂交时,白色从头前方到喉部一直连续到腹部。白肩带品种(汉普夏)与皮特兰杂交,后代眼睛周围有黑斑,被称为大熊猫猪(panda pigs)。梅山×大白的 F_2 代黑毛类型猪中,有白头斑的比例约为 8%。因此,白头或海福特基因座可能存在 2 个等位基因。

(5)鼠灰色位点 A　野猪的鼠灰色(Agouti)基因座对其他毛色基因座呈上位关系。有学者认为,在一些红色猪种中可能存在野生型 A 等位基因,而大部分家养品种携带隐性非鼠灰色等位基因 a。Lush(1921)进行的巴克夏×杜洛克的杂交试验,F_2 代出现鼠灰色浅腹,后以 Aw 表示鼠灰色白腹等位基因。Lauvergne 等(1982)比较了巴布亚新几内亚本地猪和法国野猪毛色后认为,还存在控制獾脸(badger face)即鼻部和脸部为黑色的等位基因,用 Ab 表示。

(6)白化位点 C 和淡化位点 D 关于这 2 个基因座的等位基因报道较少。

(二)牛的毛色

1. 牛的毛色类型 牛的毛色类型基本上分为白色、红色、黑色、褐色、灰色及白斑等 6 类。而在欧洲牛中分为杂色、白头、斑点、海福特、片花、条带和斑纹共 7 种基本类型。中国黄牛的毛色十分丰富,不同品种毛色差异很大。如:南阳牛、鲁西牛、延边牛等主要为黄色,秦川牛、晋南牛、郏县红牛均以红色或枣红色为主,渤海黑牛以黑色为特征,海南牛、闽南牛则以黄至褐色为主,蒙古牛主要为黑色或黄(红)色,而峨边花牛主要为黄白花和黑白花。依照研究和调查,中国黄牛按毛色主要分为四个类型,分别是中原黄牛、北方黄牛、南方黄牛以及西藏牛。

(1)中原黄牛的毛色以红色和黄色为主,少量出现草白色和黑色以及鼻镜黑斑。

(2)北方黄牛的毛色以黄色和黑色为主,少量出现红色、狸色和花色。

(3)南方黄牛的毛色以黄色为主,其次是红色和黑色。

(4)西藏牛的毛色以黄色和黑色为主。

我国黄牛的毛色类型分布见表 12-2。

2. 牛的毛色基因 现知黄牛毛色遗传涉及 20 多个基因位点,而中国黄牛常见的毛色主要涉及 10 个基因位点。目前定位的牛毛色基因有 12 个,包括 A、B、C、E 基因座和一些与斑点、花斑、致死等共分离的基因。

表 12-2 中国黄牛品种毛色分布特征
(耿社民等,中国黄牛毛色的演变及其遗传:上,1995)

类型	品种	毛色特征
中原黄牛	秦川牛	紫红、红色占 89%,黄色占 11%;鼻镜肉红色占 63.89%,黑色、灰色和黑斑点约占 36%
	南阳牛	黄色占 80.5%,红色占 8.8%,草白色占 10.7%;面部、腹下、四肢毛色较淡;鼻镜多为肉红色,其中部分有黑点
	鲁西牛	黄色占 70%,前躯毛色较后躯深;眼圈、口轮、腹下和四肢内侧毛色淡化;鼻镜多为肉红色,部分有黑点或黑斑;有少量白尾梢和黑尾梢
	晋南牛	毛色以枣红色为主,鼻镜粉红色
	渤海黑牛	全身黑色
	郏县红牛	红色占 45.81%,浅红色占 24.26%,紫红色占 27.23%,有暗红色背线和深色尾梢,部分牛夹有白毛
	冀南牛	毛色为红、黄两色
	平陆山地牛	毛色以红、黄色居多,有少量黧色、草白色、黑色
北方黄牛	延边牛	黄色占 74.89%,深黄占 28.53%,浅黄占 6.7%,其他毛色占 2.2%
	蒙古牛	毛色多为黑色和黄色,次为狸色、烟熏色
	哈萨克牛	黄色占 28.98%,黑色占 28.53%,褐色占 10.38%,红色占 7.4%,狸色占 10.64%,花色占 9.7%,青灰色占 5%
	复州牛	全身被毛为浅黄或深黄;四肢内侧稍淡,鼻镜多呈肉色

续表12-2

类型	品种	毛色特征
南方黄牛	温岭高峰牛	黄色或棕黄色;有黑色背线和黑尾梢,腹下、四肢内侧、眼圈有少量灰白色细毛,鼻镜青灰色
	台湾牛	毛色为淡褐、赤褐、黑褐甚至黑色
	闽南牛	以黄褐色居多,其次是黑色、棕红色,有黑色眼圈、鼻镜、背线、尾梢等;腹下、四肢内侧淡化
	大别山牛	毛色以黄色为主,其次是褐色,少数黑色
	枣北牛	毛色以浅黄、红、草白色为多;四肢、阴户下、腹下较淡;背线及胸侧色泽较浓
	巴山牛	毛色以红、黄为主,占70%;鼻镜中黑色占57.7%,肉色占15.8%,黑红相间占26.4%
	巫陵牛	毛色以黄色居多,占60%~70%,栗色、黑色次之;四肢内侧、腹下淡化
	雷琼牛	以黄色居多,其次是黑色、褐色;大部分牛表现出"十三黑",即鼻镜、眼睑、耳尖、四肢、尾梢、背线、阴户、阴囊下部为黑色
	盘江牛	黄色居多,其次是褐色和黑色,极少数花斑;鼻镜多为黑色,少数肉色
	三江牛	以黄色为主,占68%,其次是黑色和草白色
	峨边花牛	黄白花占55.9%,黑白花占27.8%,黄黑相间占16.3%;背部和胸腹正中为一带状白毛;鼻镜为肉色和深灰色
	云南高峰牛	毛色有黑、褐、红、黄、青、灰白色6种
	广丰牛	毛色以棕黄、棕黑居多,其次为黄色、黑色
	舟山牛	全身被毛为黑色,初生牛犊为棕色,断奶后变黑
	皖南牛	粗糙型:毛色为褐色、灰褐色、黄褐色、深褐色、黑色5种,有背线 细致型:毛色以橘黄色、黄色、红色为多
西藏牛		毛色中黑色占41.4%,黑白花占31%,黄色占14.1%,黄白花占5.3%,褐色占4.2%,杂色占3.5%

黑色和红色是牛最常见的颜色,黑色是由显性基因 B 控制,红色是由隐性基因 b 纯合而表现的,即黑色对红色呈显性。现在黑色牛品种还存在基因 b,不过频率很低,黑色和红色也受其他基因座基因的影响;有个别品种毛色是灰的,这种灰毛像鼠灰色毛,毛尖是白色,下面有几个黑色和黄色带,受鼠灰基因座 A 控制。A_B_ 是灰色牛,A_bb 是红色牛,因 bb 对 A 有上位作用,灰色的深浅程度受修饰基因和性激素的影响;国外乳用牛、乳肉兼用牛、肉用牛多数有不同程度的白斑,全色由显性基因 S 决定,花斑由 ss 决定,全色对花斑呈显性,而花斑大小受修饰基因的影响;另一种白斑形式是体侧为有色毛,背线、腹线和下肢为白毛,是由显性基因 S^G 控制的,如海福特牛;还有一种是白面,由显性基因 S^H 控制,S、S^G、S^H、s 是复等位基因,S、S^G、S^H 相互间呈不完全显性,但对 s 都是显性。

此外,白色也是牛的基本毛色之一。白色有三种:①显性白,WW 是白毛,ww 是红毛,而 Ww 是沙毛,为红沙,如英国短角牛,Ww 牛如果还带有黑色基因,则为蓝灰色(蓝沙),这种牛实际上是白黑毛混生,在阳光下看起来呈蓝灰色。②白化,由隐性纯合基因 cc 控制,这种牛的皮肤、毛、眼均无色素,如荷兰牛、海福特牛。③全身白毛,仅耳部有黑毛,这实际是白斑的最扩大形式,如瑞典高地牛。

(三)绵羊的毛色

绵羊毛色通常指绵羊被毛的毛色表型,构成方式有两种:一是由不同颜色的羊毛纤维混合组成,如不同比例的黑色纤维和白色纤维组成色度不一的灰色;二是由具有不同颜色区域的羊毛纤维构成,如由端部浅黄色、基部褐色的羊毛纤维所构成的苏儿色(彩色)等。根据色素类型、毛色图案和是否有白色斑点这三个标准,绵羊毛色主要分为白色、黑色、棕褐色、褐色、灰色、彩色和斑块状杂色等16种类型。

1988 年由绵羊和山羊遗传学命名委员会(COGNOSAG)提出的毛色命名、基因座、等位基因数及基因的效应等。许多研究结果和众多的实例已揭示绵羊的毛色是由多基因位点上的复等位基因控制的。目前经过试验证明或假定的绵羊毛色基因座总共有 11 个,分述如下:

1. 鼠灰色位点 A 即野生型位点,一些研究推测该位点有 16 个等位基因,调控着黑色素和褐色素的产生。其中,有些等位基因调控绵羊体躯某些部位羊毛纤维色素的表达与沉积,另外一些等位基因仅影响特定纤维类型毛纤维的色素表达,而有些等位基因则具有这两方面的综合作用。

该位点的完全显性等位基因 A^{WH},通过完全抑制黑色素的产生而使绵羊被毛通常呈现白色,但它却允许褐色素的产生。因此,携带 A^{WH} 基因的某些绵羊个体可能出现黄褐色被毛。生产实践中,通过淘汰 A^{WH} 基因携带者中的黄褐色个体,可培育白色毛用绵羊品种。该位点的完全隐性等位基因 A^E 不抑制黑色素的产生,因此,其杂合型个体表现为纯黑色。除 A^{WH} 和 A^E 外,其他等位基因都对黑色素产生部分阻抑作用。该位点 16 个等位基因中凡对黑色素起抑制作用的基因相对于对黑色素起促进作用的基因呈现显性。但是,当同一个体上的两个等位基因作用于该个体的不同躯体部位时,则表现两者的综合效应。

2. 棕色位点 B 该位点有 2 个等位基因。野生型等位基因 B^W 产生黑色素,而其隐性突变等位基因 B^{BR} 则产生褐色素。因此,B^{BR} 纯合体表现棕褐色被毛。只是由于棕褐色素沉积量和分布的不同,可能出现深浅不同的棕(褐)色被毛类型。

3. 白化位点 C 该位点有 2 个等位基因。野生型等位基因调控被毛色素均一化,而隐性突变等位基因 C^A 纯合时则产生完全白化现象。

4. 扩展位点 E 该位点有 2 个等位基因。其显性突变等位基因 E^{DB} 通过完全抑制褐色素的产生而使 A 位点等位基因完全失去活性,表现显性黑色。野生型隐性等位基因 E^W 则允许 A 位点全部等位基因正常表达。

5. 斑点位点 S 该位点有 3 个等位基因。其野生型等位基因 SS 使绵羊被毛呈均一显性白色,而其隐性等位基因 ss 纯合时可使非白色绵羊品种表现白章,另一隐性等位基因则使绵羊出现斑纹,且白章基因对斑纹基因呈显性。试验证明,白色毛用羊品种常常是 SS 基因纯合体或 A 位点白色基因纯合体($A^{WH}A^{WH}$),由此也说明 SS 基因可减少 A^{WH} 型绵羊的黄褐色色素,且当 A^{WH} 基因纯合时,表现全白色被毛。

6. 苏儿色位点 G 亦称沙毛位点,有 2 个等位基因。显性突变基因 G^S 可使非白色裘皮羊表现白色、金黄色等浅色毛梢,而其对应的隐性基因则使色素在羊毛纤维上均一分布。另有研究表明 G^S 对显性黑色呈隐性或下位作用,对显性棕色或黄褐色则表现上位作用。

7. 白色位点 W 该位点有 3 个等位基因,即野生型等位基因和 2 个突变等位基因 W^W、W^{RN}。野生型等位基因使羊毛纤维呈显性白色,而 W^W 对其他所有毛色基因均表现上位作用。W^{RN} 在卡拉库尔羊引起显性灰色,且当显性灰色基因为纯合型($W^{RN}W^{RN}$)时,是致死的。而当显性白色和显性灰色基因共显性时,绝大多数情况下也是致死的。

8. 白颈位点 WC 该位点有 2 个等位基因。其野生型等位基因不使有色绵羊表现白颈,而其显性突变基因 $WCWC$ 则使非白色绵羊表现白颈。

9. 黑头波斯毛位点 BP 该位点有 2 个等位基因。其显性突变基因 $BPBP$ 是 Vasin(1928)在亚洲起源的绵羊品种中发现的,若该基因为杂合型时,则绵羊表现花斑,若为纯合型时则表现体躯被毛白色而头部黑色。其对应的等位基因无此作用。

10. 斑点状阿卡拉曼位点 L 该位点有 2 个等位基因。其突变基因 L^{AK} 使绵羊被毛表现花斑,该基因纯合型($L^{AK}L^{AK}$)绵羊则表现外围有有色毛的大白花。L^{AK} 对应的等位基因则无此作用。

11. 蒙古花毛位点 M^{RN} 该位点亦有 2 个等位基因,即野生型等位基因 $RNRN$ 和突变基因 M^{RN} M^{RN}。该位点控制着绵羊花毛(棕褐色夹杂白色)的表现与否。Baatar(1981)认为只有 $RNRN$、M^{RN}

M^{RN}型绵羊表现非致死性花毛。

(四)山羊的毛色

毛色是绒、毛、羔皮、裘皮用山羊的重要经济性状,也是识别个体、血液系统、品种归属的遗传标志之一。

山羊主要的毛色变异是由少数基因座控制的孟德尔性状。以欧洲、西亚和东南亚山羊群体对象进行的研究,主要揭示了以下4个基因座。这4个基因都位于常染色体上,相互之间不存在连锁关系。

1. **野生型位点A**　这个位点上现已证实两个显隐性关系完全的等位基因。显性基因A决定山羊的野生型毛色,基础毛色为浅黄、褐、深红褐,颜面、背线、腹底、四肢、肩侧有黑章。这种毛色被认为是山羊的原始类型,国外通称Bezoar(野生型)毛色。其等位的隐性基因决定单黑色,其纯合子表现为非野生型的黑色被毛。

2. **毛色稀释因子位点D**　这个位点上只有一对等位基因。显性基因D决定深色,如黄、褐、红、黑等,其隐性基因d使毛色淡化,其纯合化会使在A位点的一对等位基因为AA或Aa的个体的基础毛色成为银色(仍然有黑色的颜面、背线、腹底、四肢和肩章),以致成为"银色Bezoar"山羊,d还使黑色淡化为青色(灰色)。A、D两位点基因间互作形成的毛色类别如下:

$A\_D\_$:典型野生型,即一般Bezoar毛色;　　　$aaD\_$:黑色;

A_dd:银色野生型,即Silver Bezoar毛色;　　　$aadd$:青色。

3. **"上位白"位点I**　这个位点上有I和i一对等位基因。I决定纯白色、淡奶油色;i决定有色。I对i为不完全显性,同时又是其他所有现知主基因座上各个等位基因的上位基因。所以,只要个体在这个位点上有一个显性的E基因,就表现为纯白色、淡奶油色或非常接近纯白色,基本上可以满足生产性羊群对白色绒毛、羔皮和裘皮的需要;但杂合子Ii和纯合子II的毛色表现基因A位点的基因组成情况往往稍有不同。即当个体在A位点为隐性基因纯合态aa(也就是就这两个位点而言,基因型为$Iiaa$)时,表现为稍有淡蓝色感的纯白色,眼睑、鼻、唇、乳房等部位裸露的皮肤颜色深暗,蹄角为黑褐色。白色羊有多种可能的基因型,在同色配种的情况下有产生各种毛色子代的可能。

4. **白斑位点S**　在S位点现已发现三种基因的复等位系列。基因St决定吐根堡山羊式的白斑:在有色毛的基础上,颜面两侧有白色纵纹(即我国北方俗称的"四眉"),腹底和四肢为白色,类似于海福特牛的白斑图案。基因Sd决定躯干的纵向白带,俗称"荷兰带",类似于牛中Belted Galloway品种和猪中汉普夏品种的白斑图案。第三个基因是决定全色(即没有白斑)的基因s。St和Sd基因对于s基因都具有完全的显性,目前尚未查清St基因和Sd基因之间的显隐性关系。有的学者认为,山羊、牛和其他许多哺乳动物种中都有功能范围和变异类型都很相似的S基因座。他们估计不同种的S基因位点在系统进化上是同源的。

至于白斑、黑章面积以及野生型(Bezoar)山羊毛色深浅的变异分别由不同的修饰基因系列决定,属微效多基因遗传。

(五)犬的毛色

犬的毛色是"形形色色"的,世界上找不到两条完全相同的犬,即使是两条一胎生的犬,形态无异,它们的毛色也会有多处不同。犬的毛色是由毛发内的色素粒及色素粒的聚散方式来决定的。当色素粒凝聚紧密时,毛呈深色;当色素粒分布松散时,毛色鲜艳。黑色素粒分散时毛呈灰色,不含黄色素粒时毛呈黑色,而不含黑色素粒时毛呈黄色。若黑、黄两种色素粒都没有时,那么它就会是一只患白化病的犬。这种犬毛呈白色,眼圈呈粉红色。通常犬的毛色可分为白色、黑色、褐色、青色、黑褐色、铁灰色、灰褐色、黄褐色、灰白色、黑白色、黄红色、淡红色等。犬的毛色主要受以下10个位点控制。

1. **位点A**　即野生毛色基因位点。目前已确定该位点有三个基因存在,基因A^s使犬全身表现为纯黑色,如纽芬兰犬;基因a^y具有淡化黑色素的作用,使个体表现为黄褐色或灰色,如爱尔兰犬;基因

a^t 使个体表现为黑褐色,如德国牧羊犬。这三个基因之间的显隐性关系至今尚无定论,也有学者推测在该位点还存在有另外两个基因,即使犬表现为狼灰色的基因 a^w 或基因 a^g,使暗黑色犬背部出现白色杂毛的基因 a^s。

2.位点 B　显性基因 B 使犬全身表现为黑色,对应的隐性基因 b 纯合时则表现为赤褐色或巧克力色,如威马拉那犬。

3.位点 C　该位点有 4 个复等位基因。基因 C 使个体毛色表现为深色,基因 C^{ch} 使深色个体毛色变淡,基因 C^e 使个体毛色变为浅色,基因 c 使个体表现为纯白色,这 4 个基因的显隐性关系为:$C > C^{ch} > C^e > c$。

4.位点 D　该位点隐性基因 d 具有稀释毛色的作用,使黑色变为青色,而显性基因 D 无此作用。

5.位点 E　这个位点亦有 4 个复等位基因。基因 E 使全身被毛表现为黑色,基因 E^m 使毛色表现为铁灰黑,基因 E^{br} 使个体全身出现虎斑缟纹,基因 e 具有抑制黑色素的作用。它们之间的显隐性关系为:$E > E^m > E^{br} > e$。

6.位点 S　该位点有 4 个等位基因。S 使个体为有色毛,S^i 使有色毛个体出现小白斑,S^p 则使个体全身出现不规则白斑,S^w 使白斑面积扩大至全身。它们的显性等级是 $S > S^i > S^p > S^w$。

7.位点 R　该位点等位基因间的关系为不完全显性,基因型为 Rr 的个体表现为沙毛,显性或隐性纯合时(RR、rr)表现为其他毛色。

8.位点 M　显性基因 M 可使犬的白色被毛上出现斑纹,而对应的隐性基因 m 无此作用。

9.位点 G　显性基因 G 存在时,可使出生的黑毛变为灰毛,隐性基因 g 无此作用。

10.位点 T　显性 T 基因可使白色犬身上出现麻布条纹或斑点,而隐性基因纯合时(tt)则不表现。

(六)马的毛色

马的毛色丰富而复杂,现代马业的发展,尤其是竞技马术用的舞步马和形体娇小的观赏用马、伴侣用马,对马的毛色又有了更新、更高的要求。目前马毛色遗传的研究已取得较大进展,多数毛色的遗传关系都可以做出合理的解释。控制马毛色遗传的基因座主要有如下几个:

1.主毛色位点　5 个主毛色位点基因相互作用,导致了大多数主要的毛色类型,其他几个位点对这些毛色具有修饰作用(如掩盖、斑点化、灰化、花色化等)。此外,微效多基因也会导致基础毛色大幅度的变异。

(1)骝毛基因位点 A　骝色基因 A 对黑色基因 B 显性,因为存在着 A 位点,它决定着黑色基因能否完全表达,并且限制鬃毛、鬐毛、尾毛、四肢部位毛色的表现。A 位点可能存在着 4 个等位基因,显隐性的次序为 A^+、A、a^+、a,含 A^+ 基因的表型为野生型,它形成野生动物的保护色。A 位点限制四肢、鬃、鬐、尾黑色表现,结果形成红骝马;如无白色基因掩盖四肢和鬃、鬐、尾部,结果形成黑骝马和褐骝马。隐性基因 a 纯合时,对黑色的形成和分布无任何影响,产生的黑色马,褪色后,毛色可能变成黑骝马。

A 位点对栗色基因 b 的基因效应还不清楚,当同 BB 基因型在一起时,除了特征是黑色外,基本上为骝毛色,aa 型表现为深肝色的栗毛色,a 等位基因的效应尚不清楚,有待进一步研究。

(2)黑毛基因位点 B　这一位点是由两个等位基因所决定的,基础毛色是黑色或栗色。栗色和黑色是可以相互转变的,黑色基因 B 对栗色基因 b 显性。

(3)着色基因位点 C　除马属动物外,几乎所有的哺乳动物,都存在有粉红色的眼和皮肤,这种症状叫白化症,它是 C 位点隐性基因作用的结果。因此,考虑马属动物都是显性基因 C 的纯合体,它可以允许其他毛色基因的表达。

(4)不完全显性的位点 D　位点 D 的效应为促使毛色淡化。Dd 基因型导致基础毛色淡化;DD 基因型会使毛色进一步淡化,虽然它们不是真正的白化体,但有时也把它们叫作白化体,因为它们的眼睛也缺少一些色素;dd 基因型对基础毛色没有影响。淡化还可以使部分被毛缺少色素。

有人证明，如果基因型是 aa，则 Da 基因型没有效应。同样有人提出，Dd 对含有 a^+ 或 a 基因型所决定的毛色没有效应，只有 A 等位基因存在时，Dd 才会发挥作用，但双倍淡化基因 DD 对含有 a^+ 和 a 基因的影响，目前尚不清楚。

Dd 基因型可使黑栗色变成褐灰色，并且具有淡色的鬃和尾，淡栗色变成淡青色。DD 基因型可使具有 A 等位基因的黑色马和栗色马变成白色（雪白色的，接近白色的，蓝眼），且鬃、鬣、尾都是淡色的，这些雪白的马常被误称为白化马。

如果基础毛色是骝毛，杂合子 Dd 也可使之淡化，体躯由黑骝毛变成暗黑色，淡骝色变成淡黄色。

(5)色素扩延位点 E 有 3 个复等位基因。基因 E^D 能使黑色素扩散，基因 E 能促进黄色素扩散，使毛色为污黄色，基因 e 无这种作用。它们的显性等级为：E^D（黑色）$>E$（污黄色）$>e$（其他毛色）。

2. 主要修饰基因位点 掩饰、灰化、花化、斑点化都是影响被毛颜色的主要修饰基因。

(1)位点 W（或称 LW） W 是白色性状的显性基因，它的存在掩盖了其他所有位点效应。纯合型 WW 是致死的，且致死效应发生在妊娠早期，因而发现不了流产或死驹，继而导致白马出生概率明显下降，因为 $Ww×Ww$ 的交配组合中，WW 基因型的个体早期致死，因此所产生的马驹 2/3 是白色的，1/3 是有色，而不符合一对有显隐性关系的杂合子交配所生后代的 1/3 的期望比值。隐性等位基因 ww 纯合时，允许其他毛色表现。W 系统的另一等位基因，隐性基因 W_{ap} 基因，它可导致臀部的白块，白块的面积取决于修饰基因的数量。

(2)位点 G 渐使被毛灰化的基因，亦称显性青毛基因。当 g 为纯合子时，允许基础毛色的表达。这一位点基因的作用表现在基础毛色上，当初生毛褪毛、换毛后，灰化作用就开始，所替换的被毛有大量白毛相掺。这个位点的显性纯合体在生命的早期就表现灰化，比杂合体灰化程度要大。到成年时，二者被毛可能会变成白色，实际上大多数的"白马"都是灰马，只是被毛完全变成白色，在口络周围及被毛有的地方，皮肤色素是黑的。相反显性基因所决定的白马，具有粉红的口络。显然斑纹同多数毛色一起产生，特别值得注意的是灰马。有时候，灰马具有黑鬃、黑鬣、黑尾，而其他个体的马在体躯变化之前就变成了白色，随着年龄的增长，有些灰色逐渐出现黑斑，就像"蚤咬"的伤痕。

(3)位点 Rn 杂色化基因 Rn 很易同灰化基因相混淆，因为它也可导致白毛同基础毛色混杂，白毛在初生毛上就会产生，不随年龄的增长而增加，虽然降生的白马携带有杂化和灰化基因，并且毛色将会逐渐变成灰色，而杂化都是取决于基础毛色的不同类型。对其毛色可采用基础毛色同杂化或灰化结合起来描述，如骝杂等。杂化基因常破坏毛色类型。当存在区别于某一品种的毛色基因时，杂化基因可把某些花毛基因掩盖起来，并且使色泽更加耀眼夺目。因有报道杂化个体是不育的，所以有人确信 $RnRn$ 是致死的。

(4)位点 S 设特兰矮马有一显性基因，此位点导致个体变成暗白色或淡巧克力色，大部分是有斑点的栗色。鬃和尾是白色或接近于白色。确定此位点为 S 位点。隐性基因 s 纯合时，可使单色马额部出现白章，或者使额至鼻出现长的流星，有显性基因 S 存在时则不表现。

(5)位点 P 即白斑基因，白斑基因 P 作用于背部表现白斑时称为"显性白"，作用于腹部表现白斑时称为"隐性白"。

(6)位点 Ws 即白蹄基因，隐性基因纯合时出现白蹄，显性基因则无此作用。

(7)其他位点 决定马被毛颜色的基因位点除上述几个主位点及修饰位点外，还有 si、T、Bio、O 位点及其杂色位点等。

有人研究了东亚各国土种马的群体遗传学特征，已将马的毛色性状作为遗传标记进行多型研究，并统计了基因频率。马毛色基因型通常表示如下：

骝毛(bay)A_B_dd 黑毛(black)aaB_dd，aaB_Dd

栗毛(chestnut)$\_bbdd$ 沙毛(roan)Rr（RR 致死）

青毛(gray)$G\_$ 斑毛(spotted)$s\_$

骝毛—奶油色(bay-cream)A_B_Dd　　　　　　　　白色(或假白色)(pseudo-albino)DD

栗毛—奶白色(银鬃)(chestnut-cream)$\_bbDd$

(七)兔的毛色

控制家兔毛色的基因之间的作用各不相同,有些基因虽然作用不同却产生相似的毛色。因此,兔的毛色遗传是一种非常复杂的遗传现象。现将作用于毛色的基因系统和不同色型及基因符号介绍如下:

1. 位点 A　位点 A 中等位基因有 3 个,即 A、a' 和 a。其中 A 基因的作用使兔毛在一根毛纤维上有 3 段颜色,毛基部和尖部色深,中间色淡,即野鼠色;a 基因使兔毛纤维整根毛色一致;a' 基因使兔长出黑色和黄褐色的被毛,眼眶周围出现白色眼圈,腹部毛白色,腹部两侧、尾下和脚垫的毛为黄褐色。A 系中 3 个等位基因的显性顺序是:$A>a'>a$。

2. 位点 B　基因 B 产生黑毛,等位基因 b 产生褐色毛,B 对 b 是显性。B 基因与产生野鼠色的 A 基因结合($AABB$ 或 $AaBB$),产生黑—浅黄—黑的毛色;b 基因与 A 基因结合($AAbb$ 或 $Aabb$),产生褐—黄—褐毛色。

3. 位点 C　位点 C 中的等位基因有 6 个,分别用 C、C^{ch3}、C^{ch2}、C^{ch1}、C^H 和 c 表示。C 基因使整个毛色为一色,一般表示为黑色;c 基因是白化基因;C^H 是喜马拉雅色型的白化基因,能把色素限制在身体的末端部位,并对温度较敏感;C^{ch3}、C^{ch2}、C^{ch1} 是产生青紫蓝毛色类型的基因,但它们对黄色或黑色的抑制程度上存在差异。C 系中的基因显性作用顺序为 $C>C^{ch3}>C^{ch2}>C^{ch1}>C^H>c$,但是 C^{ch1} 对 C^H 和 c 都是不完全显性。

4. 位点 D　位点 D 中的等位基因为 D 和 d。d 基因的作用是淡化色素,它与其他一些基因结合能使黑色素淡化为青灰色,黄色淡化为奶油色,褐色淡化为淡紫色。例如,d 基因与 a 基因纯合为 $aadd$ 会产生蓝色兔。D 基因对 d 基因显性,它不具有淡化色素的作用。

5. 位点 E　位点 E 中的等位基因有 E^D、E^S、E、e^j、e。E^D 基因使黑色素扩展,从而使野鼠色毛中段毛色加深,整个被毛形成铁灰色;E^S 基因作用较 E^D 基因作用弱,产生浅铁灰色被毛;E 基因作用产生似野鼠色的灰色毛;e^j 基因作用产生似虎斑型毛色;e 基因在纯合时抑制深色素的形成,使兔的被毛成为黄色。E 位点中基因显性作用顺序是:$E^D>E^S>E>e^j>e$。

6. 位点 E_n　位点 E_n 是显性白色花斑基因,即以白色毛为底色,在耳、眼圈和鼻部呈黑色,从耳后至尾根的背部有一条锯齿形黑带,体侧从肩部到腿部散布黑斑。它的隐性等位基因 e_n 的效应使全身只表现一种颜色,但当 E_ne_n 杂合时,背脊部黑带变宽,另外,当 E_n 基因纯合时,兔的生活力降低。

7. 位点 D_u　位点 D_u 的基因有 D_u、d_u、d_u^d 和 d_u^w。d_u 基因决定荷兰兔的毛色类型,另两个基因 d_u^d 和 d_u^w 决定荷兰兔白毛范围的大小。当 d_u^d 基因存在时,有可能将白色限制在最小范围;当 d_u^w 基因存在时,则可能将白毛扩大到最大的范围,至于白毛的范围究竟有多大,还受一些修饰基因的影响。显性基因 D_u 的作用是使兔毛不产生荷兰兔花色。

8. 位点 V　该位点有一对等位基因 V 和 v。v 基因能抑制被毛上出现任何颜色,使具有 vv 基因的兔外表呈现蓝眼、白毛。它的显性基因是 V,V 对 v 是不完全显性,当这对基因杂合时(Vv),表现为白鼻或白脚的有色兔。

以上是家兔毛色最基本的遗传表现,控制家兔毛色的基因不仅有一二对的,还有三四对的,如龟甲色荷兰兔的毛色是由 3 对基因($aaeed_u^dd_u^w$)控制的,如用这些品种进行杂交,杂种 2 代必然会引起复杂的毛色分离现象。当掌握了毛色遗传规律后,在选育新品种和改良现有品种前,应根据育种目标,选择亲本品种的毛色。家兔的色型与基因符号见表 12-3。

(八)家禽的羽色

1. 白色羽　白色羽分为显性白羽和隐性白羽,大多数肉用仔鸡的父系和白来航属于显性白羽,用这种公鸡和有色羽母鸡交配,后代为白色或接近白色。显性白羽的基因型为 $IICC$ 或 $IIcc$,位于常染色体上,I 为抑制色素基因表达的抑制基因,C 为有色羽基因。I 基因为不完全显性,只有两个基因均为 I 时才能完全抑制色素基因的表达。当一只 $IICC$ 公鸡和有色羽母鸡 $iiCC$ 交配,所有后代基因型均为 $IiCC$,这种后代是白色或接近白色。隐性白羽的基因型为 $iicc$,经常作为肉鸡生产母本的白洛克就属于这种类型。经过长期选育某些显性白羽的肉鸡父系的 C 基因被选掉,基因型为 $IIcc$,它与隐性白羽母鸡交配,后代肉仔鸡是完全白色。

表 12-3 家兔的色型与基因符号

(李顺才,兔的毛色遗传规律及其应用,1999)

表现型	基因型	品种名
灰色	原种	*Belgian hare*(比利时兔)
黑色	aa	*Black Beveren*(黑色贝韦伦兔)
(非野生色)		*Black Vienna*(黑色维也纳兔)
褐色	aabb	*Chocolate*(巧克力色兔)
(巧克力色)		*Havana*(哈瓦那兔)
白化	cc	*New Zealand White*(新西兰白兔)
(红眼)		*American White*(美国白兔)
青紫蓝色兔	$C^{ch}C^{ch}$	*Chinchilla*(青紫蓝兔)
	$C^{ch}C^{ch}dd$	*Blue Squirrel*(浅色青紫蓝兔)
喜马拉雅白化	C^HC^H	*Himalayan*(喜马拉雅兔)
蓝眼白色	vv	*Vienna White*(维也纳白兔)
安哥拉	ll	*Grey Angora*(灰色安哥拉兔)
	ccll	*White Angora*(白色安哥拉兔)
	aall	*Black Angora*(黑色安哥拉兔)
	eell	*Fawn Angora*(黄色安哥拉兔)
	aaddll	*Blue Angora*(蓝色安哥拉兔)
力克斯	rr	*Castor Rex*(海狸色獭兔)
	aabbrr	*Havana Rex*(哈瓦那獭兔)
		Chocolate Rex(巧克力色獭兔)
	aarr	*Black Rex*(黑色獭兔)
	aaddrr	*Blue Rex*(蓝色獭兔)
	eerr	*Fawn Rex*(黄色獭兔)
	C^HC^Hrr	*Himalayan Rex*(喜马拉雅獭兔)
	$C^{ch}C^{ch}rr$	*Chinchilla Rex*(青紫蓝獭兔)
	$aaC^{ch}C^{ch}rr$	*Sable Rex*(紫貂色獭兔)

一些鸡种由于缺乏氧化酶基因 O 表现为隐性白羽,如白色丝毛鸡,基因型为 iiCCoo。有色羽鸡除了含有色素基因 C 外,还必须含有色素氧化酶基因 O 且缺少色素抑制基因 I,即基因型为 iiCcOo。用 iiCCoo 型白羽鸡和 iiccOO 型白羽鸡杂交,后代为有色羽鸡,基因型为 iiCcOo。在性染色体 Z 的 S/s 位

点有一等位基因 sal，为不完全白化基因，使羽毛变为白色，但是带有许多暗色斑纹。

2. 黑色羽　黑色羽毛为色素基因 C 和氧化酶基因 O 氧化反应最终产物的色泽。黑色羽对白来航的白羽为隐性，对隐性白羽为显性。另外，黑色羽品种或品变种含有扩散黑色素的基因 EE，如澳洲黑、黑狼山等。

3. 横斑　横斑受 Z 染色体上的伴性基因 B 控制，它能冲淡羽毛黑色素使其成黑白相间的斑纹，俗称"芦花"。利用横斑 B 基因伴性遗传的特点，用非横斑公鸡和横斑母鸡交配，后代可以自别雌雄，公雏基因型为 Z^BZ^b，绒毛颜色为黑色，头顶有白斑；母雏基因型为 Z^bW，绒毛颜色类似父本。用横斑公鸡和横斑母鸡交配，后代可以通过头顶绒毛白斑的大小自别雌雄，公雏由于带有两个 B 基因，因此白斑是带有一个 B 基因母雏的 2 倍，并且腹部绒毛颜色为白色，比母雏浅。成年横斑公鸡的白色横纹和黑色横纹等宽，而母鸡黑色横纹是白色横纹 2 倍宽。有报道说，用洛岛红公鸡和洛岛红母鸡杂交后代也可以根据毛色分辨公母，这也是由于横斑基因的作用，一般情况下洛岛红鸡也带有横斑基因，用洛岛红鸡和隐性白鸡杂交就可以发现后代有芦花鸡出现。

4. 金银羽　金银羽受性染色体上一对等位基因 S/s 控制，银色羽基因 S 对金色羽基因 s 显性。褐壳蛋生产中常用的父系洛岛红带有金色羽基因，用它和带有银色羽基因的母本洛岛白或白洛克杂交，后代可以根据羽色自别雌雄，公雏为白色或近白色（有一定比例背部有 4 条以上褐色条纹），母雏为红色或背部有红色条纹，公、母雏之所以出现多种类型，主要是因为受其他修饰基因的影响。

5. 浅花　又称"哥伦比亚"羽型，公母全身白色，但是颈部和尾羽为黑色。哥伦比亚来航和浅花苏赛斯等属于这种羽型。其形成原因是限制黑色素扩散基因 ee 在翼和尾部不能限制黑色素扩散而出现黑羽，其基因型应为 $iiCCOOee$。

6. 黄色羽　我国的一些地方鸡种为黄色羽，黄色羽鸡含有黄羽基因 Ue 和 Ue'，并带有限制黑色素扩散基因 ee，但是它不能限制颈部、翼和尾部的黑色素。黄羽对隐性白羽为显性。

二、角遗传

牛、绵羊、山羊等反刍类家畜的一些质量性状，例如角的有或无，在进化与分类上有许多共同点和相似之处。

（一）牛

在肉牛品种中，有许多无角品种，如无角安格斯牛、无角海福特牛等。无角基因 P 对有角基因 p 表现为显性。但在无角牛中常表现出角的痕迹，称为"痕迹角"。它是由另一个基因座上的基因 Sc 控制的，其等位基因 sc 无此作用，二者的显隐性关系，常因性别而发生变化。Sc 在公牛为显性，在母牛为隐性，sc 则反之。例如无角品种与有角品种牛杂交时，其后代中的母牛无角，但后代中的公牛头上有角样组织，这说明性别也影响角的生长。

（二）绵羊

控制绵羊角的基因座上存在三个等位基因，这三个等位基因分别为 H、H' 和 h，其显性等级为 H（雌、雄无角）＞H'（雌雄有角）＞h（雌无角雄有角）。

（三）山羊

山羊角性状由一对等位基因控制，无角对有角为显性。山羊的无角常常与一些遗传缺陷性状相连锁。

三、肤色遗传

（一）牛的肤色

夏洛来牛有乳黄色和稀释基因，表现出乳黄、浅乳黄和白色的均正常，而且皮肤常有色斑。

(二)鸡的肤色

鸡的皮肤一般分成白色和黄色,白色为显性,黄色为隐性。有些品种如狼山鸡、边鸡等,其胫和喙是黑色的。胫骨和脚表型的颜色的变异主要依赖于几个主基因的累积效应和交互效应,以及尚未鉴别的修饰基因(表12-4)。Id/id 主控制真皮黑色素,E 主控制表皮,表皮中显性白(I)对于隐性白是上位性的,它对真皮的黑色素起稀释(并非消除)的作用。W^+/W 的存在与否致使叶黄素能否与真皮黑色素产生交互作用,从而产生蓝胫或绿胫。

表 12-4 乌骨鸡皮肤的色素基因型与表型
(李华等,乌骨鸡羽色及肤色的遗传研究现状及展望,2002)

色素			基因型			表型
类胡萝卜素	真皮黑素	表皮黑素				
W^+	Id	E	W^+/W^+	Id/Id	E/E	近全黑的胫、白跖
		e^+	W^+/W^+	Id/Id	e^+/e^+	白胫、白脚
	Id^+	E	W^+/W^+	id^+/id^+	E/E	黑胫、白跖
		e^+	W^+/W^+	id^+/id^+	e^+/e^+	蓝胫、白跖
W	Id	E	W/W	Id/Id	E/E	近全黑的胫、黄跖
	Id^+	e^+	W/W	Id/Id	e^+/e^+	黄胫、黄脚
	Id	E	W/W	id^+/id^+	E/E	黑胫、黄跖
	Id^+	e^+	W/W	id^+/id^+	e^+/e^+	绿胫、黄跖

耳垂色泽为多基因遗传。白来航鸡多为白色,有色品种多为红色,但也有些有色品种的耳垂也是白色的,如白耳鸡。

四、其他外部特征的遗传

(一)猪的耳型

猪的耳型有垂耳和立耳两种类型,垂耳对立耳为不完全显性,两种纯合的耳型杂交,F$_1$ 代表现为半立耳。

(二)猪的背型

猪的背型有垂背和直背两种类型,垂背对直背为不完全显性,两种背型的纯合体杂交,F$_1$ 代表现为中垂背。

(三)猪的阴囊疝

各种家畜中,猪的阴囊疝发生率最高。关于阴囊疝的遗传方式,一般认为是由常染色体上的两对隐性基因 h_1、h_2 引起,两个位点均为显性纯合时才表现为阴囊疝。只要种公猪的基因型是 $H_1h_1H_2h_2$、$H_1h_1h_2h_2$、$h_1h_1H_2h_2$、$h_1h_1h_2h_2$,产生的后代就会有阴囊疝。

(四)山羊的肉垂、须与耳型

(1)山羊的肉垂由一个外显率完全的显性常染色体基因 W 控制,但表型有变异。不同品种的基因频率差别很大。有肉垂(WW 或 Ww)的母羊的多产性比无肉垂(ww)的母羊大约高 7%。

(2)山羊的胡须是显性的性连锁遗传。

(3)山羊耳的变异有正常耳、短耳和无耳等 3 种类型。正常耳为显性,无耳是隐性,可能由常染色体上的基因控制。

(五)兔的长毛和短毛

由于短毛对长毛为显性,只有隐性纯合个体才能表现长毛兔性状。饲养的各类家兔,按其毛纤维长度可分为 3 种类型:普通毛型,毛纤维长 2.5～3 cm,目前大量饲养的肉用兔均属此类;长毛型,即安哥拉长毛兔,毛纤维长 6～10 cm;短毛型,即獭兔,毛纤维长 1.3～2.2 cm。大量的杂交试验和基因分析证实獭兔的短毛型主要受三对隐性基因控制,即 $r_1 r_1, r_2 r_2, r_3 r_3$,只要具有其中一对隐性基因,就可产生短毛的獭兔毛型;安哥拉兔的长毛型受隐性基因 l 控制,在纯合时表现为长毛兔。

（六）猪的氟烷敏感应激

猪的氟烷敏感应激又称猪恶性高温综合征(PMHS),又称猪应激综合征(PSS),是敏感猪在自然刺激因子(剧烈运动、争斗、分群、交配、运输等)和化学药物(麻醉剂、肌肉松弛剂等)作用下出现的症候群,主要特征:呼吸困难、发绀、肌肉僵直,甚至突然死亡;体温急剧升高,可达 42～45℃,即恶性高温;屠宰后肉质下降,出现灰白、松软和多汁肉(PSE)。多年的研究表明,高瘦肉率品种中该综合征的发生率较高,遗传上呈隐性纯合基因型完全或不完全显性的单位点隐性遗传模式,主要是由于猪骨骼肌浆膜钙离子通道蛋白基因[又称为兰尼定受体蛋白 1 基因($RYR1$)]的一个 C/T 碱基的错义突变,可通过分子生物学的方法加以鉴别。

（七）酸肉基因(RN）

RN 基因位于猪 15 号染色体的 p2.1-2.2 区,包括突变的显性基因 RN 和正常的隐性基因 rn^+。RN 基因是由于编码一磷酸腺苷活化蛋白激酶($AMPK$)γ 亚基的 $PRKAG3$ 基因内部发生突变造成的。研究发现,RN 基因只存在于汉普夏猪品种中,85.1% 的汉普夏猪为携带者,基因频率约为 0.6。RN 基因对肉质有显著影响,RN^- 可使肌糖原含量升高 70%。携带者的肌肉中糖原含量较高,糖酵解后产生的乳酸量较多,导致肌肉 pH 下降,使肌肉酸度增加。RN 基因可使携带者猪肉在加工时产量较低,烹饪损失大,但有较小的剪切力和更浓的香味。此外,杂合子 $RN^- rn^+$ 的日增重较快,瘦肉率较高。

（八）牛双肌性状

早在 1807 年就在牛中发现了双肌现象。双肌牛具有瘦肉率高、肉质好的特点。双肌基因的基本遗传效应是使肉牛的产肉性能大大提高。双肌牛的外部特征是臀部、大腿、上臂、胸及起支撑作用的中前端肌肉群异常发达,皮下脂肪发育不良,皮肤薄。与普通牛相比,双肌牛的肉活重比、胴体瘦肉率、肉骨比以及肉脂比较高,而胴体脂肪百分比较低。资料表明,牛群中双肌基因频率最高的品种是比利时蓝白花和皮埃蒙特牛,其次是利木赞、金黄阿奎丹和夏洛来牛。我国已引进皮埃蒙特牛来提高肉牛的生产水平。迄今为止,已经在比利时蓝白花、皮埃蒙特等 14 种牛以及羊、鼠中发现了双肌基因。

Myostatin(肌生长抑制因子)基因,又称 GDF8,是 β 生长调节因子超级家族中的一员。它是肌肉生长发育过程中所必需的负调控因子。研究确认,Myostatin 基因位于 2 号染色体上,该基因的突变是造成牛双肌的原因。比利时蓝白花双肌牛的 Myostatin 基因在第三外显子处有 11 个核苷酸缺失,引起缺失位点下游的核苷酸重新组合为新的密码子;皮埃蒙特双肌牛的 Myostatin 基因在第三外显子处有一错义突变,一个核苷酸 G 突变为 A,使蛋白质成熟区酪氨酸代替了胱氨酸,这些变异使 Myostatin 基因失去了原来抑制肌肉生长的特征。

（九）绵羊的多羔基因

$FecB$ 基因是最早发现的产多羔的主效基因,也是目前研究得最多的主效基因,定位于绵羊的 6 号染色体上。$FecB$ 基因是在 Booroola 绵羊中发现的一个显性主基因,其作用是增加排卵数,一个拷贝的 $FecB$ 基因可提高排卵数 1.2 个,每胎多产羔 0.9 只。

$FecX$ 主效基因是在罗姆尼羊群中发现的,该基因定位在 X 染色体中心 10 cM 的区域内,对绵羊排卵数的影响主要在卵巢,延缓胎儿期卵泡发育和成年母羊的早期卵泡发育。FecX1 基因杂合型母羊大约使排卵数增加 1.0 枚,每胎增加 0.6 只羔羊。纯合型母羊有小的、扁平状的线纹性卵巢,卵巢上没有卵泡活动的信号。线纹性卵巢上有原始卵泡,但在初级卵泡之后,卵泡将不再发育,因此没有生殖能力。

这些多羔基因都是由于 BMPs 家族蛋白及相关蛋白基因突变而产生的。如 *FecB*、*FecX1*、*FecXH*、*FecXG*、*FecXB* 和 *FecGH* 基因等。

（十）绵羊的双肌臀性状

双肌臀性状受单基因控制，该基因已被命名为 Callipyge 基因，用符号 *CLPG* 表示。绵羊的双肌臀基因表型为后臀肌肉增大近 30%，是由位于绵羊 18 号染色体 GTL2 基因上游 32.8 kb 处存在一个 A→G 的单核苷酸突变产生的。该突变基因以非孟德尔方式遗传，以一种独特的方式传递给后代，只有从父本中获得该基因的杂合子后代才表现出双肌臀性状，这种遗传方式被称为"极性超显性"。

（十一）羽型与羽速

1. 丝毛羽　由隐性基因 *h* 控制，例如我国的丝毛乌骨鸡。

2. 翻卷羽　由不完全显性基因 *F* 控制。

3. 翻羽残缺　由隐性基因 *Fl* 控制。

4. 羽毛疏乱　由隐性基因 *br* 决定。

5. 羽毛的生长速度　鸡的羽毛按生长速度可分成快羽与慢羽两种，快慢羽由性连锁基因控制，快羽 *k* 为隐性，慢羽 *K* 为显性。

（十二）家禽体型遗传

家禽的体型可分为正常和畸形两大类，常见的畸形包括以下两种：

1. 矮小型鸡　也称侏儒鸡。到目前为止，在鸡中发现了 8 种矮小基因，它们分别位于常染色体和性染色体上。其中隐性伴性矮小基因（简称 *dw* 基因）是唯一对鸡体健康无害、对人类有利的隐性突变基因。正常基因 *DW* 对 *dw* 显性，因而只有矮小型纯合子的公鸡和携带矮小型基因的母鸡才表现为矮小。矮小鸡成年体重只有正常鸡的 60%～70%，矮小基因杂合子鸡的成年体重大约是正常鸡的 90%，可节省饲料 20%～30%，而在雏鸡出壳体重、产蛋率、种蛋孵化率等方面无明显差异。综合目前的研究证实，矮小型基因的分子基础是由生长激素受体基因的缺陷所造成的。

2. 爬行鸡　也称匍匐鸡，是由 *Cp* 致死基因作用的结果，爬行性状为显性，因纯合致死，所以爬行鸡都是杂合体。

（十三）鸡的冠型

冠型由 2 对基因控制，单冠为双隐性，豆冠不完全显性于单冠；玫瑰冠显性于单冠；胡桃冠为双显性。角冠（或 V 形冠）不完全显性于单冠、玫瑰冠、豆冠等。

（十四）畜禽的遗传缺陷

畜禽的遗传缺陷主要来源于两个方面，即染色体异常和基因突变，基因突变方面又包括单基因与多基因遗传缺陷。畜禽的遗传缺陷与异常有多少种，目前还没有确切的统计数据。以下列举几个主要畜禽品种的常见遗传缺陷与异常。

1. 猪的遗传缺陷　在猪的遗传缺陷中，生产中最为常见的是阴囊疝、隐睾症、肛门闭锁、间性、内翻乳头等。在单基因与多基因遗传缺陷中，侧重于单基因遗传缺陷性状的描述。

（1）常染色体隐性遗传　如无毛，植物性皮炎，先天性上皮缺损，上皮发育不全，三腿，关节屈曲，脑积水，无腿，骨骼异常综合征，异色虹膜（玻璃眼），进行性肌萎缩，粗腿，子宫发育不全，肥胖症，酸化肉，猪应激综合征，进行性运动失调，先天性震颤，卟啉血症等。

（2）常染色体显性遗传　如侏儒症，稀毛症，卷毛，胸骨，肾囊肿，并蹄，多趾，运动神经末梢病，Campus 综合征（高频率先天性震颤）等。

（3）性染色体遗传　如先天性卵巢发育不全，睾丸雌性化等。

2. 牛的遗传缺陷　牛群中的遗传缺陷大多数为隐性遗传，即在纯合状态下才表现出来。

（1）无毛症　病犊牛体表部分缺毛或全身无毛，出生后即死亡。

（2）脑积水　　得病犊牛前额突出，犊牛多数致死，属于隐性遗传。

（3）裂唇　　病牛单裂唇，缺牙床，只有硬腭存在，犊牛吮乳困难。在短角牛中有报道，可能存在基因上位作用。

（4）先天性白内障　　病牛眼睛在角膜下呈一混浊体。

（5）脐疝　　在荷兰荷斯坦牛中有过报道。脐疝多出现在犊牛 8～20 日龄时，延续到 7 日龄以后疝囊似乎紧缩，可能使疝环关闭。只发现于雄性，属于显性遗传。

（6）多趾　　个体在一只或所有的脚趾上具有多余的足趾，可引起跛行。这种遗传疾病可能属于显性遗传。

（7）软骨发育不全　　短脊椎、鼠蹊疝、前额圆而突出、颌裂、腿很短；中轴骨和附肢骨发育不良，头部畸形，短而宽，腿略短。

（8）下颌不全　　公犊的下颌比上颌短，存在伴性遗传基因。

（9）癫痫　　低头、嚼舌、口吐白沫，最后昏厥，阵发性，隐性遗传。

（10）多乳头　　乳头数多于正常数量，隐性遗传。

（11）表皮缺损　　膝关节以下，后肢飞节以下无表皮。

（12）先天性痉挛　　病牛头和颈表现出连续的或间歇性痉挛运动，通常表现为上下运动，大多数为隐性致死基因。

3. 绵羊的遗传缺陷

（1）无颌　　下颌骨完全缺乏或下颌骨高度发育不全，该病多数为死胎或迅速死亡。

（2）软骨发育不全，侏儒症。

（3）短颌缺损　　主要表现是下颌缩短 0.5～1.5 cm，隐性遗传。

（4）小脑运动失调　　不能站立或走动。

（5）隐睾症　　出生后睾丸未下降至阴囊。

（6）无耳和小耳。

（7）骨钙化不全　　可能与骨质疏松及佝偻病的症状结合发生。

4. 山羊的遗传缺陷

（1）间性或雄性化　　与无角性状连锁，性别间有外显率差异。

（2）隐睾症　　由一隐性基因控制，在美国与南非的安哥拉山羊中多见。

（3）侏儒症　　有垂体发育不全和软骨发育不全两种遗传的类型。

（4）乳房与乳头异常　　主要包括副乳头、少乳头。

另外一些常见的隐性遗传缺陷有先天性无毛、短颌、先天性无纤维蛋白原血症、先天性水肿等。

5. 鸡的遗传缺陷　　常见的鸡的遗传缺陷主要是：

（1）致死性遗传缺陷　　下颌异常，下颌缺失，小眼，黏性胚，无翼，耳穗子。

（2）半致死遗传缺陷　　神经过敏症，半眼。

（3）非致死性遗传缺陷　　盲眼，矮脚，翼羽缺损，多趾，裸颈，无羽，肢骨弯曲，尾部无毛，无尾。

第三节　畜禽的血型、蛋白质型

家畜的血型遗传符合孟德尔遗传定律，是一种稳定遗传的质量性状，可用于品种间、家系间以及个体间的亲缘关系分析，也可用于某些经济性状的间接选择和疾病的预防等。当前国外已应用鸡的血型因子指导抗病育种并获得成功。但大多还只停留在研究阶段，至今未能应用于育种，主要原因是存在一些问题未能解决，如：已发现的标记性状是否有代表性，与其他重要经济性状之间有没有负相关存在等；

应用血液蛋白质(酶)多态性分析品种或品系的遗传结构进行杂种优势估测方面,已有不少探讨和研究,有较良好的发展前景,但数量较少时可能导致基因频率偏离,影响可信度。总之,血型、血液蛋白质(酶)多态性在畜禽育种中有良好的应用前景,但要真正有效地应用于育种,还需做许多工作,在研究的方向、方法、手段和观念上还需进一步改进。

一、血型、蛋白质型的概念

一般来说血型有狭义和广义之分:

1. 狭义血型　指能用抗体加以分类的红细胞型,包括 ABO、MN 和 Rh 等血型系统。

2. 广义血型　近几年来的研究发现,不仅红细胞具有抗原性,构成个体的体液包括胃液、尿、汗、乳汁、白细胞、血小板、血浆以及脏器等组织都具有抗原性,因此广义的血型指的是红细胞、血清以及其他体液(唾液、精液)中的蛋白质、酶的遗传变异,统称为蛋白质型。

血细胞抗原因子是由染色体上的基因支配的,支配不同血型系统的抗原因子的基因可以在不同的染色体上,也可以在一条染色体的不同位点上,使一些不同的血型系统之间产生连锁现象。

二、血型、蛋白质型与遗传的关系

血型是动物的一种遗传性状,可通过抗原与相对应的抗体进行反应而被鉴定出来。血型的抗原是受遗传基因决定的,遗传性相当稳定。

动物血型与人的血型一样,其遗传现象符合遗传基本规律。一般认为血型抗原都是等位基因的产物,可以根据血型抗原的不同,分为不同的血型系统。

(一)家畜血型

1. 牛的血型　根据红细胞抗原,目前已发现牛的血型系统有 11 个,包括 A、B、C、F、J、L、M、N、S、Z、R,总共有 100 多种血型因子。其中以 B 系统的血型最为复杂,到目前为止,共发现 B 系统的复等位基因 1 000 余种。

2. 猪的血型　国际上已分类的猪红细胞抗原型有 15 个血型系统,70 多种血型因子。各血型系统具有相应的等位或复等位基因。含有一个血型因子的有 C 系统,含有两个血型因子的闭锁系统有 A、B、D、G、I、J、O 等系统。包含多对等位基因的有 E、F、H、K、L、M、W、N 等系统。A 系统在血清学和遗传学上都与其他系统不同。它的 A 和 O 血型因子是可溶性血浆物质,而其他因子属红细胞抗原。猪 A 系统的表现受两个基因座的支配,一个是 A 基因座,包含两个等显性遗传的等位基因 A^A 和 a^0;另一个是 S 基因座,包含 S 和 s 两个等位基因,S 对 s 为显性,S 基因座控制 A 系统的表型,以致只有当动物带有一个 S 基因时,A 和 O 血型因子的作用才会表现出来。此外猪还有 3 个白细胞抗原型座。

3. 绵羊的血型　其中红细胞血型分为 9 个系统,20 多种血型因子,100 多种表现型;淋巴细胞抗原有大约 12 个血型因子。

4. 山羊的血型　目前已知山羊有 6 个血型系统,20 种以上的血型因子。

5. 鸡的血型　已知鸡存在 14 个血型系统,即 14 个基因座,它们分别是 A、B、C、D、E、H、I、J、K、L、P、R、H_i、Th 等;火鸡 7 种(A、C、F、J、K、L、Q)。

(二)血液蛋白多态性

家畜的血液蛋白多态性具有品种特点,与经济性状存在直接或间接的相关性。

血液蛋白多态座有很多,一些位点只有一对等位基因,而另一些则有许多复等位基因。2 个等位基因之间的最小差异是一个碱基对的变化,相当于最终产物 1 个氨基酸的差异。

1. 牛的血液蛋白型

(1)血红蛋白型(Hb 型)　有 A、B、C 三种因子,基因型为 AA、AB、AC、BB、BC、CC 6 个,移动顺

序快慢依次为 BB、CC、AA，另外还发现有 HbD、$HbKhillali$ 变异型，但其遗传方式尚未确定。

（2）血清转铁蛋白型（Tf 型）　β 球蛋白叫作转铁蛋白。目前已发现牛的转铁蛋白最少受 8 种等位基因支配，依据移动速度的快慢，分为 Tf_1^A、Tf_2^A、Tf^B、Tf_1^D、Tf_2^D、Tf^F、Tf^E、Tf^G。

（3）血清白蛋白型（Alb 型）　目前发现 A、AB、B、AC、BC 5 种表现型，由 Alb^A、Alb^B、Alb^C 3 种等位基因支配，且三者为等显性。

（4）前白蛋白型（Pa 型）　受 Pa^A 和 Pa^B 两种等位基因所支配。

（5）血清碱性磷酸酶型（AKP 型）　共有 A/A、A/O、O/O 3 种基因型。

（6）血清淀粉酶型（Am 型）　这种酶型由常染色体上的 3 种等位基因（Am^A、Am^B、Am^C）所支配，已发现有 6 种表型。

2. 猪的血液蛋白型　迄今为止，已证明有生化遗传多样性的猪血液蛋白质（酶）至少有 23 种。

（1）前白蛋白型（Pa 型）　目前已发现猪前白蛋白有 2 种等位基因，依据移动速度分为快、慢，支配两者的等位基因定名为 Pa^A 和 Pa^B。

（2）白蛋白型（Alb₁ 型）　Alb_1 型由 Alb_1^A、Alb_1^B、Alb_1^O 3 种基因支配，Alb_1^A 和 Alb_1^B 分别有纯合型和杂合型，Alb_1^O 在白蛋白部分不出现带。

（3）血液结合素型（Hp 型）　是把猪血清在电泳前加上碱性羟高铁血红素或保存的血红蛋白进行淀粉凝胶电泳时出现的特异蛋白部分。由 Hp^0、Hp^1、Hp^2、Hp^3 基因支配，共有 Hp^{00}、Hp^{11}、Hp^{22}、Hp^{33}、Hp^{21}、Hp^{32}、Hp^{31}、Hp^{01}、Hp^{02}、Hp^{03} 10 种表现型。

（4）血浆铜蓝蛋白型（Cp 型）　Cp 型由 Cp^a、Cp^b、Cp^c、Cp^x 4 个等位基因支配。

（5）转铁蛋白型（Tf 型）　猪的 Tf 基因座受 Tf^A、Tf^B、Tf^C、Tf^D、Tf^E、Tf^X、Tf^P、Tf^I 等 8 个等显性基因所控制。其中，后 5 种极为少见。

（6）淀粉酶型（Am 型）　Am 型基因座至少有 5 个基因，分别为 Am^A、Am^B、Am^C、Am^X、Am^Y；此外，淀粉凝胶电泳法在点样处附近又检测出 $Am2$ 型变异体，其受 $Am2^A$、$Am2^B$ 两等位基因支配。

（7）丝状蛋白型（T 型）　由 T^A、T^B 两个等位基因控制 T^A、T^B、T^{AB} 3 种表现型。

（8）慢 α_2-球蛋白型（Sα_2 型）　受 $S\alpha_2^A$、$S\alpha_2^B$、$S\alpha_2^C$ 3 个等位基因支配，$S\alpha_2$ 的遗传方式与其他蛋白略有不同，$S\alpha_2^A$ 与 $S\alpha_2^B$ 基因各自支配两条带，对快带两基因的移动速度相同，对慢带则不同，$S\alpha_2^A$ 支配的带比 $S\alpha_2^B$ 的移动速度慢，基因 $S\alpha_2^C$ 则只有一条带。

（9）碱性磷酸酶型（AKP 型）　猪 AKP 基因座较复杂，需进一步研究论证。有研究认为分别受 AKP^A、AKP^B、AKP^C、AKP^D、AKP^E 基因支配，还有研究则认为 AKP 基因座受 AKP^F、AKP^M 和 AKP^S 3 个复等位基因控制。

（10）6-磷酸葡萄糖脱氢酶（6-PGD 型）　6-PGD 有 3 种迁移率不同的区带，移动快的是 A 带，泳动慢的定为 B 带，居中的是 AB 带，由 6-PGD^A 和 6-PGD^B 两等位基因控制。

3. 鸡的血液蛋白型

（1）血清前白蛋白-1 型（Pa-1 型）　由 3 个等位基因 A、B、C 控制。

（2）白蛋白型（Alb 型）　由 3 个复等位基因 Alb^A、Alb^B、Alb^C 控制其表现。

（3）转铁蛋白型（Tf 型）　有 a、ab、b 3 型，后来又发现蛋清的伴清蛋白和血清的转铁蛋白皆由复等位基因 Tf^A、Tf^B、Tf^C 所支配，有 6 种表现型。

（4）血红蛋白型（Hb 型）　在用醋酸纤维素电泳时发现由一对显性等位基因支配的三种带型——移动慢的 Ⅰ 型、移动快的 Ⅱ 型和具有两种成分的 Ⅲ 型。

（5）血清酯酶型（ES 型）　由一对等显性基因 ES^A 和 ES^B 控制的 3 种表现型：ES^A、ES^B 和 ES^{AB}，另外还发现不显活动性的带 ES^O，血清酯酶受性别的强烈影响，公鸡比母鸡表现显著。

（6）碱性磷酸酶型（Akp 型）　由等位基因 Akp^F、Akp^S 控制，Akp^F 对 Akp^S 完全显性，表现为 F、S 两种表现型，无杂合 FS 型。

(7)亮氨酸氨肽酶　这种酶的酶谱是在阳极侧有一条不分个体变异的带,它后面紧跟 Akp 带,接着是一条有个体差异的带。

(8)淀粉酶型(Amy 型)　由常染色体上的一对等位基因 Amy-1^A、Amy-1^B 所支配,形成 A、B 两种表现型。

4. 绵羊的血液蛋白型

(1)碱性磷酸酶(Akp 型)　可分为有 B 带和无 B 带的两种类型。

(2)转铁蛋白型(Tf 型)　由 12 种转铁蛋白基因(Tf^A、Tf^B、Tf^C、Tf^D、Tf^E、Tf^F、Tf^G、Tf^H、Tf^I、Tf^K、Tf^L、Tf^N)支配,每个基因各自支配两条带。

(3)淀粉酶型(Am 型)　目前发现有 A、B、C、AB、AC、BC、AA、BB、CC 9 种类型。

(4)前白蛋白型(Pr 型)　受 Pr^S、Pr^F、Pr^O 3 种等位基因支配,有 SS、SO、OO、FF、FO、FS 6 种表现型。

(5)白蛋白型(Alb 型)　受 Alb^S、Alb^F 2 种等位基因支配,有 SS、FF、FS 3 种表现型。

(6)血红蛋白型与钾型(Hb 型与 HK 型)　血红蛋白型由 Hb^A、Hb^B、Hb^C、Hb^D、Hb^E 5 个等位基因支配,但以 Hb^A 和 Hb^B 最为常见。

绵羊的血钾型(HK)也是受遗传控制的,分为高钾(HK)和低钾(LK)两种表型。

5. 山羊的血液蛋白型

(1)白蛋白型(Alb 型)　受 A 和 B 这两个位于常染色体上的等显性等位基因控制,表现为 AA、AB、BB 3 种表现型。

(2)血清转铁蛋白型(Tf 型)　有 Tf^A、Tf^B、Tf^C 和 Tf^D 4 种等位基因,它们均呈等显性遗传。不同的山羊品种 Tf 型的基因频率不同,多数山羊品种 Tf 型存在 Tf^A 和 Tf^B 两种基因,以 Tf^A 为优势基因,有少数山羊 Tf 型呈现单态。

(3)碱性磷酸酶型(Akp 型)　山羊 Akp 基因座受 Akp^F 和 Akp^O 两个等显性等位基因控制,有 Akp^F 和 Akp^O 两种表现型。

(4)淀粉酶型(Am 型)　Am 基因座表现出 3 种基因型,即 Am^{AA}、Am^{AB}、Am^{BB},受 Am^A 和 Am^B 两个等位基因控制。

(5)血红蛋白型(Hb 型)　山羊与绵羊具有相同的 Hb,也受 Hb^A、Hb^B 两个等显性等位基因控制,表现出 Hb^{AA}、Hb^{AB} 和 Hb^{BB} 3 种基因型。

(6)血清前白蛋白(PA-3)　PA-3 位点受 PA-3^1 和 PA-3^2 两种等位基因支配,有 3 种表现型 1-1、1-2、2-2。

(7)血清后白蛋白(Po)　血清后白蛋白是比 Alb 移动稍慢的一种血清蛋白,对山羊 Po 的多态性研究较少,Po 基因座受 Po^F 和 Po^S 两个等位基因控制,有 Po^{FF}、Po^{FS} 和 Po^{SS} 3 种基因型。

(8)血清酯酶(Es)　Es 表现为 3 种基因型 Es^{AA}、Es^{AB} 和 Es^{BB},受两个等位基因 Es^A 和 Es^B 控制,但 Es 同工酶的酶谱类型较为复杂,有待于进一步确定。

(9)苹果酸酶(ME)　山羊血清苹果酸酶有 6 种表现型 AA、BB、CC、AB、AC、BC,这些表现型由呈等显性的 3 个等位基因 A、B 和 C 决定。

(三)乳蛋白多态性

乳蛋白型与泌乳期产奶性能和奶酪制作有相关性,乳中蛋白质由酪蛋白和乳清蛋白组成。

1. 酪蛋白　包括 as1-酪蛋白、as2-酪蛋白、β-酪蛋白、κ-酪蛋白。

2. 乳清蛋白　包括 α-乳清蛋白、β-乳球蛋白、血清白蛋白、免疫球蛋白、乳铁蛋白等。

牛乳中各种酪蛋白和乳清蛋白类型的基本特征见表 12-5。

不同品种乳蛋白基因座的基因频率有差异,同时,同一品种不同群体乳蛋白基因频率也有差异。各种乳蛋白基因座受位于常染色体上的等显性基因控制,和血型有相同的遗传方式,遵循孟德尔式遗传定律,各种乳蛋白通过电泳便可判断其基因型,利用 DNA 分析技术鉴定乳蛋白基因型,可在家畜生命早期根据乳蛋白基因型进行选择,从而提高选种的效率和准确性。

表 12-5　牛乳蛋白类型的基本特征

(张沅,2004)

蛋白质(酶)名称	来源	已被检出的等位基因
前清蛋白-3(PA-3)	蛋黄	A、B
前清蛋白-2(PA-2)	血浆、蛋黄、蛋清	A、B
卵黄高磷蛋白(PV)	蛋黄	A、B
前清蛋白-M(PA-M)	蛋黄	+、-
前白蛋白-1(PA-1)	血浆、蛋黄	A、B
白蛋白(ALB)	血浆、蛋黄、精清	F、S、C、Cl、D
β 卵黄蛋白(LT)	蛋黄	F、S
后白蛋白-A(PO-A)	血浆、蛋黄、精清	Pas-A、pas-A
前转铁蛋白(PRT)	血浆	+、-
转铁蛋白(TF)	血浆、蛋黄、精清、蛋清	A、B、BW、C
GC 蛋白(GC)	血浆	F、S
结合珠蛋白(HP)	血浆	F、S
补体因子 B(C-B)	血浆	F、S
血红蛋白(HB1)	红细胞	A、B
肌球蛋白轻链(LC1)	胸肌	I、II、III
低密度脂蛋白(LCB)	血浆	1、2、0
高密度脂蛋白(LP-1)	血浆	a、o
卵清蛋白(OV)	蛋清	A、B、F
卵球蛋白 G3(G3)	蛋清	A、B、J、M
卵球蛋白 G4(G4)	蛋清	A、B
卵球蛋白 G2(G2)	蛋清	A、B、L
溶菌酶(G1)(卵球蛋白 G1)	蛋清	F、S
酸性磷酸酶 1(ACP1)	肝脏	Acp、acp°
酸性磷酸酶 2(ACP2)	肝脏、肾、脾、淋巴细胞	A、B
腺苷脱氨酶(ADA)	红细胞	A、B、C
碱性磷酸酶(AKP)	血浆、肝脏	Akp、akp
碱性磷酸酶 2(AKP2)	血浆	O、a
淀粉酶 1(AMY-1)	血浆	A、B、C、D
淀粉酶 2(AMY-2)	胰	A、B、C
淀粉酶 3(AMY-3)	血浆	A、O
碳酸酐酶(CA-1)	红细胞	A、B、C
过氧化氢酶(CAT)	红细胞	A、B
酯酶-1(ES-1)	血浆	A1、B2、B、C、D
酯酶-2(ES-2)	血浆	A、O
酯酶-3(ES-3)	肝脏	A、B、O

续表12-5

蛋白质（酶）名称	来源	已被检出的等位基因
酯酶-4（ES-4）	肝脏	A、B、O
酯酶-5（ES-5）	肝脏	A、B
酯酶-6（ES-6）	肝脏等	A、B
酯酶-7（ES-7）	肝脏	A、O
酯酶-8（ES-8）	红细胞	A、B
酯酶-9（ES-9）	肝脏	A、O
酯酶-10（ES-10）	心肌	A、B
酯酶-11（ES-11）	心肌	A、B
乙二醛酶-1（GLO）	红细胞、肝、肌肉	1、2
磷酸甘露糖异构酶（MPI）	红细胞、肝、肌肉	A、B、C
6-磷酸葡萄糖脱氢酶（PGD）	红细胞	A、B、C
磷酸甘油酸激酶（PGK）	红细胞、精子	F、S
磷酸葡糖异构酶（PGM）	心肌	A、B

三、血型、蛋白质型在生产上的应用

（1）利用血型和蛋白质型确定个体间的亲缘关系。当需要确定种畜禽的系谱关系或不同个体之间的亲缘关系时，血型鉴别结果是可靠的科学依据。

（2）利用血型和蛋白质型确定品种间的亲缘关系。当进行杂交育种或杂种优势利用时，品种或品系间的血型因子的相似程度或差异的大小，显示出二者在遗传基础上差异的程度，可以预计杂种优势的大小。

（3）进行品种资源的起源和分化关系的研究。

（4）发现和治疗一些遗传性疾病。如当新生畜发生溶血病时，血型分析可准确判断发病原因，从而及时采取措施，防止幼畜死亡。

（5）研究表明，家畜的生产性能与其血型存在着一定的联系，利用血型可以预测畜禽的生产性能。

（6）利用血型选择抗病品系：鸡的 B 系统血型中的某些血型因子与抗白血病、马立克氏病、白痢等有关，选择这些血型的个体，可能会增加后代的抗病能力。

思　考　题

1. 什么是质量性状？它的主要特点是什么？
2. 简述畜禽毛色的类型及其基因型。
3. 什么是家畜血型？家畜血型在生产上有何用途？
4. 试述蛋白质型与经济性状的关系。
5. 简述有害基因的分类和各家畜的主要遗传缺陷。

第十三章　基因的表达与调控

在一个生物体中,任何细胞都携带有同样的遗传信息,同样的基因,但是,一个基因在不同组织、不同细胞中的表现并不一样,这是由基因调控机制决定的。遗传信息从 DNA 传递到蛋白质的过程称为基因表达(gene expression),对这个过程的调节即为基因表达调控(gene expression regulation)。一个细胞在特定的时刻仅产生很少一部分蛋白质,也就是说,基因组中只有很少一部分基因得以表达。基因调控机制根据各个细胞的功能要求,精确地控制每种蛋白质的生产数量。生物体完整的生命过程是基因组中的各个基因按照一定的时空次序开关的结果。原核生物和真核单细胞生物直接暴露在生存环境之中,根据环境条件的改变,合成各种不同的蛋白质,使代谢过程适应环境的变化。高等真核生物是多细胞有机体,在个体发育过程中出现细胞分化,形成各种不同的组织和器官,而不同类型的细胞所合成的蛋白质在质和量上都是不同的。因而,无论是原核细胞还是真核细胞,都有一套精确的基因表达和蛋白质合成的调控机制。

第一节　基因表达调控的概述

基因是遗传的功能单位,通过表达相应产物,控制生物的形态特征、生理特性以及与环境的协调和适应。基因表达就是基因转录及翻译的过程。在一定调节机制控制下,大多数基因经历基因激活、转录及翻译等过程,产生具有特异生物学功能的蛋白质分子,赋予细胞或个体一定的功能或形态表型。但并非所有基因表达过程都产生蛋白质。rRNA、tRNA 编码基因转录合成 RNA 的过程也属于基因表达。

一、基因表达的时间性及空间性

无论是病毒、细菌,还是多细胞生物,乃至高等哺乳动物及人,基因表达表现为严格的规律性,即时间、空间特异性。生物物种愈高级,基因表达规律愈复杂、愈精细,这是生物进化的需要及适应。基因表达的时间、空间特异性由特异基因的启动子(启动序列)和(或)增强子与调节蛋白相互作用决定。

(一)时间特异性

按功能需要,某一特定基因的表达严格按特定的时间顺序发生,这就是基因表达的时间特异性(temporal specificity)。如编码甲胎蛋白(alpha fetal protein,AFP)的基因在胎儿肝细胞中活跃表达,因此合成大量的甲胎蛋白;在成年后这一基因的表达水平很低,几乎检测不到 AFP。

在多细胞生物从受精卵到组织、器官形成的各个不同发育阶段,相应基因严格按一定时间顺序开启或关闭,表现与分化、发育阶段一致的时间性。因此,多细胞生物基因表达的时间特异性又称阶段特异性(stage specificity)。与生命周期其他阶段比较,早期发育阶段的基因表达是较多的。例如,在海胆卵母细胞中约有 18 500 种不同的 mRNA,而在海胆分化组织细胞中仅有 6 000 种 mRNA。

(二)空间特异性

在多细胞生物个体某一发育、生长阶段,同一基因表达产物在不同的组织器官表达多少是不一样的;在同一生长阶段,不同的基因表达产物在不同的组织、器官分布也不完全相同。在个体生长全过程中,某种基因产物在个体按不同组织空间顺序出现,这就是基因表达的空间特异性(spatial specificity)。

如编码肌浆蛋白的基因在成纤维细胞(fibroblast)和成肌细胞(myoblast)中几乎不表达,而在肌纤维(myofiber)中有高水平的表达。基因表达伴随时间或阶段顺序所表现出的这种空间分布差异,实际上是由细胞在器官的分布决定的,因此基因表达的空间特异性又称细胞特异性(cell specificity)或组织特异性(tissue specificity)。

二、基因表达的方式

不同种类的生物遗传背景不同,同种生物不同个体生活环境不完全相同,不同的基因功能和性质也不相同。因此,不同的基因对内外环境信号刺激的反应性不同。按对刺激的反应性,基因表达的方式或调节类型存在很大差异。

(一)组成性表达

某些基因产物对生命全过程都是必需的或必不可少的。这类基因在一个生物个体的几乎所有细胞中持续表达,通常被称为管家基因(housekeep gene)。例如,三羧酸循环是一枢纽性代谢途径,催化该途径各阶段反应的酶编码基因就属这类基因。根据基因功能不同,有的管家基因表达水平高,有的低。无论水平高低,管家基因较少受环境因素影响,而是在个体各个生长阶段的大多数或几乎全部组织中持续表达或变化很小。区别于其他基因,这类基因表达被视为基本的或组成性基因表达(constitutive gene expression)。这类基因表达只受启动序列或启动子与 RNA 聚合酶相互作用的影响,而不受其他机制调节。但实际上,基本的基因表达水平并非绝对"一成不变",所谓"不变"是相对的。

(二)诱导和阻遏表达

与管家基因不同,另有一些基因表达很容易受环境变化的影响。随外环境信号变化,这类基因表达水平可以出现升高或降低的现象。在特定环境信号刺激下,相应的基因被激活,基因表达产物增加,即这种基因表达是可诱导的。可诱导基因(inducible gene)在一定的环境中表达增强的过程称为诱导(induction)。例如,在有 DNA 损伤时,修复酶基因就会在细菌体内被激活,使修复酶被诱导而反应性地增加。相反,如果基因对环境信号应答时被抑制,这种基因称为可阻遏基因(repressible gene)。可阻遏基因表达产物水平降低的过程称为阻遏(repression)。例如,当培养基中色氨酸供应充分时,细菌体内与色氨酸合成有关的酶编码基因表达就会被抑制。可诱导或可阻遏基因除受启动序列或启动子与 RNA 聚合酶相互作用的影响外,尚受其他机制调节,这类基因的调控序列通常含有针对特异刺激的反应元件。

诱导和阻遏是同一事物的两种表现形式,在生物界普遍存在,也是生物体适应环境的基本途径。乳糖操纵子机制是认识诱导和阻遏表达的经典模型。

在生物体内,一个代谢途径通常由一系列化学反应组成,需要多种酶参与;此外,还需要很多其他蛋白质参与将作用物在细胞内、外区间转运。这些酶及转运蛋白等的编码基因被统一调节,使参与同一代谢途径的所有蛋白质(包括酶)分子比例适当,以确保代谢途径有条不紊地进行。在一定机制控制下,功能上相关的一组基因,无论其为何种表达方式,均需协调一致、共同表达,即为协调表达(coordinate expression)。这种调节称为协调调节(coordinate regulation)。基因的协调表达体现在多细胞生物体的生长发育全过程。

三、基因表达调控的环节

无论是原核生物还是真核生物,基因表达的调控都体现在基因表达的全过程中,即改变遗传信息传递过程的任何环节均会导致基因表达水平的变化。首先,遗传信息以基因的形式储存在 DNA 分子中,基因拷贝数增加,其表达产物也随之增加,因此基因组 DNA 部分扩增可影响基因表达;为适应某种特定需要而进行的 DNA 重排、DNA 甲基化修饰等均可在 DNA 水平上影响基因表达。

遗传信息由 DNA 传向 RNA 的转录过程是基因表达调控最重要、最复杂的一个层次。在真核生物中,转录初级产物需经转录后加工修饰才能成为有功能的成熟 RNA,并由细胞核运至胞质,对转录后加工修饰及转运过程的控制也是调节某些基因表达的重要方式。蛋白质生物合成(即翻译)是基因表达的最后一步,影响蛋白质生物合成的因素同样也能调节基因的表达。翻译与翻译后加工可直接、快速地改变蛋白质的结构与功能,对此过程的调控是细胞对外环境变化或某些特异刺激应答时的快速反应机制。总之,基因表达的调控是多层次的复杂过程。

尽管基因表达调控可发生在遗传信息传递过程的任何环节,但发生在转录水平,尤其是转录起始水平的调节,对基因表达起着至关重要的作用,即转录起始是基因表达的基本控制点。

四、基因表达调控的生物学意义

(一)生物体调节基因表达以适应环境、维持生长和增殖

生物体所处的内外环境是在不断变化的。所有生物的所有活细胞都必须对内外环境的变化做出适当反应,以使生物体能更好地适应变化着的环境状态。生物体这种适应环境的能力总是与某种或某些蛋白质分子的功能有关。细胞内某种功能蛋白质分子的有或无、多或少的变化则由编码这些蛋白质分子的基因表达与否、表达水平高低等状况决定。通过一定的程序调控基因的表达,可使生物体表达出合适的蛋白质分子,以便更好地适应环境,维持其生长。

生物体调节基因表达、适应环境是普遍存在的。原核生物、单细胞生物调节基因的表达就是为适应环境、维持生长和细胞分裂。例如,当葡萄糖供应充足时,细菌中与葡萄糖代谢有关的酶编码基因表达增强,其他糖类代谢有关的酶基因关闭;当葡萄糖耗尽而有乳糖存在时,与乳糖代谢有关的酶编码基因则表达,此时细菌可利用乳糖作碳源,维持生长和增殖。高等生物也普遍存在适应性表达方式。经常饮酒者体内醇氧化酶活性较高,即与相应基因表达水平升高有关。

(二)生物体调节基因表达以维持细胞分化与个体发育

在多细胞生物中,基因表达调控的意义还在于维持细胞分化与个体发育。在多细胞个体生长、发育的不同阶段,细胞中的蛋白质分子种类和含量变化很大,即使在同一生长发育阶段,不同组织器官内蛋白质分子分布也存在很大差异,这些差异是调节细胞表型的关键。例如,果蝇幼虫(蛹)最早期只有一组"母亲效应基因"(maternal effect genes)表达,使受精卵发生头尾轴和背腹轴固定,以后三组"分节基因"(segmentation genes)顺序表达、控制蛹的"分节"发育过程,最后这些"节"分别发育为成虫的头、胸、翅膀、肢体、腹及尾等。高等哺乳类动物的细胞分化,各种组织、器官的发育都是由一些特定基因控制的。当某种基因缺陷或表达异常时,则会出现相应组织或器官的发育异常。

第二节 原核生物基因表达与调控

原核生物的基因组和染色体结构都比真核生物的简单,转录和翻译在同一时间和空间内发生。基因表达的调控主要发生在转录水平上,但是在翻译水平上也存在着调控因素。原核生物同一群体的每个细胞个体都和外界环境直接接触,它们通过转录调控,开启或关闭某些基因的表达来适应自然环境的变化。一个体系在需要时被打开,而在不需要时被关闭。环境因子往往是调控的诱导物,群体中每个细胞对环境变化的反应都是直接和基本一致的。原核细胞基因调控的一大特征是调控因子结合到与结构基因启动子区紧密相邻的 DNA 序列上,这种作用决定转录的发生与否,因而调节位点总是与启动子相邻。

一、原核生物基因表达调控的特点

原核基因表达受多级水平调控,包括转录起始、转录终止、翻译调控,以及 RNA、蛋白质的稳定性

等。但原核生物基因表达调控的关键点主要在转录的起始,其次是翻译水平。概括原核基因转录调控主要有以下特点。

(一)σ因子决定 RNA 聚合酶识别特异性

原核细胞仅含有一种 RNA 聚合酶,由 RNA 聚合酶的核心酶和 σ 因子构成。在转录起始阶段,σ 因子的作用是识别、结合 DNA 模板上的特异启动子,参与 DNA 双链打开,启动结构基因的转录。不同的 σ 因子决定 RNA 聚合酶特异识别基因的转录激活,决定 3 种 RNA 基因的转录。

(二)操纵子调控模型的普遍性

除个别基因外,绝大多数原核生物的基因按功能相关性成簇地串联在一起,密集于染色体上,共同组成一个转录单位——操纵子,如乳糖操纵子(lactose operon)、色氨酸操纵子(Trp operon)等。因此,操纵子机制在原核基因调控中具有普遍意义。一个操纵子只含有一个启动子及数个可转录的编码基因,这些功能相关的编码基因在同一个启动子调控下,可转录出多顺反子 mRNA。因此,原核基因通过调控单个启动基因来实现其协调表达。

(三)阻遏蛋白的负性调控普遍存在

在许多原核生物操纵子系统中,特异的阻遏蛋白是调控启动序列活性的重要因素。当阻遏蛋白与操纵序列特异结合时,转录起始复合物不能形成,基因的转录被阻遏;当特异信号分子与阻遏蛋白结合,使其构象改变从操纵序列上解聚下来,就会使受调控的基因发生去阻遏,转录被开启。原核基因表达调控普遍涉及阻遏蛋白参与的开关调节机制。

二、原核生物操纵元组成元件

操纵元是原核基因表达调控的一种重要的组织形式,大肠杆菌的基因多数以操纵元的形式组成基因表达调控的单元。下面就以乳糖操纵元为例说明操纵元最基本的组成元件(elements)。

(一)结构基因群

操纵元中被调控的编码蛋白质的基因可称为结构基因(structural gene,SG)。一个操纵元中含有 2 个以上的结构基因,多的可达十几个。每个结构基因是一个连续的开放阅读框(open reading frame),5′侧翼区有翻译起始码(DNA 链上是 ATG,转录成 mRNA 就是 AUG),3′端有翻译终止码(DNA 链上是 TAA、TGA 或 TAG,转录成 mRNA 就是 UAA、UGA 或 UAG)。各结构基因头尾衔接、串联排列,组成结构基因群。至少在第一个结构基因 5′侧翼区具有核糖体结合位点(ribosome binding site,RBS),因而当这段含多个结构基因的 DNA 被转录成多顺反子 mRNA 时,就能被核糖体所识别结合,并起始翻译。

(二)启动子

启动子(promoter,P)是指能被 RNA 聚合酶识别、结合并启动基因转录的一段 DNA 序列。操纵元至少有一个启动子,一般在第一个结构基因 5′侧区上游,控制整个结构基因群的转录。启动子一般可分为识别区(recognition,R)、结合区(binding,B)和起始区(initiation,I)等三个区段。转录起始第一个碱基(通常标记位置为+1)最常见的是 A;在−10 bp 附近有 TATAAT 一组共有序列,因为这段共有序列是 Pribnow 首先发现的,称为 Pribnow 框(Pribnow box)(Pribnow 框是指将各种原核生物基因同 RNA 聚合酶结合后,用 DNase I 水解 DNA,最后得到与 RNA 聚合酶结合而未被水解的 DNA 片段);在−35 bp 处又有 TTGACA 一组共有序列。虽然不同的启动子序列有所不同,比较上百种原核生物的启动子的序列,发现有一些共同的规律,它们一般长 40~60 bp,含 A‐T 碱基对较多,某些片段是很相似的,这些相似的保守性片段称为共有性序列(consensus sequences)。

不同的启动子序列不同,与 RNA 聚合酶的亲和力不同,启动转录的频率高低不同,即不同的启动子启动基因转录的强弱不同。

（三）操纵子

操纵子（operator,O）是指能被调控蛋白特异性结合的一段 DNA 序列,常与启动子邻近或与启动子序列重叠,当调控蛋白结合在操纵子序列上,会影响其下游基因转录的强弱。

（四）调控基因

调控基因（regulatory gene）是编码能与操纵序列结合的调控蛋白的基因。与操纵子结合后能增强或启动其调控基因转录的调控蛋白称为激活蛋白（activating protein）,所介导的调控方式称为正性调控（positive regulation）。与操纵子结合后能减弱或阻止其调控基因转录的调控蛋白称为阻遏蛋白（repressive protein）,其介导的调控方式称为负性调控（negative regulation）。

（五）终止子

终止子（terminator,T）是给予 RNA 聚合酶转录终止信号的 DNA 序列。在一个操纵元中至少在结构基因群最后一个基因的后面有一终止子。

以上 5 种元件是每一个操纵元必定含有的。其中启动子、操纵子位于紧邻结构基因群的上游,终止子在结构基因群之后,它们都在结构基因的附近,只能对同一条 DNA 链上的基因表达起调控作用,这种作用在遗传学上称为顺式作用（cis-action）。启动子、操纵子和终止子就属于顺式作用元件（cis-acting element）。调控基因可以在结构基因群附近,也可以远离结构基因,它是通过其基因产物调控蛋白发挥作用的,因而调控基因不仅能对同一条 DNA 链上的结构基因起表达调控作用,而且能对不在一条 DNA 链上的结构基因起作用,在遗传学上称为反式作用（trans-action）,调控基因就属于反式作用元件（trans-acting element）,其编码产生的调控蛋白称为反式调控因子（trans-acting factor）。

除上述基本元件外,在色氨酸操纵子调控过程中还发现了衰减调控。衰减（attenuation）过程是指与细胞内氨基酸水平保持一致,控制一些细菌启动子表达中涉及的转录终止调控。

三、原核生物转录水平的调控——操纵子模型

（一）乳糖操纵子

1. 乳糖操纵子模型的提出 1961 年法国科学家莫诺德（Jacques Monod）和雅格布（Franois Jacob）提出了著名的乳糖操纵子模型,开创了基因调控的研究。Monod 与 Jacob 最初发现的是大肠杆菌的乳糖操纵子,这是一个十分巧妙的自动控制系统。当培养基中含有充分的乳糖,同时不含葡萄糖时,细菌便会自动产生半乳糖苷酶来分解乳糖,以资利用。当培养基中不含乳糖时,细菌便自动关闭乳糖操纵子,以免浪费物质和能量。

2. 乳糖操纵子的组成与功能 大肠杆菌乳糖操纵子包括 4 类基因:①结构基因。能通过转录、翻译使细胞产生一定的酶系统和结构蛋白,这是与生物性状的发育和表型直接相关的基因。乳糖操纵子包含 3 个结构基因:$lacZ$、$lacY$ 和 $lacA$,分别编码 β-半乳糖苷酶、β-半乳糖苷透性酶和 β-半乳糖苷乙酰基转移酶。②操纵基因（operator,O）。控制结构基因的转录速度,位于结构基因的附近,本身不能转录成 mRNA。③启动基因（promoter,P）。位于操纵基因的附近,它的作用是发出信号,使 mRNA 合成开始,该基因也不能转录成 mRNA。④调节基因 I。可调节操纵基因的活动,I 基因编码一种阻遏蛋白,后者与 O 序列结合,使操纵子受阻遏而处于转录失活状态。操纵基因、启动基因和结构基因共同组成一个单位——操纵元（operon）。在启动序列 P 上游还有一个分解（代谢）物基因激活蛋白（catabolite gene activator protein,CAP）结合位点,由 P 序列、O 序列和 CAP 结合位点共同构成 lac 操纵子的调控区,3 个酶的编码基因即由同一调控区调节,实现基因产物的协调表达。

3. 乳糖操纵子的调控方式

（1）阻遏蛋白的负性调节 在没有乳糖存在时,乳糖操纵子处于阻遏状态。此时,I 基因在 P 启动序列操纵下表达的乳糖阻遏蛋白与操纵基因序列结合,因此 RNA 聚合酶就不能与启动基因结合,结构基因也被抑制,结果结构基因不能转录出 mRNA,不能翻译酶蛋白[图 13-1（a）]。阻遏蛋白的阻遏作用

并非绝对,偶有阻遏蛋白与操纵基因序列解聚。因此,每个细胞中可能会有个别分子β-半乳糖苷酶、透性酶生成。

当有乳糖存在时,乳糖操纵子即可被诱导[图 13-1(b)]。细胞中存在的少量乳糖代谢酶的分子可使乳糖被吸收并被代谢,乳糖代谢的中间产物、乳糖的同分异构体异乳糖(allolactose)可充当诱导物,结合到乳糖阻遏蛋白上,阻遏蛋白发生构象改变,无法再与操纵基因结合,RNA 聚合酶的路径不再受到阻挡,*lac* 操纵子即可被诱导,结构基因正常表达,乳糖代谢所需代谢酶大量产生。当乳糖耗尽后,乳糖阻遏蛋白又恢复原来的构象,重新结合到乳糖操纵基因上,使结构基因关闭,形成负反馈。

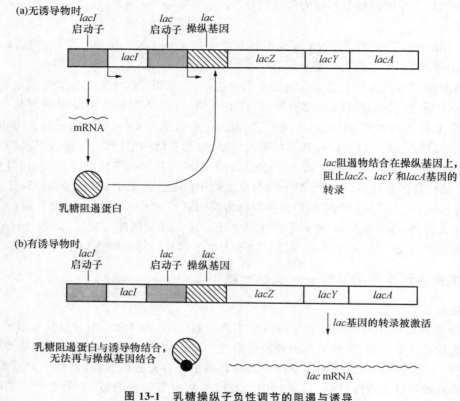

图 13-1　乳糖操纵子负性调节的阻遏与诱导

(张博等译,Fletcher et al,遗传学,2010)

(2)阻遏蛋白的正性调节　CAP 结合在乳糖启动子上游的一段 DNA 序列上,可增强 RNA 聚合酶的结合能力,从而提高操纵子的转录水平。然而,CAP 只有在 ATP 的衍生物——环腺苷酸(cAMP)存在时才能结合,而 cAMP 的水平受葡萄糖的影响。腺苷酸环化酶(adenylate cyclase)催化 cAMP 合成,其活性可被葡萄糖抑制。当葡萄糖存在时,腺苷酸环化酶受到抑制,cAMP 含量较低。在这种情况下,CAP 不能与 *lac* 启动子上游结合,乳糖操纵子以很低的水平转录。相反,当葡萄糖含量很低时,腺苷酸环化酶不受抑制,cAMP 含量升高,CAP 与启动子结合,乳糖操纵子得以高水平转录(图 13-2)。当葡萄糖和乳糖同时存在时,乳糖操纵子仅以低水平转录。然而,在葡萄糖耗尽后,分解物阻遏结束,乳糖操纵子的转录水平升高,使得可用的乳糖被利用。

(二)色氨酸操纵子

原核生物转录终止阶段也可以是基因表达调控的环节,色氨酸操纵子的调控模式就是一个典型的例子。

色氨酸是构成蛋白质的组分,一般的环境难以给细菌提供足够的色氨酸,细菌要生存繁殖通常需要自己经过许多步骤合成色氨酸,但是一旦环境能够提供色氨酸,细菌就会充分利用外界的色氨酸,减少

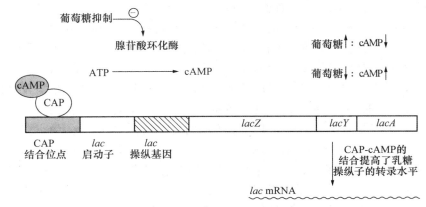

图 13-2　乳糖操纵子正性调节的阻遏与诱导

(张博等译,Fletcher et al,遗传学,2010)

或停止合成色氨酸,以减轻自己的负担。细菌之所以能做到这点是因为有色氨酸操纵子的调控。它的激活与否完全根据培养基中有无色氨酸而定。当培养基中有足够的色氨酸时,该操纵子自动关闭;缺乏色氨酸时,操纵子被打开。色氨酸在这里不是起诱导作用而是阻遏作用,即能帮助阻遏蛋白发生作用,因而被称作辅阻遏分子,色氨酸操纵子恰与乳糖操纵子相反。

1. 色氨酸操纵子的组成与功能　色氨酸操纵子有 $trpE$、$trpD$、$trpC$、$trpB$ 和 $trpA$ 5 个连续排列的结构基因,头尾相接串联排列,分别编码邻氨基苯甲酸合成酶、邻氨基苯甲酸焦磷酸转移酶、邻氨基苯甲酸异构酶、色氨酸合成酶和吲哚甘油-3-磷酸合成酶。在结构基因上游分别是启动子 P 和操纵基因 O 和基因 L,与操纵基因 O 结合的阻遏蛋白是由相距很远的 $trpR$ 编码的(图 13-3)。

2. 色氨酸操纵子的调控方式

(1)阻遏蛋白的负调控　以组成性方式低水平表达的阻遏蛋白 R 不具有与操纵基因结合的活性,色氨酸操纵子通常处于开放状态。当细胞中存在色氨酸时,色氨酸与色氨酸阻遏蛋白 R 结合,使后者结合在色氨酸操纵基因上,抑制 RNA 聚合酶与色氨酸启动子的结合,阻止操纵子转录。当细胞中没有色氨酸时,色氨酸阻遏蛋白 R 无法与色氨酸操纵基因结合,操纵子可以进行转录(图 13-3)。这样,色氨酸操纵子编码的酶催化的终产物——色氨酸,作为色氨酸阻遏物的辅阻遏物,通过终产物抑制途径来抑制其自身的合成。

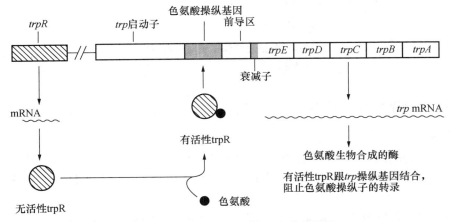

图 13-3　色氨酸操纵子阻遏蛋白的负调控

(张博等译,Fletcher et al,遗传学,2010)

(2)衰减子的负调控　色氨酸操纵子还采用另一种称为衰减作用(attenuation)的方式来控制转录,

以精确调控基因的表达水平。在色氨酸启动子与第一个结构基因 *trpE* 之间有一段 162 bp 的前导序列构成衰减子区域（attenuator region）（图 13-3），能编码 14 个氨基酸的短肽，其中有 2 个色氨酸相连，在此编码区前有核糖体识别结合位点（RBS）序列，提示这段短序列在转录后能被翻译。该区域含有 4 个反向重复序列 1、2、3、4，在被转录生成 mRNA 后它们能够两两形成 3 个发夹式结构（hairpin structure）（图 13-4 中 1-2,2-3,3-4）。如果序列 1、2 形成发夹结构，那么序列 2、3 就不能形成发夹结构，但有利于序列 3、4 生成发夹结构（终止环），所以最多只能够同时形成两个发夹式结构（图 13-4）。序列 4 后面紧跟一串 A（转录成 RNA 就是一串 U），所以由 3、4 形成的发夹结构实际上是一个终止结构。在细菌中转录和翻译是同时进行的，mRNA 一边被合成，一边结合核糖体，并开始翻译成蛋白质。正在转录中的mRNA 可能已经有一个或几个核糖体与之结合。核糖体在色氨酸 mRNA 上的结合会影响发夹结构形成，以此决定是否终止转录。当色氨酸的浓度较高或很高时，核糖体能够很快地通过序列 1，并封闭序列 2，使序列 3、4 形成一个不依赖 ρ 因子的转录终止结构——衰减子（attenuator），导致前方的 RNA 聚合酶脱落，转录终止。当色氨酸缺乏时，核糖体的翻译停止在序列 1 和 2 的色氨酸密码子前，序列 2、3得以形成发夹式结构（大环），阻止序列 3、4 形成衰减子结构，转录继续。

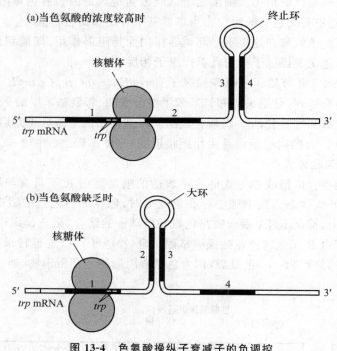

图 13-4　色氨酸操纵子衰减子的负调控

（张博等译，Fletcher et al,遗传学,2010）

四、原核生物翻译水平的调控

（一）SD 序列

原核基因转录起始位点下游有一段富含嘌呤核苷酸的 DNA 序列，即 Shine-Dalgarno 序列（简称 SD 序列）。SD 序列与核糖体 16S rRNA 特异配对而与宿主核糖体结合，它对 mRNA 的翻译起着决定性的作用。

核糖体与 mRNA 的结合程度越强，翻译的起始效率越高，而核糖体与 mRNA 的结合程度主要取决于 SD 序列与核糖体 16S rRNA 碱基的互补性。大肠杆菌 SD 序列的碱基组成为 5′AGGAGG 3′,其中以 GGAG 4 个碱基最为重要，这 4 个碱基中的任何一个发生突变都会引起翻译效率的大幅度下降。

SD 序列与起始密码子之间的距离对保证准确和高效翻译很重要，一般为 6～8 bp,多数情况下为

7个碱基,多一个或少一个碱基都会影响翻译的起始效率。此外,SD序列与起始密码之间的碱基组成也影响翻译的起始效率。研究表明,SD序列后面的碱基为 AAAA 或 UUUU 时,翻译起始的效率最高,而当序列为 CCCC 或 GGGG 时,翻译的起始效率分别为最高值的 50％和 25％。

（二）核糖体合成反馈抑制

核糖体可以反馈抑制它们自己的 mRNA 的翻译,如果某种核糖体蛋白质在细胞中过量积累,它将与其自身的 mRNA 结合,阻止进一步翻译。结合位点通常包括 mRNA 5′-端非翻译区（untranslated region,UTR）启动子区域的 SD 序列。

（三）mRNA 的稳定性

原核生物通过快速繁殖来适应生存,这决定了其 mRNA 稳定性通常远远次于真核基因 mRNA,半衰期仅 0.5～50 min。mRNA 的降解速度受细菌的生理状态、环境因素及 mRNA 结构的影响。

（四）反义 RNA

反义（antisense）RNA 是可与 mRNA 或有义 DNA 链互补而导致正常翻译终止的 RNA 分子。通过反义 RNA 控制 mRNA 的翻译是原核生物基因表达调控的一种方式,最早是在产肠杆菌素的 E. coli 的 Col E1 质粒中发现的。反义 RNA 主要通过三种方式调控翻译:①反义 RNA 与 mRNA 上核糖体结合位点结合,核糖体脱落,使翻译不能起始;②反义 RNA 可与目的基因的 5′UTR 或翻译起始区的 SD 序列结合,使 mRNA 不能与核糖体有效地结合,从而阻止蛋白质的合成;③反义 RNA 也可与 mRNA 结合,形成双螺旋结构,由于所形成的双螺旋结构成为内切酶的特异底物,使与其结合的 RNA 变得不稳定。

第三节　真核生物基因表达与调控

真核生物（除酵母、藻类和原生动物等单细胞类之外）主要由多细胞组成。真核生物有细胞核结构,转录和翻译过程在时间和空间上彼此分开,并且在转录和翻译后都有复杂的信息加工过程,其基因表达的调控可以发生在各种不同的水平上。真核生物的 DNA 与蛋白质结合在一起,形成十分复杂的染色质结构。染色质构象的变化、染色质中蛋白质的变化及染色质对 DNA 酶敏感程度的变化都会对基因表达产生影响。真核生物的染色质包裹在细胞核内,基因的核内转录和细胞质内的翻译被核膜在时间和空间上隔开,核内 RNA 的合成与转运,细胞质中 RNA 的剪切和加工等无不扩大了真核细胞基因调控的范围。每个真核细胞所携带的基因数量及基因组中蕴藏的遗传信息量都大大高于原核生物。真核生物基因组 DNA 中有大量的重复序列,基因内部还插入了非蛋白质编码区域,这些都影响真核生物基因的表达。因此,真核生物基因调控达到了原核生物所不可能拥有的深度和广度。

一、真核生物基因表达调控的特点

真核生物在进化上比原核生物高级,具有更加复杂的细胞结构、庞大的基因组和复杂的染色体结构,因而其基因表达的调控系统与原核生物有很大的区别。与原核生物相比,真核生物基因表达调控具有以下特点。

（一）真核生物基因表达调控环节更多

基因表达就是遗传信息从基因到产物（蛋白质或 RNA）的转化过程。大部分基因的产物是蛋白质,也可以说基因表达就是基因经过转录、翻译产生有活性的蛋白质的过程。在基因表达的各个环节都是可以调控的,与原核生物一样,转录调控是基因表达调控的最关键的环节。但真核生物基因表达调控环节更多:①真核生物的 DNA 和组蛋白结合形成核小体,然后经过多次紧密盘旋形成染色质。DNA 被蛋白质包裹,使 RNA 聚合酶和其他各种蛋白质因子无法接近 DNA,使基因表达沉默。DNA 转录时必须经过染色质活化,暴露出 DNA,因此染色质的结构与基因表达调控有密切关系。②原核生物基因转录和翻译同时进行,而真核生物转录和翻译分别在细胞核和细胞质中进行。这无疑增加了基因调控的环节,mRNA 从细胞核到细胞质的运输、mRNA 稳定性都影响最后的产物量。③真核生物基因大多是断裂基因,新合成的 mRNA 必须经过加工去除内含子序列才能成为成熟的 mRNA。真核生物还可以在 mRNA 加工水平调控基因表达,如 mRNA 的选择性剪接使得同一个转录单位可以产生多种蛋白质产物。

　　根据基因表达调控的多层次性,真核生物基因表达调控可以分为以下几个层次(图 13-5):①染色质和 DNA 水平的调控:基因扩增、基因重排、DNA 修饰、核染色质结构都影响基因表达。②转录水平的调控:包括转录起始的调控和转录延伸的调控。③转录后水平的调控:RNA 加工及成熟的 RNA 从核运出都受到调控。④翻译水平的调控。⑤翻译后水平的调控:翻译后产生的蛋白质常常需要修饰等才能成为有活性的蛋白质。

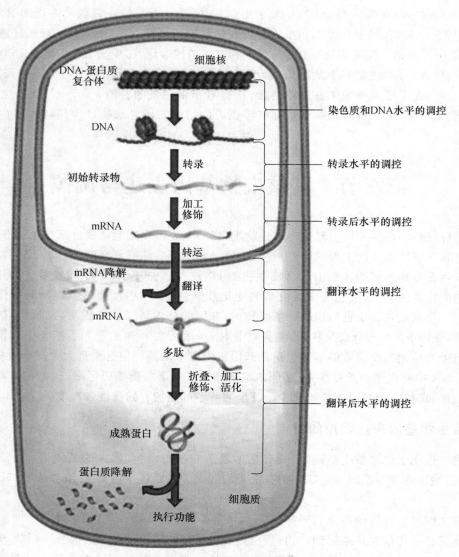

图 13-5　真核生物基因表达调控的多层次性

(二)真核生物基因表达以正调控为主

　　不管是原核生物还是真核生物,转录过程都是基因调控的主要环节。但是,原核生物 RNA 聚合酶可以单独识别和结合在原核基因的启动子上起始转录,真核生物 RNA 聚合酶对启动子的亲和力很低,基本上不依靠自身来起始转录,需要依赖多种转录激活蛋白的协同作用。真核基因调控中虽然也发现有负性调控组件,但其存在并不普遍;真核生物基因转录表达的转录因子也有的起阻遏和激活作用或兼有两种作用,但以激活蛋白的作用为主,即多数真核生物基因在没有调控蛋白作用时是不转录的,需要表达时就要有激活蛋白来促进转录,换言之,真核基因表达以正调控为主。

总的来说,真核生物基因表达调控的范围更大,调控过程更加复杂、更加精细和微妙。

二、真核生物基因表达调控元件

真核生物基因表达调控主要通过反式作用因子(trans-acting factor,通常是蛋白质)与顺式作用元件(cis-acting element,通常是 DNA 上的特定序列)相互作用而实现的。

(一)顺式作用元件

顺式作用元件是指对基因表达有调节活性的 DNA 序列,其活性影响与其自身同处在一个 DNA 分子上的基因。根据顺式作用元件在基因中的位置、转录激活作用的性质及发挥作用的方式,可将真核基因的这些功能元件分为启动子、增强子及沉默子等。

1. 启动子　真核生物启动子(promoter)与原核生物启动子的含义相同,都是位于结构基因的上游,与基因转录启动有关的一段特殊的 DNA 序列,但真核生物启动子间不像原核生物那样有明显共同一致的序列,而且单靠 RNA 聚合酶难以结合 DNA 而启动转录,需要多种蛋白质因子的相互协调作用。真核启动子比原核更复杂、序列也更长,一般包括转录起始点及其上游 100～200 bp 序列,包含有若干具有独立功能的 DNA 序列元件,每个元件长 7～30 bp。哺乳类 RNA 聚合酶 Ⅱ 启动子中最常见的元件序列见表 13-1。

表 13-1　哺乳类 RNA 聚合酶 Ⅱ 启动子中常见的元件

元件名称	共同序列	结合的蛋白因子		
		名称	相对分子质量 M_r	结合 DNA 长度/bp
TATA 框	TATAAAA	TAP	30 000	～10
GC 框	GGGCGG	SP-1	105 000	～20
CAAT 框	GGCCAATCT	CTF/NF1	60 000	～22

启动子包括至少一个转录起始点(initiation site),以及一个以上的功能组件。在这些功能组件中最具典型意义的就是 TATA 框,控制转录起始的准确性及频率。典型的启动子由 TATA 框(TATA box)及上游的 CAAT 框(CAAT box)和 GC 框(GC box)组成,这类启动子通常具有一个转录起始点及较高的转录活性。

TATA 框:位于 $-25～-30$ bp 处的 TATAAAA,是 RNA 聚合酶 Ⅱ 识别和结合位点。富含 AT 碱基,一般有 8 bp,改变其中任何一个碱基都会显著降低转录活性。又称为 Hogness box。TATA 框的主要作用是使转录精确地起始。然而,还有很多启动子并不含 TATA 框,这类启动子分为两类:一类为富含 GC 的启动子;另一类启动子既不含 TATA 框,也没有 GC 富含区,这类启动子可有一个或多个转录起始点,但多数转录活性很低或根本没有转录活性,而是在胚胎发育、组织分化或再生过程中受到调节。

CAAT 框:位于 $-70～-78$ bp 处还有一段共有序列 GGCC(T)CAATCT。决定启动子的起始频率。CAAT 框和 GC 框则主要是控制转录起始的频率,特别是 CAAT 框对转录起始频率的作用更大。

GC 框:位于 $-80～-110$ bp 处的 GCCACACCC 或 GGGCGG 序列,这类启动子包括一个或数个分离的转录起始点。

2. 终止子　真核生物终止子(terminator)是位于转录结束位置上的序列,是受 RNA 聚合酶这一类反式作用因子的识别和作用的。原核生物分为两类,即内在终止子和依赖 σ 因子的终止子。真核生物的不同 RNA 聚合酶有不同的终止子。

3. 增强子　增强子(enhancer)就是远离转录起始点、决定基因的时间空间特异性表达、增强启动子转录活性的 DNA 序列。增强子是一种能够提高转录效率的顺式调控元件,最早是在 SV40 病毒中发现的长约 200 bp 的一段 DNA,可使旁侧的基因转录提高 100 倍,其后在多种真核生物,甚至在原核生物中都发现了增强子。增强子通常占 100～200 bp 长度,也和启动子一样由若干组件构成,基本核心组件常为 8～12 bp,可以是单拷贝或多拷贝串联形式存在。

增强子要有启动子才能发挥作用,没有启动子存在,增强子不能表现活性;相反,没有增强子存在,启动子通常不能表现活性。但增强子对启动子没有严格的专一性,同一增强子可以影响不同类型启动子的转录。例如,当含有增强子的病毒基因组整合入宿主细胞基因组时,能够增强整合区附近宿主某些基因的转录;当增强子随某些染色体片段移位时,也能提高移到的新位置周围基因的转录。目前已发现的增强子有两种类型:一种为细胞专一性增强子,其增强效应有很高的组织专一性,只有在特定的转录因子(蛋白质)参与下,才能发挥其功能;另一种为诱导型增强子,其活性通常要有特定的启动子参与。增强子的作用方式通常与距离和方向无关。增强子提高同一条 DNA 链上基因转录效率,可以远距离作用,通常可距离 1～4 kb,个别情况下离开所调控的基因 30 kb 仍能发挥作用,而且在基因的上游或下游都能起作用。另外,将增强子方向倒置依然能起作用,而将启动子倒置就不能起作用,可见增强子与启动子是很不相同的。

4. 绝缘子　绝缘子(insulator)是一类染色质结构域边界的 DNA 序列,其功能是作为中性屏障,阻止邻近基因元件或周围致密染色质的影响,使被保护的基因得以在正常的时间和空间进行表达。

绝缘子长约几百个碱基对,通常位于启动子同正调控元件或负调控因子(为异染色质)之间的一种调控序列。绝缘子本身对基因的表达既没有正效应,也没有负效应,其作用只是不让其他调控元件对基因的活化效应或失活效应发生作用。

5. 沉默子　沉默子(silencer)与启动子作用相反,是位于一个基因或一组基因任一方向与基因相隔一定距离的可以降低转录速度的调控序列,是参与基因表达负调控的一种元件,是在研究 T 淋巴细胞的 T 抗原受体(T cell receptor,TCR)基因表达调控时发现的,不受距离和取向的限制。当其结合特异蛋白因子时,对基因转录起阻遏作用。

6. 应答元件　应答元件(response element)是位于基因上游能被转录因子识别和结合,从而调控基因专一性表达的 DNA 序列,如热激应答元件、金属应答元件、糖皮质激素应答元件和血清应答元件等。应答元件通常含有短重复序列,不同基因中应答元件的拷贝数相近但不相等。蛋白因子结合在应答元件的保守序列上,通常位于转录起点上游 200 bp 内,也有的位于启动子或增强子内。例如,热激应答元件存在于启动子中,而糖皮质激素应答元件存在于增强子中。

所有的应答元件通过与特定转录因子结合发挥作用。无论是细菌还是高等真核生物,在最适温度范围以上时,受到热的诱导,就会使许多热激蛋白基因转录,合成一系列热激蛋白。热激蛋白是一种分子伴侣,可以使因温度升高而构型发生改变的蛋白质恢复成原有的三维构象,不致丧失功能而使机体得以存活。热激蛋白基因的启动子中都含有热激应答元件(保守序列为 NGAANNTTCNNGAAN),可以被热激转录因子所识别。有的基因可以受多种不同调控机制的调控。例如,金属硫蛋白基因上含有多种应答元件(如金属应答元件、糖皮质激素应答元件等),每个应答元件都能单独激活基因表达。金属结合蛋白与金属硫蛋白基因上游序列中的金属应答元件结合,从而启动金属诱导应答;而糖皮质激素应答元件能和类固醇受体结合,介导类固醇激素的反应。

(二)反式作用因子

反式作用因子是能直接或间接地识别或结合在各顺式作用元件核心序列上,参与调控靶基因转录速率的一组蛋白质。真核生物反式作用因子通常属于转录因子(transcription factors,TF)。

1. 转录因子的种类　按功能特性可将转录因子分为以下两种类型。

(1)基本转录因子　基本转录因子(general transcription factors)是 RNA 聚合酶结合启动子所必需的一组蛋白因子,决定 3 种 RNA(mRNA、tRNA 及 rRNA)转录的类别。对 RNA 三种聚合酶来说,除个别基本转录因子是通用的,如 TFⅡD;多数因子是不同 RNA 聚合酶所特有的,如 TFⅡD,TFⅡA,TFⅡB,TFⅡE,TFⅡF 及 TFⅡH 为 RNA 聚合酶Ⅱ催化 mRNA 转录所必需。

(2)特异转录因子　特异转录因子(special transcription factors)为个别基因转录所必需,决定该基因的时间、空间特异性表达。这类特异因子有的起转录激活作用,有的起转录抑制作用。转录激活因子通常是一些增强子结合蛋白;多数转录抑制因子(transcription inhibitor)是沉默子结合蛋白,但也有的抑制因子以不依赖 DNA 的方式起作用,而是通过蛋白质-蛋白质相互作用、"中和"转录激活因子或 TFⅡD,降低它们在细胞内的有效浓度,抑制基因转录。因为在不同的组织或细胞中各种特异转录因子分布不同,所以基因表达状态、方式不同。

2. 转录因子的结构　转录激活因子至少包含两个结构域:一个是识别和结合 DNA 特异序列的结构域,叫 DNA 结合结构域(DNA binding domain,BD);另一个是起激活转录作用的转录激活结构域(transcription activating domain,AD)。大多数转录因子在与 DNA 结合之前,需先通过蛋白质与蛋白质相互作用,形成二聚体或多聚体,再通过识别特定的顺式作用元件,与 DNA 分子结合,因此许多转录因子还含有二聚体结构域(dimerization domain)。

(1)DNA 结合结构域　最常见的 DNA 结合结构域主要有以下四种模式。

①螺旋-转角-螺旋结构　螺旋-转角-螺旋(helix-turn-helix,HTH)结构域由两个 α 螺旋和一个 β 转角组成[图 13-6(a)]。羧基端的 α 螺旋是识别螺旋,与 B 型 DNA 的大沟特异结合。识别螺旋的氨基酸残基侧链可以与 DNA 形成疏水键、氢键和发生静电相互作用。而另一个 α 螺旋中的氨基酸残基和 DNA 中的磷酸戊糖骨架发生非特异性结合[图 13-6(b)]。上述的相互作用锚定了蛋白质中识别螺旋的位置并稳定了 DNA 的构象,从而调节了不同蛋白质与其结合位点的亲和力。含有该基序(motif)的典型案例为转录因子中的同源域家族,该家族由高度保守的同源异型框基因编码,在胚胎发育中具有重要的作用。

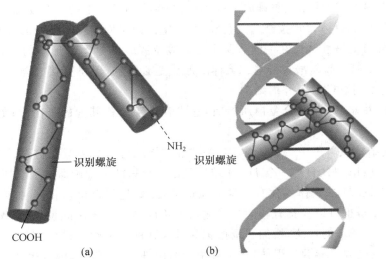

图 13-6　螺旋-转角-螺旋结构域(a)以及与 DNA 相互作用(b)

(http://www.mdjmu.cn/jcb/shwz/wlkc/bjjc/bjjc_20/5_1.htm)

②锌指结构　锌指结构(zinc finger)是通过锌离子把 4 个氨基酸[2 个组氨酸(His)和 2 个半胱氨

酸(Cys)]连在一起,利用锌离子相连的一段 α 螺旋识别 DNA 序列,没有与 Zn^{2+} 结合的一段氨基酸形成环状结构凸出于蛋白质表面形如手指,因此称为锌指结构(图 13-7)。有的蛋白质连续几个锌指结构排列在一起。该 DNA 结合结构域有 C_2H_2 和 C_4 两种形式: C_2H_2 形式包含一个由 12 个氨基酸组成的环,锚定在由两个组氨酸和两个半胱氨酸组成的四面体与锌离子配位结合而形成的基座上。其保守序列为 $Cys—X_{2\sim4}—Cys—X_{12}—His—X_{3\sim5}—His$ (X 代表任意氨基酸)。该基序由两个 β 折叠和一个 α 螺旋形成一个紧密的结构。含锌指结构的转录因子都是通过它的 α 螺旋与 DNA 双螺旋中的大沟接触来影响转录的。在已分析的转录因子中,锌指基序数目可从 2 个变化到 30 个以上。该基序已发现于泛表达的 Sp1 等转录因子中。 C_4 基序也具有类似的结构,只是与锌离子配位结合的是 4 个半胱氨酸。该结构域已发现于类固醇激素受体类的转录因子。

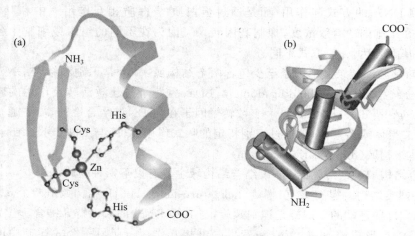

图 13-7 锌指结构域(a)以及与 DNA 相互作用(b)

(http://www.mdjmu.cn/jcb/shwz/wlkc/bjjc/bjjc_20/5_2.htm)

③亮氨酸拉链结构 亮氨酸拉链(leucine zipper)由一段富含亮氨酸(Leu)残基的氨基酸序列组成,所有这些蛋白质都含有 4 个或 5 个亮氨酸残基,精确地相距 7 个氨基酸残基。这样 α 螺旋的某一侧面每两圈就出现一个亮氨酸,这些亮氨酸排成一排,因而两个蛋白质分子的两个 α 螺旋之间依赖亮氨酸残基之间的疏水作用形成二聚体,即"拉链"。两个相邻拉链的疏水面以互相平行的方向作用时,所产生的二聚体化作用会将各自的碱性区连在一起。两个亮氨酸拉链形成一个 Y 形结构,两个碱性区对称地形成 DNA 结合臂(图 13-8)。亮氨酸拉链对二聚体的形成是必需的,但不直接参与和 DNA 的相互作用,参与和 DNA 结合的是"拉链"区以外的结构。

亮氨酸拉链结构并非 DNA 结合蛋白所特有,它也存在于一些其他的蛋白中,如葡萄糖转运蛋白、K^+ 通道蛋白等。

④螺旋-环-螺旋结构域 另一个重要的 DNA 结合结构域也与亮氨酸拉链结构有关,称之螺旋-环-螺旋结构(helix-loop-helix,HLH),一个 HLH 结构是由一个短的 α 螺旋通过一个环与另一个长的 α 螺旋组成的(图 13-9)。HLH 二聚体也含有亮氨酸拉链区,二聚化不仅可以在同种转录因子的两个分子之间发生(同源二聚体),也可以在具有相同二聚化域的不同转录因子之间发生(异源二聚体)。异源二聚体的形成赋予转录因子新的功能,增加了调控靶基因表达的可能性。最典型就是 MyoD 转录因子家族,这些转录因子形成同源或异源二聚体,在发育中的肌肉细胞里调控基因的表达。但与 DNA 结合的是从二聚体分开的两个含有许多碱性氨基酸残基的 α 螺旋。

(2)转录激活结构域 转录激活结构域一般由 20~100 个氨基酸残基组成。与 DNA 结合结构域不同的是,转录激活结构域没有识别激活域的基序。氨基酸序列分析仅显示激活域常富含某种氨基酸。具体而言,转录激活结构域常富含酸性氨基酸(如酵母的 Gal4 转录因子)、谷氨酰胺(如 Sp1 转录因子)

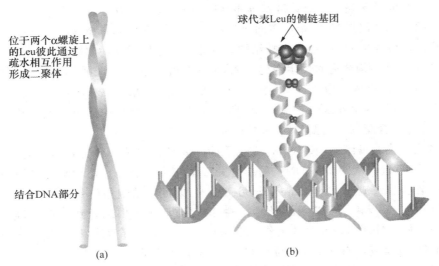

图 13-8　亮氨酸拉链结构域(a)以及与 DNA 相互作用(b)

(http://www.mdjmu.cn/jcb/shwz/wlkc/bjjc/bjjc_20/5_3.htm)

图 13-9　螺旋-环-螺旋结构域与 DNA 相互作用

(http://www.mdjmu.cn/jcb/shwz/wlkc/bjjc/bjjc_20/5_4.htm)

或脯氨酸(如 c-Jun、Ap2 和 Oct-2 转录因子)。

三、真核生物基因表达调控

(一)染色质水平的调控

以染色质形式组装在细胞核内的 DNA 所携带的遗传信息,其表达直接受到染色质内部结构制约。当真核基因被转录激活时,相应的染色质区域会发生某种明显的结构上的变化,转录活化状态和非活化状态的染色质在结构和性质上有很大的差别。

1. 染色质结构　在细胞分裂间期,在染色体的不同部位上,由于染色质凝集程度的差异,可分为常染色质区和异染色质区。许多证据表明,异染色质是没有转录活性的,只有在常染色质区才能发生基因转录,原本在常染色质中表达的基因如移到异染色质内也会停止表达。如哺乳类雌体细胞 2 条 X 染色体,到间期一条变成异染色质者,这条 X 染色体上的基因就全部失活。可见紧密的染色质结构阻止基因表达。虽然常染色质是所有转录发生的区域,但常染色质的构成也不是均一的,其中大部分是 30 nm纤丝区,只有约 10% 的区域是转录活跃区,此区域的 30 nm 纤丝已松散、伸展为 10 nm 纤丝。10 nm 纤丝区的核小体呈线状排列,部分区段没有核小体,DNA 裸露,可以和转录因子结合启动转录,是基因转录必要的前提。

染色质活化后,常出现一些对核酸酶 Dnase I 高度敏感的超敏位点。超敏位点常发生在活化基因的 5′侧翼区或 3′侧翼区 1 000 bp 以内的转录调控区内,甚至可在转录区内的转录调节蛋白结合位点附近。这是由于某个基因活跃表达时启动区部分序列解开成单链,从而不能继续缠绕在核小体上,缺乏或没有核小体结合的 DNA"裸露"于组蛋白表面,形成了对 DNA 酶的超敏感现象。

在转录活化区还可发生 DNA 双链拓扑结构的变化。当基因活化时,伴随着转录中 RNA 聚合酶向前行进,双链 DNA 拓扑结构会适时发生变化。RNA 聚合酶下游的转录区 DNA 拓扑结构为正超螺旋构象,正超螺旋有利于核小体结构的解体和组蛋白 H2A/H2B 二聚体从核小体中释放;而 RNA 聚合酶上游的 DNA 拓扑结构则为负超螺旋构象,负超螺旋有利于核小体结构的再形成。超螺旋结构上的这种差异有助于 RNA 聚合酶顺利向前移动,完成转录。

2. 染色质重塑　　在真核细胞,核小体是染色质的主要结构单位。在转录活跃的常染色质中,核小体的位置有所变动,组蛋白八聚体与 DNA 的结合处于动态变化之中。这种与转录相关的染色质局部结构的改变称为染色质重塑(nucleosome remodeling)。染色质重塑是染色质功能状态改变的结构基础,是染色质活化的重要步骤。当基因转录时,一些染色质活化蛋白结合到调控区,通过蛋白质-DNA相互作用,在 ATP 依赖性酶蛋白复合体的作用下,利用 ATP 水解释放能量,使核小体组蛋白去组装或从启动子位置上移,促使高度有序的染色质结构松开,暴露出启动子,启动转录过程。

3. 组蛋白的共价修饰　　组蛋白共价修饰能使组蛋白与 DNA 双链的亲和力改变,导致染色质局部结构发生相应的改变。组蛋白修饰的类型主要包括组蛋白的乙酰化、甲基化、磷酸化、泛素化和 ADP 糖基化。其中,组蛋白 N 端的乙酰化修饰与基因表达增强有关。一般来讲,乙酰化修饰能中和组蛋白碱性氨基酸残基的正电荷,减弱组蛋白与带有负电荷的 DNA 之间的结合,致使组蛋白八聚体与 DNA 结合的稳定性降低,核小体的结构变得松弛或不稳定,降低了对 DNA 的亲和力,易于基因转录。

组蛋白的各种不同的修饰,其效应可能是协同的也可能是相反的,可能同时发生也可能在不同时刻,修饰的组蛋白底物可能相同也可能不同。这些多样化修饰为其效应蛋白提供了结合位点,通过效应蛋白本身作用或借助它们募集其他辅助蛋白的间接作用,改变染色体或核小体的结构与性质,从而进一步影响基因表达的调控。

(二)DNA 水平的调控

在个体发育过程中,用来合成 RNA 的 DNA 模板也会发生规律性变化,从而控制基因表达和生物的发育。真核生物可以通过基因丢失、基因扩增、基因重排和 DNA 碱基修饰变化等方式消除或变换某些基因,从而改变它们的活性。显然,这些调控方式与转录和翻译水平上的调控不同,因为它是从根本上使基因组发生了改变。

1. 基因丢失　　在细胞分化过程中,有的细胞中丢失一段 DNA 或整条染色体的现象,称为基因丢失。通过基因丢失的方式,可以抑制那些特异分化细胞中不需要的基因的表达活性。这种关闭基因表达的调控方式存在于一些原生动物、线虫、昆虫和甲壳类动物个体发育中。对这些物种而言,在个体发育和细胞分化过程中部分体细胞常常有选择地丢掉整条或部分染色体,只有将来分化产生生殖细胞的那些细胞一直保持着整套的染色体。目前,在高等真核生物中尚未发现类似的基因丢失现象。马蛔虫染色体上有多个着丝粒,其受精卵第一次卵裂是横裂,产生上下 2 个完全一致的子代细胞。第二次卵裂时,其中一个子细胞仍进行横裂,保持完整的染色体结构,而另一个子细胞却进行纵向分裂,这样染色体就被不均等地分配到下一代细胞中。换句话说,其中一部分细胞中丢掉了部分染色体。应该指出的是,基因丢失不是随机的,而是按照预先设定好的方式在不同分化方向的细胞中有选择取舍的过程,也就是分化细胞对遗传物质各取所需的过程。

2. 基因扩增　　基因扩增是指基因组中特定序列在某些情况下会复制产生许多拷贝的现象。基因扩增和基因丢失都是基因调控的机制,即通过改变基因数量调节基因表达产物。基因扩增增加了转录模板的数量,使细胞在短期内产生大量的基因产物以满足生长发育的需要。由于发育需要而产生的基因扩增现象,在原生动物、某些昆虫及两栖动物中都有发现。如非洲爪蟾卵母细胞为储备大量核糖体以供卵受精后发育所需,通常要专一性地增加编码核糖体 rRNA 的基因(rDNA)。非洲爪蟾的卵母细胞便是通过 rDNA 扩增的形式大量合成 rRNA 的，rDNA 在卵母细胞核中重复串联形成核仁组织区(nucleolar organizer)，其后可扩增形成 1 000 个以上的核仁，这些 rDNA 通过滚动环方式进行复制，拷贝数由扩增前的 1 500 个猛增至 2×10^6 个，其总量可达细胞 DNA 的 75%，以适应卵裂时对于核糖体的大量需要。当胚胎期开始后，所合成的 rDNA 失去需要而逐渐降解消失。除了 rDNA 的专一性扩增以外，还发现果蝇的卵巢囊泡细胞中的编码绒毛膜蛋白、几丁质结合蛋白和转运蛋白的基因，在转录之前也先进行专一性的扩增。通过这种方式，细胞在很短的时间内积累起大量的基因拷贝，从而合成出大量的绒毛膜蛋白等卵壳蛋白。

在一些双翅目昆虫幼虫的唾腺细胞、肠细胞等细胞中存在多线染色体。多线染色体就是核内 DNA 多次复制产生的。如果蝇唾腺细胞中每一个多线染色体都是经过大约 9 个循环的复制产生的，每条多线染色体至少包含了 500～1 000 条单染色体。

3. 基因重排 基因重排(又称为 DNA 重排)是通过基因的转座、DNA 的断裂错接而使正常基因顺序发生改变的现象。基因重排广泛存在于动物、植物和微生物的体细胞基因组中。基因重排可能导致基因结构的变化，产生新的基因，也可以改变基因的表达模式。

基因重排可能产生新基因，用于特定环境中的表达。例如，机体对外界环境中众多抗原刺激可产生相应的特异性抗体，这种抗体多样性主要是由基因重排产生的。哺乳动物的免疫球蛋白(Ig)的基因是由胚系中数个分隔开的 DNA 片段(基因片段)经重排而形成。免疫球蛋白的肽链主要由可变区(V区)、恒定区(C区)及两者之间的连接区(J区)组成，V区、C区和J区基因片段在胚胎细胞中相隔较远。编码产生免疫球蛋白的细胞发育分化时通过染色体内 DNA 重组把 3 个相隔较远的基因片段连接在一起，从而产生了具有表达活性的免疫球蛋白基因。编码 V 区的基因很多，而只有少数几个基因编码 C 区；多个 V 区基因中的一个和 C 区基因组合，产生一条 DNA。V 区和 C 区不同片段在 DNA 水平上的各种排列组合是形成 Ig 分子多样性的根本原因。

基因重排也是基因表达活性调节的一种方式。这种调节主要是根据 DNA 片段在基因组中位置的变化，即从一个位置变换到另一个位置，从而改变基因的转录活性：将一个基因从远离启动子的地方移到启动子附近的位点从而启动基因表达，或者将一个基因转移到沉默子附近而被抑制表达。最熟知的一个例子是酵母交配型的控制。控制交配型的 *MAT* 基因位于酵母菌第 3 染色体上，*MATa* 和 *MATα* 互为等位基因。含有 *MATa* 单倍体细胞具有 a 交配型，具有 α 基因型的细胞为 α 交配型。在 *MAT* 位点的两端，还有类似 *MAT* 基因的 *HMLα* 和 *HMRa* 基因，它们分别位于第 3 染色体左臂与右臂上。这两个基因分别具有与 *MATa* 和 *MATα* 相同的序列，但在其基因上游各有一个抑制转录起始的沉默子，所以不表达。当 *HML* 序列整合到 *MAT* 位点时便表达，如 *HMLα* 转移到 *MAT* 位点上后细胞便呈现 α 型；当 *HMRa* 转移到 *MAT* 位点后细胞变成 a 型。

4. DNA 碱基修饰变化 真核生物 DNA 中的胞嘧啶约有 5% 被甲基化为 5-甲基胞嘧啶(5-methylcytidine，m5C)，而活跃转录的 DNA 片段中胞嘧啶甲基化程度常较低。这种甲基化最常发生在某些基因 5′端的 CpG 序列中，试验表明这段序列甲基化可使其后的基因不能转录，甲基化可能阻碍转录因子与 DNA 特定部位的结合从而影响转录。如果用基因打靶的方法除去主要的 DNA 甲基化酶，小鼠的胚胎就不能正常发育而死亡，可见 DNA 的甲基化对基因表达调控是重要的。

(三)转录起始水平的调控

由于真核生物细胞具有高度的分化性及基因组结构的复杂性，因而在转录水平的调控上除了表现出与原核生物存在相似点外，也具有自身的特点。真核细胞基因表达调节一方面受控于基因调控的顺式作用元件，另一方面又受到一系列反式作用因子的调控，真核生物基因的转录起始与延伸是通过两者的相互作用进行调节的。

1. mRNA 转录激活及其调节 真核基因转录起始点 5′端上游的 TATA 框是 RNA 聚合酶识别和结合的位点。但是 RNA 聚合酶Ⅱ没有单独识别、结合 TATA 框的能力，而是需要一整套基本转录因子的协同,在转录起始前按顺序组装形成复合物。首先,TFⅡD的组成成分TBP(TATA框结合蛋白)识别TATA框或启动元件,在有TAF(TBP相关因子)参与下与之牢固结合,形成TFⅡD启动子复合物,继而在其他基本转录因子TFⅡA~F等依次参与下,RNA聚合酶Ⅱ与TFⅡD聚合,形成一个功能性的前起始复合物(preinitiation complex,PIC)。在几种基本转录因子中,TFⅡD是唯一具有位点特异的DNA结合能力的转录因子,在PIC有序的组装过程中起关键性指导作用。然而,这样形成的PIC很不稳定,且转录速率很低,不能有效启动mRNA转录。在迂回折叠的DNA构象中,结合了增强子的转录激活因子与前起始复合物中的TBF接近或通过特异的TAF与TBF联系,与转录前起始复合物结合在一起,最终形成稳定的转录起始复合物(图13-10)。此时,RNA聚合酶Ⅱ才能真正启动mRNA的转录。TAF也具有细胞特异性,与转录激活因子共同决定组织细胞的特异性转录。

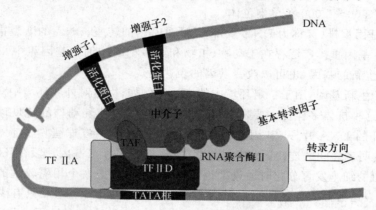

图13-10 真核生物转录起始复合物的形成

2. 选择性启动子调控 有些真核生物基因具有两个或两个以上的启动子,用于在不同细胞中表达。不同启动子可产生不同的初级转录产物和相同的蛋白质编码序列。果蝇的乙醇脱氢酶基因是一个典型的例子。

(四)转录后水平的调控

真核生物的基因表达调控在转录后层次上不同于原核生物。一方面是由于真核生物的转录产物的剪切、修饰等成熟加工过程比较复杂;另一方面是由于真核生物RNA转录产物要由细胞核被运送到细胞质中执行功能。因此对mRNA前体的剪接和加工、mRNA的稳定性及其降解过程、mRNA前体的选择性剪接及RNA编辑等多个环节的调控,是真核细胞转录后调控的重要环节。

1. hnRNA加工成熟环节 编码蛋白质的基因转录的初级产物是不均一核RNA(heterogeneous nuclear RNA,hnRNA),转录后需要在细胞核内进行一系列的加工修饰,才能成为成熟的有功能的mRNA,加工过程包括mRNA的5′端加"帽子"、3′端加polyA、剪接、碱基修饰和RNA编辑等。其中剪接和RNA编辑对某些基因的调控有一定意义。

2. mRNA的稳定性调节 mRNA是蛋白质合成的模板,其稳定性直接影响基因表达产物的数量。真核生物mRNA的半衰期差别很大,有的长达数小时,有的则只有几分钟甚至更短。一般而言,半衰期短的mRNA多编码调节蛋白。因此,通过控制mRNA的稳定性就可以控制蛋白质合成量。影响mRNA稳定性的主要因素有5′端的"帽子"结构和3′端polyA尾结构。帽子结构可以增加mRNA的稳定性,使得mRNA免于5′核酸外切酶的降解,从而延长mRNA的半衰期。此外,帽子结构还可以通过与相应的帽子结合蛋白结合而提高翻译效率,并可参与mRNA细胞核向细胞质的转运。polyA及其结合蛋白可以防止3′核酸外切酶降解mRNA,增加了mRNA的稳定性。如果3′末端缺少polyA,mRNA分子很快被降解。polyA还参与翻译的起始过程,亦有试验证明,mRNA的细胞质定位信号有些也位于3′非翻译序列上。

　　3. mRNA 前体的选择性剪接　真核生物基因所转录出的 mRNA 前体含有交替连接的内含子和外显子。通常状态下,mRNA 前体经过切除内含子序列拼接外显子后成为成熟的 mRNA,并被翻译成为一条相应的多肽链。但是,参与拼接的外显子可以不按照其在基因组内的线性分布次序拼接,内含子也可以不完全被切除,外显子、内含子、5′端和 3′端是否出现在成熟的 mRNA 分子中是可以选择的,这种剪切方式称为选择性剪接(alternative splicing)。选择性剪接的结果是由同一条 mRNA 前体产生了不同的成熟 mRNA,并由此产生了完全不同的蛋白质。这些蛋白质的功能可以完全不同,显示了基因调控对生物多样性的决定作用。例如,大鼠甲状腺肿合成的降钙素(calcitonin)和脑下垂体合成的神经肽(neuropeptide),都是由同一个基因编码,但由于 3′端加尾位点的选择不同,使其 mRNA 的 3′端的编码区不同,导致最终合成的产物也完全不同(图 13-11)。

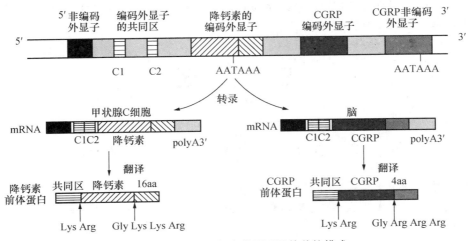

图 13-11　大鼠降钙素基因不同的剪接模式

(程罗根,遗传学,2013)

　　在基因组中,转录现象普遍存在。但令人意外的是,人们所熟知的蛋白编码基因(protein-coding gene)仅占基因组转录产物的 2%～3%,除此之外,还存在大量未知功能转录物,这类产物的绝大多数都没有蛋白编码功能,称为非编码 RNA(non-coding RNA,ncRNA),如微小 RNA(microRNA,miRNA)、长链非编码 RNA(long non-coding RNA,lncRNA)都参与基因表达调控。

　　(五)翻译水平上的调控

　　蛋白质生物合成过程复杂,涉及许多成分。通过调节参与蛋白质合成成分的作用而使基因表达在翻译水平上得到控制。目前发现在翻译水平上的关键调控点是翻译起始阶段。翻译起始的快慢在很大程度上决定着蛋白质翻译的速率。

　　1. 翻译起始的调控　在翻译起始阶段,翻译起始复合物形成之前的各阶段都可以进行调控。如对起始因子活性的调节、甲硫氨酸起始 tRNA(Met-tRNAi^met,具有起始功能,与甲硫氨酸结合后,可以在 mRNA 的起始密码子 AUG 处就位,参与形成翻译起始复合物)与小亚基结合的调节、mRNA 与小亚基结合的调节等。其中磷酸化与去磷酸化修饰是对起始因子活性调节的一种主要方式。

　　(1)起始因子的磷酸化对翻译起始的调节　eIF-2 是蛋白质合成过程中的一种起始因子,主要参与起始 Met-tRNAi 的进位过程,eIF-2α 亚基的活性可因磷酸化(cAMP 依赖性蛋白激酶所催化)而阻碍其正常运行,从而抑制蛋白质合成的起始。如血红素对珠蛋白合成的调节就是通过血红素抑制 cAMP 依赖性蛋白激酶的活化,从而防止或减少了 eIF-2 的磷酸化失活,促进了蛋白质的合成。

　　(2)RNA 结合蛋白对翻译起始的调节　RNA 结合蛋白(RNA binding protein,RBP)是指能够与 RNA 特异序列结合的蛋白质。在基因表达的许多环节都有 RBP 的参与。运铁蛋白受体(transferrin receptor,TfR)和铁蛋白 RNA 翻译调节就是通过 RBP 参与实现的。

(3)mRNA 5′端和 3′端非翻译区结构影响翻译起始过程　与原核生物一样,真核生物中也存在着翻译抑制蛋白。它们可以结合在 mRNA 的 5′非翻译区,抑制某些依赖帽子结构的 mRNA 翻译起始。一些 mRNA 的 3′非翻译区存在一个长约 50 bp 的 5′-AUUUA-3′丰富序列(ARE)区,是 mRNA 快速降解的标志。通过与 ARE 结合蛋白结合,促使 polyA 核酸酶切除 polyA 尾,致使 mRNA 降解,限制翻译起始。因此,含有 ARE 区的 mRNA 通常都不稳定。

2. 翻译后的加工修饰　从 mRNA 翻译成蛋白质,并不意味着基因表达的调控就结束了。直接来自核糖体的线状多肽链是没有功能的,必须经过加工才具有活性。在蛋白质翻译后的加工过程中,还有一系列的调控机制。对新生肽链的水解和运输,可以控制蛋白质浓度在特定部位或亚细胞器保持合适的水平。许多蛋白质在合成后需要进行共价修饰才具有功能活性,如磷酸化与去磷酸化、甲基化与去甲基化等。每一种蛋白质都有自己特定的作用部位,因此,分泌性蛋白信号肽分选、运输与定位也是决定蛋白质发挥生物学功能的重要影响因素。

思　考　题

1. 名词解释:

基因表达　管家基因　反式作用因子　顺式作用元件　操纵子　SD 序列　增强子　沉默子　染色质重塑　基因重排

2. 试说明原核生物中正调控与负调控作用的异同点。

3. 基因表达调控可以发生在转录、翻译等许多不同层次上,请简要说明发生在 DNA 水平上的基因表达调控方式。

4. 简述真核生物与原核生物基因表达调控的异同。

5. 简述转录因子 DNA 结合结构域的主要类型和结构特点。

6. 一个基因如何产生两种不同类型的 mRNA 分子?

第十四章　真核生物的遗传分析

真核生物的遗传物质主要集中在由核膜包围着的细胞核中,DNA 和特殊的蛋白质相结合组装成为染色体。通常一个基因组包括若干个染色体,具有多个复制起点,含有大量的重复序列和很多非编码序列。功能上相关的基因可以位于不同的染色体上,没有明显的操纵子结构,但存在不同类型的基因家族。真核生物基因组同样呈现出不固定性,不仅有基因丢失、扩增与重排,而且转座成分也首先是在真核生物中发现的。

第一节　真核生物基因组

一、基因组的概念

Winkler 在 1920 年首次提出基因组(genome)一词,意为 gene 与 chromosome 的组合。目前在不同的学科中,对基因组含义的表述有所不同。从细胞遗传学的角度来看,基因组是指一个物种的单倍体染色体所携带的一整套基因;从分子遗传学的角度来看,基因组是一个生物物种所有的不同核酸分子的总和;从现代生物学的角度来看,基因组是指一个生物物种结构和功能的所有遗传信息的总和,包括全部的基因和调控元件等核酸分子。

所有真核生物基因组都包含有两部分:一部分是核基因组,存在于细胞核内,并用核膜将其保护起来而不暴露于细胞质中;另一部分是线粒体基因组,其分子通常呈环状,存在于线粒体中。对于植物和其他光合生物还含有第三部分基因组,即叶绿体基因组。

二、真核生物基因组的结构特点

真核生物基因组的结构和原核生物相比有很大的差异,其主要特点为:

(1)真核生物基因组大部分位于细胞核中,一般由多条染色体组成,每条染色体是由 DNA 与蛋白质稳定结合成染色质的多级结构。

(2)每条染色体的 DNA 分子具有多个复制起点,基因内存在不表达的插入序列,即内含子。功能上密切相关的基因集中程度不如原核生物,在真核生物中尚未见到有关操纵子的报道。

(3)存在大量不编码蛋白质的 DNA 序列,如果蝇的基因数估计约为 5 000 个,占基因组 DNA 序列的 10％左右,人的基因数推测为 35 000 个,约占基因组 DNA 的 1％。

(4)真核生物的蛋白质编码基因往往位于基因组 DNA 单拷贝序列中,除单拷贝序列外还存在大量重复序列(repeat sequence),重复序列的拷贝数可高达百万份以上,在人的基因组中至少具有 20 份拷贝的 DNA,可占总 DNA 的 30％左右。

(5)真核生物基因组中,有许多结构相似、功能相关的基因组成所谓的基因家族(gene families)。同一基因家族的成员可以紧密排列在一起,成为一个基因簇,也可以分散在同一染色体的不同的部位上,或位于不同的染色体上。

(6)真核生物除了主要的核基因组外,还有细胞器基因组,而且细胞器基因组对生命是必需的,原核生物质粒 DNA 对细菌生存不是必需的。大多数动物细胞只有线粒体基因组,而植物细胞既有线粒体又有叶绿体基因组,除纤毛虫线粒体以外,其余真核生物的线粒体和叶绿体基因组均为环状的非重复 DNA 序列。

三、基因组大小与 C 值矛盾

真核生物细胞核基因组的大小一般为 10~100 000 Mb(表 14-1)。基因组大小与生物复杂多样性一致,高等生物的基因组比低等生物的要大。但基因组大小是由基因组中基因的数量和重复 DNA 序列的量共同决定的。普遍的原则是:较小的基因组重复序列也偏少,大的基因组则发现有大量的重复衍生物。

表 14-1　基因组大小

(袁建刚译,基因组,2002)

Mb

生物	基因组大小	生物	基因组大小
原核生物		海胆(*Strongylocentrotus purpuratus*)	845
生殖道支原体(*Mycoplasma genitalium*)	0.58	蝗虫(*Locusta migratoria*)	5 000
大肠杆菌(*Escherichia coli*)	4.64	**脊椎动物**	
巨大芽孢杆菌(*Bacillus megaterium*)	30	河豚(*Fugu rubripes*)	400
真核生物		人(*Homo sapiens*)	3 000
真菌		家鼠(*Mus musculus*)	3 300
酿酒酵母(*Saccharomyces cerevisiae*)	12.1	**植物**	
构巢曲霉菌(*Aspergillus nidulans*)	25.4	拟南芥(*Arabidopsis thaliana*)	100
原生动物		水稻(*Oryza sativa*)	565
梨形四膜虫(*Tetrahymena pyriformis*)	190	豌豆(*Pisum sativum*)	4 800
无脊椎动物		玉米(*Zea mays*)	5 000
线虫(*Caenorhabditis elegans*)	100	大麦(*Triticum aestivum*)	17 000
黑腹果蝇(*Drosophila melanogaster*)	140	贝母(*Fritillaria assyriaca*)	120 000
蚕(*Bombyx mori*)	490		

一个单倍体基因组的全部 DNA 含量是恒定的,这是物种的一个特征,通常称为该物种的 C 值。不同物种的 C 值差异很大,最小的支原体只有 10^6 bp,而最大的如某些显花植物和两栖动物可达 10^{11} bp。随着生物的进化,生物体的结构和功能越复杂,其 C 值就越大,例如真菌和高等植物同属于真核生物,而后者的 C 值就大得多。这一点是不难理解的,因为结构和功能越复杂,需要的基因产物的种类越多,也就是说需要的基因越多,因而 C 值越大。

但是这种相关性并不是非常精确的,出现了很多令人不解的现象。一些物种基因组大小的变化范围很窄。鸟、爬行动物、哺乳动物各纲内基因组大小的范围只有两倍的变化。但大多数昆虫、两栖动物和植物的情况却不同,在结构、功能很相似的同一类生物中,甚至在亲缘关系十分接近的物种之间,C 值可以相差数十倍乃至上百倍。突出的例子是两栖动物,C 值小的可以低至 10^9 bp 以下,C 值大的可以高达 10^{11} bp。而哺乳动物的 C 值均为 10^9 bp 数量级。

多年来,生物复杂性和基因组大小之间关系的不确定性被看作是一个难题,所以产生了 C 值矛盾

（C value paradox，又称 C 值悖理）。它表现在两个方面：一个方面是与预期的编码蛋白质的基因数量相比，基因组 DNA 的含量过多；另一个方面是一些物种之间的复杂性变化范围并不大，但是 C 值却有很大的变化范围。实际上答案很简单：复杂程度低的生物中基因组的空间被节省下来了，因为基因紧密包装在一起。1996 年完成的酿酒酵母基因组序列正说明了这一点。如图 14-1 所示，比较 50 kb 的人类基因组区段和酿酒酵母基因组中的一个 50 kb 区段，有以下显著特征：①酿酒酵母比人类基因组区段包含更多基因。酵母三号染色体该区段有 26 个编码蛋白质的基因和 2 个编码 tRNA 的基因，这 28 个基因占该 50 kb 序列的 66.4%。②酿酒酵母基因很少是断裂基因，酵母三号染色体该区段中没有一个是断裂基因。酵母全基因组中仅有 239 个内含子，与高等真核生物相比这是一个很小的数目，高等真核生物中有时一个基因便含有 100 多个内含子。③酿酒酵母全基因组范围分布的重复序列少，酵母染色体基因组范围的重复序列仅占全序列的 3.4%。由此可见，酿酒酵母基因组的组织结构比人类基因组更经济，基因内部因内含子少而结构紧密，基因间因为很少有全基因组范围分布的重复序列和其他非编码的序列而间隔很小。所以各种生物的内含子和重复 DNA 的量的不同是使 DNA 物质的量不同的另一原因，也就是导致 C 值矛盾的原因之一。

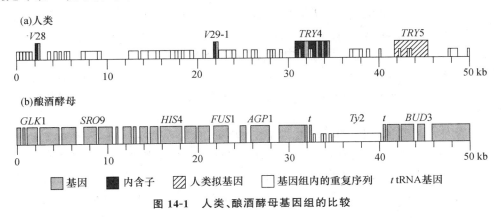

图 14-1　人类、酿酒酵母基因组的比较

细胞核基因组由一系列存在于染色体中的线形 DNA 分子组成。所有被研究的真核生物至少有 2 条染色体且 DNA 分子都是线形的，目前尚无例外。但这一点并无意义，因为从结构这一水平来说，真核生物仅仅是染色体数目的变化，而细胞器和细菌的 DNA 分子结构的多态性要大得多，并且染色体的数目与生物体的生物学特性也并不相关。例如酿酒酵母是相对简单的真核生物，但染色体数目大约是黑腹果蝇的 4 倍。染色体数目与基因组大小也无关（表 14-2）。一些蝾螈的基因组比人类的要大 30 倍，但染色体的数目大约只有人类的一半。这些比较反映了影响不同生物基因组结构进化事件的不均一性。

表 14-2　不同生物的基因组大小和染色体数目

生物种类	基因组大小/Mb	染色体数目/对
酿酒酵母	12.1	16
黑腹果蝇	140	4
人	3 000	23
玉米	5 000	10
蝾螈	90 000	12

四、真核生物基因组 DNA 序列的分类

基因组 DNA 分子可以根据其结构和功能从不同角度分成不同的类别：

1. 基因序列和非基因序列　基因序列是指基因组里决定蛋白质（或 RNA 产物）的 DNA 序列；非基因序列则是基因组中除基因以外的所有 DNA 序列，主要是两个基因之间的插入序列。

2. 编码序列和非编码序列　编码序列指编码 RNA 和蛋白质的 DNA 序列。由于基因是由内含子和外显子组成，内含子是基因内的非蛋白质编码序列，故基因的内含子序列以及居间序列（基因间区）统称为非蛋白质编码序列。

3. 单一序列和重复序列　单一序列是基因组里只出现一次的 DNA 序列，基因序列多半是单一序列，有些基因在基因组内也有不止一个的拷贝数。同时非基因序列也有单一序列，如序列标记位点。重复序列指在基因组中重复出现的 DNA 序列。关于单一序列和重复序列在下一节将会详细介绍。

第二节　真核生物基因组 DNA 序列的复杂性

真核生物基因组的序列组织形式千差万别。如果将双链 DNA 分子加热或用碱处理，其 A-T 和 G-C 碱基对的氢键可以被打开，使双螺旋结构变成单链 DNA 分子，这个过程就是变性（denaturation）。相反，如果慢慢降低温度或使 pH 恢复到接近中性，两条单链又可恢复到双链结构，这个过程叫作复性（renaturation），也称退火（annealing）。复性速率与温度、盐离子浓度等因素有关，对大分子的 DNA 来说，还与 DNA 片段的长度有关。DNA 的变性-复性速率是用于分析高等真核生物基因组中 DNA 重复情况的一种常用方法。

根据 DNA 复性动力学的分析，真核生物的 DNA 序列可以分为单拷贝序列和重复 DNA 序列。所有生物中都有重复序列，在一些生物（包括人）中，重复 DNA 序列是整个基因组的主要成分，在一些多倍体植物中没有非重复的 DNA，至少也有 2～3 个或更多的拷贝。而在螃蟹的基因组中，没有中等重复的 DNA，只有高度重复和非重复的 DNA。在低等真核生物中，没有高度重复的 DNA。

一、重复序列的种类

真核生物基因组序列大致可分为 3 个类型，即单拷贝 DNA 序列、中度重复序列、高度重复序列。

（一）真核生物的单一序列

单一序列（unique sequence）又称非重复序列（nonrepetitive sequence），是指在基因组中只有一个或几个拷贝的 DNA 序列，大多数结构基因都属于这一类，但单一序列并不都执行遗传功能，真核生物基因组中编码多肽链的单一序列仅占百分之几，分散分布于整条染色体或不同的染色体之中，单拷贝基因普遍存在内含子。例如，珠蛋白有 2 条 α 链和 2 条 β 链，人的 α 链基因位于 16 号染色体上，β 链基因则由几个内含子隔开，串联在 11 号染色体上。

不同生物基因组中单一序列所占的比例不同，此类 DNA 序列占整个基因组的 40%～70%，如小鼠基因组中单一序列所占比例为 58%，黑腹果蝇和非洲爪蟾分别占 70% 和 54%。

（二）真核生物的重复序列

真核生物基因组的很大一部分是由一系列紧密相关的非等位 DNA 序列构成，称为 DNA 序列家族（DNA sequence family）或重复 DNA。其中包括有编码功能的基因家族，也包括没有编码功能的重复 DNA 序列家族。编码功能基因家族的有关特点及分类将在第三节中较为详细地介绍，在此首先介绍非编码区的重复 DNA 序列，即基因外的重复 DNA 序列。

除了基因家族外，染色体上还存在大量无转录活性的重复 DNA 序列家族。主要有两种组织形式：一种是串联重复 DNA，成簇存在于染色体的特定区域；另一种是散布的重复 DNA，重复单位并不成簇存在,而是分散于染色体的各个位点上。散布的重复序列家族的许多成员是不稳定的、可转移到基因组的不同位置的元件。

1. 串联重复 DNA 序列　　串联重复 DNA 是真核生物基因组的普遍特征,在原核生物中并不存在。通常这些序列由很短的碱基组成,长度为 2～200 bp。有些高度重复 DNA 序列的碱基组成和浮力密度同主体 DNA 有区别,在浮力密度梯度离心时,可形成不同于主带的卫星带,这种高度重复序列因此被称为卫星 DNA(satellite DNA)。主带的 DNA 片段多由单拷贝顺序组成,GC 含量接近于基因组的平均值,卫星带含有重复 DNA 序列片段,这些片段 GC 含量有赖于其重复序列,故与基因组的平均值不同(图 14-2)。也有一些高度重复序列的碱基组成与总体基因组 DNA 没有明显差异,不能通过浮力密度梯度离心法分离,这些 DNA 序列称为隐蔽卫星 DNA。

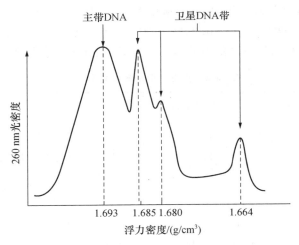

图 14-2　小鼠 DNA 的主带与卫星带

在卫星 DNA 中有一类以少数核苷酸为单位多次串联重复的 DNA 序列,称为可变数目串联重复序列(variable number of tandem repeate,VNTR),是一些重复单位在 11～60 bp,总长度由几百个到几千个碱基组成的串联重复序列。它主要存在于近端粒处,在不同个体间存在串联数目的差异,根据卫星 DNA 重复单位的大小,这些非编码的高度重复 DNA 序列可进一步分为卫星(satellite)DNA、小卫星(minisatellite)DNA、微卫星(microsatellite)DNA 三类(表 14-3),因序列简单,缺乏转录必要的启动子而不具有转录能力。

表 14-3　动物基因组卫星 DNA

种类	总长度	重复单位长度/bp	主要分布
卫星 DNA	100 kb 至数 Mb	5～200	异染色质区
小卫星 DNA	0.1～30 kb	15～70	端粒及其附近
微卫星 DNA	<150 bp	1～6	所有染色体

(1)卫星 DNA　　由串联重复序列组成,一般位于异染色质区,异染色质通常位于着丝粒,表明其在染色体中可能具有某种结构功能,可能与染色体的分离有关。

(2)小卫星 DNA　　以 15～70 个核苷酸为核心序列的串联重复序列称为小卫星 DNA,位于靠近染色体末端的区域,也称端粒小卫星,与染色体结构特征有关,在真核生物染色体末端 DNA 复制中有重要的功能。除了端粒小卫星,一些真核生物基因组还含有其他小卫星 DNA,其中有许多并非全部靠近染色体末端,这些小卫星 DNA 的功能还不清楚。

（3）微卫星 DNA　以 1～6 个核苷酸为核心序列的串联重复序列称为微卫星 DNA。是由更简单的重复单位组成的小序列，分散于整个基因组，大多数重复单位是二核苷酸，也有少量含有三核苷酸和四核苷酸的重复单位。

2. 散布的重复 DNA 序列　在高度分散的重复 DNA 家族中含有少量转座元件，根据其大小不同，可分为短散布核元件（short interspersed nuclear element，SINE）和长散布核元件（long interspersed nuclear element，LINE）。

SINE 含有一个反转录酶样基因，可能参与反转录过程，其重复单位的长度为 300～500 bp，拷贝数可达 10^5 以上，比较典型的 SINE 是人类及哺乳动物的 Alu 家族（Alu family）（表 14-4）。在其他哺乳动物中也有类似的序列，如鼠的 B1 家族。Alu 家族成员众多，大约有几十万个，平均每 6 kb 就有一个，每个长度约 300 bp，在其序列中有 ACCT 序列，可被限制性内切核酸酶 *Alu* Ⅰ所切割，所以得名。Alu 家族的各个成员之间有很大的同源性，从 Alu 家族序列的长度和重复频率上看，Alu 序列更像高度重复序列，但它们不同于高度重复序列的串联集中分布，而是广泛地分布在非重复序列之间。

表 14-4　人类主要的散布重复序列

种类	重复单位大小	拷贝数
Alu 家族	280 bp	700 000～1 000 000 个
LINE-1 家族	全长 6.1 kb，平均长度 1.4 kb	60 000～100 000 个
MER 家族	几百 bp	共 100 000～200 000 个，每个家族 200～10 000 个
THE-1 家族	2.3 kb	10 000 个
HERV/RTLV 家族	全长 6～10 kb	几千个

LINE 没有反转座酶但仍能转座，可能是"借用"其他反转录元件合成的反转座酶，其重复单位长度为 5 000～7 000 bp，重复次数为 10^2～10^5 次。如人类的 Kpn Ⅰ家族（Kpn Ⅰ family）和哺乳动物的 LINE-1 家族。人类基因组的 Kpn Ⅰ家族的拷贝数为 300～4 800 个，散布于整个基因组，所占比例为 3%～6%，其重复单位序列用限制性内切酶 *Kpn* Ⅰ酶切，可得到 4 种长度不同的 DNA 片段，分别为 1.2、1.5、1.8 和 1.9 kb。哺乳动物的 LINE-1 家族是由 RNA 聚合酶Ⅱ转录的，在基因组中约 6 万个拷贝，长约 6 500 bp，属于转座子。

二、DNA 序列分析方法

在分子生物学研究中，DNA 的序列分析（DNA sequencing）是进一步研究和改造目的基因的基础，它是在核酸的酶学和生物化学的基础上创立并发展起来的一项重要的 DNA 技术。快速有效的 DNA 测序方法于 20 世纪 70 年代中期建立，两种不同的方法几乎同时发表：一种方法是 1977 年由美国哈佛的 A. M. Maxam 和 W. Gilbert 发明的化学降解测序法（chemical degradation sequencing），另一种方法是同年英国剑桥的 F. Sanger 等推出的双脱氧链末端终止法（chain termination method）。这两种方法在原理上不同，但都是根据核苷酸在某一固定的点开始，随机在某一个特定的碱基处终止，产生 A、T、C、G 四组不同长度的一系列核苷酸，然后在尿酸变性的聚丙烯酰胺凝胶（PAGE）上电泳进行检测，从而获得 DNA 序列。目前根据 Sanger 测序法原理改良和发展的 DNA 测序方法得到了广泛的应用。

（一）双脱氧链末端终止法（Sanger 测序法）

1977 年 F. Sanger 等发明的利用 DNA 聚合酶和双脱氧链终止物测定 DNA 核苷酸序列的方法获

得了 1980 年诺贝尔化学奖。双脱氧链末端终止法要求使用一种单链的 DNA 模板和一种适当的 DNA 合成引物,DNA 聚合酶能利用单链的 DNA 作模板准确地合成出 DNA 互补链,由于 2′,3′-双脱氧核苷酸(ddNTP)能够取代脱氧核苷酸(dNTP),而 ddNTP 没有 3′-羟基,寡核苷酸不能继续延伸,于是便发生链合成终止效应。若同时用 4 种双脱氧核糖核苷酸(ddATP、ddCTP、ddGTP、ddTTP)设计 4 种反应体系,可使寡核苷酸分别终止于不同位置的 A、T、G、C 上,这样将得到一系列的只相差 1 个核苷酸的 DNA 产物,将 4 种反应产物分别在高分辨率变性聚丙烯酰胺凝胶电泳中于相邻的加样孔进行电泳分离,通过放射自显影或银染等方法读出 DNA 的序列,如图 14-3 所示,一般可以测定 300~1 000 个碱基。

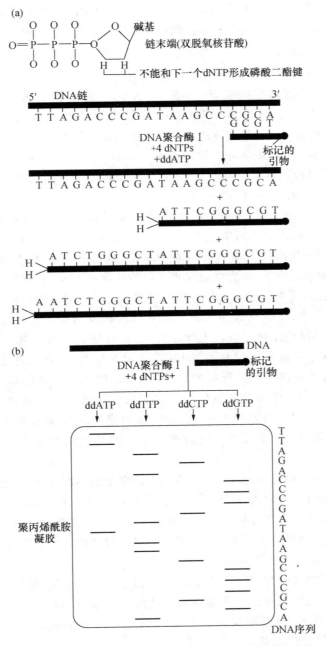

图 14-3　双脱氧链末端终止法 DNA 序列分析原理示意图

（二）化学降解法

1977 年，A. M. Maxam 和 W. Gilbert 建立的通过化学降解测定 DNA 序列的方法也于 1980 年获得诺贝尔化学奖。这一方法是利用末端标记使待测 DNA 带放射性，然后利用不同的化学药品使 DNA 分别在特定的碱基处被修饰断裂，分析待测的 DNA 模板既可以用双链也可以用单链 DNA。具体而言，用放射性标记目的 DNA 片段的一端，且将标记后的 DNA 分成四份，用不同的化学试剂进行四种特定的裂解反应，每种反应只断裂某一种或某一类碱基（如嘌呤），从而产生 4 种起始于放射性标记末端的不同长度的标记分子，后经变性聚丙烯酰胺凝胶电泳分离各组不同大小的 DNA 片段，根据放射自显影中反应的特定断裂位置，读出 DNA 序列。

化学法与双脱氧法不同，双脱氧是合成新的 DNA 链，而化学法则是降解原来的 DNA 链；双脱氧法每组测序可测得 500～700 个核苷酸序列，而化学法则可测得 250 个核苷酸序列。

（三）测序方法的改良与发展

在大量的 DNA 片段的序列测定中，例如人类基因组的 30 亿碱基对的序列测定，运用上述方法要花费很长时间，为适应大规模测序的需要，高速 DNA 测序技术在不断发展。"人类基因组计划"（human genome project）的实施，有力地推动了高速 DNA 测序技术的发展。

基于经典的 Sanger 双脱氧链末端终止法改进和发展起来的技术有：

1. DNA 测序的自动化　美国应用生物系统公司（Applied Biosystem）于 1987 年，继化学法和 Sanger 酶法问世整整十年以后，推出了自动 DNA 序列测定仪（370 A 和 373 A 型），近十多年又推出了更为高效的 ABI377 及 ABI3100 全自动序列分析仪。20 世纪 90 年代初，欧洲分子生物学实验室（EMBL）与瑞典 Pharmacia-LKB 公司也联手推出了最新型的全自动激光序列分析仪（Automated Laser Fluorescent Sequencer，A. L. F），完成了 DNA 序列测定的又一次重大突破。

两种自动测序仪的原理仍沿用 Sanger 等建立的双脱氧链末端终止法，其主要技术进展在于以荧光标记取代放射自显影或银染的方法，该方法也采用 4 种双脱氧核苷酸，分别加上不同的荧光素，当接受光照时就会发出不同颜色的荧光。同人工的方法一样首先进行 4 个反应，随后将 4 个反应液混合在凝胶的同一泳道上进行电泳，在凝胶背部安装一个可以用来发射激光束的分析仪，那么短核苷酸片段所发出的荧光将被分析仪检测到并被输入计算机中，对所得到的结果进行分析。发出的荧光为蓝色，就意味着该短核苷酸序列的末尾碱基是 ddCTP，该碱基则为 C；绿色意味着末尾的碱基是 A，黑色为 G，红色为 T。按顺序将核苷酸进行排列，就得出了该序列的核苷酸组成（图 14-4）。同时计算机可以打印出所记录的一条荧光带纹和颜色以及它们所代表的相应的碱基组成。该方法既经济又简便、省力，1 个柱子在不到 3 h 内能产生 600～800 bp 的序列。目前推出的含有 384 道分离柱的自动测序仪 Sequenator，从理论上讲能在数小时内产生 200 kb 以上的原始 DNA 序列，极大地提高了基因组测序工作的效率。

2. DNA 测序的新方法　除经典的测序方法在技术环节上的不断改进外，近年来发展了一些全新的 DNA 测序方法，如毛细管凝胶电泳法、阵列毛细管凝胶电泳法、超薄层凝胶板电泳法以及不用电泳分离的直接测序技术，如杂交法、质谱法、原子探针法、流动式单分子荧光检测法等。光检测法 DNA 测序技术的发展，为深入了解遗传物质提供了条件。它的发展必将推动生命科学的进步。这也说明，物理学技术与生物学研究的结合具有广阔的发展前景。

近年来，测序技术有了突破式的发展。第二代测序技术以其高通量、低成本的特征在生物和生命科学研究中被广泛利用。第二代测序技术也称为新一代测序技术（next generation sequencing），主要代表有 Solexa 测序、454 测序、Solid 测序技术等。而以单分子测序为特征的第三代测序技术也在不断发展中，为基因组测序的发展提供工具。

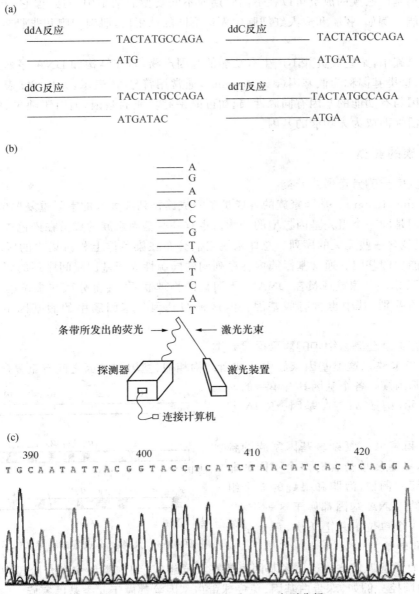

图 14-4　自动化的双脱氧法 DNA 序列分析

(a)引物延长反应的产物按手工法进行凝胶电泳,4 种双脱氧核苷酸分别用不同荧光分子标记,使之发出不同颜色的光　(b)电泳和确定带纹。各种引物延长反应的产物通过凝胶电泳被分开,每一条带依据荧光标记发出一定颜色的光,如黑色为 ddG、蓝色为 ddC、绿色为 ddA、红色为 ddT,激光探测器分析荧光颜色,计算机将信息转换成碱基序列并贮存下来　(c)自动 DNA 序列分析试验的打印结果。不同颜色的峰代表每一条带的荧光强度

第三节　基因家族

基因家族(gene family)指在真核生物基因组中来源相同、结构相似、功能相关的串联排列在一起的基因。同一个基因家族中的成员可以紧密地集中在一处,中间常以中度重复序列相间隔,可集中在同一条染色体上,也可分布在不同的染色体上。

虽然一个结构基因家族的成员可以在不同时期或不同类型的细胞中表达,但它们通常相互关联甚至具有相同的功能。例如,胚胎和成人红细胞中表达不同的珠蛋白,肌肉细胞和非肌肉细胞中利用不同的肌动蛋白。

在多数基因家族中,某些成员并不产生有功能的基因产物,但在结构和 DNA 序列上与相应的活性基因具有相似性,这类基因称为假基因(pseudogene),通常用符号 Ψ 表示,如用 $\Psi\beta$ 表示与 β 基因相似的假基因。假基因与有功能的基因有同源性,起初可能是有功能的基因,但由于缺失、倒位或突变等原因使该基因失去活性而成为无功能的基因。

一、基因家族的类型

(一)根据家族成员的分布形式分类

1. 基因簇(gene cluster) 基因家族的各成员紧密成簇排列成大段的串联重复单位,定位于染色体的特殊区域。它们是同一个祖先基因扩增的产物。也有一些基因家族的成员在染色体上的排列并不十分紧密,中间可能包含一些无关的序列。总体来说它们分布在染色体上相对集中的区域。基因簇中也包括没有生物功能的假基因。通常基因簇内各序列间的同源性大于基因簇间序列的同源性(图14-5)。

2. 散布的基因家族 家族成员在 DNA 上无明显的物理联系,甚至分散在多条染色体上。各成员在序列上有明显的差别,其中也含有假基因。但这种假基因与基因簇中的假基因不同,它们来源于 RNA 介导的转座。

(二)根据基因家族在基因组中的复杂程度分类

1. 简单多基因家族 这类基因家族中的基因结构相似,基因与基因之间有重复序列隔开,在基因组中分散成多个基因簇。各个基因具有单一的非转录区和转录单元,例如,rRNA 基因、tRNA 基因等。

2. 复杂多基因家族 复杂多基因家族的各个成员并不相同,各重复单位含有多个不同的非转录区和转录单元。例如,海胆和果蝇的 5 个组蛋白基因及果蝇的 tRNA 基因都属于这一类型。组蛋白基因作为一个单位重复上千次,每个基因单独地按一定方向转录。

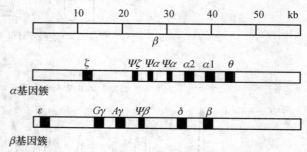

图 14-5　人类类 α 珠蛋白和类 β 珠蛋白基因家族

3. 发育调控的多基因家族 这类多基因家族在不同组织、细胞类型和发育阶段中,其表达情况不同,受发育基因的调控。例如,珠蛋白基因、免疫球蛋白基因等都属于此类基因家族。

(三)根据基因家族成员之间序列相似的程度分类

1. 经典的基因家族 家族中各基因的全序列或至少编码序列具有高度的序列同源性,例如 rRNA 基因家族和组蛋白基因家族,各成员之间有极高的序列同源性。这是因为在进化过程中,家族成员有自动均一化的趋势。它们的特点是:①各成员间有高度的序列一致性,甚至完全相同;②拷贝数多,常有几十个甚至几百个;③非转录的间隔区短而且一致。

2. 基因家族各成员的编码产物具有大段的高度保守氨基酸序列 这对基因发挥功能是必不可少的,这些基因家族的各基因中有部分十分保守的序列,但家族成员间总的序列相似性却很低。

3. 基因家族各成员的编码产物之间只有一些很短的保守氨基酸序列 从 DNA 水平上看,这些基因家族的成员之间的序列同源性更低,但其基因编码产物具有相同的功能,因为在蛋白质中存在发挥生物功能所必不可少的保守区域。

4. 超基因家族(gene superfamily) 家族中各基因序列间没有同源性,但其基因产物的功能相似。蛋白质产物中虽没有明显保守的氨基酸序列,但从整体上看却有相同的结构特征。如免疫球蛋白家族。

二、基因家族的特点

不同基因家族具有不同的特点,在此分别作一概述。

(一)tRNA 基因家族

tRNA 基因平均长度约 140 bp,是一类小分子的基因,在基因组中的拷贝数可达 10 个至数百个。基因之间是串联重复排列的,各重复单元中的 tRNA 基因可以不相同。例如,在非洲爪蟾等生物中,不同的 tRNA 基因串联重复在一起,基因之间的间隔区较大,在一个 3.2 kb 的重复单元内有 2 个 tRNA^{met} 基因和 6 个其他的 tRNA 基因,重复次数达 200 次。

(二)rRNA 基因家族

rRNA 基因家族属于简单多基因家族,有转录活性,重复程度为中等,且在不同生物中有差异(表 14-5),在高等真核生物中,rRNA 基因有 18S、5.8S、28S、5S 等 4 种,被转录的间隔区隔开,形成一个约 7 500 bp 的转录单位。而 5S rRNA 基因是独立的串联重复基因,每个重复单元由 5S 基因和非转录区组成。

表 14-5　不同生物 rRNA 和 tRNA 基因的拷贝数

物种	18S 和 28S 基因	5S 基因	tRNA 基因
大肠杆菌	7	7	60
酵母	140	140	250
果蝇	150(♂),250(♀)	165	850
非洲爪蟾	450	24 000	1 150
人	280	2 000	1 300

高等真核生物的 rRNA 基因集中分布在一条或几条染色体中,在单倍体中的数目因物种的不同而异,在少于 50～10 000 个拷贝的范围内变动。例如,人的 rRNA 基因家族有 50～200 个拷贝,集中分布在 5 条染色体上,出现在细胞核的核仁区之中。

(三)组蛋白基因家族

高等真核生物含有 3 类组蛋白基因:①$H2A$、$H2B$、$H3$、$H4$、$H1$ 基因,这些基因在细胞分裂的 S 期中表达,与 DNA 和染色体的复制有关;②与 DNA 和染色体的复制无关的组蛋白基因,主要存在于不分裂的、已完全分化的细胞或组织中;③组织专一性的组蛋白基因,例如,红细胞中的专一的 $H5$ 组蛋白基因。后两种组蛋白基因是单拷贝的,mRNA 有 3′-polyA 尾。组蛋白基因家族是指第一类组蛋白基因。

组蛋白基因家族的重复数目因不同生物种类而异,与基因大小无关,组蛋白基因有两个明显的特点:一是组蛋白基因缺乏内含子,二是组蛋白基因的 mRNA 没有 3′-polyA 尾巴。这两个特点使组蛋白基因能很快地转录,并将产物运输到细胞质中。

(四)珠蛋白基因家族

珠蛋白基因家族是最早发现和研究得最多的基因家族之一。动物中的血红蛋白分子是珠蛋白的四聚体,由 2 个 α 亚基和 2 个 β 亚基组成。这些亚基的基因以基因家族的形式排列,即 α 家族包括 1 个活性 ξ 基因、1 个 ξ 假基因、2 个 α 基因和 2 个 α 假基因,集中在 28 kb 的区域内;β 家族包括 1 个 ε 基因、2 个 γ 基因、1 个 δ 基因、1 个 β 基因、1 个 Ψβ1 假基因,集中在 50 kb 的区域内。

α 和 β 型珠蛋白基因(图 14-6)在生物个体不同发育阶段表达的情况不同,首先表达的是胚胎期表达的基因,然后依次表达的是胎儿期基因、成年期基因。它们在染色体上的排列顺序与表达的顺序一致。

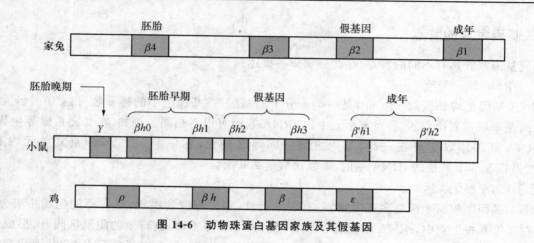

图 14-6　动物珠蛋白基因家族及其假基因

第四节　遗传标记

遗传标记是指可识别的等位基因或 DNA 片段。它具有 2 个基本特征：①遗传性，即遗传标记要能够从上一代传递给下一代；②可识别性，作为遗传标记要能够观察得到，或可以用物理、化学、生物的方法测定。但随着遗传学和育种学的不断进步，特别是基因概念的不断发展，遗传标记的内涵和外延都在不断变化。

一、遗传标记的概念和类型

19 世纪中叶，孟德尔利用豌豆的 7 对形态遗传标记研究性状间的相互关系，提出了生物性状遗传的分离规律和自由组合规律。20 世纪初，摩尔根根据果蝇的形态遗传标记和细胞遗传标记与性别的相关性，发现了连锁与交换规律，并证实了染色体是基因的载体。随后由于生理学和生物化学的发展并同遗传学结合，出现了红细胞血型、蛋白质多态性、酶多态性等各种生化遗传标记。20 世纪 70 年代以后，随着分子遗传学技术的发展，遗传标记由形态、细胞、生化扩展到分子水平上的标记，如 RFLP 标记、RAPD 标记、DNA 指纹等 DNA 标记。可见，遗传标记主要有形态遗传标记、细胞遗传标记、生化遗传标记和分子遗传标记等 4 种（图 14-7）。

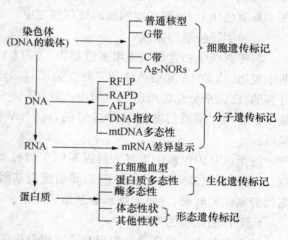

图 14-7　各种遗传标记的分子基础及关系

（一）形态遗传标记

动物的形态遗传标记是一种可观察到的特定外部特征，影响它们的基因及其在染色体上的位置大部分已清楚，这些标记可作为动物品种或类型起源、演化及分类研究的标记。在动物中，这种标记很多，并且仍然在发展，主要的有毛色遗传标记和体态特征遗传标记。

（二）细胞遗传标记

染色体是遗传物质（基因）的主要载体，细胞遗传标记主要是指染色体数目、形态及带型的标记。染色体的这些标记反映了物种的特征，目前已被广泛应用于动物遗传育种研究及动物生产实践中。细胞遗传标记通常是由染色体多态性反映其标记,染色体多态性(chromosomal polymorphisms)主要是指正常畜群中经常见到的多种染色体结构和形态的微小变异,如某些带纹的大小、着色强度的差异等,一般具有下述特征:①主要表现为两条同源染色体的形态或着色方面的不同;②按孟德尔方式遗传,在个体中是恒定的,在群体中是变异的;③集中表现在某些染色体有高度重复DNA结构的异染色质所在的部位;④通常不具有明显的表型或病理学意义。动物的染色体数目和结构在第一章中已作了论述,本节仅对作为遗传标记的各种带型进行讨论。

染色体带是指染色体标本经过某种特殊的处理或特异的染色后,其上显示出一系列连续的明暗或深浅不同的带纹或标记。根据构成染色体亚显微结构的不同,染色体带可划分为异染色质带、变动带、核仁组织区(NOR)、动粒带等4类(表14-6)。

表14-6　染色体带的分类

带的类别	常见带	其他带
异染色质带	C带	Q带、N带、DAPI带
变动带	G带、Q带、R带	T带、荧光带
核仁组织区(NOR)	Ag-NORs带	N带
动粒带	C_4带	银染带、免疫荧光带

在家畜染色体中,含有高度重复DNA结构的异染色质通常集中在着丝粒、随体、次缢痕和Y染色体的长臂,因而染色体多态性也常常在这些部位表现。

Ag-NORs多态性:动物染色体核仁组织区(nucleolar organizer regions,NORs)存在多态性,这种多态性最初是在猪中发现的,NORs一般用银染法显示出来,所以常用Ag-NORs表示。通常每个细胞显示的Ag-NORs数目变动在1~4之间。猪的Ag-NORs多态性有两类:一类是大小差异,另一类是数目和分布的差异。

Y染色体多态性:动物的Y染色体具有多态性,这一情况已在猪、牛、羊等中有报道。

猪的Y染色体长臂带型有明显差异,在我国地方猪种中,香猪、八眉猪、滇南小耳猪、二花脸和枫泾猪的Y染色体长臂有1~2条带,民猪、内江猪、荣昌猪和成华猪无带纹。国外猪种中,瑞典长白、拉康白、杜洛克群体无带纹,而丹麦长白、巴克夏猪有带纹。

羊的Y染色体多态性主要表现在相对长度的差异上,对波兰3个绵羊品种及我国4个品种的调查表明,Y染色体的相对长度在品种间差异显著。

牛的Y染色体有明显的形态变异。美洲野牛、瘤牛及瘤牛型黄牛的Y染色体为近端着丝粒,而其他野牛、牦牛和普通牛型黄牛为中央或亚中央着丝粒。

C带多态性:C带反映的是着丝粒异染色质的构成,因而在动物中存在广泛的多态性。在家畜中研究较多的是猪的C带多态性。家猪的C带多态性可以分为以下两类:一类是同源染色体间C带大小的差异;另一类是不同对染色体间C带大小的差异和同一对染色体C带大小在不同品种和个体间的差异。一般猪的13~17号和Y染色体显示大C带,而其余染色体多为中等或小C带,这些差异具有品种和个体特征。在牛、羊等家畜中,也有少数几例关于C带的报道。

染色体脆性位点(fragile sites):染色体脆性位点表现为在体外暴露于叶酸胆碱素类(folate antagonists)和溴脱氧尿嘧啶核苷(bromodeoxyuridine,BUdR)-Hoechst 33258(蓝色荧光染料)而诱导在淋巴细胞染色体中表达,脆性位点呈等显性遗传。这是首先在人染色体研究中发现的,已有几例有关家猪脆性位点的报道。

(三)生化遗传标记

在动物中,生化遗传标记主要是指各种血型性状,包括免疫遗传标记和蛋白质型遗传标记两种。血型(blood groups)有狭义血型和广义血型之分。广义血型是指由遗传决定的各种血液特性,主要有两大类:一类是以细胞膜抗原结构为特征的红细胞抗原型和白细胞抗原型,另一类是以蛋白质化学结构微小差异为特征的蛋白质多态性和同工酶。狭义血型是指能用抗体加以分类的红细胞抗原型。血型是一种稳定的遗传标记性状,是严格按照孟德尔的遗传方式传递的,它可以终身保持不变,不受环境条件影响,不存在性别间的差异。但血型和血型频率在物种、品种及个体间是不同的,可以作为品种的一种特征。对于血型和蛋白质型的遗传在第十二章已有详细介绍。

(四)分子遗传标记

分子遗传标记一般是指以 DNA(或 RNA)多态性为基础的遗传标记,因而又称为 DNA 标记(DNA markers)。1953 年 Watson 和 Crick 提出了 DNA 分子的双螺旋结构模型,圆满地解释了 DNA 就是基因的实体,建立了分子遗传学,基因的概念得到了进一步的发展,从而使直接利用 DNA 分子中核苷酸序列的变异作为遗传标记成为可能。特别是在 20 世纪 70 年代中期,DNA 重组技术的出现加快了分子遗传标记的研究和应用,产生了 RFLP、DNA 指纹、RAPD、STR 标记、SNPs 标记、线粒体 DNA (mtDNA)标记、mRNA 差异显示等众多分子遗传标记。(表 14-7)

表 14-7   几种常用分子遗传标记的比较

比较内容	RFLP	RAPD	AFLP	小卫星 DNA	微卫星 DNA
核心技术	电泳和分子杂交	电泳和 PCR	电泳和 PCR	电泳和分子杂交	电泳和分子杂交
多态性水平	低	中	高	高	高
技术难度	高	低	低	高	低
可靠性	高	中	高	高	高
遗传特性	等显性	显性	等显性/显性	显性	等显性
要求 DNA 质量	高	低	低	高	低
检测基因组部位	单一序列区	整个基因组	整个基因组	重复序列区	重复序列区
探针	单一序列	随机引物	专一引物	专一引物	DNA 短片段
费用	中	低	高	中	中
发现者及年代	Botstein 等,1980	Williams 等,1990	Zebeau 等,1993	Jeffreys 等,1985	Jeffreys 等,1985

(1)RFLP 标记   限制性片段长度多态性(restriction fragment length polymorphisms,RFLP),是指用限制性内切酶酶切不同个体基因组 DNA 后,含同源序列的酶切片段在长度上的差异。这类标记的主要优点是稳定性好,数量多,呈共显性,不受年龄、性别、基因产物的影响,但这类 DNA 标记一般只能检测 1 个位点,绝大多数表现为 2 态或 3 态,多态信息含量低,只有 0.2 左右。

(2)RAPD 标记   随机引物扩增多态性 DNA(random amplified polymorphic DNA,RAPD)标记,是利用一系列(通常数百个)不同碱基排列顺序的寡聚核苷酸单链(通常为十聚体)为引物,对所研究的基因组 DNA 进行扩增以获得多态性 DNA 片段。RAPD 建立在 PCR 基础之上,继承了 PCR 的优点,又具有其自身的特点:①无须专门设计引物,RAPD 分析中采用的是随机引物,可以对缺乏分子生物学研究资料的物种进行 DNA 多态性分析;②在每个 RAPD 反应中仅通过一个引物在两条 DNA 互补链上的随机配对实现扩增;③在最初的反应周期中,退火温度较低,一般为 36℃,一方面保证了短核苷酸链引物与模板的稳定配对,另一方面允许适当的错误配对,扩大引物在基因组 DNA 中配对的随机性,提高对基因组 DNA 分析的效率。RAPD 标记能检测到多个基因位点,多态信息含量变化大(0.2～0.9),但其标记结果的稳定性和重复性常受试验条件的影响。

(3)DNA 指纹标记   Wyman 和 White 在 1980 年研究人的基因组文库时,发现了一个序列高变区

(hyper variable region，HVR)，研究表明这些高变区在真核生物基因组中普遍存在，这些高变区被称为小卫星(minisatellite)，也称为可变数目串联重复序列(variable number of tandem repeat，VNTR)。与人的指纹相似，表现出高度的个体特异性，且以孟德尔方式稳定地遗传和分离，故称为 DNA 指纹(DNA fingerprint)。小卫星 DNA 标记的多态性信息含量高，在 0.7～0.9 之间，缺点是数量有限，在基因组中的分布不均匀。

(4)微卫星 DNA   微卫星 DNA(microsatellite DNA)又称为简单重复序列(simple sequence repeat，SSR)或短串联重复序列(short tandem repeat，STR)，是以 1～6 bp 为重复单位组成的高度重复序列，在染色体上呈随机分布，由于重复次数和重复程度的不同，造成了每个基因位点的多态性。微卫星 DNA 标记是共显性的遗传标记，具有丰富的多态性、较高的杂合度，在整个基因组上的分布广泛、均匀，数量充足，特异性强，可重复性好。

(5)线粒体 DNA 标记   线粒体 DNA(mitochondrial DNA，mtDNA)是高等动物唯一的核外遗传物质，是一种 16.5 kb 的双链环状分子，其遗传方式为母性遗传，比核 DNA 具有更高的进化速度。造成 mtDNA 多态性的原因主要是碱基取代、长度变化和序列重排，因而可以用限制性酶切技术直接探查 mtDNA 的多态性。通过对 mtDNA 多态性的分析，可以了解群体的遗传结构、基因流动及系统发育等方面的情况。将 mtDNA 作为动物进化、起源的分子标记研究的同时，可以开展它与动物某些呈母性遗传的性状间的关系及杂种优势预测方面的研究。

(6)SNPs 标记   单核苷酸多态性(single nucleotide polymorphism，SNP)，是基因组内 DNA 中某一特定核苷酸位置上存在转换、颠换、插入、缺失等变化，通常只是一种二等位基因(biallelic)的遗传变异，而且其中等位基因在群体中的频率不小于 1%，基因组中 SNP 位点分布密度大，几乎遍布于整个基因组，约平均 1 000 bp 就会出现 1 个 SNP 标记，遗传距离为 2～3 cM；某些位于基因内部的 SNPs 有可能直接影响蛋白质结构或表达水平，因此有可能代表疾病遗传机理中的某些作用因素。SNPs 标记的高密度和稳定遗传的特性弥补了信息量上的不足。

(7)mRNA 差异显示   mRNA 差异显示技术是一种基于 RNA 指纹的分析方法。动物细胞基因组的染色体 DNA 总长度大约有 3 万 $\times 10^9$ bp，基因总数为 3 万～12 万个，它们在个体发育的不同阶段、不同组织和细胞中是按时空进行有序表达的。在一定发育阶段的某一类型细胞中，则只有 15% 左右的基因得以表达，产生出大约 15 000 种不同的 mRNA，即存在着基因的差异表达。畜禽不同品种、品系和个体间生产性能、抗病力及对外界环境的适应性等方面的差异，不管这些性状是由单基因控制的，还是由多基因控制的，本质上都是由于基因表达的改变造成的。因此，研究不同品种、品系和个体间的基因表达差异，即 mRNA 种类的差别，对动物遗传育种具有重要的意义。目前 mRNA 差异显示技术已应用于寻找 RNA 分子遗传标记、鉴定和克隆新基因、研究基因的表达调控等方面。

从动物遗传育种的角度来讲，理想的遗传标记应满足以下几个条件：①具有丰富的遗传多态性；②与目标性状有紧密的连锁；③简单的遗传方式，经济方便，容易检测，能鉴别出纯合基因型与杂合基因型，或是高遗传力的数量性状；④能在生命的早期表现出来，且终身不变。比较而言，在上述 4 种遗传标记中，分子遗传标记是最能满足这些条件的一种分子标记。

二、遗传标记的应用

遗传标记是一种工具，在动物遗传育种中的应用范围极广，几乎涉及动物遗传育种的所有领域。各种动物的毛色和体态遗传标记反映物种内不同品种的鲜明特征，与品种的生态特点和适应性有一定关系。

(一)畜禽的亲子鉴定

亲子鉴定不仅在法医上有特殊的用途，对动物同样重要，在 DNA 方法建立之前，主要是通过辨认血型和蛋白质型等传统的方法进行亲子鉴定，大体上有标准抗血清法、多价抗血清法、电泳区分蛋白质型法等 3 种方法,但这些标记因变异性小、准确性差而使应用受到限制。DNA 指纹法具有高度的专一性,能清晰地显示动物的父本、母本的遗传信息,在亲子鉴定中得到广泛应用。微卫星 DNA 位点数多,多态信息丰富,杂合度高,多个微卫星位点可以联合分析,且易于自动化和标准化,这些特点使其在动物个体亲缘鉴定中具有优势。

(二)构建动物的遗传图谱

遗传图谱(genetic map)的构建是基因组系统研究的基础,是动物遗传育种的依据。构建遗传图谱的基本步骤如下:选择用于作图的合适的遗传标记,根据遗传材料的多态性,确定用于产生作图群体的亲本组合;培育具有大量处于分离状态遗传标记的分离群体(segregated population);作图群体中不同个体或品系标记基因型的确定;标记之间连锁群的构建。许多遗传学家利用形态标记、生化标记和传统的细胞遗传学方法,为构建遗传图谱进行了大量的工作,并取得了一定的进展,但由于形态标记和生化标记数目少,在分子标记出现前,大多数的物种还没有一个较完整的遗传连锁图谱。当前利用分子标记构建遗传图谱具有方便、快速、密度大等特点,已相继建立了许多动物的 RFLP、RAPD、DNA 指纹、微卫星 DNA、SNPs 标记等遗传图谱。

(三)动物基因定位

基因定位(gene mapping)包括将基因定位于某一特定的染色体上,以及测定基因在染色体上线性排列的顺序与距离两方面的内容。数量性状是由微效多基因控制的,基因数目多,而单个基因对性状的影响微小,传统数量遗传学无法识别单个基因的效应,也无法对这些基因进行定性研究,更谈不上分离、克隆和定位。分子数量遗传学理论和技术的发展及其在育种中的应用,可以利用 DNA 标记将控制动植物某一数量性状的微效多基因剖分为不同的 QTL,将它们一一定位于染色体上,并进一步分析各 QTL 的效应及互作关系。如黑白花奶牛中,用微卫星 DNA 标记进行定位分析,发现第 9 号染色体上有一个显著提高产奶量的 QTL,6 号和 20 号染色体上各有一个降低乳脂率和乳蛋白率但能使产奶量增加的 QTL,第 1 号和第 10 号染色体上分别有影响奶成分的 QTL;猪的 4 号染色体上有控制生长率和背膘厚的 QTL;羊的 18 号染色体上有影响瘦肉率和饲料利用率的 QTL 等。

(四)动物的标记辅助选择

在动物育种中,科学的早期选种是应用相关原理或根据基因型,在种畜幼龄时期即对其尚未表现的重要经济性状进行选择。长期以来,数量遗传学和动物育种的理论和方法都建立在微效多基因的假说之上,仅以个体或者亲属的表型值(phenotypic value)进行个体选择并不十分可靠,必须借助于遗传标记来辅助选择。在分子标记出现之前,细胞遗传标记、生化遗传标记以及免疫遗传标记在该领域的应用主要包括:用血浆蛋白多态性预测鸭的交配结果;用酶等生化遗传标记辅助建系;将血液的碱性磷酸酶(AKP)多态性作为选择产蛋量的参考;将染色体 Ag-NORs 的多态性作为育肥性能的参照;把酪蛋白等奶蛋白、血清中的代谢产物(包括总蛋白、白蛋白、碱性磷酸酶、尿素、葡萄糖、脂肪酸)以及某些激素(如血液中生长素、胰岛素、甲状腺素、胎儿胎盘激素等)作为产奶量的标记等。上述遗传标记虽然对动物的选种选育有一定的价值,但是因为它们与相关经济性状遗传位点的关系尚不清楚,故其可靠性不高。而DNA 水平上的标记恰好可以解决此问题。DNA 标记具有其他遗传标记不具备的许多优点:利用它可以对 QTL 进行标记或连锁分析,可以直接对基因型进行选择,提高选择的准确性;可以进行早期选择,缩短世代间隔;在两种性别中可对任何性状进行选择,提高了选择效率;可以结合不同品种的优良性状。

由于重要经济性状大多数是数量性状,而目前能够定位的数量性状基因又有限,将 DNA 标记辅助选择代替常规选择也是不理智的。分子数量遗传学原理,以及大量的计算机模拟结果表明,只有将DNA 标记辅助选择与常规的育种选择结合起来,动物遗传改良的进展才会达到最大。随着基因定位研究的深入开展和相应技术的突破性改进,毫无疑问 DNA 标记辅助选择将在动物品种改良中起到更大的作用。

（五）动物遗传资源的研究

动物遗传资源同其他资源一样,对其正确地认识和分类意味着有可能更合理地开发利用和保护它,为人类创造财富,对长远的经济发展有不可忽视的巨大作用。DNA 标记在动物遗传资源研究中主要有以下几方面的用途:①优良品种或品系的鉴定。DNA 标记在鉴别良种的真伪、纯度,防止伪劣品种流入市场,保护我国名、优、特动物遗传资源的知识产权和饲养者的经济利益等方面具有重要的意义。②动物遗传多样性及分类研究。研究遗传多样性一般从染色体多态性、蛋白质多态性和 DNA 多态性三个方面进行。染色体的多态性主要从染色体数目、组型及其减数分裂时的行为等方面进行研究;蛋白质多态性一般通过两种方法分析,一是氨基酸序列分析,一是同工酶或等位酶电泳分析,后者应用更为广泛;DNA 多态性如前所述目前主要有 RFLP、DNA 指纹、RAPD、STR、SNPs 等标记。③动物遗传资源的保护。为了解决保种实践中长期存在的一些问题,刘荣宗于 1996 年提出了标记辅助保种的理论和方法,即利用与目标基因有紧密连锁的 DNA 标记,对目标基因在保种过程中的分离和重组进行跟踪,通过有意识地选留带有目标基因的个体加以保护,使之不因漂变而丢失。④家养动物遗传资源的创新。有研究证明,引入野生亲缘种的遗传基因是扩大家养动物变异的一条重要途径。如许多国家均在进行野猪与家猪杂交的试验,以求提高家猪的抗逆性,我国台湾地区还成功地育出了迷彩猪;我国牦牛产区用野牦牛同家牦牛杂交,提高家牦牛的产肉和生长性能取得了部分进展。但在引入野生种基因的过程中,也引入了一些不利的基因。因此,利用 DNA 标记进行检测,选育出具有优良目标基因,尽可能不带或少带不利基因的动物,对现代动物改良是十分重要的。

（六）杂种优势分析

杂种优势是一种十分普遍的生物学现象,很久以前即被应用于动植物生产中。但人们对杂种优势机制的认识和预测却始终停留在一知半解的水平,这反过来又限制了杂种优势的利用。从理论上讲,杂种优势的有无和大小实际上是不同基因差异表达的结果,因此采用不同的方法研究亲代与子代间基因表达的差异就成为研究杂种优势机制的突破口。在动物中,若利用 mRNA 差异显示技术研究亲本和子代间的基因表达差异,一定能够为人们深入了解动物杂种优势产生的机制和预测杂种优势提供许多有价值的材料。

思　考　题

1. 什么叫 C 值矛盾? 如何解释 C 值矛盾?

2. 试述 DNA 序列分析的主要方法的原理和步骤。

3. 基因家族和基因簇有何区别?

4. 什么叫微卫星 DNA 和小卫星 DNA? 为何卫星 DNA 在 CsCl 密度梯度离心时会形成一个清晰的小峰?

5. 真核生物的结构基因为什么不能在原核生物中很好地表达?

6. 如果一个核苷酸的平均相对分子质量是 350,人类二倍体细胞含有 DNA 6×10^{-12} g,其总长度是多少?

7. 简述分子遗传标记在动物育种中的应用。

第十五章　表观遗传学基础

表观遗传学是研究在不改变DNA序列的前提下,某些机制所引起的可遗传的基因表达或细胞表现型的变化。表观遗传学又称"拟遗传学"、"表遗传学"(epigenetics)、"外遗传学"以及"后遗传学"。表观遗传的现象很多,已知的有DNA甲基化(DNA methylation)、遗传印记(genetic imprinting)、母体效应(maternal effects)、基因沉默(gene silencing)和RNA编辑(RNA editing)等。

与经典遗传学以研究基因序列影响生物学功能为核心相比,表观遗传学主要研究这些"表观遗传现象"的建立和维持的机制。其主要研究内容大致包括两方面:一类为基因选择性转录表达的调控,有DNA甲基化、遗传印记、组蛋白共价修饰、染色质重塑;另一类为基因转录后的调控,包含基因组中非编码的RNA、微小RNA、反义RNA、内含子及核糖开关等。

第一节　DNA甲基化

DNA甲基化是表观遗传学的重要研究内容之一。DNA甲基化是指在DNA甲基转移酶(DNA methyltransferase,DNMT)的催化下,DNA的CG两个核苷酸的胞嘧啶5位碳原子上的氢被甲基选择性地取代,形成5-甲基胞嘧啶(5-mC)的机制,这常见于基因的5′-CG-3′序列(图15-1)。DNA甲基化能引起染色质结构、DNA构象、DNA稳定性及DNA与蛋白质相互作用方式的改变,从而控制基因表达。DNA甲基化对基因的活性起重要的作用并能够遗传给下一代。DNA甲基化是稳定的,但同时又是可逆的,也就是说5-mC可以恢复为正常的胞嘧啶,这称为DNA去甲基化(DNA demethylation)。DNA甲基化主要形成5-甲基胞嘧啶(5-mC)和少量的N6-甲基腺嘌呤(N6-mA)及7-甲基鸟嘌呤(7-mG)。

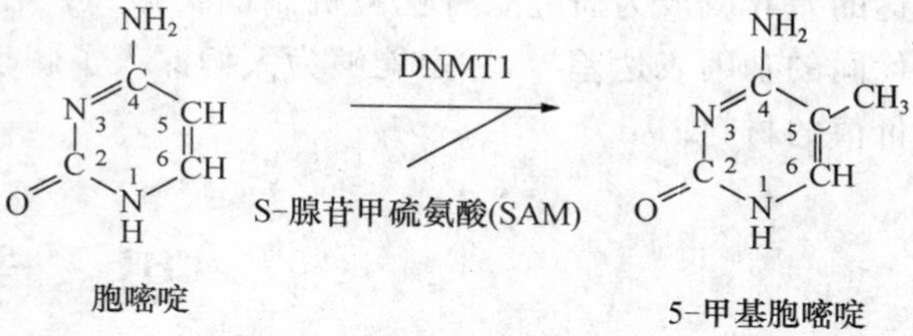

图15-1　胞嘧啶甲基化反应

在真核生物中,DNA甲基化广泛分布在转座元件、重复DNA和功能基因编码区,而且几乎所有的胞嘧啶甲基化都发生在CpG二核酸对上。目前的研究发现,哺乳动物中甲基化现象在基因组中的分布比真菌和植物更加普遍。不同生物的甲基化现象差异很大,在果蝇中只发现极少数的甲基化位点,而线虫的整个基因组尚未发现甲基化的胞嘧啶。一般而言,一个基因序列上存在的甲基化位点越多,基因活性受到的影响越大,DNA甲基化总是与基因活性减弱或丧失相关联。但是,不同生物的DNA甲基化的遗传功能不尽相同。

一、DNA甲基化的热点区域

DNA甲基化状态(methylation pattern)的特征之一是主要发生在富含CpG结构的位点,CpG和GpC中两个胞嘧啶的5位碳原子通常被甲基化,且两个甲基基团在DNA双链大沟中呈特定三维结构。基因组中60%～90%的CpG都被甲基化,未甲基化的CpG成簇地组成CpG岛,位于结构基因启动子的核心序列和转录起始点。人类基因组序列草图分析结果表明,人类基因组 CpG 岛约为 28 890 个,大部分染色体每 1 Mb 就有 5～15 个 CpG 岛,平均值为每 Mb 含 10.5 个 CpG 岛。CpG 岛的数目与基因密度存在相关关系。基因调控元件(如启动子)所含 CpG 岛中的 5-mC 会阻碍转录因子复合物与 DNA 的结合,从而抑制基因的正常表达,所以 DNA 甲基化一般与基因沉默(gene silence)相关联;而非甲基化(non-methylated)一般与基因的活化(gene activation)相关联;去甲基化则往往与一个沉默基因的重新激活(reactivation)相关联。

二、DNA 甲基化与基因转录活性

DNA 甲基化阻遏转录的进行。DNA 甲基化可引起基因组中相应区域染色质结构变化,使 DNA 失去核酶 σ 限制性内切酶的切割位点,以及 DNA 酶的敏感位点,使染色质高度螺旋化,凝缩成团,失去转录活性。5 位 C 甲基化的胞嘧啶脱氨基生成胸腺嘧啶,由此可能导致基因置换突变,发生碱基错配,如果在细胞分裂过程中不被纠正,就会诱发遗传病或癌症,而且,生物体甲基化的方式是稳定的,可遗传的。

三、DNA 去甲基化

DNA 的甲基化是一个可逆的过程,这样才能够调节基因的开闭,控制基因的表达。细胞内有 DNA 的甲基化,同时也存在去甲基化的过程。一般认为,DNA 去甲基化有两种方式:一种是主动去甲基化(active demethylation)(图 15-2);另一种是与复制相关的(replication-coupled)DNA 去甲基化,称为被动去甲基化。主动去甲基化途径是由去甲基化酶的作用,将甲基基团移去的过程;被动去甲基化途径是由于核因子 NF 黏附甲基化的 DNA,使黏附点附近的 DNA 不能被完全甲基化,从而阻断甲基转移酶 1 的作用。在 DNA 甲基化阻遏基因表达的过程中,甲基化 CpG 黏附蛋白起着重要作用。虽然甲基化 DNA 可直接作用于甲基化敏感转录因子(E2F、CREB、AP2、NF2KB、Cmyb、Ets),使它们失去结合 DNA 的功能从而阻断转录,但是,甲基化 CpG 黏附分子可作用于甲基化非敏感转录因子(SP1、CTF、YY1),使它们失活,从而阻断转录。人们已发现 5 种带有恒定的甲基化 DNA 结合域(MBD)的甲基化 CpG 黏附蛋白。其中 MeCP2、MBD1、MBD2、MBD3 参与甲基化有关的转录阻遏;MBD1 有糖基转移酶活性,可将 T 从错配碱基对 T-G 中移去;MBD4 基因的突变还与线粒体不稳定的肿瘤发生有关。在 MBD2 缺陷的小鼠细胞中,不含 MeCP1 复合物,不能有效阻止甲基化基因的表达。这表明甲基化 CpG 黏附蛋白在 DNA 甲基化方式的选择,以及 DNA 甲基化与组蛋白去乙酰化、染色质重组的相互联系中有重要作用。

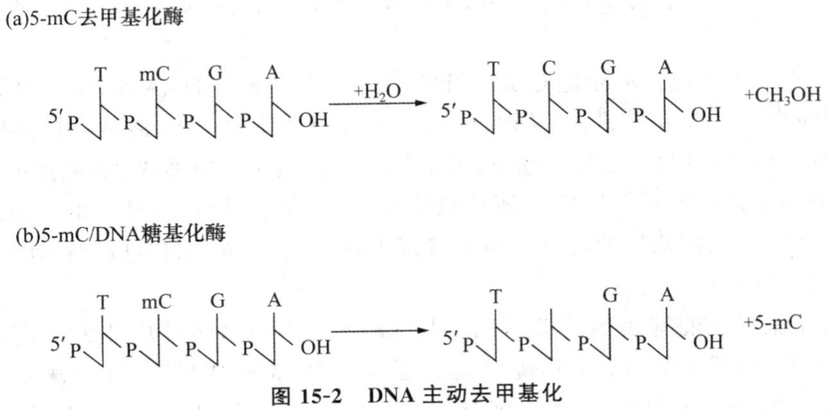

(a)5-mC去甲基化酶

(b)5-mC/DNA糖基化酶

图 15-2　DNA 主动去甲基化

哺乳动物一生中 DNA 甲基化水平经历 2 次显著变化:第一次发生在受精卵最初几次卵裂中,去甲基化酶清除了 DNA 分子上几乎所有从亲代遗传来的甲基化标志;第二次发生在胚胎植入子宫时,一种新的甲基化遍布整个基因组,甲基化酶使 DNA 重新建立一个新的甲基化模式。细胞内新的甲基化模式一旦建成,即可通过甲基化以"甲基化维持"的形式将新的 DNA 甲基化传递给所有子细胞 DNA 分子。

四、DNA 甲基转移酶

DNA 的甲基化由 DNA 甲基转移酶催化完成,在真核生物中 DNA 甲基转移酶(DNMTs)发挥着主要功能。DNMTs 以 S-腺苷-L-甲硫氨酸为甲基供体,将甲基转移到胞嘧啶的第 5 位碳原子上。

真核生物的 DNA 甲基化状态通过 DNMTs 来维持。当一个甲基化的 DNA 序列复制时,新合成的 DNA 双链为半甲基化(semi-methylated),即只有母链的 C 碱基甲基化。DNA 甲基化型在 DNA 复制中的维持机制是表观遗传的重要基础。除此之外,哺乳动物基因组 DNA 甲基化谱的建立、维持和改变还涉及 DNA 去甲基化酶和不依赖半甲基化 DNA 分子中的甲基化模板链重新开始合成 5-mC 的全新甲基化酶(denovomethylase),如 DNMT3a 和 DNMT3b。在哺乳动物中,目前已发现 4 种 DNA 甲基转移酶(DNMTs),根据结构和功能的差异分为两大类:①持续性 DNA 甲基转移酶 DNMT1。作用于仅有一条链甲基化的 DNA 双链,使其完全甲基化,可参与 DNA 复制双链中的新合成链的甲基化,DNMT1 可能直接与 HDAC(组蛋白去乙酰基转移酶)联合作用阻断转录。②从头甲基转移酶。DNMT3a、DNMT3b 它们可甲基化 CpG,使其半甲基化,继而全甲基化。从头甲基转移酶可能参与细胞生长分化调控,其中 DNMT3b 在肿瘤基因甲基化中起重要作用。

五、DNA 甲基转移酶抑制剂

人类肿瘤的产生和发展与 DNA 甲基化异常有密切关系。由于 DNA 异常甲基化,引起染色质结构改变,从而使转录失活,某些抑癌基因表达沉默,最终导致肿瘤的发生。因此,通过应用 DNA 甲基转移酶抑制剂,可以抑制异常甲基化的发生,从而激活沉默的抑癌基因,达到治疗肿瘤的目的。因为 CpG 岛甲基化是一个可逆的过程,亦可以去甲基化,如果发生 CpG 岛去甲基化将导致抑癌基因的重新激活。因此,DNA 去甲基化恢复抑癌基因功能的研究成为肿瘤基因治疗的新兴手段之一。近年来,DNA 甲基转移酶已成为 DNA 去甲基化恢复抑癌基因功能的热点靶分子。其中,DNA 甲基转移酶抑制剂能够使 DNA 甲基转移酶失活,这样可以快速地重新激活沉默基因,是抗癌研究的重点内容。DNA 甲基转移酶抑制剂可分为核苷类和非核苷类两种。

1. 核苷类 DNA 甲基转移酶抑制剂　核苷类 DNA 甲基转移酶抑制剂能够在 DNA 复制过程中掺入 DNA,然后被 DNA 甲基转移酶识别,通过与 DNMT 半胱氨酸残基上的巯基共价结合从而使酶失活。这一类 DNMT 抑制剂为核苷类似物,主要分为胞嘧啶核苷衍生物(阿扎胞苷)和阿扎胞苷的脱氧核糖类似物。

阿扎胞苷在体内首先转化为氮杂胞嘧啶核苷酸掺入 DNA,参与 DNA 复制,形成非功能性的氮杂 DNA,使核酸的转录过程无法正常进行,从而抑制 DNA 和蛋白质的合成,最终引起肿瘤细胞凋亡。

阿扎胞苷的脱氧核糖类似物(如地西他滨)由于其本身就是脱氧的形式,不需要预先进行体内脱氧转化就可以直接与 DNA 结合。因此,它比阿扎胞苷更专一,毒性更小,亦显示出更强的抑制甲基化能力和抗肿瘤活性。然而,地西他滨的毒副作用依然很大,这可能与在 DNA 以及被作用的 DNMT 蛋白之间形成了共价结合物有关。

核苷类 DNA 甲基转移酶抑制剂的新成员 zebularine 在中性水溶液中非常稳定,半衰期也较长。zebularine 对 DNMTs 的抑制表现出很高的选择性。在正常的成纤维细胞株中,它对 DNMT1、DNMT3a 和 DNMT3b 酶的影响较小,掺入细胞 DNA 的 zebularine 也很少,而在肿瘤细胞中则相反,DNMT1 几乎全部被抑制,另外两种酶也有部分失活,提示 zebularine 能优先抑制肿瘤细胞的增长,而对正常的成纤维细胞株影响很小。正是由于其高选择性,zebularine 的毒副作用比其他核苷类 DNMT

抑制剂小得多。

2. 非核苷类 DNA 甲基转移酶抑制剂　某些非核苷类复合物也能抑制 DNA 甲基转移酶的活性。这些物质直接阻止 DNA 甲基转移酶的活性。它们通过与 DNMT 酶的活性位点非共价结合,阻碍其与 DNA 的结合,从而阻断 DNA 的甲基化过程,抑制肿瘤细胞的增长。这类化合物目前主要有 RG108 和 EGCG。RG108 是第一个通过合理药物设计发现的 DNMT 抑制剂,即使在较低的物质的量浓度下,RG108 也能明显地抑制 DNA 甲基化,且毒性非常小,同时具有专一性强、稳定性好的特点。EGCG 是存在于绿茶中的多酚类化合物,通过非共价地与 DNMT1 的催化活性位点结合,阻碍 DNA 甲基化。EGCG 抑酶活性不仅与 CpG 岛的去甲基化作用有关,而且与激活甲基化沉默的基因如 p16INK4a、RARβ、O6-MGMT 和 hMLH1 等有关。

此外,非核苷类 DNA 甲基转移酶抑制剂还包括 3 类其他复合物:①4-氨基苯甲酸衍生物。如抗心律失常的药物普鲁卡因胺及麻醉剂普鲁卡因,在肿瘤细胞分析中也显示了去甲基化作用,普鲁卡因结合在富含 CpG 的序列,因而阻止了 DNA 甲基转移酶与 DNA 的结合。②Psammaplins。在无细胞体系中抑制 DNA 甲基转移酶的活性,但它的抑制机制还不太清楚。另外,Psammaplins 也抑制组蛋白去乙酰化的活性。③寡核苷酸。包括发卡结构(hairpin loop)和特异的反义寡核苷酸,如 MG98。

第二节　组蛋白修饰

组蛋白是一种碱性的组成真核生物染色体的基本结构蛋白,富含碱性氨基酸 Arg 和 Lys,共有 H1、H2A、H2B、H3 和 H4 五种。在功能上可分为两组:第一组位于核小体的核心颗粒区域,包括 H2A、H2B、H3、H4,这四种组蛋白没有种属和组织特异性,在进化上十分保守;第二组是 H1 组蛋白,位于核小体的连接丝区,有一定的种属和组织特异性,在进化上相对保守。组成核小体的组蛋白八聚体的 N 端都暴露在外,可以受到各种各样的修饰,包括组蛋白末端的乙酰化、甲基化、磷酸化、泛素化、ADP 核糖基化等修饰。组蛋白翻译后的修饰所引起的染色质结构重塑在真核生物基因表达调控中发挥着重要的作用。

一、组蛋白乙酰化

组蛋白乙酰化是指添加乙酰基团到目标蛋白的某个氨基酸位点上,这是一种重要的蛋白质修饰方式,可以在蛋白翻译过程当中进行,也可以在蛋白翻译结束后进行。组蛋白有两种不同的乙酰化方式:一种是蛋白 N 端乙酰化。这是真核细胞中非常普遍的一种蛋白修饰方式,40%～50% 的酵母蛋白会进行 N 端乙酰化,而在人的细胞中,这一比例高达 80%～90%,并且这种修饰方式在进化上是保守的。另一种是赖氨酸乙酰化和去乙酰化。组蛋白乙酰化和去乙酰化均发生在组蛋白 N 端尾巴的赖氨酸残基上。

组蛋白乙酰化主要发生在 H3、H4 的 N 端比较保守的赖氨酸位置上,由组蛋白乙酰化酶(histone acetylases,HATs)和组蛋白去乙酰化酶(histone deacetylases,HDACs)协调进行。组蛋白乙酰化呈多样性,核小体上有多个位点可提供乙酰化位点,但特定基因部位的组蛋白乙酰化和去乙酰化以一种非随机的、位置特异的方式进行。乙酰化可能通过对组蛋白电荷以及相互作用蛋白的影响,来调节基因转录。组蛋白乙酰化酶使组蛋白赖氨酸残基乙酰化,激活基因转录,而组蛋白去乙酰化酶使组蛋白去乙酰化,抑制基因转录。

组蛋白的乙酰化是一可逆的动态过程,而其稳定状态的维持则是 HATs 和 HDACs 共同作用的结果。HDACs 的作用与乙酰转移酶的作用相反,它能够使乙酰化的组蛋白脱去乙酰基,回复组蛋白的正电性,带正电荷的氨基酸残基与 DNA 分子的电性相反,增加了 DNA 与组蛋白之间的吸引力,使启动子不易接近转录调控元件。如异源二聚体视黄酸受体（RAR）和视黄醇 X 受体（RXR）结合到增强子上。在无配体视黄酸时，受体二聚体结合辅阻遏物 NCoR/SMRT，随之与 HDAC1 结合，HDAC1 从邻近核小体组蛋白的 Lys 侧链去除乙酰基。这种去酰基作用使 Lys 侧链更紧密地与 DNA 结合，维持核小体稳定，导致转录抑制（图 15-3）。

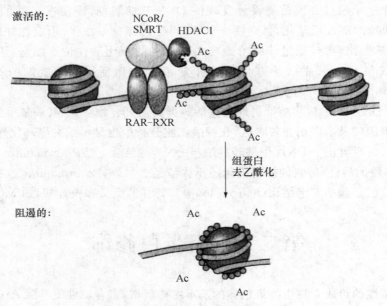

图 15-3　组蛋白去乙酰化参与基因的转录抑制

组蛋白乙酰化和去乙酰化与基因的表达调控密切相关，HATs 和 HDACs 之间的动态平衡控制着染色质的结构和基因的表达，组蛋白乙酰化状态的失衡与肿瘤发生密切相关。早期对染色质及其特征性组分进行归类划分时总结指出：异染色质结构域组蛋白呈低乙酰化，常染色质结构域组蛋白呈高乙酰化。高乙酰化与激活基因表达、低乙酰化与抑制基因表达有关。

二、组蛋白甲基化

组蛋白甲基化修饰在基因活性的调节中扮演着重要的角色。如组蛋白赖氨酸的甲基化在许多生物学过程包括异染色质的形成、X 染色体的失活、转录调控等过程中起到了重要的作用，组蛋白甲基化的紊乱可能导致癌变的发生。

组蛋白甲基化是由组蛋白甲基化转移酶（histone methyltransferase，HMT）催化的。甲基化可发生在组蛋白的赖氨酸和精氨酸残基上，而且赖氨酸残基能够发生单、双、三甲基化，而精氨酸残基能够单、双甲基化，这些不同程度的甲基化极大地增加了组蛋白修饰和调节基因表达的复杂性。甲基化的作用位点在赖氨酸（Lys）、精氨酸（Arg）的侧链 N 原子上。组蛋白 H3 的第 4、9、27 和 36 位，H4 的第 20 位 Lys，H3 的第 2、17、26 位及 H4 的第 3 位 Arg 都是甲基化的常见位点。研究表明，组蛋白精氨酸甲基化是一种相对动态的标记，精氨酸甲基化与基因激活相关，而 H3 和 H4 精氨酸的甲基化丢失与基因沉默相关。相反，赖氨酸甲基化似乎是基因表达调控中一种较为稳定的标记。例如，H3 第 4 位的赖氨酸残基甲基化与基因激活相关，而第 9 位和第 27 位赖氨酸甲基化与基因沉默相关。此外，H4-K20 的甲基化与基因沉默相关，H3-K36 和 H3-K79 的甲基化与基因激活有关。应当注意的是，甲基化个数与基因沉默和激活的程度相关。大量的研究已经表明赖氨酸甲基化在基因的表达、信号转导以及生物生长发育中具有重要作用；一些经典的蛋白，如 HP1 现已清楚了解其作用于甲基化的 H3-K9 尾部，但对更多与甲基化组蛋白 H3-K27，H3-K36，H3-K79 等作用的物质还缺乏深入的认识，还有许多问题有待解决。

三、组蛋白的其他修饰方式

相对而言,组蛋白的甲基化修饰方式是最稳定的,所以最适合作为稳定的表观遗传信息,而乙酰化修饰具有较高的动态,另外还有其他不稳定的修饰方式,如磷酸化、腺苷酸化、泛素化、ADP核糖基化等。这些修饰更为灵活地影响染色质的结构与功能,通过多种修饰方式的组合发挥其调控功能。所以有人称这些能被专一识别的修饰信息为组蛋白密码。这些组蛋白密码组合变化非常多,因此组蛋白共价修饰可能是更为精细的基因表达调控方式。

另外,研究发现 H2B 的泛素化可以影响 H3-K4 和 H3-K79 的甲基化,这也提示了各种修饰间也存在着相互的关联性。

第三节　遗传印记

一、遗传印记

经典的孟德尔遗传理论认为双亲的性状具有等同的遗传性,而且可以预测遗传性状在后代中的分离。但近年来发现一种新的遗传现象,即不同性别的亲体传递给子代的同一染色体或基因的改变可以引起不同的表型效应。这一点在马-驴正反交中表现得最为明显。人们把这一现象称为遗传印记。遗传印记是指由不同性别的亲本传给子代的同源染色体中的一条染色体上的基因由于甲基化失活引起不同表型的现象。它是一种伴有基因组改变的非孟德尔遗传形式,可遗传给子代细胞,但并不包括 DNA序列的改变。这种现象也被称为基因组印记、亲代印记或配子印记。

遗传印记一般发生在哺乳动物的配子形成期,并且是可逆的,它不是一种突变,也不是永久性的变化;它是特异性的对源于父亲或母亲的等位基因做一个印记,使其只表达父源或母源的等位基因,使之在子代中产生不同表型。印记持续在一个个体的一生中,在下一代配子形成时,旧的印记可以消除并发生新的印记。

1980 年 B. M. Cattanch 等发现具有两条母源的 11 号染色体的小鼠在胚胎期要比正常小鼠小;而具有两条父源的第 11 号染色体的小鼠在胚胎期比正常小鼠大。这两种小鼠虽然能进行胚胎发育,但是均死于胚胎发育阶段。1984 年 J. McCrath 等用人工单性繁殖(孤雌或孤雄生殖)的方法生产了两种特殊类型的小鼠胚胎,即一种小鼠胚胎的全套染色体来自父源,另一种小鼠胚胎的全套染色体来自母源,这两类小鼠均在发育期死亡。在人类的胚胎发育中,拥有父源两套染色体的受精卵发育成葡萄胚,而拥有母源两套染色体的受精卵发育成卵巢畸胎瘤。显然,这两种受精卵是不能成活的。上述单性生殖结果表明,父系基因组与母系基因组含有胚发育程序中需要的不同的潜在遗传信息。小鼠正常胚胎发育需要分别来自父系和母系双亲的一整套染色体。研究资料显示,父源的遗传信息对维持胎盘和胎膜是十分必要的,而母源的遗传信息对于受精卵的早期胚胎发育是关键的。

1991 年 Dechiara 等通过基因剔除技术破坏小鼠胰岛素样生长因子Ⅱ(Igf2)基因,发现了第 1 个内源性印记基因,若被剔除的等位基因源于父本,则动物表现为侏儒,相反,如为母源则无特殊表型,这些本身剔除了等位基因的雌鼠,其子代大小正常。原位杂交及 RNase 保护试验均证明剔除了父本等位基因的小鼠其组织中不表达 Igf2,这些试验表明 Igf2 被印记而且仅父源等位基因正常表达。这是一个里程碑性的研究,不仅表明基因组印记可影响正常内源性基因,而且表明印记具有组织特异性调节作用。

二、遗传印记的形成与维持

1. 遗传印记的形成　印记形成于成熟配子,并持续到出生后。核移植试验表明,至少在卵母细胞内,遗传印记的获得与否与 DNA 甲基化变化是高度一致的。而富含 CpG 的特异甲基化区 (differentially methylated region,DMR)是遗传印记的靶向位点。例如,位于小鼠 17 号染色体上的 *Igf2r* 基因,该基因有 2 个 DMR,其中长约 3 kb 的 DMR2 位于第二内含子中,对 *Igf2r* 的印记具有主要调控作用。将 DMR2 剔除之后发现 DMR2 的缺失可使印记丢失并导致 *Igf2r* 的双等位基因表达。尽管 DMR 在遗传印记中的作用十分重要,但是一段富含 CpG 的 DNA 序列真正起调控作用。而且这种印记丢失还伴随着一种更有意义的现象——胞嘧啶的甲基化水平显著降低。这表明,甲基转移酶是作用在 CpG 二核苷酸上的,甲基化对于遗传印记的维持来说是必需的。

　　2. 遗传印记的维持　　一旦 DMR 在亲代生殖细胞内被差异甲基化,受精后甲基化的维持对 DNMT1 来说将是轻而易举的。问题是,在个体的发育过程中,DMR 首先必须要经受住受精后的去甲基化和胚胎植入后的新生甲基化的双重考验才能在 DNMT1 作用下使基因正常印记。因此甲基化在维持印记中有重要作用。

　　3. 遗传印记的去除　　印记的去除过程发生在原始生殖细胞的早期阶段。在配子接合前的原核期,父源基因组的去甲基化是将甲基从模板链上直接去除,而母源基因组的去甲基化则多数是因 DNMT1 活性受阻而使甲基化维持失败,随着 DNA 复制的进行甲基被逐渐稀释。印记的这种去除过程一直持续到胚胎发育第 12~13 天才结束。到目前为止,几乎所有的印记去除过程都发生在胚胎的这一阶段。

三、印记基因的功能与分子机制

　　1. 印记基因的功能　　为什么有些基因有印记?一个假设是妊娠期间母系与父系基因之间的遗传冲突。哺乳动物的印记是由于它们是胎生的,还由于它们的子代直接从母体组织吸取营养。父系基因促进胎儿的生长以增加存活的机会,有选择上的好处,而母系基因可能更倾向于保持胎儿较小以顺利分娩,印记是母亲与胎儿、父系与母系基因之间的一种妥协。基因偏离于正常的印记形式可能会降低子代的存活力并改变它们的生长参数。印记基因对胎儿和出生后早期生长有影响。鼠的印记基因图至少有 5 个直接影响出生前和出生后的生长发育,鼠的两个印记基因 *Igf2* 和 *Igf2r* 之间的适当平衡,对胚胎生长是必要的。

　　2. 遗传印记的分子机制　　遗传印记是基因在生殖细胞分化过程中受到不同修饰的结果,或者说遗传印记是一种依赖于配子起源的某些等位基因的修饰现象———些基因在精子发生过程中被印记,另一些基因在卵子发生过程中被印记。哺乳动物基因的印记过程包括 3 个过程:印记形成、印记维持和印记去除。

四、遗传印记与疾病

　　迄今已发现数十种人类遗传疾病与遗传印记有关;遗传印记也被认为是哺乳动物雌核胚(两个雌核组成)、雄核胚(两个雄核组成)以及孤雌胚早期死亡的原因。此外,遗传印记还与生物进化、性别决定、生长发育以及肿瘤发生有关。

　　在人类遗传中,发现部分染色体畸变、单基因遗传病以及肿瘤易患性等与遗传印记有关。例如,人类 15 号染色体 q11~q13 缺失在临床上引起两种表型不同的染色体畸变病,当患儿缺失的 15 号染色体来自父亲时,则患普拉德-威利综合征(PWS);若来自母亲则患阿斯伯格综合征(AS)。再如,Huntington 舞蹈病的基因若经母亲传递,则子女的发病年龄与母亲的发病年龄一样;若经父亲传递,在多数家系中子女的发病年龄比父亲发病年龄提前一些,家系中可提前至 24 岁左右。但这种发病年龄提前的父源效应,经一代即消失。早发型男性的后代仍为早发型而早发型女性的后代发病年龄并不提前。在某些单基因遗传病与肿瘤易患者中也发现了遗传印记现象。

第四节　染色质重塑

迄今为止,发现至少有两类高度保守的染色质修饰复合物,一类是 ATP 依赖的染色质改构复合物(ATP-dependent chromatin remodeling complex),另一类是对组蛋白进行共价修饰的组蛋白修饰酶复合物(histone-modifying complex)。前者是利用水解 ATP 获得的能量,改变组蛋白与 DNA 之间的相互作用;后者对组蛋白的尾部进行共价修饰,包括赖氨酸的乙酰化,赖氨酸和精氨酸的甲基化,丝氨酸和苏氨酸的磷酸化,赖氨酸的泛素化,谷氨酸的多聚 ADP 核糖基化等。通过组蛋白修饰酶的作用,破坏了核小体之间以及组蛋白尾部与基因组 DNA 之间的相互作用,引起染色质的重塑;此外,这些经过修饰的组蛋白作为染色质特异位点的标志,为高级染色质结构的组织者及与基因表达相关的蛋白提供识别位点。

一、染色质重塑的概念

染色质重塑是指染色质位置和结构的变化,主要涉及核小体的置换或重新排列,改变了核小体在基因启动序列区域的排列,增加了基因转录装置和启动序列的可接近性。染色质重塑与组蛋白 N 端尾巴修饰密切相关,尤其是对组蛋白 H3 和 H4 的修饰是通过修饰直接影响核小体的结构,并为其他蛋白质提供了与 DNA 作用的结合位点。

DNA 复制、转录、修复、重组在染色质水平发生,这些过程中,染色质重塑可导致核小体位置和结构的变化,引起染色质变化。核小体是染色质的基本结构单位,由 146 bp 的染色质 DNA 围绕双拷贝的核心组蛋白 H2A、H2B、H3、H4 形成核小体的核心结构,在组蛋白 H1 的介导下核小体彼此连接形成直径约 11 nm 的核小体串珠样结构。核心组蛋白富含赖氨酸等带正电荷的碱性氨基酸,与 DNA 具有高度亲和力。这种结构阻止基本转录单位蛋白复合体进入启动子结合位点,使转录阻抑,但组蛋白氨基末端可从核小体中心伸出,在多种酶作用下,中和碱性氨基酸残基上的正电荷,从而减弱核小体中碱性蛋白与 DNA 间的结合,降低相邻核小体之间的聚集,增加转录因子的进入,最终促进基因的转录。这种染色质重塑必须克服染色质结构的紧密性,因此需要一些具有酶活性的多亚基复合物来调整染色质的结构。

二、染色质重塑的意义

染色质重塑复合物、组蛋白修饰酶的突变均和转录调控、DNA 甲基化、DNA 重组、细胞周期、DNA 的复制和修复的异常相关,这些异常可以引起生长发育畸形,智力发育迟缓,甚至导致癌症。

第五节　染色体失活

X 染色体失活(X chromosome inactivation)或莱昂化(Lyonization)是指雌性哺乳类细胞中两条 X 染色体的其中之一失去活性的现象,失活过程中 X 染色体会被包装成异染色质,进而因功能受抑制而沉默化。莱昂化可使雌性不会因为拥有两个 X 染色体而产生两倍的基因产物,因此可以像雄性一样只表现一个 X 染色体上的基因。对胎盘类,如老鼠与人类而言,所要去活化的 X 染色体是以随机方式选出;对于有袋类而言,则只有源自父系的才会发生 X 染色体失活。

一、X染色体失活过程

雌性动物(XX型)有两条X染色体,而雄性动物(XY型)只有一条X染色体,为了保持平衡,雌性动物的一条X染色体被永久失活,这便是"剂量补偿"效应。哺乳动物雌性个体的失活X染色体为 $n-1$(n 为X染色体数目),不论有多少条X染色体,最终只能随机保留一条的活性。对有多条X染色体的个体研究发现有活性的染色体比无活性的染色体提前复制,复制的异步性和LINE-1元件的非随机分布有可能揭示染色体失活的本质。哺乳动物受精以后,X染色体发生系统变化。首先父本X染色体(paternal X chromosome,Xp)在所有的早期胚胎细胞中失活,表现为整个染色体的组蛋白被修饰和对细胞分裂有抑制作用的Pc-G蛋白(polycomb group proteins)表达,然后Xp在内细胞群又选择性恢复活性,最后父本或母本X染色体再随机失活。

二、X染色体随机失活的分子机制

(1)大多数的X连锁基因在胚胎早期发育过程中表现为稳定的转录失活,但并非整条X染色体上的所有基因均失活。在X染色体的短臂远端编码细胞表面蛋白的基因 MIC2(由单克隆抗体2E7、F21鉴定出的抗原)、XG(Xg血型)以及甾固醇硫酸酯酶基因 STS 是逃避失活的,还有与Y染色体配对的区域内或处于附近的基因,也有短臂近端或长臂上的基因,这些基因既可由Xa也可由Xi表达;其中有定位于Xp21.3~p22.1的 ZFX 基因(与Y染色体上的锌指蛋白基因 ZFY 同源的序列),位于Xp11的 A1S9T(与小鼠DNA合成突变互补的序列)以及最近在长臂Xq13上发现的 RPS4X(核糖体S4蛋白)基因(该基因在Y染色体上还有一个同源序列 RPS4Y 的基因)。此外,在失活X染色体上还发现了一个可转录的 XIST 基因,该基因可能与X染色体失活机制有关。

(2)在失活的X染色体上,表达的基因(逃避失活的基因)与失活基因是穿插排列的。这意味着失活基因转录的关闭不是由它们所在的区域决定的,而是与某些位点有关(图15-4)。

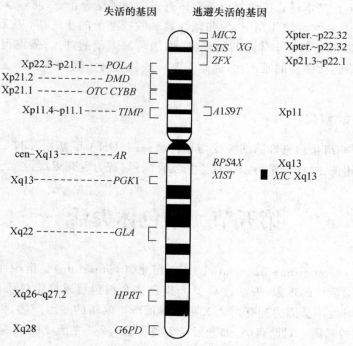

图 15-4　人类X染色体上失活基因排列示意图

(3)在X染色体上存在一个特异性失活位点,即所谓X失活中心(X inactivation center,XIC)。最初的线索来自 X 染色体异常的突变小鼠,它们的 X 染色体不出现失活,同时观察到这些 X 染色体缺失了一个特定区段。于是把这个长 680～1 200 kb 的区段称为 X 染色体失活中心。该失活中心可能产生一个失活信号,关闭 X 染色体上几乎所有基因的转录。Brown 等(1991)用分子杂交方法,以 Xq11～q12 区域的 DNA 为探针,对一组带有结构畸变的 X 染色体的杂交细胞系的 DNA 进行杂交,将 *XIC* 较精确地定位在 Xq13,继而,他们又在 *XIC* 的同一区域内鉴定出了一个新的基因即 X 染色体失活特异转录物(X inactive specific transcripts,*XIST*),与 *RPS4X* 相邻。研究表明 *XIST* 的表达产物是一种顺式作用的核 RNA,不编码生成蛋白质。而且发现只有在失活的 X 染色体存在的情况下,才有 *XIST* 的转录,有活性的 X 染色体上不表达(图 15-5)。转录物 *XIST*

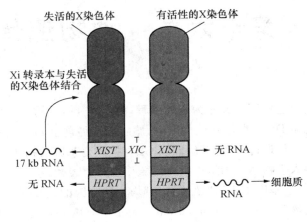

图 15-5　染色体失活

的大小在人类中是 17 kb,小鼠是 15 kb,两者间的同源性很低。关于 *XIST* 的功能尚不十分清楚。*XIST* 可能是在 *XIC* 位点内与其他相关基因共同作用,使 X 染色体上的大部分基因失活;*XIST* 产物可能作用于 *XIC*,而 *XIC* 则产生某种物质与诱导失活的分子相互作用;但也有可能是外源的调节分子作用于 *XIC*,引起失活,然后使失活的 X 染色体表达 *XIST* 基因,即有可能 *XIST* 不直接参加失活,仅仅受失活的影响。研究表明,小鼠胚胎在 X 染色体失活前都发现有 *XIST* 基因的转录产物,提示该基因可能对启动 X 染色体失活起作用。

　　X 染色体随机失活是 *XIC* 调控的。*XIC* 是一个顺式作用位点,包含辨别 X 染色体数目的信息和 *XIST* 基因,前者可保证仅有一条 X 染色体有活性,但机制不明,后者缺失将导致 X 染色体失活失败。X 染色体失活过程为:*XIST* 基因编码 *XIST* RNA,*XIST* RNA 包裹在合成它的 X 染色体上,引发 X 染色体失活;随着 *XIST* RNA 在 X 染色体上的扩展,DNA 甲基化和组蛋白的修饰马上发生,这对 X 染色体失活的建立和维持有重要的作用;失活的染色体依旧持续合成 *XIST* RNA,维持本身的失活状态,但有活性的 X 染色体阻止 *XIST* RNA 结合的机制还不明确。

　　总之,上述这些研究结果改变了人们对莱昂假说的传统观念,把 X 染色体失活的研究推向了一个新的阶段。随着 X 染色体上克隆基因的增多和研究的不断深入,也许发现逃避失活的基因还将增加。毫无疑问,作为失活中心的候选基因 *XIST* 的发现和克隆,以及 X 染色体失活中心的定位,为 X 染色体失活机制的研究提供了新的信息和重要线索,从而在分子水平上对莱昂假说进行了必要的补充和完善。

思　考　题

1. 名词解释:
　表观遗传学　　DNA 甲基化　　遗传印记
2. 表观遗传学的主要研究内容是什么?
3. DNA 甲基化主要发生在什么位置? 它如何影响基因表达调控?
4. 遗传印记的维护和形成是靠什么机制完成的?

第十六章 动物遗传工程与转基因技术

遗传工程又称为基因工程,是利用 DNA 重组技术(recombinant DNA techniques),将目的基因与载体 DNA 在体外进行重组,然后把这种重组 DNA 分子引入受体细胞,并使之增殖和表达的技术。遗传工程通过分子克隆和转化来直接改变基因的构造与特性。转基因技术是将人工分离和修饰过的基因导入生物体基因组中,由于导入基因的表达,引起生物体性状的可遗传的修饰。人们常说的"遗传工程"、"基因工程"、"遗传转化"均为转基因的同义词。经转基因技术修饰的生物体通常被称为"基因工程生物"(genetically modified organism,GMO)。遗传工程和转基因技术的核心是 DNA 重组技术,还包括基因克隆技术、基因打靶技术、基因沉默技术和转基因技术等。

第一节 DNA 重组技术

20 世纪 50 年代,DNA 双螺旋结构被阐明,揭开了生命科学的新篇章,开创了生物科学技术的新时代。随后,遗传的分子机理——DNA 复制、遗传密码、遗传信息传递的中心法则、作为遗传的基本单位和细胞工程蓝图的基因以及基因表达的调控相继被认识。至此,人们已完全认识到掌握所有生物命运的东西就是 DNA 和它所包含的基因,生物的进化过程和生命过程的不同,就是因为 DNA 和基因运作轨迹不同所致。1972 年,美国科学家伯格(P. Berg)等成功地重组了世界上第一批 DNA 分子,标志着 DNA 重组技术成为现代生物技术和生命科学的基础与核心。到了 20 世纪 70 年代中后期,基因工程或遗传工程作为 DNA 重组技术的代名词被广泛使用。现在,基因工程还包括基因组的改造、核酸序列分析、分子进化分析、分子免疫学、基因克隆、基因诊断和基因治疗等内容。到 20 世纪末,DNA 重组技术最大的应用领域在医药方面,包括活性多肽、蛋白质和疫苗的生产,疾病发生机理的研究,疾病的诊断和治疗,新基因的分离以及环境监测与净化。

DNA 重组技术是运用多种限制性核酸内切酶和 DNA 连接酶等,在细胞外将一种外源 DNA(来自原核或真核生物)和载体 DNA 重新组合连接,形成杂交 DNA,构造新的基因型的过程。最后将杂交 DNA 分子转入宿主生物(如大肠杆菌),使外源基因在宿主细胞中,随着细胞的繁殖而增殖,从而得到表达。最终获得基因表达产物或改变生物原有的遗传性状。DNA 重组技术由于是按生物科学规律,人为实现体外基因改造,最后使生物的遗传性状获得改变,因而通常称为"遗传工程"(genetic engineering)。其本质是基因的体外重组,所以又称"基因工程"(gene engineering)、"分子克隆"(molecular cloning)等。

一、DNA 重组的分子基础

20 世纪 50—60 年代分子遗传学的迅速发展,确定了主要遗传物质 DNA 的双螺旋结构,阐明了遗传信息传递的中心法则,破译了遗传密码,为 DNA 重组奠定了理论基础;同时酶学、细菌学、病毒学的发展,为 DNA 重组提供了必要的工具。1972—1973 年创立的 DNA 克隆技术,打破了生物物种间的界限,首次使本来只存在于真核细胞中的蛋白质能够在大肠杆菌中合成,这是基因工程诞生的里程碑。科学界公认基因工程的出现是 20 世纪最重要的科学成就之一,标志人类主动改造生物界的能力进入了新阶段。分子生物学的成就是 DNA 重组技术出现和发展的基础,而 DNA 重组技术和基因工程的发展又有力地推动着分子生物学向前迈进。

(一)核酸的制备

生物化学试验技术如电泳、层析、同位素标记和电子显微镜、超速离心等仪器设备的不断发展与创新,为 DNA 重组技术的产生提供了重要的手段,使得 DNA 和 RNA 的分离制备方便可行。20 世纪 40 年代前,要从活细胞中制备出比较完整的 DNA 和 RNA 供体外研究是很困难的。因为缺乏必要的手段来防止 DNA 制备过程中脱氧核糖核酸酶(DNase)的降解作用及操作中剪切力的破坏。之后发现了柠檬酸、EDTA 等金属络合剂和十二烷基硫酸钠(SDS)、酚、尿素、焦碳酸二乙酯等蛋白质变性剂,这些试剂可抑制 DNase 的活力,尤其是低温高速离心机、新的层析方法的运用,使制备分子比较完整的 DNA 产品成为可能。现在已经能从动植物组织、细菌及病毒中获得比较完整的 DNA 分子。RNA 分子比 DNA 小,极易遭到核糖核酸酶(RNase)的降解。RNase 很稳定,即使加热到蛋白质变性的温度(90℃)其活力也不完全丧失。RNase 分布极广,不但存在于细胞内,也分布在外界环境中,包括试验器皿上、皮肤上等,极易降解获得的 RNA。近年来经过技术改进,已经能够制得各种 RNA,尤其是 mRNA。一般来讲,从细胞中获得的 DNA、RNA 纯品,化学性质是稳定的,不易起变化,只要贮存条件得当,可以保存一定时间。这为 DNA、RNA 在体外进行各种研究提供了可能性。此外,有关核酸含量测定、同位素标记、分子杂交、DNA/RNA 核苷酸测序等技术的产生与发展,为体外分析、鉴定核酸提供了重要的检测手段。

(二)限制性核酸内切酶

在 DNA 重组技术中,要对核酸"精雕细刻",将两个不同来源的 DNA 分子重新组合在一起,形成一个重组 DNA 分子,那么首先就得利用合适的方法将两种 DNA 分子切断或连接。在基因克隆过程中,最常使用的 DNA 断裂的方法就是利用限制性核酸内切酶(restriction endonuclease)。可以这样说,没有限制性核酸内切酶,就不会有现代的基因工程技术。有三位科学家曾因发现限制性核酸内切酶而获 1978 年诺贝尔生理学及医学奖。

1. **限制性核酸内切酶的相关概念** 限制性核酸内切酶是一类能识别双链 DNA 中特殊核苷酸序列,并在合适的反应条件下使每条链一定位点上的磷酸二酯键断开,产生具有 $3'$ 羟基(—OH)和 $5'$ 磷酸基(—P)的 DNA 片段的内切脱氧核糖核酸酶。限制性核酸内切酶在双链 DNA 上能够识别的核苷酸序列被称为识别序列。各种限制性核酸内切酶各有相应的识别序列。现在发现的多数限制性核酸内切酶的识别序列由 6 个核苷酸对组成,如 AAGCTT、GGATCC、GAATTC 等,少数限制性核酸内切酶的识别序列由 4 个或 5 个核苷酸对组成,或者由多于 6 个核苷酸对组成。各种限制性核酸内切酶的识别序列具有共同的规律,即呈旋转对称或左右互补对称。在限制性核酸内切酶的作用下,多聚核苷酸链上磷酸二酯键断开的位置被称为酶切位点。可用 ↓ 表示。限制性核酸内切酶在 DNA 上的切割位点一般是在识别序列内部,如 G↓GATCC、AT↓GCAT、CTC↓GAG、GGCG↓CC、TGCGC↓A 等。少数限制性核酸内切酶在 DNA 上的酶切位点在识别序列的两侧,如 ↓GATC、CATG↓、CCAGG↓ 等。

2. **限制性核酸内切酶的分类** 限制性核酸内切酶的分类按限制酶的组成、与修饰酶活性关系、切断核酸的情况不同,分为三类:①Ⅰ类限制性核酸内切酶。由 3 种不同亚基构成,兼有修饰酶活性和依赖 ATP 的限制性核酸内切酶活性,它能识别和结合于特定的 DNA 序列位点,随机切断在识别位点以外的 DNA 序列,通常在识别位点周围 $400\sim700$ bp。这类酶的作用需要 Mg^{2+}、S-腺苷甲硫氨酸及 ATP 的参与。②Ⅱ类限制性核酸内切酶。与Ⅰ类酶相似,是多亚基蛋白质,既有内切酶活性,又有修饰酶活性,切断位点在识别序列周围 $25\sim30$ bp 范围内,酶促反应除需要 Mg^{2+} 外,也需要 ATP 供给能量。③Ⅲ类限制性核酸内切酶。只由一条肽链构成,仅需 Mg^{2+} 参与,特异性最强,仅在识别位点范围内切断 DNA,是分子生物学中应用最广的限制性核酸内切酶。通常在 DNA 重组技术中所说的限制性核酸内切酶主要指Ⅲ类酶而言。

3. 限制性核酸内切酶的作用　大部分限制性核酸内切酶识别的 DNA 序列具有回文结构特征,切断的双链 DNA 都产生 5′磷酸基和 3′羟基末端。不同限制性核酸内切酶识别和切割的特异性不同,结果有三种不同的情况:产生 3′突出的黏性末端、产生 5′突出的黏性末端、产生平末端。不同限制性核酸内切酶所识别的 DNA 序列可以不同。有的识别四核苷酸序列,有的识别六或八核苷酸序列。如果 DNA 中的核苷酸序列是随机排列的,则一个识别四核苷酸序列的内切酶平均每隔 256 bp 出现一次该酶的识别切割位点,同样的对识别六或八核苷酸序列的内切酶则大致上分别是每隔 4 kb 或 65 kb 出现一次识别切割位点。按此可大致估计一个未知的 DNA 分子限制性核酸内切酶可能具有的切点频率,以便选用合适的内切酶。

限制性核酸内切酶的种类很多,至今已发现约 800 种,可根据它们对 DNA 不同的识别序列和切割特征选用合适的内切酶,从而为基因工程选择和提供有效工具。细菌可通过内切酶来切割侵入的病毒。同时还可切割侵入病毒 DNA 链,使其生长受阻。如果病毒能够把自身基因嵌入到细菌基因组内,它就可以控制细胞的代谢活动,病毒本身却不受内切酶的影响。

1970 年人类第一次分离和识别了具有特异性内切作用的酶,目前已经掌握了几百种内切酶,每一种内切酶都具有特异性,它可在编码序列中识别特异的切点,从而在特定位点切断 DNA 链。内切酶的切点有的是光滑切点,有的是非光滑切点或叫作黏性端。产生黏性端的内切酶在基因工程技术中应用最广,具有黏性端的基因片段可被连接到来源不同的 DNA 互补链上,一般 DNA 片段以这种连接方式连接,在基因工程技术中通常利用的一种工具酶叫作连接酶,这种酶的自然特性是负责细胞 DNA 链的修复。连接酶可以促进磷酸核酸键的形成,从而使核苷酸连接成为核酸链。由来源不同的核酸链连接而成的 DNA 叫作重组 DNA。

目前已有许多内切酶商业化,成为基因工程技术常用的工具酶。酶的命名通常是以酶第一次被分离出的细菌名命名,例如现在在市场上可以买到的内切酶 *Eco*R I 就是从大肠杆菌(*Escherichia coli*)中分离出来的;*Hae* Ⅲ 是从埃及嗜血杆菌(*Haemophilus aegytius*)分离出来的;*Bal* Ⅰ 是从短颈细菌(*Brevibacterium albidum*)中分离出来的等等。市场上见到的内切酶具有极强的特异性,要根据不同的需要来选择。

(三)DNA 连接酶

T4 DNA 连接酶(T4 DNA ligase)是分子克隆试验中最常用的工具酶之一,该酶催化双链 DNA 分子中相邻的 3′羟基和 5′磷酸基间磷酸二酯键的形成,它既可以连接两个具有黏性末端的 DNA 片段,也可以连接两个具有平端的 DNA 片段,但是连接后者所需的酶量往往是连接前者的 50 倍。

具有平端的 DNA 分子间的连接作用在分子克隆试验中有着广泛的应用。这是因为该连接反应不需要 DNA 末端具有黏性,因而任何具有平端的 DNA 片段均可连接起来。这对于那些不具有合适的限制酶位点的 DNA 片段尤为重要。此外,利用超声波或 DNase Ⅰ 降解所获得的染色体 DNA 随机片段也可以克隆到载体 DNA 中的平端位点。

在分子克隆过程中,有时为了避免载体 DNA 的自我连接(self-ligation),常常要将限制酶所产生的 5′磷酸基用磷酸酶除去,因而当用连接酶将载体 DNA 和外源 DNA 分子连接时,DNA 双链中只有一条链是连接起来的,另一条链的连接则是把 DNA 转移到宿主细胞后由细胞内的连接酶完成的。

(四)分子杂交

经限制性核酸内切酶切割的 DNA 片段可以通过凝胶电泳分开并显示,很容易检测出 DNA 片段的存在和大小。用聚丙烯酰胺凝胶可分离 1 000 bp 以下的片段。用多孔的琼脂糖凝胶可分离 20 kb 的片段。这些凝胶的分辨率很高,某些胶可从长为几百个核苷酸的片段中分辨出一个核苷酸的差异。若胶上的 DNA 标有放射性同位素,可用放射自显影(用 X 感光片压在带放射性的凝胶上使 X 感光片感光)显示;也可用溴化乙锭染色。溴化乙锭与核酸结合后在紫外灯照射下可发出很强的橙色荧光(50 ng DNA 即可)。含有特定碱基顺序的 DNA 的限制性酶切片段,可以进行分子杂交鉴定,即用另一标记的与之互补的 DNA 链作探针进行杂交鉴定。如 Southern 杂交（Southern 印迹法，是由 E. M. Southern 发明的），是将混合在一起的限制性酶切 DNA 片段，用琼脂糖电泳分开，并变性为单链 DNA，再转移到一张硝酸纤维素膜上。在膜上的这些 DNA 片段可以用^{32}P 标记的单链 DNA 探针杂交，再用放射自显影方法显示出与探针顺序互补的限制性酶切 DNA 片段的位置。用这个方法能很容易地将上百万片段中的一个特殊片段鉴定出来。同样，也可以用凝胶电泳分离 RNA，将特殊片段转移到硝酸纤维素膜上，之后用杂交法来鉴定它，此法称为 Northern 杂交或称 Northern 印迹法。Western Blot（Western 印迹法）是用化学免疫法鉴定蛋白质的技术。它是用特殊的抗体与对应的蛋白质（抗原）结合染色。这项技术是鉴定基因表达产物不可缺少的。此外还有原位杂交，即将长在培养皿上的菌落或噬菌斑转移到硝酸纤维素膜上用标记探针进行分子杂交。这些检测手段都是 DNA 重组技术不可缺少的。

（五）基因克隆载体

能够承载外源基因，并将其带入宿主细胞得以稳定维持的 DNA 分子称为基因克隆载体（gene cloning vector）。通常基因克隆载体都具备以下四个基本条件：①至少有一个复制起点，因而至少可在一种生物体中自主复制；②至少有一个克隆位点，以供外源 DNA 插入；③至少有一个遗传标记基因，以指示载体或重组 DNA 分子是否进入宿主细胞；④基因克隆载体必须是安全的，不应含有对宿主细胞有害的基因。

1. 基因克隆载体的复制起点　由于 DNA 的复制是始于复制起点的，因此只要一个 DNA 分子有了复制起点，那么这个 DNA 分子就可以自主复制，因此这个载体就可以多拷贝地存在于某种细胞内。多拷贝 DNA 有两个好处：一是可以用于大量制备克隆载体 DNA 分子，以利于外源基因的克隆；二是如果载体中插入了外源基因，那么外源基因的拷贝数也就大量增加了，这就有利于大量地表达外源基因，从而获得大量的基因表达产物，这也正是基因工程的目的之一。如果一个载体有两个或两个以上的复制起点，那么这个载体会有什么不一样？有两种情况：一种情况是两个复制起点适用的宿主细胞不一样，比如说，一个复制起点适合于大肠杆菌，因为大肠杆菌是基因工程中使用频率最高的宿主菌，另一个复制起点适合于另一种细菌或真核生物细胞，那么这种克隆载体常称为穿梭载体（shuttle vector），换言之，穿梭载体可在两种生物内来回穿梭；另一种情况是同一个载体中的两个复制起点都是适合于一种细胞的，只不过这两个复制起点分别是在一定遗传背景条件下起作用，这种类型的载体多数属于大肠杆菌的载体。

2. 基因克隆载体的克隆位点　通常利用分子克隆载体的目的就是要将外源基因通过体外重组，形成重组 DNA 分子，然后再转移到某种宿主细胞内，那么克隆载体就应该有一个位点供外源 DNA 插入，这个位点就是克隆位点。克隆位点一定是一个限制酶切位点，而且必须是由 6 个或 6 个以上的核苷酸序列组成的限制酶识别位点。虽然克隆位点是限制酶识别位点，但不是载体上所有限制酶位点都能作为克隆位点。一般来说，载体中的克隆位点必须是唯一的，即同一种限制酶识别位点在一个载体中只能有一个。由于不同基因的末端可以由不同的限制酶所产生，因而为了减少分子克隆的工作量，科学家们构建了具有多个克隆位点的载体，而且将多个克隆位点集中在一个很短的序列内，这种序列常常被称为多克隆位点区（multiple cloning site）。

3. 基因克隆载体的标记基因　当试图把一个载体 DNA 或重组 DNA 分子导入某种宿主细胞时，我们如何知道载体或重组 DNA 分子已经进入了宿主细胞？标记基因（marker gene）就能起到这个作用。外源 DNA 分子进入的细胞被称为转化细胞。标记基因往往可以赋予宿主细胞一种新的表型，这种转化细胞可明显地区别于非转化细胞，转化细胞有了新的表型，而非转化细胞仍保持原有的表型。这种表型的区别往往是选择性的，即只有转化细胞才能在特定的生长条件下生长，而那些没有载体 DNA 分子进入的细胞就不能在相同的生长条件下生长，因此，转化细胞和非转化细胞是容易区别开来的。这是标记基因最重要的功能，即指示哪些细胞是转化细胞。标记基因还有一个十分重要的功能，即指示外源 DNA 分子是否插入载体分子形成了重组子。换句话说，当把一个 DNA 片段插入到某一个标记基因内时,该基因就失去了相应的功能。当把这种重组 DNA 分子转到宿主细胞后,该基因原来赋予的表型也就消失了。要是仍保留了原来表型的转化细胞,细胞内含有的 DNA 分子一定不是重组子。很显然,既要指示外源 DNA 是否进入了宿主细胞,又要指示载体 DNA 分子中是否插入了外源 DNA 片段,那么这种载体必须至少具有两个标记基因。

上述的标记基因是针对一种生物而言的,那么当载体可用于多种生物时,一个载体就可以有多个标记基因,每个标记基因的用途是不相同的,不同的标记基因可能只适合于某种生物。比如植物的克隆载体就可能有 3~4 个标记基因。由于绝大多数标记基因分离自原核生物,因而这些标记基因要用于其他生物,还得进行改造,即将基因的启动子和终止子换成另一种生物基因的启动子和终止子。

现有的标记基因的种类很多,但可以将它们划分为以下三大类:

(1)抗性标记基因　这类抗性基因可赋予宿主细胞对某些物质的抗性,而这些物质对宿主细胞可能是致死的,因此,这类标记基因可直接用于选择转化子。这类基因又可分为 3 类:抗生素抗性基因,如氨苄青霉素抗性基因(Amp^r)、四环素抗性基因(Tc^r)、氯霉素抗性基因(Cm^r)、卡那霉素抗性基因(Kan^r)、G418 抗性基因($G418^r$)、潮霉素抗性基因(Hyg^r)、新霉素抗性基因(Neo^r);重金属抗性基因,如铜抗性基因(Cu^r)、锌抗性基因(Zn^r)、镉抗性基因(Cd^r);代谢抗性基因,如抗除草剂基因、胸苷激酶基因(TK)。在这 3 种抗性标记基因中,抗生素抗性基因使用最为频繁,且适用范围很广,包括动物、植物和微生物。抗除草剂基因在植物中使用较为广泛。

(2)营养标记基因　有的生物细胞因为突变而导致需要某些营养物质才能生长,其原因是参与某些营养物质合成的基因发生了突变。如果将没有发生突变的相应基因转入这种突变体细胞中,那么这些细胞就不再需要相应的营养物质,而那些未被转化的细胞则不能生长,因而这类标记基因也可直接用于选择转化子。这类基因主要是氨基酸、核苷酸及其他必需营养物合成的酶类的基因,在酵母转化中使用最频繁,如色氨酸合成酶基因($TRP1$)、尿嘧啶合成酶基因($URA3$)、亮氨酸合成酶基因($LEU2$)、组氨酸合成酶基因($HIS4$)等。

(3)生化标记基因　这类标记基因的表达产物可催化某些易检测的生化反应,常用的基因有 β-半乳糖苷酶基因($lacZ$)、葡萄糖苷酸酶基因(GUS)、氯霉素乙酰转移酶基因(CAT)。

下面以大肠杆菌载体 pBR322 为例作以说明(图 16-1)。该载体长 4 362 bp,它有一个来自大肠杆菌中高拷贝天然质粒的复制起点(ori),这个复制起点可使 pBR322 在大肠杆菌中的拷贝数达到 20 个,因而 pBR322 载体的 DNA 很容易从大肠杆菌中提取出来。这是 pBR322 的第一个结构特征。另外,此载体中有两个标记基因,一个是氨苄青霉素抗性基因(Amp^r),另一个是四环素抗性基因(Tet^r)。氨苄青霉素和四环素都是人类治疗疾病的抗生素药物。用 pBR322 DNA 转化大肠杆菌细胞,其中部分细胞就被该载体所转化,而有一部分细胞则没有被转化。那么如何区分这两种细胞呢? 通常将转化后的细胞涂布在一种加有氨苄青霉素或四环素的培养基上,然后放在 37℃ 下培养。由于转化细胞中有 pBR322 DNA,该载体上的氨苄青霉素抗性基因和四环素抗性基因都会表达,那么这种转化细胞就能在加有氨苄青霉素或四环素的培养基上生长,于是就可以在培养基的表面看到相应的抗性菌落。菌落是由许多大肠杆菌细胞生长后堆积在一起,成为肉眼可见的生长物。那些没有被转化的细胞,因为细胞中没有 pBR322,当然就没有两种抗性基因的表达,那么这些细胞就不能在加有氨苄青霉素或四环素的培养基上生长,因此我们也就无法获得未转化细胞的菌落。这样就很简单地将转化细胞与非转化细胞区别开来了。

在这个载体中,$Sca\ I$、$Pst\ I$、$BamH\ I$、$Sal\ I$、$EcoR\ I$ 和 $Hind\ III$ 等 6 个限制酶位点都是唯一的,因此它们都可以用作克隆外源基因的位点。但是,在克隆外源基因时,选择不同的克隆位点将会获得不同的表型,筛选重组子的策略也是不相同的。$Sca\ I$ 和 $Pst\ I$ 两个位点都位于氨苄青霉素抗性基因的编码区内。当一个外源基因片段插入这两个位点中的任何一个位点时,该抗性基因就会失去活性,这种重组子就再也不会赋予转化细胞以氨苄青霉素抗性,因此,这种重组子所转化的细胞就只能涂布在加有四

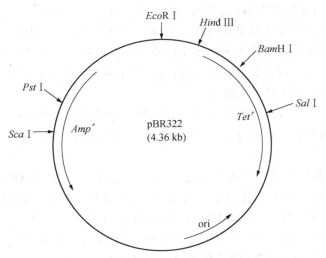

图 16-1　大肠杆菌基因克隆载体 pBR322 的物理图谱

环素的平板上。因为四环素抗性基因没有外源 DNA 插入，因此保留了生物学活性。要是不把外源基因插入 Amp^r 基因中，而是将其插入 Tc^r 基因中，由于已知四环素抗性基因中有 Bam H Ⅰ 和 Sal Ⅰ 两个克隆位点，如果其中一个位点插入了外源基因片段，那么四环素抗性基因也就失去了活性，因此用这种重组 DNA 分子转化大肠杆菌细胞，转化细胞就不能在四环素平板上生长。因而，这种转化细胞则只能涂布在加有氨苄青霉素的平板上。另外还有两个位点 Eco R Ⅰ 和 $Hind$ Ⅲ，它们不在两种抗生素抗性基因的编码区内，因此外源基因插入这两个位点时不会引起标记基因的失活，所以转化细胞可以涂布在氨苄青霉素或四环素的平板上。由此可以看出，克隆位点不仅仅是供外源 DNA 分子插入的地方，而且将直接影响到后面的试验操作。

　　随着基因工程技术的深入研究和广泛开展，科学家们认识到，转基因工作成功率、正确性和有效性一般都很低。在获得了大量的转基因个体后，确认和淘汰失败的转基因个体，筛选理想个体是非常重要的环节。基因转移技术成功率低的主要原因是目前转基因技术的目的性差，使得转移的效果不能控制，因此随意性很强。外源转移基因在宿主细胞的嵌入也是随机的，造成同一次试验中转基因个体之间在基因表达程度上差异很大，难以控制。另外，由于被转移基因在宿主基因组上嵌入的位置不同，转移基因和宿主基因之间的互作程度也就不同，出现了转基因个体性状的表达程度不稳定和差异性大的现象。为解决这一问题，转基因过程中引入了标记基因（marker gene），其目的主要是在大量的转基因个体中确认出能正确表达转基因性状的个体。一般是将标记基因与拟转基因一起转移到宿主的细胞中，使之和拟转基因一起嵌入到宿主细胞的基因组中，达到标记的目的。基因转移中早期所用的标记基因主要是荧光酶（luciferase）基因，它是从萤火虫（*Photinus pyralis*）的尾部分离而来的。在荧光酶的催化下，当荧光素和生物能同时存在时就可以产生荧光。转基因烟草用荧光酶标记基因作标记时，荧光素可在基质中发出弱的荧光，而那些未得到外源基因或转移不成功的个体则不发光。荧光酶是现在常用的标记基因，其他一些标记有：β-葡萄糖苷酸酶和 β-半乳糖苷酸酶等。含有这种标记的转基因植物组织在适合的培养基中呈现绿色。选择性标记基因不但能够实现对转基因生物的识别和确认，而且也可以协助区分非转基因的生物和组织。从 20 世纪 80 年代后期开始，有一些对抗生素有抵抗力的细菌抗菌基因也被用作转基因的标记基因。那么在识别转基因生物时，只需要把转基因组织进行组织培养，然后用特异的抗生素处理，那些非转基因的组织就被杀死，保留下来的则是转基因生物或组织。一种标记基因只对一定数目的抗生素有抗性。大多数用来作为标记的基因都能表达一种叫作新霉素磷酸转移酶（neomycin phosphotransferase，npt Ⅱ；也叫 Kan 或 Neo）的物质，它能抵抗卡那霉素、新霉素以及类似的抗生素。另外一些标记基因所产生的酶能抵抗其他一类抗生素，如：β-内酰胺酶耐药基因（*bla* 基因）能抗安比西林和盘尼西林,氯霉素抗性基因(*CAT* 基因)能抵抗氯霉素。同时,不同的植物对某些抗生素具有天然抗性,例如,谷类作物对卡拉霉素有抗性。选择标记基因是植物转基因技术的一项重要的环节,目前已有一类标记基因常常被用来作为不同植物转基因的标记基因。标记基因也在转基因细菌、真菌,转基因动物和鱼上使用,同一种标记基因可在不同的生物上使用,在鱼类转基因中常用能表达荧光的基因和具有抗新霉素磷酸转移酶表达的基因。

4. 克隆载体的种类 自 1977 年 Bolivar 等组建了第一个系列的克隆载体 pBR 以来,已建立起用于不同研究目的和不同生物种类的各种分子克隆载体。如果按照载体的复制子来源划分,所有的载体可分为以下三种类型:

(1)质粒载体 这类载体所含的复制起点主要来自不同的原核生物,特别是大肠杆菌和一些低等真核生物(如酵母菌和一些丝状真菌)中的质粒 DNA。有的复制起点则来自染色体 DNA(如酵母菌)。许多载体 DNA 上只含有一种复制起点,如用于大肠杆菌的 pBR(图 16-1)和 pUC 系列质粒载体,有的克隆载体含有两种复制子序列,它们常来自于不同的生物,比如大肠杆菌-酿酒酵母(*Saccharomyces cerevisiae*)穿梭载体 YRp12 和 YEp13 等,这类载体能在这两种不同的生物中自主复制。

(2)病毒载体 这类载体中所含的复制起点来自病毒 DNA。例如,以噬菌体 λ 所组建的 Charon 系列,λEMBL 和 λNM 系列载体和以单链 DNA 噬菌体 M13 组建的 M13mp 系列载体。在动物细胞中,也有许多病毒被用来组建克隆载体。

(3)混合载体 这类载体复制起点来自质粒和病毒,比如适合于大肠杆菌的 DNA 载体 pEMBL8 和 pEMBL9 含有质粒 pMB1 和单链噬菌体 f1 复制起点。用于动物细胞的 DNA 载体则含有大肠杆菌的质粒复制起点和动物病毒复制起点。使用最广泛的动物病毒复制起点来源于 SV40。实际上,这类混合型载体也是穿梭型的,即它们既可以在大肠杆菌中复制,亦可在动物细胞中复制。

按照克隆载体的功能或用途来划分,则可将 DNA 载体分为以下两大类:

(1)普通载体 这类载体主要用于各种基因组文库和 cDNA 文库的建立,比如常用的 pBR322,由 λ 噬菌体衍生的载体和 COS 质粒,以及一些大肠杆菌-酿酒酵母穿梭载体,如 YRp7、YEp13 等。染色体 DNA 片段或 cDNA 均可用这类载体进行增殖。它们通常含有两个或两个以上的标记基因,其中一个基因用于选择转化体(transformant),另一个基因则用于检查载体中是否有外源 DNA 插入。

(2)表达载体 这类载体主要用于研究基因的表达或是用于大量生产一些有用的转录产物或蛋白质,有的也可用于 cDNA 文库的建立。这类载体除具有普通载体的特征外,它还含有某些基因的启动子序列,有的还含有转录终止子序列。为了使基因表达产物便于检测或是为了简化基因表达产物的分离纯化,有的表达载体除含有基因启动子序列外,还有一段为信号肽链编码的 DNA 序列,这段信号肽链可以使蛋白质分泌到细胞外。这类载体又可称为分泌表达型载体(secretion expression vector)。为了使某些基因产物能投入大规模的工业生产,目前已组建了各种高效表达的分泌型载体。

(六)宿主细胞

DNA 重组技术最终的目的是要使外源基因得以增殖和表达,而增殖和表达必须借助于活细胞内的酶、底物及各种因子才能实现。宿主细胞是重组技术不可缺少的条件。质粒是运用最早的载体,转化的宿主细胞是细菌,因此细菌(如大肠杆菌 *E. coli*)是实现 DNA 重组技术的第一个宿主生物体。DNA 重组技术发展之初,人们害怕在无意间会将癌基因等有害基因重组于载体,重组体转入大肠杆菌后,癌基因会随着大肠杆菌的四处传染,导致严重后果。鉴于这种潜在性危险,世界各国曾制定了各种准则和严格规定,以防范危害人类事件的发生。以后,通过对所使用的大肠杆菌进行改造,使之缺陷某些必需因子,只有在试验条件下满足缺陷因子才会生长繁殖,其他环境难以存活。目前所使用的大肠杆菌宿主细胞都是缺陷性的。现在除大肠杆菌外,酵母、真菌及受精卵细胞等真核细胞都成为重组 DNA 的宿主细胞。

二、外源 DNA 片段与质粒载体连接的依据

进行外源 DNA 片段和质粒载体的连接,可依据外源 DNA 片段末端的性质,以及质粒载体与外源 DNA 上限制酶切位点的性质来做出选择。

(一)外源 DNA 片段末端的性质

带有各种末端的外源 DNA 的克隆有:非互补突出端片段的克隆、相同末端(平端或黏端)片段的克隆和平端片段的克隆。

1. 带有非互补突出端的片段　用两种不同的限制酶进行消化可以产生带有非互补突出端的片段。常用的大多数质粒载体均带有由几个不同限制酶的识别序列组成的多克隆位点。由于现有的多克隆位点如此多样,因而几乎总是能找到一种带有与外源 DNA 片段末端相匹配的限制酶切位点的载体。于是,采用所谓的定向克隆即可将外源 DNA 片段插入到载体当中。例如,载体 pUC19 用 Bam H Ⅰ 和 $Hind$ Ⅲ 进行消化,然后,通过凝胶电泳或凝胶排阻层析纯化载体大片段,以使其同切下来的多克隆位点小片段分开。于是,这一载体就可以同有与 Bam H Ⅰ 和 $Hind$ Ⅲ 所切出末端相匹配的黏端的外源 DNA 片段相连接。用得到的环状重组体转化大肠杆菌,检查氨苄青霉素抗性。由于 $Hind$ Ⅲ 和 Bam H Ⅰ 的突出端不互补,载体片段不能有效地环化,所以转化大肠杆菌的效率也极低。因此,大多数具有氨苄青霉素抗性的细菌都含有带外源 DNA 片段的质粒,外源 DNA 片段成为连接 $Hind$ Ⅲ 和 Bam H Ⅰ 位点的桥梁。当然,根据特定的外源 DNA 片段可以改变限制酶的组合方式。

2. 带有相同末端(平端或黏端)的片段　带有相同末端(平端或黏端)的外源 DNA 片段必须克隆到具有相匹配末端的线状质粒载体中。在连接反应中,外源 DNA 和质粒都可能发生环化,也有可能形成串联寡聚物。因此,必须仔细调整连接反应中两种 DNA 的浓度,以便使“正确”连接产物的数量达到最佳水平。此外,常常使用碱性磷酸酶去除 5′磷酸基团以抑制质粒 DNA 的自身连接和环化。

3. 带有平端的片段　外源 DNA 片段带平端时,其连接效率比带有突出互补末端的 DNA 要低得多。因此,涉及平端分子的连接反应所要求的 T4 噬菌体 DNA 连接酶的浓度和外源及质粒 DNA 的浓度都要高得多。另外,加入低浓度的如聚乙二醇一类的物质,常可提高这类反应的效率。

(二)质粒载体和外源 DNA 中限制酶切位点的性质

目前,已知的质粒载体中限制酶切位点的种类繁多,因而通常都有可能找到某种带限制酶切位点恰与外源 DNA 片段本身一致的载体。这就是一个优势,也可以用相应的限制酶消化重组质粒以回收外源 DNA。另外,可把外源 DNA 片段插入到载体中能产生匹配末端的任何位点中。例如,识别不同的六核苷酸的限制酶 Bam H Ⅰ 和 Bgl Ⅱ 产生具有相同突出末端的限制酶切片段,这样用 Bgl Ⅱ 消化而制备的外源 DNA 片段可以克隆到用 Bam H Ⅰ 消化的质粒中。这通常会使接合序列不能被曾用于外源 DNA 或制备载体的任何一种酶所切开。然而很多情况下,用切点位于多克隆序列侧翼的限制酶进行消化,可将片段从重组质粒中摘出。有时也可能在质粒与外源 DNA 两端的限制酶切位点之间,找不到“门当户对”的搭配关系。这时可用下面两种方案加以解决:

(1)在线状质粒末端和外源 DNA 片段的末端接上合成接头或衔接头。

(2)在得到控制的反应条件下,用大肠杆菌 DNA 聚合酶 Ⅰ Klenow 片段部分补平带 3′凹端的 DNA 片段,使那些不相匹配的限制酶切位点转变为互补末端,从而促进载体和外源 DNA 的连接。因为部分补平反应消除了同一分子两端彼此配对的能力,故连接反应过程中环化和自身寡聚化的机会也会有所降低。

三、DNA 重组技术的基本过程

DNA 重组技术的过程包括:①选择目的外源基因;②将目的基因与适合的载体 DNA 在体外进行重组,获得重组体(杂交 DNA);③将重组体转入合适的生物活细胞,使目的基因复制扩增或转录、翻译

表达出目的基因编码的蛋白质；④从细胞中分离出基因表达产物或获得一个具有新遗传性状的个体（图16-2）。

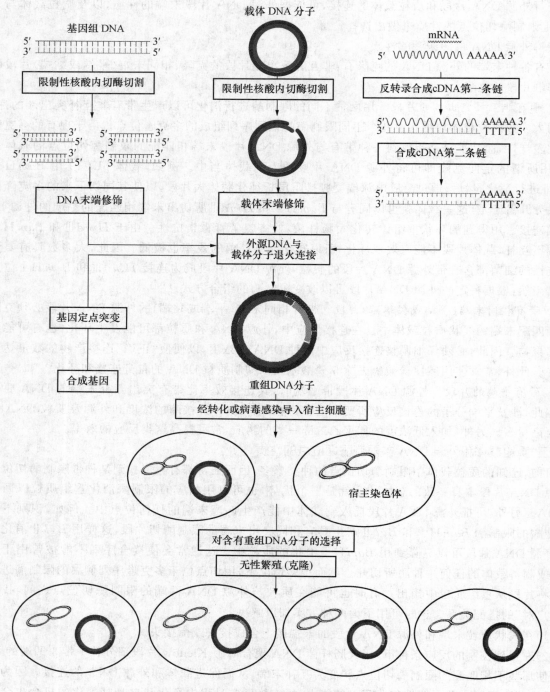

图 16-2   DNA 重组技术的基本操作过程

1. 目的基因的获得   ①构建基因文库。生物细胞染色体 DNA 分子上编码了生物的全部基因，但每个基因在 DNA 上的确切位置是不知道的。要想从中找到所需要的目的基因，得先将 DNA 从细胞中尽量完整地提取出来（由于操作中剪切力的作用，获得的 DNA 只是一些大片段），获得基因组 DNA，构建基因组 DNA 文库。再用某些限制性核酸内切酶处理，使 DNA 成为一定长度的片段并与载体结合。

通常选用 λ 噬菌体 DNA 作载体。重组的噬菌体完全具备对大肠杆菌的侵染和在细胞中进行复制的能力。每个侵染的大肠杆菌中都含有一定片段的 DNA,而且是彼此不同的基因片段。这样,大肠杆菌细胞存在着总 DNA 中各种基因的片段,只要选用与目的基因互补的 DNA 片段作探针,通过原位杂交、Southern 杂交等即可从大肠杆菌中筛出所需要的目的基因。通常把这些大肠杆菌细胞称为基因组文库(genomic library)。②以目的基因 mRNA 为模板,通过反转录合成目的基因 cDNA,经过一系列酶促反应,再与载体结合,然后导入受体细胞进行克隆表达。③合成目的基因。依据已知的某基因的密码,输入编码序列,利用 DNA 合成仪可以合成一定长度的 DNA 片段。1977 年合成了哺乳动物的生长抑制激素基因(14 个氨基酸),并在大肠杆菌中表达成功。

2. 重组 目的 DNA 片段同载体分子连接的方法,主要是依赖于限制性核酸内切酶和 DNA 连接酶的作用,其产物称重组体。因转入活细胞后能复制增殖,所以是一种无性繁殖系,因而重组体也称为克隆(clone)。有时把 DNA 重组的操作过程也称为"克隆"。大多数的限制性核酸内切酶都能够切割 DNA 分子,形成具有 1~4 个核苷酸的黏性末端。当载体和外源供体 DNA 用同样的限制酶,或是用能够产生相同的黏性末端的限制性核酸内切酶切割时,所形成的 DNA 末端就能彼此退火,并被 T4 连接酶共价地连接起来,形成重组 DNA 分子(图 16-2)。

3. 重组 DNA 分子的转化与转染 带有外源目的 DNA 片段的重组体分子在体外构成之后,需要导入适当的宿主细胞进行增殖,才能够获得大量的单一的重组体分子。在由质粒作载体形成的克隆转入细菌时,细菌预先要在低温条件下用氯化钙处理,形成感受态细胞,即增加细胞膜的通透性才能实现基因转移,这一过程即是"转化",即感受态的大肠杆菌细胞捕获和表达质粒载体 DNA 分子的生命过程(图 16-3)。而由噬菌体作载体的克隆转入细胞时,因噬菌体具有自动侵入的功能,故细菌不用预先处理,这一过程称为"转染",即感受态的大肠杆菌细胞捕获和表达噬菌体 DNA 分子的生命过程(图 16-4)。

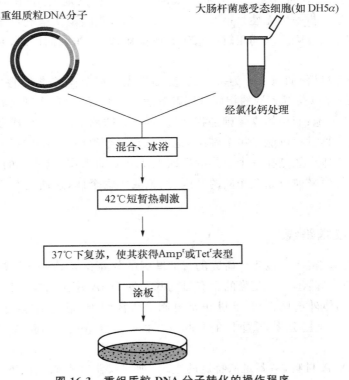

图 16-3 重组质粒 DNA 分子转化的操作程序

Amp^r. 氨苄青霉素抗性　　Tet^r. 四环素抗性

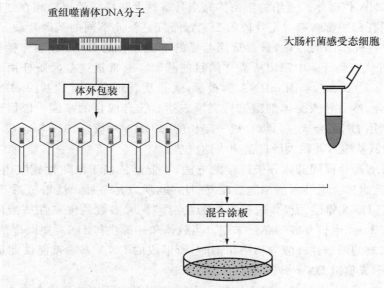

图 16-4　重组噬菌体 DNA 分子转染的操作程序

第二节　基因克隆技术

在当今生命科学的各个研究领域中"克隆"(clone)一词被广泛地使用,它既可作名词也可作动词用。当作名词用时,克隆是指一个无性繁殖系;当作动词用时,克隆则是指利用不同方法产生无性繁殖系所进行的工作。简言之,克隆作动词用时是指研究或操作过程,作名词用时,是指该研究或操作产生的结果。

克隆可根据其研究或操作的对象分为基因克隆、细胞克隆和个体克隆三类。基因克隆是指在分子(DNA)水平上开展的研究以获得大量的相同基因及其表达产物;细胞克隆则是在细胞水平上开展研究工作以获得大量相同的细胞;而个体克隆则是指经过一系列的操作产生一个或多个与亲本完全相同的个体,这种克隆所用的生物材料可能是一个细胞,也可能是一个组织(这将在后面专门介绍)。很显然,基因克隆、细胞克隆和个体克隆是在三个不同的层次上所开展的工作,以原有的基因、细胞或生物个体作为模板,复制出多个与原来模板完全相同的基因、细胞或生物个体,这便是对基因工程技术中克隆技术最全面的阐释。

一、基因克隆的技术路线

通常所说的基因克隆,实质上包含待研究的目的基因的分离和鉴定两个主要的内容,整个基因克隆的过程包括五个基本的步骤:①用于克隆的含有目的基因的 DNA 片段的制备以及载体的构建;②目的 DNA 片段与载体分子的体外连接;③在能够正常复制的受体细胞(宿主细胞)中,重组 DNA 分子的导入;④在宿主细胞内,随着细胞分裂,重组体的复制以及目的基因单克隆的获取和筛选;⑤目的 DNA 的测序分析。

用于基因克隆的 DNA 材料,主要是从特定的组织、细胞或器官提取染色体基因组 DNA 或通过提取的 mRNA 反转录合成 cDNA。究竟选用何种 DNA 材料,依据克隆的目的而定。由于单个基因仅占染色体 DNA 分子总量的极微小的比例,必须经过扩增,才有可能分离到特定的含有目的基因的 DNA 片段,故需先构建基因库。其中,能将外源基因 DNA 带入宿主细胞并能复制或最终使外源基因 DNA

表达的载体 DNA 分子的构建很关键。通常载体应至少有一个复制起点、一个克隆位点和一个遗传标记基因。用于基因克隆的载体主要有质粒型载体、λ 噬菌体载体、柯斯质粒载体以及 M13 噬菌体载体等。构建基因文库之后，可以说是实现了基因的克隆，但并不等于完成了目的基因的分离，因为不管是基因组 DNA 文库或 cDNA 文库，其实都是一个基因众多的"基因池"（gene pool），究竟哪个含有要研究的目的基因的序列，还是无从知道。因而下一步需要做的便是从基因文库中筛选出含有目的基因的特定克隆，即所谓的克隆基因的分离。目的基因的单克隆是获得了，但还要做的一项工作，是对这一目的基因的 DNA 片段进行测序，之后，才能从核酸序列上真正地获取该目的基因（图 16-5）。

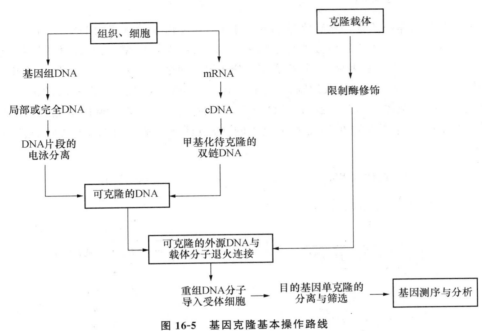

图 16-5 基因克隆基本操作路线

二、基因克隆载体的构建

1. **质粒载体的构建** 天然质粒往往存在着这样或那样的缺陷，因而不适合用作基因工程的载体，必须对其进行改造构建，具体步骤有：①加入合适的选择标记基因，如两个以上，易于用作选择。②增加或减少合适的酶切位点，便于重组。③缩短长度，切去不必要的片段，提高导入效率，增加装载量。④改变复制子，变严紧为松弛，变少拷贝为多拷贝。⑤根据基因工程的特殊要求加装特殊的基因元件。

2. **λ 噬菌体载体的构建** 天然的 λ 噬菌体由于包装上下限的存在以及同种酶切口太多通常不适合作为重组载体，故需对其进行人工构建：①缩短长度。野生型 λ 噬菌体包装的上限为 50.5 kb，本身长度为 48.5 kb，那么外源 DNA 片段允许插入的大小至多为 2 kb，这样才能被包装成有感染能力的噬菌体颗粒，如果将其缩短，便可提高装载量。其实 λ 噬菌体上有 40%～50% 的 DNA 片段是复制、裂解所不必需的，将之切除便可提高装载量。通常有插入型载体和取代型载体。②删除重复的酶切口。插入型载体在插入位点有一酶切口，但这必须是唯一的；取代型载体在取代位点有两个酶切口，多了也不行；而天然的 λ 噬菌体上有许多重复的酶切口，如：*Eco*RⅠ 5 个，*Hind*Ⅲ 7 个，这些多余的酶切口必须被删除。③加装选择标记。④构建琥珀型密码子突变体。

3. **柯斯质粒载体的构建** λ 噬菌体载体的最大装载量为 2 kb，有时需要构建能克隆更大的外源 DNA 片段的载体，柯斯质粒就是应这种需要而人工组建的。柯斯质粒是含有 λ 噬菌体两端 cos 区的质粒。由于 λ 噬菌体包装时，其包装蛋白只识别黏性末端附近的一小段顺序，约 1.5 kb 长。如果将这一小段 DNA 与质粒连在一起,则这个重组质粒就可装载更大的外源 DNA 片段,同时它仍可像 λ 噬菌体一样,在体外被包装成有感染活性的噬菌体颗粒,并高效感染大肠杆菌。与 λ 噬菌体 DNA 所不同的是,柯斯质粒不能在体内被包装,更不能裂解细胞,它的制备与质粒相同,进入细胞后,质粒上的复制子才进行复制。

4. M13 噬菌体载体的构建　　M13 噬菌体上几乎没有非必需区域,因而载体的构建主要是插入标记基因及插入多克隆酶切位点接头,便于外源基因片段的插入以及消除重复的酶切口。

三、基因文库的构建策略

1. 基因组 DNA 文库的构建　　构建完整的基因组 DNA 文库是筛选目的 DNA 片段的前提,通常是通过限制性内切酶部分酶切法或超声波法将生物体基因组 DNA 片段化,与载体随机连接、包装及感染受体细胞后,得到含有全部的基因片段,贮存了基因组 DNA 的全部序列信息。一般基因组文库的构建过程(图 16-6)包括:①插入 DNA 片段的制备,包括基因组 DNA 的纯化、DNA 片段的消化及 15~20 kb DNA 片段的分离等;②载体、DNA 的制备,载体、DNA 的酶解及载体连接臂的分离等;③基因组 DNA 片段与载体的连接;④包装提取物的制备和重组子的体外包装;⑤基因组 DNA 文库的扩增保存;⑥文库质量的测评。

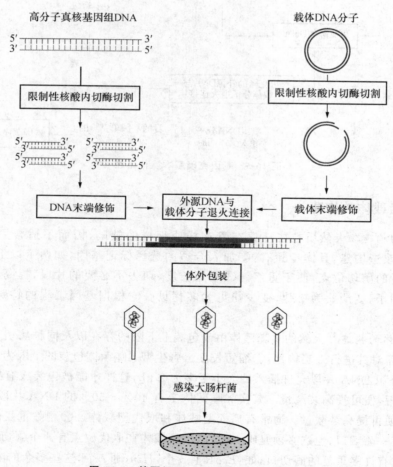

图 16-6　基因组 DNA 文库构建操作路线

真核生物基因组 DNA 庞大,其复杂度是蛋白质和 mRNA 的 100 倍左右,而且含有大量的重复序列,因而,无论是采用电泳分离技术,还是通过杂交的方法都难以直接分离到目的基因片段。这是从染色体 DNA 为出发材料直接克隆目的基因的一个主要困难。

2. cDNA 文库的构建 cDNA 是指以 mRNA 为模板,在反转录酶的作用下形成的互补 DNA。与基因组文库一样,cDNA 文库也是指一群含重组 DNA 的细菌或噬菌体克隆。每个克隆只含一种 mRNA 的信息,足够数目克隆的总和包含细胞的全部 mRNA 信息,这样的克隆群体就叫作 cDNA 文库。cDNA 文库便于克隆和大量扩增,可以从 cDNA 文库中筛选到所需目的基因,并用于该目的基因的表达。cDNA 文库是发现新基因和研究基因功能的基础工具。

通常构建 cDNA 文库的技术路线为:提取总 RNA、纯化 mRNA、合成 cDNA 双链、去除小片段、将双链 cDNA 连接到载体、转化或包装、扩增及保存。cDNA 文库的构建为研究生物的基因结构与功能及基因工程操作带来极大的便利,而 cDNA 文库与基因组 DNA 文库相比,其容量要小得多,特定序列的克隆比例相应较高,筛选也较简单易行。因为 cDNA 来自 mRNA,而 mRNA 是基因转录的产物,通常由基因组基因的外显子拼接而成,不含内含子区域。因此,cDNA 远比基因组基因片段小得多。构建 cDNA 文库的操作(图 16-7 和图 16-8)包括:①提取总 RNA,检测其完整性;②从总 RNA 中分离纯化 mRNA;③合成 cDNA 第一链和第二链;④修饰 cDNA 并连接到克隆载体中;⑤包装及转录宿主细胞;⑥cDNA 文库的质量检测、保存及扩增。

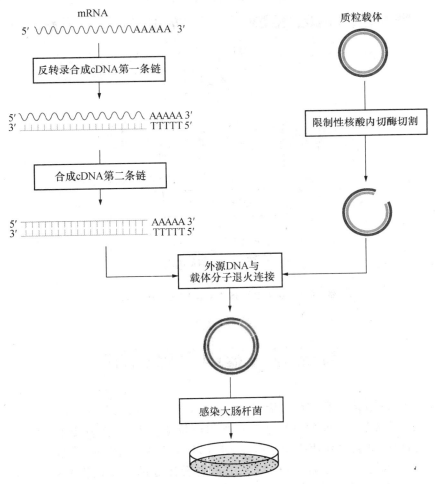

图 16-7 以质粒为载体构建 cDNA 文库

在 20 世纪 70—80 年代,cDNA 文库的构建是一件相当困难的工作。随着 mRNA 提取、cDNA 酶促合成及噬菌体包装等方面技术的改进和完善,特别是一些公司提供的各种试剂盒的应用,使得 cDNA 文库的构建逐步成熟起来,其稳定性及重要性都得以极大地提高。

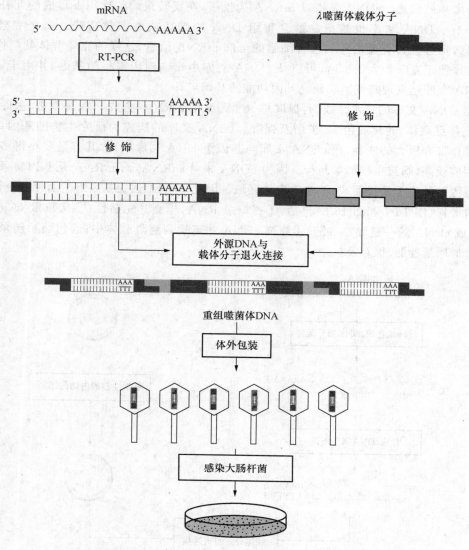

图 16-8   以 λ 噬菌体为载体构建 cDNA 文库

第三节   基因打靶技术

基因打靶(gene targeting)又称定向基因转移,是人工精确地修饰基因组的一种技术,即通过外源DNA 与染色体 DNA 同源序列之间的重组来改造基因组特定位点,从而改变生物遗传特性的技术,有三个重要特征:①直接性,即直接作用于靶基因,不涉及基因组的其他方面;②准确性,即可以将事先设计好的 DNA 序列插入选定的目标基因座,或者用事先设计好的 DNA 序列去取代基因座中相应的DNA 序列;③有效性,即在技术上有实施的可能,因而具有一定的实用意义。基因打靶技术是近 10 年来在转基因技术和人工同源重组技术基础上发展起来的能够使外源基因定点整合的高新生物技术,其中人工同源重组方法使科学家们针对基因组上某一靶基因进行精确修饰。具体地说,就是它能够使外源 DNA 与受体细胞基因组上的同源序列之间发生重组,并整合到预定位点上,而不影响其他基因,从而改变细胞的遗传特性。基因打靶是针对细胞内染色体上某一特定位点的基因所进行的修饰,所以又称基因定点同源重组。它包括两种情况：一是用一个突变的基因去修饰其对应的野生基因,观察终止原基因正常功能时的生物学变化,称为基因敲除(gene knockout),也称基因剔除;另一种是用一个正常基因替代突变基因,或引入新基因使其在受体细胞中表达,这就是所谓的基因敲入(gene knockin),也称基因获得。基因打靶的基本过程,包括载体的构建、同源重组、重组筛选及观察打靶后的生物学效应等四个过程。

一、基因打靶技术的原理

在生物界同源重组是一个普遍现象。在减数分裂形成配子的过程中,同源染色体上的基因相互交换其同源片段,就是同源重组。基因打靶的原理即仿照了这一过程,这一技术的基本原理是:用转基因技术,将外源基因引入靶细胞,通过外源 DNA 与靶位点上相同核苷酸序列间的同源重组,使外源基因稳定插入预定的位点,再通过适当的筛选手段得到剔除了某个基因的细胞。图 16-9 为将外源DNA 插入预定质粒位点的示意图。根据生物体内重组发生的机制,将重组分为 4 种类型:同源重组(homologous recombination)、位点特异性重组(site-specific recombination)、转座(transposition)和异常重组(illegitimate recombination)。这四种类型共有的特征是 DNA 双螺旋之间的遗传物质发生交换。其中同源重组是指发生在 DNA 同源序列之间的重组。其显著特征是在发生交换的DNA 的两个区域的核苷酸序列必须相同或很相

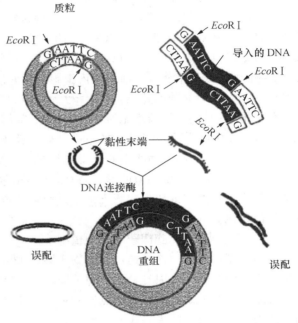

图 16-9　将外源 DNA 插入质粒预定位点

(吴建平,简明基因工程与应用,2005)

似。同源重组主要是利用 DNA 序列的同源性识别重组对象,蛋白质(如大肠杆菌 RecA 蛋白)可以促进识别,但提供特异性识别的是碱基序列。转基因整合有两种性质,即整合的随机性和拷贝数的变异性。由于非同源重组的频率太高,因而整合的位点不同,转入基因可能会有不同的表达。若整合在封闭的染色质区,转入基因很少或几乎不表达。若整合在活化的染色质区,转入基因则可能高效表达。整合的转入基因拷贝数的不同也会影响转基因表达水平。提高同源整合的效率是基因打靶技术成功的关键。同源整合效率与下列因素有关:一是与基因转移的方法有关。试验证明,采用逆转录病毒整合的方法,其整合频率最高,对外源 DNA 的影响较小,并且多为单拷贝整合,有利于整合基因的表达调控。但由于病毒容量的限制,故外源 DNA 片段不能太大。显微注射法的绝对整合频率较高,线性 DNA 分子的整合效率高于超螺旋 DNA 分子的整合效率。但一次只能注射一个细胞,故可筛选的细胞有限。二是和打靶载体上与内源靶位点间同源序列的长度有关。

二、基因打靶基本操作

(一)基因打靶的必要条件

利用自然界存在的遗传物质同源重组的机制是实现基因定点整合的唯一途径。同源重组必须在活细胞中进行,而要使经过修饰的基因发挥功能,则必须把细胞变成生物个体。因而,基因打靶操作需要以下条件:首先,要构建靶向性载体。载体必须包含一定长度的与基因座上相应 DNA 序列完全同源的序列。载体上还要包含标记基因,以便在转化细胞之后挑选那些整合了载体 DNA 的细胞,进而在整合了载体 DNA 的细胞中找出发生了同源整合的细胞。其次,需要有效的细胞培养技术和 DNA 导入技

术。第三,应用的胚胎干细胞(embryonic stem cell)具有从细胞发育成动物个体的全能性。胚胎干细胞(ES细胞)是从早期胚胎的内细胞团(ICM)中分离出来的全能性细胞,在适当条件下能在体外进行增殖而保持不分化的状态。将其注入囊胚腔中之后,能够参加形成胎儿的各种细胞,包括生殖细胞。因此通过生产嵌合体,即可生产出实现了基因靶向插入的动物,甚至是基因座上基因纯合的动物。

(二)靶细胞的选择

导入外源基因的靶细胞可以分为两大类:一类是生殖细胞,将克隆基因直接微注射入受精卵的雄原核,然后重新植入雌性生殖系统,培育转基因动物。另一类导入外源基因的靶细胞是体细胞。例如,骨髓中全能性的造血干细胞,它可以从体内取出经靶处理后再重新置入体内。此外,还有淋巴细胞、内皮细胞和成纤维细胞等。目前在哺乳动物基因打靶操作中,常采用胚胎干细胞作为打靶载体的受体细胞。ES细胞一般是指从着床前胚胎内细胞团或原始生殖细胞经体外抑制分化,培养分离出来的具有全能性的细胞。其最显著的特点是:能保持二倍体的特性和发育的全能性,具有与早期胚胎细胞相似的高度分化潜能,并且具有培养细胞所具有的特征,如增殖、克隆、冷存等。通过基因打靶技术将改造后的外源基因导入ES细胞后,再把ES细胞注入动物囊胚,ES细胞能够参与宿主细胞的胚胎构成,形成嵌合体直至达到种系嵌合,从而将带有外源基因的ES细胞传给后代,产生转基因动物。ES细胞来源于早期胚胎,具有与胚胎细胞相似的形态特征,核形正常。在体外培养的ES细胞集落边缘,可见有少量已分化的扁平上皮细胞或梭形成纤维细胞。用碱性磷酸酶染色法染色,ES细胞呈棕红色,周围成纤维细胞则为淡黄色。

(三)基因打靶载体的构建和同源重组

基因打靶的主要用途是通过遗传物质同源重组的机制将位点特异性基因修饰导入动物基因组,用以生产突变的个体。基因打靶技术的关键在于打靶载体的构建。设计打靶载体(targeting vector)的目的是使之能与受体细胞的特定位点发生重组并变异。这样一个载体的最少成分是含有染色体靶位点的同源序列和一个质粒的主要成分。此外,一般还需要正负筛选标记基因(如 *Neo*、*TK* 基因)等成分。常见的哺乳动物打靶载体有两类,主要依据外源基因整合到染色体靶位点上方式的不同来区分:第一种是置换型载体(n型),第二种是插入型载体(O型)(图16-10)。置换载体与插入载体组成基本相同,主要区别在于所插入载体在染色体同源序列的位置,插入型载体的断裂位点在染色体同源序列的区段内,标记基因可在载体的任何位置,而置换型载体的断裂位点则在染色体同源序列的两侧或外侧,标记基因在同源目的序列内。根据不同的试验目标,作为同源重组的底物,基因打靶的载体大致可分为四种:基因剔除型载体(常用的载体类型是置换载体)、穿梭型载体(常用的载体类型是插入载体)、双置换型载体(常用的载体类型是置换载体)和共整合型载体(常用的载体类型是插入载体)。早期在研究哺乳细胞基因打靶操作时,常选择 *Hprt* 基因作为定点变异的靶位,因为该基因的变异细胞可以在含有6-硫代鸟嘌呤(6TG)的培养基上存活。基因打靶的两个载体即由 *Hprt* 基因构建。*Hprt* 基因全长33 kb,含有9个外显子,在雄性来源ES细胞中以单拷贝形式存在。因此,只需要单拷贝基因的变异即可获得可选择的变异表型。*Hprt* 基因构建的两个载体都含有 *Hprt* 基因的外显子8及其两端序列,并且外显子8上都因为插入了一个标记基因 *Neo*^{r} 而失活。当同源重组时,置换型载体首先线性化,在目的基因组上找到 *Hprt* 基因,同源配对,然后带有 *Neo*^{r} 基因的外显子8部分置换出目的基因组上的 *Hprt* 基因的外显子8,使 *Hprt* 基因发生变异。插入型载体通过基因打靶使 *Hprt* 基因失活,其机制是整个载体插入到内源基因的相应区域内。打靶载体构建以后,用所选择的基因转移方法导入ES细胞,目的序列就可以与ES细胞内的同源序列发生重组,通常,转染DNA与内源基因组DNA之间的同源重组,是由转染DNA的自由末端激发的,从而将改造后的外源基因置换到ES细胞基因组内,实现基因的定位变异。

(四)重组表型筛选及打靶后生物学效应的鉴定

为了便于选择已整合有外源基因的ES细胞,在基因打靶操作时,常常在打靶载体上连接阳性筛选标记,如新霉素磷酸转移酶基因(*Neo*)或次黄嘌呤核糖基转移酶基因(*Hprt*)。带有 *Neo*^{r} 基因的细胞可分别在 HAT 的培养基和 6TG 的培养基中筛选。这样可以直接鉴定外源基因是否整合到目的基因组上。载体进入 ES 细胞后,以 2 种形式整合到目的染色体上,即基因打靶和随机整合(图 16-11)。在进行载体的整合时一般引入阴性筛选标记,如单纯疱疹病毒胸腺嘧啶激酶(HSV-tk)基因。如图所示,Neo^r 基因两端是打靶细胞基因的同源序列,而 HSV-tk 基因则在同源序列之外。如果采用基因打靶方式,Neo^r 基因插入在 X 基因位置得以表达,细胞表现出 G418 抗性,当 HSV-tk 基因未能插入到细胞染色体时,外源基因不能表达,细胞在丙氧鸟苷(ganciclovir)培养基上可以存活。如果是随机整合,则 Neo^r 基因、HSV-tk 基因均插入到细胞基因组中得以表达,由于 HSV-tk 基因表达,使得丙氧鸟苷转变为毒性核苷酸而导致细胞死亡。

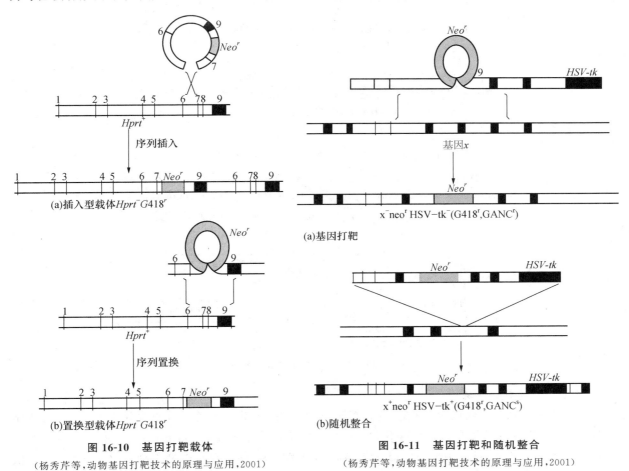

图 16-10　基因打靶载体
(杨秀芹等,动物基因打靶技术的原理与应用,2001)

图 16-11　基因打靶和随机整合
(杨秀芹等,动物基因打靶技术的原理与应用,2001)

三、基因打靶新技术

基因组靶向修饰是近年来生命科学研究的热点之一,特别是在基因法治疗人类疾病方面,基因组靶向修饰具有广阔的应用前景。伴随着遗传工程的迅速发展,出现了一些更高效的基因靶向修饰技术,如 TALEN(transcription activator-like effector nuclease)技术、锌指核酸酶(zinc finger nuclease,ZFN)技术和 CRISPR-Cas(clustered regularly interspaced short palindromic repeats,CRISPRs)技术。

（一）TALEN 技术

TALEN 是一种人工改造的限制性内切酶,是将 TALE 的 DNA 结合域与限制性内切酶(Fok I)的 DNA 切割域融合而得到。由于 TALE 的 DNA 结合域中的重复氨基酸序列模块可以与单碱基发生特异性结合,因此理论上可以任意选择靶 DNA 序列进行改造,是一种非常有效的基因组改造工具酶。该项技术已用于植物、293T 细胞、酵母、斑马鱼及大鼠和小鼠等各类研究中。

1. 利用 TALEN 进行基因组编辑的原理　　TALEN 在细胞中与基因组的靶位点结合,形成二聚体发挥内切酶活性,导致左右 TALEN 的 spacer 区域发生双链切口(double-strand breaks,DSB),从而诱发 DNA 损伤修复机制。细胞可以通过非同源性末端接合(non-homologous end joining,NHEJ)机制修复 DNA。NHEJ 修复机制并不精确,极易发生错误(缺失/插入),从而造成移码突变,因此可以达到基因敲除的目的(图 16-12)。

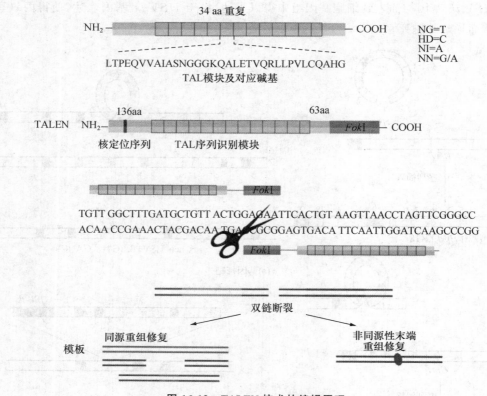

图 16-12　TALEN 技术的编辑原理

2. TALEN 的敲除步骤

(1)TALE 识别模块的构建　　TAL 的核酸识别单元为 34 个氨基酸(aa)的重复序列,每个重复序列仅第 12、13 两位点的氨基酸发生变化,这两个氨基酸被称为 RVDs(repeat-variable diresidues),并且与 A、T、C、G 有恒定的对应关系,即 NI 识别 A,NG 识别 T,HD 识别 C,NN 识别 G/A。因此,为了识别某一特定核酸序列,只需按照其 DNA 序列将相应的 TAL 单元串联克隆即可。由于物种基因组大小不同,选择的特异序列长度也不同;对于哺乳动物(包括人类),一般选取 16～20 bp 的 DNA 序列作为识别靶位点。

(2)TALEN 质粒对的构建　　将识别特异靶 DNA 序列的 TALE 与核酸内切酶 Fok I 偶联,Fok I 须形成二聚体方能发挥活性。因此,在目标基因的编码区选择间隔 13～22 bp 的两段 16～20 bp 序列,分别克隆形成真核表达载体,得到 TALEN 质粒对。

(3)TALEN 基因敲除/同源重组　　TALEN 质粒对共转入细胞后,表达的融合蛋白即分别与其 DNA 靶位点特异性结合。同时,两个 TALEN 融合蛋白中的 Fok I 核酸内切酶形成二聚体,发挥非特异性内切酶活性,在两个靶位点之间打断目标基因,形成 DSB,诱发 DNA 损伤修复机制。细胞即通过非同源重组 NHEJ 方式修复 DNA,由于缺乏修复模板,或多或少会删除或插入一些碱基,造成移码,使得目标基因失活,形成目标基因敲除突变体。若有同源修复模板,细胞可通过同源重组 HR 方式修复

DNA,便可对目标 DNA 做更精细的修饰,如点突变(磷酸化位点)、碱基替换、加标记(绿色荧光基因)等。

（4）TALEN 活性检测　目前采用套峰法、错配酶法和限制性内切酶法检测 TALEN 活性。

（二）ZFN 技术

锌指核酸酶(zinc finger nuclease,ZFN),又名锌指蛋白核酸酶,不是自然存在的,而是一种人工改造的核酸内切酶,由一个 DNA 识别域和一个非特异性核酸内切酶构成,其中 DNA 识别域具有特异性,在 DNA 特定位点结合,而非特异性核酸内切酶有剪切功能,两者结合就可在 DNA 特定位点进行定点断裂。

1. ZFN 的结构　目前研究最多的锌指结构是最初在 TF ⅢA 中发现的,锌指蛋白转录因子中含量最丰富的为 C_2H_2 型,C_2H_2 型锌指由若干个重复单位组成,每个单位约含 30 个氨基酸残基($C-X_{2\sim4}-C-X_{12}-H-X_{3\sim5}-H$,其中 C 代表半胱氨酸,H 代表组氨酸,X 代表任何氨基酸）。这些序列在锌指存在时折叠形成紧密的 $\beta\beta\alpha$ 结构,其中锌离子夹叠在 α 螺旋和两股反向平行的 β 链中,与 β 链末端的 2 个半胱氨酸和 α 螺旋 C 末端的 2 个组氨酸形成四面体结构。单个锌指的 α 螺旋插入 DNA 双螺旋的大沟,特异性识别 DNA 序列上 3 个连续碱基,并与之结合。从 α 螺旋开始的 -1、2、3、6 相应位置的氨基酸残基与 DNA 相互作用,形成对位点识别的特异性(图 16-13)。改变这几个位点的氨基酸,锌指识别位点的碱基也会改变,从而可增加锌指识别特异位点的多态性。

人工构建的具有特异性的 ZFN 由两部分组成:一部分是能够特异性结合到 DNA 上的锌指蛋白,另一部分是源于限制性内切酶 Fok Ⅰ 的一个亚基,能够无特异性地切割 DNA 双链,产生一个 DNA 双链切口(DSB)。人工 ZFN 的锌指蛋白结构域通常含有 3 个锌指结构,每个锌指可特异识别并结合 DNA 链上的 3 个连续碱基。因此,ZFN 与 DNA 的结合具有高度特异性(图 16-14)。

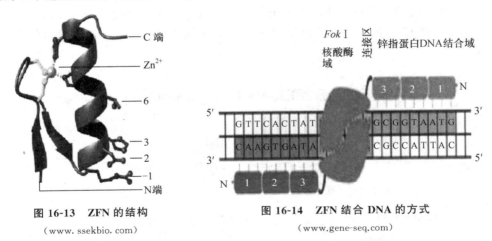

图 16-13　ZFN 的结构
(www.ssekbio.com)

图 16-14　ZFN 结合 DNA 的方式
(www.gene-seq.com)

2. ZFN 工作原理　针对靶序列设计 8～10 个锌指结构域,将这些锌指结构域连在 DNA 核酸酶上,便可实现靶序列的双链断裂。Kim 等使用该策略设计出了第一个锌指蛋白核酸酶,该酶使用 3 个锌指结构域连接一个 Fok Ⅰ 核酸酶的催化活性功能域。结果表明人工合成的 ZFN 可以特异性识别切割靶位点。ZFN 要切割靶位点必须以二聚体结合到靶位点上。因此两个 ZFN 分别用锌指结构域识别 $5'\to3'$ 方向和 $3'\to5'$ 方向的 DNA 链,两个 Fok Ⅰ 核酸酶的催化活性功能域可以切割靶位点。当两个 ZFN 分别结合到位于 DNA 的两条链上间隔 5～7 个碱基的靶序列后,可形成二聚体,进而激活 Fok Ⅰ 核酸内切酶的剪切结构域,使 DNA 在特定位点产生双链断裂,再通过非同源末端连接或同源重组修复断裂。

（三）CRISPR-Cas 系统

规律性重复短回文序列簇(CRISPRs)是细菌和古细菌在不断进化过程中获得的一种适应性免疫防御机制,通过小片段的 RNA 介导对入侵的核酸进行靶向定位并通过 Cas 酶对核酸进行酶切、降解。

研究者根据 CRISPR-Cas 系统的特性对此系统进行改造,产生了第三代人工核酸内切酶技术。利用此技术能够对目的基因进行靶向的敲除或敲入。

1. CRISPR-Cas 的结构 CRISPR-Cas 主要分为Ⅰ、Ⅱ、Ⅲ三个类型。Ⅰ型系统分布于细菌和古细菌中,组分复杂,核心蛋白元件为 Cas3 蛋白,该蛋白具有 DNA 核酸酶和解旋酶功能,在防御外源核酸入侵时,多个 Cas 蛋白与 crRNA 形成复合物 CASCAD(CRISPR associated complex for antivirus defense),在 crRNA 的介导下与外源核酸特异性结合,Cas3 启动核酸酶,对外源核酸进行酶切,降解。Ⅱ型系统主要分布于细菌中,尤其是产链脓杆菌。该系统组分简单,核心蛋白元件为 Cas9 蛋白,Cas9 蛋白与成熟的 crRNA 结合形成复合物即可对外源的核酸进行酶切,降解。Ⅲ型系统主要分布于古细菌中,在细菌中比较少见。该系统的核心蛋白元件为 Cas10,其作用与Ⅰ型的 CASCAD 类似,主要参与 crRNA 的成熟以及外源核酸的降解。根据系统的靶标对象的不同可将Ⅲ型分为ⅢA 型和ⅢB 型,前者的靶标对象为 mRNA,后者为 DNA。

由于Ⅱ型 CRISPR 的系统组分相对简单,因此目前研究多集中于Ⅱ型 CRISPR 系统。Ⅱ型 CRISPR-Cas 的组成如图 16-15 所示:①5′端的 tracrRNA,此 tracrRNA 能与 3′端的间隔序列转录剪切成熟后的 crRNA 通过碱基互补配对形成双链 RNA,tracrRNA/crRNA 二元复合体指导 Cas9 蛋白在 crRNA 引导序列靶标的特定位点剪切双链 DNA;②Cas 蛋白的编码序列 $Cas9$、$Cas1$、$Cas2$ 和 $Csn2$。不同的亚型蛋白分别在 DNA 的复制、转录和翻译过程中发挥不同的作用,其中 Cas9 具有核酸酶的作用。Cas9 包含 HNH 核酸酶结构域和 RuvC-like 结构域,HNH 核酸酶结构域能够剪切与 crRNA 互补的序列,而 RuvC-like 结构域则剪切非互补的序列;3′端为 CRISPR 基因座,由启动子区域和众多的重复序列(21~48 bp,序列并不严格保守)和间隔序列组成,重复序列中的回文序列在 Cas 蛋白形成核糖核蛋白复合物的过程中起着重要的作用。间隔序列决定了 CRISPR 系统的特异性,间隔序列的差异来源于外源入侵的噬菌体和质粒,一般在 21~72 bp,不同的间隔序列能够记录不同噬菌体或者质粒入侵的时间和顺序。

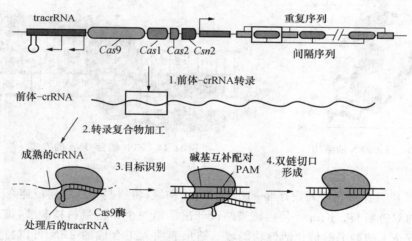

图 16-15 Ⅱ型 CRISPR - Cas 结构示意图

2. CRISPR-Cas 系统的作用原理 任何一种生命体都可以通过某一 RNA 介导的防御机制来保护自身的基因组免受外源核酸的干扰和破坏,比如真核生物中 miRNA(微小 RNA)干扰现象,CRISPR-Cas 系统则是细菌和古细菌在不断进化的过程中产生的特异的免疫防御机制,当外源核酸入侵时对其靶向定位并进行降解,其作用过程主要分为三步:首先是 CRISPR 间隔序列的获得和整合;其次是 CRISPR 基因座的表达;再次是 CRISPR-Cas 功能的发挥,即对外源核酸的干扰。

当噬菌体或者外源质粒初次入侵时,其核酸的一小段 DNA 片段将被动地整合到宿主的基因组中,整合部位位于 CRISPR 5′端的初始的重复序列中形成间隔序列,而噬菌体或质粒中与之对应的序列则为原间隔序列(protospacer),而原间隔序列的 5′端和 3′端延伸的几个序列是非常保守的,称之为原间隔序列临近基序(protospacer adjacent motifs,PAM),PAM 的一般形式为 NGG,其作用是将间隔序列定位于入侵的噬菌体或质粒的 DNA 序列中,即宿主对入侵的外源核酸进行扫描,在其 DNA 序列中定位若干个 PAM,并将 PAM 5′端或 3′端的序列定义为新的原间隔序列并被剪切后陆续地整合到 CRISPR 系统 5′端新合成的两个重复序列之间。间隔序列的产生与 Cas2 的功能是分不开的,大量研究发现所有的 CRISPR 系统中都含有 Cas2 基因编码区,表明 Cas2 在 CRISPR 系统作用的过程中起着非常重要的作用,研究结果也表明 Cas2 参与了新的原间隔序列的形成。

正常情况下细菌中的 CRISPR 的表达水平较低且相对恒定。当噬菌体或外源质粒再次入侵时,CRISPR 会被迅速地诱导上调表达。重复序列和间隔序列在前导序列的启动下进行转录形成前体-crRNA(pre-crRNA),pre-crRNA 通过剪切形成成熟的 crRNA。crRNA 由两部分组成,即间隔序列和侧翼的部分重复序列。crRNA 与 tracrRNA 形成双链的 RNA,对入侵的外源核酸进行靶向的定位并介导 Cas9 核酸酶对外源核酸进行切割降解。目前发现并非只有 crRNA 与外源 DNA 完全匹配的才会被酶切,随着该技术的不断发展,研究表明 Cas9 技术在试验过程中存在脱靶效应,即 crRNA 与外源 DNA 不完全匹配的情况下序列也有可能被酶切。

四、基因打靶技术的应用

基因打靶目前已被证明是能精确修饰基因组的最有效方法,它能对哺乳动物复杂的细胞基因组进行定点定量的修饰,从而实现精细改变细胞或动物整体遗传结构和特征的目的,甚至可以实现组织特异性、发育阶段特异性的基因变异。根据重组后靶基因的特征,实现基因剔除的方式可分为两类:第一类是基因破坏或剔除,即引入外源序列或部分取代靶基因序列,使靶基因原有结构被破坏;第二类是基因置换,即靶基因的全部序列被新的基因或改造后的基因所取代。小鼠作为独特的生物模型,对研究人类相关遗传疾病有相当的类似性,因此,在基因剔除或置换研究中小鼠模型被广泛应用,尤其是继人类基因组计划后全球范围内正在竞相开展功能基因组学的研究,开展小鼠模型的基因剔除的研究具有极为重要的意义。目前已应用于建立人类疾病研究模型上,利用该模型可以分析研究人类特定基因所表达产物的生物学功能、基因活动的调控机制,建立特殊的基因工程小鼠品系用于药物的筛选和新药的评价体系,同时还可应用于研究环境诱变剂的作用规律等方面。目前,在美国、西欧等地,基因打靶已成为一种较成熟的基因工程手段,从事医学研究的一些一流实验室都在进行基因打靶研究,主要涉及:基因功能的研究,建立人类疾病的动物模型,疾病基因治疗以及改造生物和培育生物新品种等方面。

第四节　基因沉默技术

基因沉默(gene silencing)是指生物体特定基因由于某种原因丧失表达的现象。发生沉默的基因可以是外源性转移基因,也可以是入侵病毒或宿主的内源性基因。研究表明,环境因子、发育因子、DNA 修饰、组蛋白乙酰化程度、基因拷贝数、位置效应、生物的保护性限制修饰以及基因的过度转录等都与基因沉默有关。基因沉默一般有两种情况:一种是转录水平基因沉默(transcriptional gene silencing,TGS),即由于 DNA 甲基化、异染色质化以及位置效应等引起的基因沉默。另一种是转录后水平基因沉默(post-transcriptional gene silencing,PTGS),即在转录后通过对目标 RNA 进行特异性降解而使基因沉默。转基因沉默就是导入整合进受体基因组中的外源基因在当代转化体中或在其后代中的表达受到抑制而不表达的现象。转基因沉默是目前动物基因工程技术实现商业化的最大障碍。基因工程技术的内涵不仅仅是基因的转移和获得特异性蛋白质的表达,抑制或消除生物体基因组内某些基因的表达是遗传工程技术的另外一个内涵。消除或抑制基因表达的基因工程技术叫作基因沉默技术。基因的沉默就是基因表达的抑制或消除。基因沉默就是利用反义基因（antisense gene）或意义基因（sense gene）构造来阻止蛋白质的合成。实现基因沉默有两种方法，一是阻止 mRNA 的合成，另一个措施就是使 mRNA 在到达核糖体之前失效，这两种方法都可阻止蛋白质的合成，从而消除该基因的表达，实现基因的沉默。意义基因具有与靶细胞基因相同的编码序列，它是由从靶细胞中获得的 mRNA 通过反转录酶转录而产生的。将意义基因作一些小的改变，加载到侵染体上，然后进行转移，以达到沉默基因的目的。目前，通过转移意义基因来实现基因沉默的技术尚不完善。其有效性取决于意义基因在靶细胞基因组中所嵌入的位置。意义基因如何抑制源生基因的机理目前尚不清楚。反义基因的核酸序列和靶细胞源生基因的序列是互补的，反义基因可由 DNA 合成仪合成，加载到侵染体上后转移到靶细胞中去。被转移的反义基因开始转录 mRNA，而此时所转录的 mRNA 与源生基因转录的 mRNA 是互补关系链，因此 mRNA 就被混合或杂交了。杂交后的 mRNA 就失去了正常的功能，不能指导合成原来的蛋白质，从而阻止了性状的表达，实现了基因的沉默。基因沉默技术在植物上的应用首先是在西红柿上，其效能是通过基因沉默增加西红柿硬度从而延长存放时间。实现这一目的的技术就是基因的沉默技术，具体的原理是，利用基因沉默技术将控制西红柿熟化反应酶的基因消除或抑制，减少该酶的分泌，从而延长熟化过程，达到延长保存时间的目的。利用该技术已经成功培育出了存放时间较长的品种。另外，利用基因沉默延缓熟化过程技术已在水果和蔬菜品种的培育上广泛使用，并取得了积极的效果。基因沉默技术还可应用于医学领域，利用此技术可消除某些致病基因，还可关闭某些基因的表达，如致癌基因、艾滋病病毒基因、白血病基因以及其他有害基因，从而实现对遗传性疾病和传染病的控制和基因治疗。

一、基因沉默的机制

外源基因进入细胞核后，会受到多种因素的作用，根据其作用机制和水平不同可分为转录水平的基因沉默和转录后水平的基因沉默。

1. 转录水平基因沉默　转录水平的基因沉默是 DNA 水平上基因调控的结果，主要是由启动子甲基化或导入基因异染色质化所造成的，二者都和转基因重复序列有密切关系。重复序列可导致自身甲基化。外源基因如果以多拷贝的形式整合到同一位点上，形成首尾相连的正向重复（direct repeat）或头对头、尾对尾的反向重复（inverted repeat），则不能表达。而且拷贝数越多，基因沉默现象越严重。这种重复序列诱导的基因沉默（repeat-induced gene silencing，RIGS）与在真菌中发现的重复序列诱导的点突变（repeat-induced point mutation，RIP）相类似，均可能是重复序列间自发配对，甲基化酶特异性地识别这种配对结构而使其甲基化，从而抑制其表达。此外，重复序列间的相互配对还可以导致自身的异染色质化。

（1）甲基化作用机理　甲基化作用是在基因转录水平调控的一种基本方式。在宿主基因组中各个不同基因位点的甲基化程度处于一定的平衡状态，且具有一定的空间结构特点。一旦由于外源基因的整合或病毒的侵入打破了这种平衡和空间结构特征，这种受破坏后的结构就会成为宿主基因组所识别的信号，结果使新整合进去的 DNA 序列发生不同程度的甲基化，进而妨碍转录的顺利进行，从而实现基因的沉默。

（2）位置效应机理　侵入宿主的病毒基因或外源转移基因会在基因组 DNA 的不同位置随机整合。如果这些外源基因整合到宿主基因的异染色质区或进入转录不活跃区，外源基因会在该区空间结构特征的影响下形成类似结构，从而导致基因的不活跃转录或异染色质化而失活。但如果整合位置是处于基因组转录活性区域，那么外源基因也会形成类似的结构，使转录呈现活跃状态，并且转录频率随其侧翼 DNA 序列转录频率的变化而发生相应的改变。

（3）正反向同源基因和多拷贝重复基因引起 TGS 的机理　在转录水平上，同源基因在同源性较高或某些因子的影响下，可发生相互作用而使同源序列发生甲基化并失活。同样的，多拷贝重复基因序列在整合进基因组后不论是正向还是反向都容易形成异位配对,从而引起基因组防御系统的识别而被甲基化或异染色质化失活,其机理可能是异染色质化相关蛋白质识别重复序列间配对形成的拓扑结构并与之结合,将重复序列牵引到异染色质区,或直接使重复序列局部异染色质化。

(4)复杂结构外源基因引起 TGS 的机理　如果外源基因的组织结构比较复杂,则这种基因不容易形成规则的结构而存在更多的酶切位点,在同宿主基因组 DNA 整合的过程中,容易引起基因的置换、重排,也容易被宿主的防御系统所识别而破坏。有研究表明,通过基因枪将只含有基因表达弹夹,包括启动子、开放阅读区、终止子在内的线性 DNA 片段导入植物基因组,结果获得了大量拷贝数、低重排频率、高效率表达的转基因植株。但是使用结构比较复杂的完整质粒导入基因组后,其整合方式复杂,产生的是高拷贝数、高重排频率的植株,转移基因的活性以及稳定性受到严重影响。

2. 转录后水平基因沉默　转录后水平基因沉默(PTGS)可以说是基因表达调控的第二个环节,是 RNA 水平基因调控的结果,比转录水平的基因沉默更普遍,是通过细胞质内目标 RNA 的特异性降解来控制内外源 mRNA 的含量,进而调节基因的表达。特别是共抑制(cosuppression)现象是研究的热点。共抑制是指在外源基因沉默的同时,与其同源的内源 DNA 的表达也受到抑制。转录后水平的基因沉默的特点是外源基因能够转录成 mRNA,但正常的 mRNA 不能积累,也就是说 mRNA 一经合成就被降解或被相应的反义 RNA 或蛋白质封闭,从而失去功能。这可能是由于同源或重复的基因表达了过量 mRNA 的结果。有人认为,细胞内可能存在一种 RNA 监视机制用以排除过量的 RNA。当 mRNA 超过一定的阈值后,就引发了这一机制,特异性地降解与外源基因同源的所有 RNA。此外,过量的 RNA 也可能和同源的 DNA 相互作用导致重新甲基化,使基因失活。

(1)RNA 阈值　当细胞内外源基因的转录物超过某一特定值时,就会激活 RNA 依赖性 RNA 聚合酶(RNA-dependent RNA polymerase,RdRP),使其以这些转录物为模板合成配对的 RNA,配对的双链 RNA 可被细胞内 RNA 酶识别而降解。双链 RNA 干扰下的 PTGS 可能机制有:①由于 RNA 病毒入侵、转座子转录、基因组中反向重复序列被转录等原因,细胞中出现双链 RNA 分子,这种情况可以是在两个独立的 RNA 分子之间形成双链,也可以是同一 RNA 分子自身回折成为发夹结构而形成的分子内双链。②细胞中一组特定的蛋白质复合物识别双链 RNA,启动相关蛋白质结合到双链 RNA 分子上,其中 RNA 依赖性 RNA 聚合酶(RdRP)对双链 RNA 分子进行复制,产生足够数量的双链 RNA 分子。③RNA 酶Ⅲ或类似的酶特异性地识别双链 RNA 并与之结合,同时将其降解成 21~25 核苷酸长度的双链小 RNA 分子。具有该核苷酸长度的双链小 RNA 的蛋白质复合物又结合到 mRNA 分子上,双链小 RNA 可以识别 mRNA 序列,如果 mRNA 序列与之不互补,则复合物很快从 mRNA 分子上脱落下来;如果 mRNA 序列与双链小 RNA 分子互补,则双链小 RNA 分子与单链 mRNA 分子之间发生链交换,释放出双链小 RNA 分子中的正链,然后结合在复合物上的 RNA 酶Ⅲ在小 RNA 反链一端将 mRNA 切断,经过多次这样的切割之后,一条完整的 mRNA 分子就被降解成多个 21~25 核苷酸长度的小片段。④这些降解的产物又可以与小 RNA 的反义链结合,引起新一轮的对相应 mRNA 的降解,因此这是一个循环放大的正反馈降解机制,一旦启动就可加速进行,并迅速将该 mRNA 全部降解,从而完全抑制该基因的表达。⑤21~25 核苷酸长度的双链小 RNA 分子,可容易地从一个细胞传递到另一个细胞,实现远距离运输。

(2)异常 RNA　在基因转录区域内由于 DNA 甲基化、转录物加工改变等因素,均可产生异常 RNA,从而触发所有相关转录物的特异性降解。

(3)分子间(内)碱基配对　主要是内外源基因间以及转录物内碱基配对造成的同源转录物的降解,包括反义 RNA 与内源正义 RNA 配对以及重复序列转录物自身配对造成的降解。

二、RNA 干扰

近年来的研究表明,一些双链小 RNA 可以高效特异地阻断细胞内特定基因的表达,促使 mRNA

降解,从而使细胞表现出基因缺失的表型,这一作用即 RNA 干扰(RNA interference,RNAi),也叫转录后基因沉默(post-transcriptional gene silencing,PTGS)。RNAi 是生物体抵御外在感染的一种重要保护机制。由于 RNAi 可以作为一种简单有效的代替基因敲除的遗传工具,因此,2002 年 RNAi 被 *Science* 评为最重要的科学进展之一,正在成为功能基因组学研究的一个重要武器,并将大大加速这一领域的研究进展。

1. RNA 干扰的发展　1995 年,研究人员在利用反义 RNA(anti-sense RNA)技术特异性抑制秀丽新小杆线虫(*C. elegans*)中的 par-1 基因的表达时意外发现,对照组中注射了正义 RNA(sense RNA)时能抑制 par-1 基因的表达。对这一现象一直未能给出合理解释。直到 1998 年 2 月,科学家才首次揭开这个悬疑:这一正义 RNA 抑制基因表达的现象,是由于体外转录所得 RNA 中污染了微量双链 RNA(dsRNA)而引起,当他们将体外转录得到的单链 RNA 纯化后注射线虫,基因抑制效应变得十分微弱,而经过纯化的双链 RNA 却正好相反,能够高效特异性阻断相应基因的表达。因而将这一现象称为 RNA 干扰。随后,RNAi 现象被发现广泛地存在于真菌、拟南芥、水螅、涡虫、锥虫、斑马鱼等大多数真核生物中。2001 年,研究人员在果蝇中确定了降解 dsRNA 的关键酶,并命名为 Dicer。之后,相继又在小鼠胚胎、卵母细胞中完成 RNAi 的试验,在哺乳动物细胞中用小干扰 RNA(small interfering RNAs,siRNA)诱导产生了特异性的 RNAi 等,从而 RNAi 技术迅速扩展到哺乳动物领域。至此,RNAi 技术作为基因沉默的有力工具,在医药开发、基因治疗和功能基因组研究等方面的应用得到飞速发展。

2. RNA 干扰的分子机制　目前,对 RNAi 机制的理解主要来自线虫与植物的遗传学分析和果蝇提取物的生化研究。随着研究的不断深入,关于 RNAi 的作用机制和途径的描述越来越清晰,目前认为主要有起始阶段和效应阶段两个过程,包括四个步骤:RNAi 的起始是 dsRNA 被剪切成 siRNA,此步骤需要 ATP 提供能量;随后这些 siRNA 被组装成无活性的蛋白复合体;消耗 ATP 的能量,siRNA 解链将无活性的复合体转变成活性形式;最后,在无需或少量 ATP 的帮助下,该复合体以 siRNA 为指导,识别并切割互补的靶 RNA。在起始阶段,加入的小分子 RNA 被切割为 21～23 核苷酸长的 siRNA 片段。其中 Dicer 酶是 RNA 酶家族中特异识别双链 RNA 的酶,能以一种 ATP 依赖的方式逐步切割由外源导入或者由转基因、病毒感染等各种方式引入的双链 RNA,这种切割作用将 RNA 降解为 19～21 碱基的双链 RNA,每个片段的 3′端都有 2 个碱基突出。在效应阶段,小分子 RNA 双链结合一个核酶复合物从而形成所谓 RNA 诱导沉默复合物(RNA-induced silencing complex,RISC)。激活 RISC 需要一个 ATP 依赖的将小分子 RNA 解双链的过程。激活的 RISC 通过碱基配对定位到同源 mRNA 转录本上,并在距离小分子 RNA 3′端 12 个碱基的位置切割 mRNA。尽管切割的确切机制尚不明了,但每个 RISC 都包含一个小分子 RNA 和一个不同于 Dicer 的 RNA 酶。

3. RNA 干扰研究的基本操作流程　首先,确定目的基因,然后根据相应的核酸序列设计出 siRNA 的序列,再将获得的 siRNA 序列转染到细胞中,最后,检测 RNA 干扰效果(图 16-16)。

三、基因沉默的应用

目前普遍认为,在动植物中自然存在的基因沉默作用是作为基因组免疫系统(genome immune system)而有效防止外源有害基因如病毒的侵入,以及基因表达调控的一个重要途径。天然存在的基因沉默现象不但具有十分重要的生物学意义,基因沉默技术在生命科学研究中也具有极其广泛的应用前景。

1. 在动植物育种中的应用　基因沉默作为生物体基因表达水平的一种自我保护机制,在抵御外源基因转入、病毒侵入以及基因的转座、重排等过程中具有普遍的遗传学和生物学意义。利用基因沉默技术,通过双链 RNA 的干扰,使某一内源基因所转录的 mRNA 降解,从而达到抑制这一内源基因表达的目的。在基因工程中只要能够通过上述所介绍的方法克服基因沉默,使转入的外源基因按照设计的要求进行表达,有效克服基因的沉默,便可实现基因工程的目的。

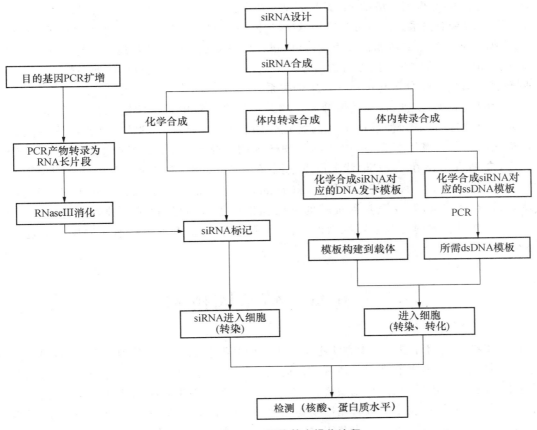

图 16-16　RNA 干扰基本操作流程

2. 在医学中的应用　人类所患疾病中，有许多是由基因控制的遗传病，在基因治疗中，可以利用基因沉默技术，通过各种不同的方法使致病基因发生沉默，从而达到治疗疾病的目的。癌症是由于基因突变而引起的，基因沉默可能是治疗癌症的一种有效方案。例如在抗肿瘤治疗中，RNAi 可用于抑制癌基因的表达、敲除点突变激活的癌基因；也可用于抑制基因扩增或抑制融合基因表达、抑制其他与肿瘤发生发展相关基因（如血管内皮生长因子基因 *VEGF* 或多药耐药基因 *MDR*）的表达。另外，由许多病毒引起的疾病，如各种类型的肝炎、艾滋病等都严重威胁着人类的生命和健康，可以设计针对病毒基因组 RNA 的 siRNA 或针对宿主细胞病毒受体的 siRNA 来抗病毒，抑制这些病毒基因的表达，使病毒基因的复制、转录、病毒粒子的包装等环节被打断，以达到基因沉默的目的。即使病毒基因实现表达，它也不能形成成熟的病毒粒子，从而不能致病。当前各种抗病毒药物便是根据上述机理设计生产的，如针对乙型肝炎病毒（HBV）、丙型肝炎病毒（HCV）、呼吸道合胞病毒（RSV）、流感病毒（influenza virus）、脊髓灰质炎病毒（poliovirus）、人类免疫缺陷病病毒（HIV-1）、非典型肺炎（SARS）病毒等均取得了令人欣喜的体外病毒抑制作用。

3. 在功能基因组学上的应用　在功能基因组学研究中，需要对特定基因进行功能丧失或降低突变，以确定其功能。由于 RNAi 具有高度的序列专一性，可以特异地使特定基因沉默，获得功能丧失或降低的突变，因此 RNAi 可以作为一种强有力的研究工具，用于功能基因组学的研究。RNAi 技术高效、特异、低毒性、周期短、操作简单等优势是传统的基因敲除技术和反义技术所无法比拟的。根据基因组测序结果或表达序列标签（EST）文库构建的 dsRNA 文库可以用于大规模的基因组筛选。根据 DNA 芯片原理，将微电子技术与 RNAi 技术结合，构建 RNAi 芯片，让细胞生长在多种 siRNA 片段组成的点阵芯片上，只要解决好核酸从固相化物的解离问题（如利用核酸酶切割）和转染技术问题，就能产生各种基因功能失活表型库,并得到相应的 mRNA-表型对应关系。联合应用 DNA 芯片技术还可能得到各个基因间相互影响的网络关系。甚至可以应用 RNAi 建立基因功能敲除动物模型代替繁琐的传统基因敲除。另外,根据 RNAi 产生的功能丧失表型,可以很容易地从某一信号传递途径被打断的所有表型中鉴定出被降解的 mRNA,从而鉴定出参与了信号传递通路的信号分子。还有可能通过打靶某一信号分子 mRNA 明辨其与其他信号分子在传递通路中的关系。

4. **抑制效应的利用**　可以特异性地抑制生物某一代谢途径中特定关键酶的活性,从而使代谢反应在此关键酶处被打断,进而使反应上游的特定代谢物积累,而这些积累的代谢产物可能正是基因工程所要实现的。通过基因沉默,可以控制生物体内的生化反应,使其朝着基因工程所设计的方向进行。总之,自 Peerbolte 在 1986 年首次报道基因沉默现象以来,在基因沉默方面的研究取得了很大的进展。但是,基因沉默一直是基因工程生物(genetically modified organisms,GMO)实用化和商品化的巨大障碍,针对这些问题,克服基因沉默的方法也越来越多,效果也越来越好。我们可以相信,在不久的将来,会有更有效的克服基因沉默的方法出现,从而使基因工程在通向实用化的道路上向前迈进一大步。

第五节　转基因技术

转基因技术就是利用分子生物学方法把某些生物的外源基因整合到其他物种基因组中去,从而使得到改造的生物在性状、营养和消费品质等方面向人类需要的目标转变。在动物上,通常是按照预先的设计,通过细胞融合、细胞重组、遗传物质转移、染色体工程和基因工程技术将外源基因导入精子、卵细胞或受精卵,再以生殖工程技术育成转基因动物。通过生长素基因、多产基因、促卵素基因、高泌乳量基因、瘦肉型基因、角蛋白基因、抗寄生虫基因、抗病毒基因等基因转移,有可能育成生长周期短,产仔、生蛋多和泌乳量高,生产的肉类、皮毛品质与加工性能好,并具有抗病性的品种,这已在牛、羊、猪、鸡、鱼等家养动物中取得一定成果。另外,还可将转基因动物作为生物工厂(biofactories),如以转基因小鼠生产凝血因子Ⅸ、组织型血纤维溶酶原激活因子(t-PA)、白细胞介素 2、α1-抗胰蛋白酶,以转基因绵羊生产人的 α1-抗胰蛋白酶,以转基因山羊、奶牛生产组织型血纤维溶酶原激活因子,以转基因猪生产人血红蛋白等,这些基因产品高效、优质、廉价,与相应的人体蛋白具有同样的生物活性,且多随乳汁分泌,便于分离纯化。

目前,基因转移的方法主要有物理学方法、化学方法和生物学方法等,其为重组 DNA 技术和基因治疗技术的关键步骤之一。1970 年 Mandel 和 Higa 发现经预冷的 CaCl$_2$ 溶液处理过的大肠杆菌可有效吸收 λ 噬菌体 DNA,此后许多将克隆基因导入原核或真核细胞的方法相继被发明。这些方法有:电穿孔法、磷酸钙转染法、脂质体转染法。20 世纪 80 年代后期,利用病毒作为载体把外源基因导入哺乳动物细胞的方法也很快发展起来,这些方法能显著提高基因转移的效率,有效地将外源基因导入靶细胞或受体菌中,克服了重组 DNA 技术和基因治疗中基因转移效率低等的制约,大大推进了重组 DNA 技术在生物工程、农业、医学和环保领域的应用。

一、基因转移的物理学方法

基因转移的物理学方法是利用物理学原理导致细胞膜发生暂时变化,从而使外源基因进入细胞内以达到基因转移的目的。当前,常用的物理学方法有显微注射法(microinjection)、电穿孔法(electroporation)和基因枪(gene gun)法等。

1. **显微注射法**　显微注射法就是应用显微注射仪器,在外科显微镜下将外源 DNA 直接注射到靶细胞的核内,达到基因转移的目的。一般来讲,显微注射方法的受体细胞主要是体积较大的受精卵细胞,现在也有用体细胞作为受体细胞进行基因转移的。注入受体细胞核内的外源基因大约有 25% 能整合到受体细胞的染色体中并稳定表达。1980 年,人类首次应用显微注射法成功获得了转基因小鼠,尽管重组病毒基因被整合到了小鼠基因组内,但是由于外源 DNA 被重排而没有得到表达。随后有研究证明,用原核显微注射,被整合的转移基因能够进行功能性表达。1982 年,第一例表现型明显改变的转基因小鼠诞生,转基因小鼠表达了大鼠生长激素基因序列。目前,每年都有大量关于哺乳动物转基因的研究,其热点都是研究病毒基因注射到哺乳动物细胞后对其生长的影响以及病理方面的效应等。

接受转基因 DNA 并能正常发育生长的动物被称作转基因谱系建立者(founder)。如果这个建立者(嵌合体或非嵌合体)的生殖细胞能够稳定地将转移基因的性状遗传给子代,也就是说,转移基因的遗传信息在亲子代间传递,那么该动物的所有后代将是转移基因谱系内的成员。就染色体位点来说,一般外源 DNA 在胚胎基因组中的整合是一个随机事件。因此,在接受相同转移基因的两个胚胎中出现相同整合情况的可能性几乎是不存在的。很多研究发现,由于整合位点不同,某一转移基因在各个胞亲胚胎(sibling embryos)中的表达是不同的。我们把那些已经同"建立者"的基因组整合的转移基因数目叫作拷贝数,而且拷贝数似乎与转移基因在动物体中的表达强度关系不大。由于转移基因在某个位点的整合是随机的,转移基因也可能插入到功能基因序列中,所以内源基因的正常表达将会被打断,对动物体来说这种情况有可能无关要紧,也可能是致命的。当插入基因干涉到某种内源活跃基因表达时,就能观察到明显的插入诱变现象。这些突变与真正的转基因表现型截然不同,因为只有单一谱系会表现出因插入诱变而表现出的缺陷。突变可从转基因动物体内任一系统的功能变化观察到,包括特异感官、心血管系统、神经系统以及生殖系统等,同时也可以观察到严重的形态异常(morpho-genetic ab-normalities)。对转基因插入位点的识别非常重要,因为这有助于对特定的重要内源性基因的定位。

显微注射技术的成功取决于所收集的胚胎质量,胚胎应来源于生殖周期同步的胚胎供体群。此外,必须正确掌握显微注射技术,选择适当的受体进行胚胎移植。当然,最终的成功还取决于转基因前对转移基因片段的精选和制备。在生产原核胚胎时,对供体双亲品系的选择是大多数实验室最为关注的问题。同时有很多因素影响胚胎的收集和胚胎的质量,包括胚胎对超数排卵处理的反应、显微注射后胚胎的成活率、原核的大小以及各种品系中特定遗传病对胚胎的影响等等。转基因完成后,要对转移基因表达进行评定,目前多采用近交的方法进行测定。据报道,在超数排卵后通过特定的杂交和远交可产生大量的具有生活力的原核胚胎。无论选择哪种品系作为胚胎的供体,如果用外源促性腺激素对供体进行超排处理,那么所需要的动物数将大大减少,出现突变的概率也更小。如果我们要使供体成功地超排,制定超排方案时必须考虑动物的品系、年龄和体重。繁育方式必须采用同配方式,而且育种室的光照必须严格调节。

2. 电穿孔法　　电穿孔法是通过高压电场的短暂作用,使细胞膜上出现可逆性的微小孔洞,从而使外源 DNA 通过此孔洞进入细胞内。该方法广泛应用于不同类型细胞的基因转移,如细菌、酵母、动物及植物细胞,电穿仪是这一方法的关键设备。电穿孔法的具体操作方法是:将细胞悬浮在石英池内,把外源 DNA 加入池内的介质中,池的两边有两个电极,外接高压电源,给予一个极短暂的高压脉冲电场,在细胞膜两边产生一个高于其阈电位的膜电压势能,使细胞膜形成许多瞬间小孔,允许外源 DNA 分子进入。应用这一技术,可将大至 150 kb 的 DNA 分子转入灵长类动物细胞中。电穿孔法操作简单方便,重复性好,基因的转移效率也较高,尤其是对酵母细胞和细菌,远高于化学方法。而且,这一方法转染 DNA 的突变率比 DNA 磷酸钙共沉淀法、亲水性交联葡聚糖离子法低,主要适用于克隆基因的短暂与持续表达。

3. 基因枪法　　基因枪法又称微抛射物撞击法或颗粒加速法等,1987 年首先在高等动物细胞上用来转移外源基因。现已广泛应用于细菌、酵母、真菌、藻类、植物细胞和哺乳动物细胞。特别是对于一些用其他方法很难或不能转移外源基因的细胞,可应用基因枪法。基因枪法使叶绿体、线粒体的基因转移成为可能。这一转移技术不用细菌作为基因的转移媒介,而是借助物理方法直接进行转移。所以,直接转移技术通常叫作物理转移法,它不但适合单子叶植物同时也适合双子叶植物,因此应用范围广。在物理转移技术中,最常用的技术是用微粒子对细胞进行射击,从而达到转移基因的目的。该技术是由两个美国科学研究小组独立研究发明的,一个叫作导弹法,是由美国康奈尔大学的研究小组研究发明的,另一个叫作加速法,是由 Agracetus 公司研究小组发明的,这两个公司现在分别拥有该技术的专利权。基因枪法的原理是将 DNA 吸附到高黏度微小的金属(钨或金)颗粒上,在一种特制的颗粒加速装置作用下,将这些颗粒高速射入细胞或组织中,以实现外源 DNA 的转移。颗粒加速装置通过化学爆炸、电爆炸、压缩气体的释放或通过高压氦气等方法产生气体冲击力,使颗粒加速。导弹法的技术特点是利用由镁钨合金或金颗粒包裹 DNA 颗粒,然后把颗粒射进宿主细胞中,但是不造成对宿主细胞的损伤,颗粒被射进宿主细胞的同时,金属包裹层与 DNA 脱离,只把外源 DNA 留在宿主细胞中,而金属颗粒则由于高速和惯性而射出宿主细胞,最终外源 DNA 被转移到宿主细胞中。利用基因枪进行基因的转移,其所包裹的 DNA 片段同样可包含增效基因和标记基因。该技术的研究首先是在洋葱(*Allium cepa*)的表皮细胞上进行的。目前美国杜邦公司拥有该基因枪的所有技术和利用该技术进行商业性生产转基因植物种子的专利权。加速法的技术特点是首先用金属颗粒对外源 DNA 进行包裹,该技术使用的金属是金颗粒,再利用放电作用使金属颗粒加速,然后射入宿主细胞,达到基因转移的目的。以上两种技术都使用基因枪,依据的原理也基本相同,但是技术上有各自的特点。加速法基因枪技术由美国 Agracetus 生物公司所拥有,该公司利用基因工程技术在世界上首先生产出了转基因大豆。虽然射击技术能够用来转移外源基因,但并不等于基因转移的成功。通常所得到的植物组织中能够表达外源基因个体的比例很小。因为利用射击技术将外源基因射入宿主细胞中后,外源基因能够嵌入到宿主细胞的概率相当小,所以表达外源基因的个体就很少。相比之下,利用细菌转移外源基因的成功率就要高于物理转移技术。另外,利用细菌转移技术所得到的转移个体遗传一致性要比物理转移技术得到的个体高。所以,在利用物理技术转移外源基因时,需要建立选择性的标记基因,以保证转移效果和获得稳定遗传的转基因后裔。当然物理转移技术的不断革新和发展会改善技术本身的不完善之处,更何况物理转移技术的直接性、通用性、灵活性、经济性是其他方法都无法比拟的。物理转移方法可在各类植物的细胞和组织上使用不受限制。可以预料,随着物理转移技术的不断完善和进步,这项技术无论是在基因工程技术研究领域还是应用领域都将会得到广泛的应用。

二、基因转移的化学方法

1. **氯化钙转移法** 目前,常规的氯化钙转移方法是离心收集生长期的细菌,用原培养液体积 1/2 的预冷氯化钙溶液(50～100 mmol/L)悬浮细菌,经离心后用原培养液体积 1/5 的氯化钙溶液悬浮细菌。将一定量细菌悬液中加入待转化的质粒 DNA 或噬菌体 DNA 溶液,在 0℃条件下放置 30 min,42℃条件下热冲击(heat pulse)90 s,快速冷却后,加适量 LB 培养基,在 37℃条件下培育使细菌复苏,接种到含抗生素的选择培养基上筛选转化菌。

2. **碱金属离子转移法** 1983 年科学家研究发现碱金属离子(Li^+、Na^+、Rb^+、Cs^+)能较好地诱导酿酒酵母菌产生感受态。特别是 LiCl 和 LiAc 都含有 arsl 复制起始区质粒,其转化效率分别达到 230 和 400 转化子/μg DNA,比原生质体(spheroplast)方法高了 3～4 倍。碱金属离子转化法具有许多优点:耗时短,操作简单,对含 arsl 复制起始区的质粒转化效率高,一些不适于用原生质体转化又对裂解酶(lytic enzyme)敏感或抗性强的酵母细胞利用此方法效果好。但它也存在局限性,如对一些大小为 2 μm 的(天然的酵母质粒)含 DNA 复制起始区的质粒转化效率很低,这可能是由于这种质粒与受体菌本身携带的 2 μm 质粒不兼容所致。另外它对线性化的质粒转化效率也很低。LiAc 转化法对酿酒酵母细胞转化效率高,但对甲醇营养性酵母细胞却不能诱导感受态形成。可见对不同的酵母菌株应当优化各自的条件,以达到高的转化率。

3. **DNA-磷酸钙共沉淀法** 1973 年有研究发现 DNA 与磷酸钙形成沉淀物后容易被细胞吸附而摄

入细胞内,于是建立了腺病毒和 SV40 DNA 转染入细胞的方法。同时又发现了形成 DNA-磷酸钙共沉淀物的最佳参数。利用该方法有效地将多种外源 DNA 导入到了培养的贴壁型和悬浮型哺乳动物细胞中。此方法是许多实验室常用于哺乳动物细胞基因转移的方法。DNA-磷酸钙共沉淀法的步骤是:先将 DNA 分子与氯化钙溶液混匀,再缓慢滴加到含有磷酸的 HEPES 溶液中,形成细小的 DNA-磷酸钙共沉淀颗粒。然后小心地吸出这些颗粒加入到培养的靶细胞表面,保温数小时后,使 DNA 被靶细胞充分摄入,再更换培养液以实现外源 DNA 在靶细胞中的表达,最后进一步筛选转化细胞。这一方法适用于外源基因的短暂表达,也可用于建立稳定的转化细胞系。该方法的缺点是转染效率较低,仅为$10^{-3} \sim 10^{-6}$,但在转染试验后,如果用甘油或二甲基亚砜(DMSO)休克,或用氯喹处理以阻断溶酶体酶活性,可提高其转染效率。

4. 二乙氨基乙基-葡聚糖法　二乙氨基乙基-葡聚糖法即 DEAE-右旋糖酐法,这一方法最早是用来促进病毒 DNA 导入细胞,后来发展成一种常用的哺乳动物细胞基因转移方法。这种方法非常简单,只需用外源 DNA 和 DEAE-右旋糖酐的混合物处理细胞。通常只用于克隆化基因的瞬时表达,不用于细胞的稳定转化,同时只对某些细胞如 BSC-1、CV-1 和 COS 等转染效果较好。

5. 脂质体转染法　脂质体(liposome)是一种人造的封闭的磷脂膜,强极性 DNA 分子可被包裹在脂质体内部的水相中,在融合剂如聚乙二醇(PEG)或植物凝集素的作用下,靶细胞与装载有外源 DNA 的脂质体融合,通过胞吞作用(endocytosis)将脂质体摄入胞内。早期应用的脂质体是用多层或小的单层磷脂膜,其转移效率较低,现在多采用直径为 $0.2 \sim 0.4\ \mu m$ 的单层磷脂膜组成的脂质体作为介导将 DNA 转移到哺乳动物细胞。脂质体中磷脂膜的组成和所用的脂类物理性质对其转染效率有很大影响。许多脂类形成的脂质体,如非 pH 敏感的脂质体等不能很好地与哺乳动物的细胞融合。目前已发现了 pH 敏感脂质体,这些脂质体能在酸性环境中与靶细胞膜融合,并且能够被内吞。脂质体被细胞内吞后,在低 pH 环境中与胞质中内体(endosome)膜融合,被运输到溶酶体中,通过溶酶体酶对脂质体膜的水解及溶酶体的裂解使 DNA 释放到胞质中,但有时大部分 DNA 会被溶酶体酶降解,因此降低转染效率。脂质体转染法尽管效率不高,但仍然具有许多优点,如方法简便、重复性好、对多种类型的细胞有效,同时包装容量大、安全性高,因此被实验室广泛采用。

6. 原生质体融合法　原生质体融合法是先将含有目的基因的质粒转化到细菌或酵母细胞中,然后大量扩增繁殖,用溶菌酶或蜗牛酶除去胞壁部分,在高盐状态下制成原生质体,然后将原生质体接种到培养单层哺乳动物细胞的培养基上,在融合剂 PEG 的作用下进行融合。目前,酵母原生质体融合是常用的方法,用该方法已实现大片段目的基因的酵母人工染色体的转移。这种方法的优点是转染效率高,转染的基因片段大,既可用于克隆基因的瞬时表达,也可用于建立稳定转化的哺乳动物细胞系。其缺点是操作复杂,细菌或酵母细胞碎片会影响细胞生长。

三、基因转移的生物学方法

在基因转移研究中,无论采用物理方法还是化学方法,共同的缺点是基因转移效率偏低,表达水平不高,在真核细胞的基因转移中表现得更为突出。20 世纪 80 年代后期真核细胞基因转移技术研究有了显著的改进和提高,其中最引人注目的成就是动物转基因的病毒载体技术。该方法是将外源基因插入到改造后的病毒基因组中,把病毒包装成有感染力的复制缺陷型假病毒颗粒(pseudovirions),通过感染靶细胞,将外源基因转入靶细胞中或整合到靶细胞基因组中,从而形成稳定表达的转基因细胞。病毒载体技术有以下特点:①病毒基因组结构相对简单,易于操作和改造;②整合细胞能够有效地识别病毒基因组中的启动子,外源基因可在哺乳动物细胞中表达;③病毒载体进入包装细胞后,在辅助病毒的协同下,可获得相当高的病毒滴度;④病毒的外壳蛋白能够识别特异的细胞受体,用不同的外壳蛋白包装病毒颗粒,可将外源基因特异地导入靶细胞基因组中;⑤病毒载体转染效率高,几乎可达 100%,转基因效率高。

1. 逆转录病毒载体

（1）逆转录病毒载体的构建　首先，在体外构建前病毒 DNA 载体，包括两端的 LTR 和包装序列，除去逆转录病毒的结构基因，中间装入标记基因、细菌复制体和可插入外源基因的多克隆位点；其次，在保留逆转录病毒基因调控序列的同时，利用外源基因的整合和表达，去除致病性的结构基因，保证使用逆转录病毒的安全性；最后，带有目的基因的载体先在细菌中大量扩增，然后再转染包装细胞。有时在逆转录病毒载体的构建中，往往还插入外源启动子，其位置大多位于目的基因和标记基因之间。重组的逆转录病毒载体由于缺乏结构基因，不能包装完整的有感染能力的病毒颗粒。因此，需要将其导入整合有辅助病毒的包装细胞中，才能完成生活周期。

（2）逆转录病毒载体的优点　用鼠源性逆转录病毒载体介导哺乳动物细胞的基因转移具有许多优点，表现在鼠源性逆转录病毒基因组相对较小，人们对其结构和功能已有比较清楚的研究和认识；病毒感染的宿主细胞范围广，感染率高；载体介导的外源基因能整合到宿主基因组中并且能够持续表达；莫洛尼小鼠白血病病毒载体与人的逆转录病毒同源性低，其增强子、启动子和 tRNA 结合位点差异性大，不易形成有复制能力的致病病毒，安全性高。

（3）逆转录病毒载体的缺点　具体表现在只有靶细胞处于增殖状态时逆转录病毒载体的 DNA 才能整合到靶基因组中，从而表达外源基因；逆转录病毒载体携带外源基因的容量较小，当外源基因大于 9 kb 时不能进行有效包装；重组病毒的滴度较低，不易达到临床治疗的要求；其感染靶细胞的特异性不高。

（4）逆转录病毒载体的安全性　通常使用的逆转录病毒载体，特别是小鼠白血病病毒（MoMLV）载体还未发现对人体有明显的危害。尽管如此，逆转录病毒载体与辅助病毒或其他被污染的病原体形成野生型病毒或有复制能力的病毒的可能性依然存在。同时，逆转录病毒载体的随机整合在理论上也导致某些癌基因或原癌基因的激活，带来不可预期的后果。

2. 腺病毒载体

（1）腺病毒载体的构建　通常采用缺失腺病毒基因组中 E1 区和/或 E3 区来构建腺病毒载体。外源基因可以插入缺失的 E1 或 E3 区。缺失 E1 区腺病毒失去复制和转化细胞的能力，需要在稳定转染了腺病毒 E1 区基因的包装细胞中才能装配成有感染力的病毒颗粒。缺失 E3 区的腺病毒由于 E3 区不是病毒在细胞内繁殖的必需成分，因此不需要辅助病毒。

（2）腺病毒载体的优点　腺病毒载体可以把外源基因高效地转移到增殖细胞和非增殖细胞中，宿主范围比逆转录病毒广；腺病毒载体携带的外源基因可达 8 kb 以上，因此有利于转移较完整的基因序列；腺病毒的致死性和致癌性均比逆转录病毒低；由于它不发生整合现象，几乎不发生插入诱变，使用比较安全；重组腺病毒比较稳定，很少发生再重组。

（3）腺病毒载体的缺点　由于第一代重组腺病毒载体只缺失 E1、E3 或 E4 区，仍然保留着大部分早期调控蛋白和所有结构基因，E1、E3 或 E4 区的缺失不足以完全抑制病毒蛋白的表达，在靶细胞中仍然可以检测到这些基因的表达产物；由于腺病毒载体感染的宿主细胞范围广，特异性就差，容易破坏靶细胞周围的正常组织；腺病毒载体由于整合不到宿主基因组中，外源基因表达时间短，对于非增殖细胞可持续几个月，而对于增殖较旺盛的细胞仅能持续几周。

3. 其他病毒载体

（1）腺相关病毒载体　腺相关病毒（adeno associated virus，AAV）是一类复制缺陷型细小病毒（parvoviruses），需要与其他病毒如腺病毒、单纯疱疹病毒或痘苗病毒共同感染时才能进行有效的复制和感染。构建 AAV 载体是用外源基因及其调控序列置换 AAV 基因组中 *rep* 和 *cap* 两个编码基因。同时需构建一个辅助质粒，即除去 AAV 基因组中的末端反向重复序列而保留 AAV 启动子、*rep* 和 *cap* 基因。将这两个质粒共同转入腺病毒感染的细胞中。辅助质粒表达的 rep 和 cap 蛋白有助于 AAV 载体包装进入 AAV 颗粒中。AAV 载体感染宿主和组织范围广、病毒滴度高、无致病性，能够稳定地整合到细胞 DNA 中去,因此目前已引起人们的普遍关注。但这种载体相对较小,容纳外源基因的能力也较低(约 4.4 kb),不适合大基因的转移。

(2)单纯疱疹病毒载体　　单纯疱疹病毒(herpes simplex virus,HSV)是一类双链 DNA 病毒,其中 HSV-1 基因组长约 152 kb,其复制周期受到高度调控。HSV-1 病毒载体具有许多优点:能感染成年动物分化后的神经细胞,包括感觉神经元、运动神经元和中枢神经系统的某些神经细胞,在神经元中建立稳定的潜伏感染,感染宿主范围广,重组病毒大量复制能够产生较高的病毒滴度,携带外源基因的容量大(≥30 kb),特别适合在神经系统疾病的基因治疗中应用。

四、转基因技术在动物生产中的应用

由于转基因技术打破了动物的种间隔离,使基因能在种系很远的机体间流动,因此该技术对整个生命科学产生了全局影响。该技术在动物生产中主要应用于以下几个方面:

1. 提高动物的生产性能　　将改善动物生产性状的基因导入动物的生殖系统可获得具有这些优良性状的个体,如通过基因转移提高家畜的饲料转化率、日增重,减少脂肪、改善肉质,降低生产成本,增加产蛋量、产奶量,提高繁殖率等。

2. 改善畜产品质量　　外源基因不仅能在转基因动物中得到整合和表达,而且能获得组织特异性(乳腺组织)和发育特异性表达。因此,只要转入相关的基因,不仅可以提高乳、肉、蛋、皮毛等畜产品的产量,而且也可以改变畜产品的质量,这是靠常规育种和突变方法所不能完成的。

3. 提高抗病力　　与提高家畜生产性能和改善畜产品质量一样,利用转基因技术提高动物的抗病性具有十分乐观的应用前景。

4. 开发转基因动物体系　　转基因动物作为体系来开发,主要有四方面的用途:一是作为时空四维考察体系,用以研究基因发育调控等基础生物学问题;二是作为人、兽医学疾病的动物模式,研究医学和兽医学问题;三是把转基因动物开发成医用器官移植的供体,取代人体器官的直接移植;四是把转基因动物开发成活体发酵罐,使动物像机器一样,根据工程设计的要求生产预期的人、兽医用蛋白类物质,即把转基因动物作为动物生物反应器。

思　考　题

1. 什么是遗传工程? 如何认识遗传工程和转基因技术在现代生命科学研究中的意义?

2. 如何认识核酸内切酶? 其如何分类? 各有何特点?

3. 如何理解"克隆"的意义? 可分为哪几类?

4. 试举例说明如何克隆一个目的基因,如何构建克隆载体,如何构建基因文库。

5. 在生物间基因的转移是如何操作的? 简述转基因技术的研究进展。

6. 什么是基因克隆载体? 基因克隆载体应具备什么条件?

7. 试述基因克隆载体的分类及各自的特点。

8. 试述基因打靶技术的基本原理。

参考文献

[1] 李宁.动物遗传学.2版.北京:中国农业出版社,2003.

[2] 徐晋麟,徐沁,陈淳.现代遗传学原理.2版.北京:科学出版社,2005.

[3] 王亚馥,戴灼华.遗传学.北京:高等教育出版社,2002.

[4] 杨业华.普通遗传学.北京:高等教育出版社,2001.

[5] 张建民.现代遗传学.北京:化学工业出版社,2005.

[6] 欧阳叙向.家畜遗传育种.北京:中国农业出版社,2001.

[7] 侯万文.家畜遗传育种学.中国人民解放军兽医大学训练部,1986.

[8] 吴仲贤.动物遗传学.北京:中国农业出版社,1980.

[9] 刘祖洞.遗传学.北京:高等教育出版社,1990.

[10] 吉林农业大学.动物遗传育种.北京:中国农业大学出版社,2001.

[11] 伊腾道夫.减数分裂.北京:科学出版社,1979.

[12] 方宗熙.普通遗传学.5版.北京:科学出版社,1984.

[13] 李国珍.染色体及其研究方法.北京:科学出版社,1987.

[14] 杨秀芹.猪肉质性状候选基因遗传分析.哈尔滨:黑龙江科学技术出版社,2010.

[15] 麦克德莫特.人和动物的细胞遗传学.北京:科学出版社,1993.

[16] 解生勇.细胞遗传学.北京:北京农业大学出版社,1993.

[17] 李汝祺.细胞遗传学的基本原理.北京:科学出版社,1981.

[18] 李汝祺.细胞遗传学若干问题的探讨.北京:北京大学出版社,1986.

[19] 河北师范大学,北京师范大学,山东师范大学,等.遗传学.北京:高等教育出版社,1982.

[20] 李竞雄.遗传学.北京:中国大百科全书出版社,1983.

[21] 王金玉.动物遗传育种学.南京:东南大学出版社,2000.

[22] 张劳.动物遗传育种学.北京:中央广播电视大学出版社,2003.

[23] 赵寿元,乔守怡.现代遗传学.北京:高等教育出版社,2001.

[24] 陈茂林,等.遗传学.武汉:湖北科学技术出版社,2005.

[25] 浙江农业大学.遗传学.2版.北京:中国农业出版社,1984.

[26] 朱军.遗传学.2版.北京:中国农业出版社,2002.

[27] 李婉涛.动物遗传育种学.北京:中国农业大学出版社,2000.

[28] 蒋树威.动物遗传学.南宁:广西科学技术出版社,1992.

[29] F·M·奥斯伯,R·E·金斯顿,J·G·塞德曼,等.精编分子生物学实验指南.马学军,舒跃龙等,译校.北京:科学出版社,2005.

[30] 李明刚.高级分子遗传学.北京:科学出版社,2004.

[31] 石春海.遗传学.杭州:浙江大学出版社,2003.

[32] J·萨姆布鲁克,D·W·拉塞尔.黄培堂等,译.分子克隆实验指南.3版.北京:科学出版社,2002.

[33] D·L·斯佩克特,R·D·戈德曼,L·A·莱因万德,等.细胞实验指南.黄培堂等,译.北京:科学出版社,2001.

［34］北京农业大学.动物遗传学.北京：中国农业出版社,2000.

［35］张沅.家畜育种学.北京：中国农业出版社,2001.

［36］施启顺.猪的毛色遗传.养猪,2006（3）：21-24.

［37］陈玉林.绵羊毛色遗传机制研究评析.家畜生态,1997,18(4)：46-48.

［38］李顺才.兔的毛色遗传规律及其应用.黑龙江动物繁殖,1999,3：14-16.

［39］常洪.山羊的毛色遗传.西安文理学院学报：社会科学版,1999(2)：1-4.

［40］耿社民,常洪.中国黄牛毛色的演变及其遗传：上.中国牛业科学,1995,21(1)：4-6.

［41］李华,邱祥聘,龙继蓉.乌骨鸡羽色及肤色的遗传研究现状及展望.中国畜牧杂志,2002,38(6)：
45-46.

［42］祁茂彬.浅析牛的几个质量性状.中国畜牧兽医文摘,2013（5）：74-75.

［43］刘和凤,张效洁,汪湛.牛的血型鉴定及其应用.中国奶牛,2004（3）：36-37.

［44］田志华.猪血型遗传多样性及其在育种中的应用.西南民族学院学报（自然科学版）,1998,11(3)：
79-84.

［45］程军,祁成年,雷红.家畜血液蛋白（酶）多态性研究在遗传育种中的应用.草食家畜,2004（1）：
14-16.

［46］曹更生,柳爱莲,李宁.隐藏在基因组中的遗传信息.遗传,2004,26(5)：714-720.

［47］陈浩明,薛京伦,等.医学分子遗传学.北京：科学出版社,2005.

［48］钟金城,陈智华.分子遗传学与动物育种.成都：四川大学出版社,2001.

［49］汪世华.分子生物学.北京：高等教育出版社,2012.

［50］Fletcher H,Hickey I,Winter P.遗传学.3版.张博等,译.北京：科学出版社,2010.

［51］程罗根.遗传学.北京：科学出版社,2013.

［52］谢建坤,王曼莹.分子生物学.2版.北京：科学出版社,2013.

［53］吴常信.动物遗传学.北京：高等教育出版社,2009.

［54］肖建英.分子生物学.北京：人民军医出版社,2013.

［55］Russell P J.Genetics.3rd ed.New York：Harper Collins,1992.

［56］Griffiths A J F,Gelbart W M,Miller J H,et al.Modern Genetic Analysis.New York：W H Free-
man & Co,c1999.

［57］Yang A S,Estecio M R H,Doshi K, et al. A simple method for estimating global DNA methyla-
tion using bisulfite PCR of repetitive DNA elements. Nucleic Acids Research,2004,32(3)：e38.

［58］Clayton L,Ulrey L,Anderews L G,et al.The impact of metabolism on DNA methylation. Human
Molecular Genetics，2005,14：139-147.

［59］Zilberman D,Gehring M,Tran R K, et al. Genome-wide analysis of *Arabidopsis thaliana* DNA
methylation uncovers an interdependence between methylation and transcription. Nature
Genetics,2007,39(1)：61-69.

［60］Panning B,Jaenisch R.RNA and the epigenetic regulation of X-chromosome inactivation. Cell,
1998,93：305-308.

［61］Sanger F,Nicklen S,Coulson A R.DNA sequencing with chain terminating inhibitors. Proc.
Natl. Acad. Sci. USA,1977,74：5463-5467.